DiMathème

classe de sixième

Jean-Luc Fourton
Alain Herbelot
Alain Lanoëlle
Jean-Claude Perrinaud

Didier

Sommaire

 ISBN 2-278-05514-3 Imprimé en Italie

Thèmes de convergence

	Chapitres	Exercices
1 Énergie	1	26, p. 16 ; 89, p. 21 ; 92, p. 21
	2	43, p. 35 ; 54, p. 36
	3	50, p. 54 ; 61, p. 55
	4	51, p. 74
	5	104, p. 98
	7	9, p. 129
2 Environnement et développement durable	3	46, p. 54
	4	24, p. 72 ; 55, p. 74
	7	11, p. 130 ; 33, p. 137 ; 34, p. 137
	13	44, p. 264 ; 58, p. 266
3 Météorologie et climatologie	1	95, p. 21
	2	82, p. 40
	4	66, p. 76
	7	22, p. 133 ; 29, p. 135
	13	61, p. 266
4 Mode de pensée statistique dans le regard scientifique sur le monde	3	53, p. 55 ; 99, p. 60
	5	70, p. 95
	6	69, p. 117
	7	12, p. 130 ; 19, p. 132 ; 25, p. 134 ; 30, p. 136 ; 31, p. 136 ; 32, p. 136
5 Sécurité	2	53, p. 36
	3	41, p. 53
	4	38, p. 73
	6	77, p. 118
	7	20, p. 132
6 Santé	1	56, p. 18
	2	25, p. 33 ; 56, p. 36
	3	64, p. 55
	4	21, p. 72 ; 22, p. 72 ; 44, p. 74
	6	78, p. 118

Présentation du manuel

Avant de démarrer

- Faire le point sur les acquis antérieurs.
- Faire émerger des besoins pour améliorer les méthodes ou les techniques.
- Faire apparaître la nécessité de nouveaux outils ou de nouvelles notions.

Activités

Pour répondre aux besoins mis en évidence dans « Avant de démarrer » et revoir ou découvrir les notions principales.

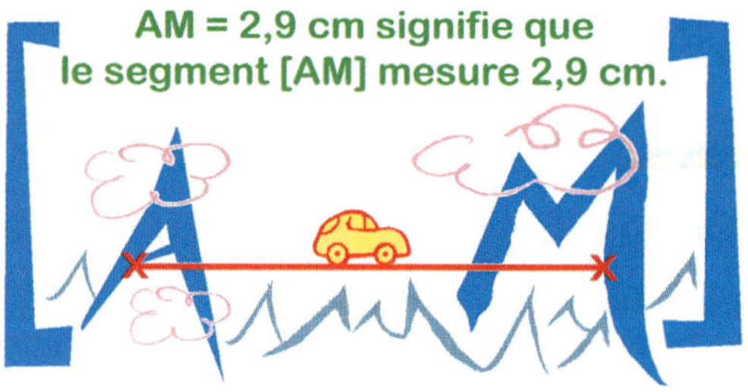

Retenir le cours

Les définitions et les propriétés sont mises en évidence par un fond couleur.

Les résultats exigibles du programme sont présentés de manière claire et concise.

De nombreux **Exemples** illustrent les notions fondamentales.

Retenir les méthodes

1re étape

La marche à suivre est détaillée par étapes.

Les savoir-faire exigibles du programme :
- calcul
- construction
- début de raisonnement déductif

Page conseil

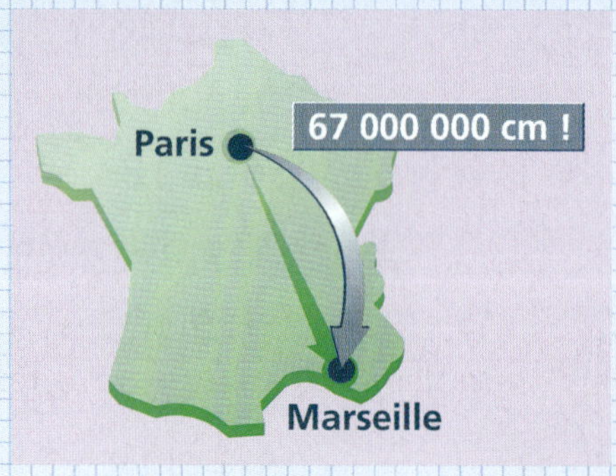

La « Page conseil » met en évidence les réflexes à acquérir et propose des modèles de rédaction. Elle s'adresse directement à l'élève.

Dans les exercices, ce logo établit un lien avec les thèmes de convergence.

Coup d'œil sur le chapitre

Un tour d'horizon, en classe, des compétences essentielles du chapitre.

Pour démarrer

Des exercices simples classés par rubriques. Ils recouvrent les compétences exigibles du programme.

Qui a raison ?

Deux exercices sous forme de bandes dessinées qui concluent « Pour démarrer ».

Pour aller plus loin

Des exercices ou problèmes variés pour approfondir la réflexion dans les limites du programme.

Devoirs à la maison

Des exercices et des problèmes de synthèse suivis de sujets de recherche permettant d'élaborer des **Petits exposés** destinés à être présentés en classe.

Une page pour les curieux : un peu d'histoire des maths, des jeux et quelques casse-tête...

Soutien

Des activités et des exercices utilisables dans le cadre de la remédiation.

Chapitre 1

Les nombres

Avant de démarrer

1 Dizaines ou dixièmes ?

a. Préciser le chiffre des dizaines de :
127,14 ; 2804,571 ; 1298 ; 56,09.

b. Citer ensuite le chiffre des dixièmes.

2 En avant vers la multiplication...
Donner le résultat de :
$12{,}41 \times 10$; $354{,}07 \times 100$; $0{,}4 \times 1\,000$.

3 ... puis vers la division
Donner le résultat de :
$659{,}1 \div 10$; $36{,}5 \div 100$; $10{,}2 \div 1\,000$.

4 Du plus grand au plus petit

a. Ranger les nombres suivants dans l'ordre croissant :
25,5 ; 22,4 ; 125 ; 35,01 ; 25,21 ; 25,385 ; 25,67.

b. Tracer une droite graduée de 0 à 10 et placer approximativement dessus les nombres suivants :
4,5 ; 6 ; 9 ; 1,0001 ; 7,5.

5 Inférieur ou supérieur ?
Recopier et compléter les écritures ci-dessous avec l'un des symboles $<$, $>$ ou $=$:

12 .... 45 ;	15,0 .... 15 ;
21,2 .... 21,199 ;	0 .... 2 ;
1,999 .... 1,89999 ;	06,4 .... 6,4.

6 Couper... mais pas n'importe où !
Donner une valeur approchée à l'unité, puis une valeur approchée au dixième de chacun des nombres suivants :
67,38 ; 99,975 ; 0,14 ; 96,1257.

Activités

1 Déplaçons la virgule !

1 Voici un nombre : 1 873,426.
Où faut-il placer la virgule pour que le 4 devienne :
a. le chiffre des dizaines ? **b.** le chiffre des unités ?
c. le chiffre des centièmes ? **d.** le chiffre des milliers ?

2 Reprendre les questions avec le nombre 5 402,13.

Voir exercices 30 à 32, p. 16.

2 Découpons des nombres !

1 On sait que $45{,}6 = 4 \times 10 + 5 \times 1 + 6 \times 0{,}1$.
Mais on peut aussi écrire $45{,}6 = 4 \times 10 + 5 \times 1 + 6 \times \frac{1}{10}$.
Recopier et compléter le tableau suivant :

Écriture décimale	Découpage 1	Découpage 2
45,6	$4 \times 10 + 5 \times 1 + 6 \times 0{,}1$	$4 \times 10 + 5 \times 1 + 6 \times \frac{1}{10}$
6,15	....	....
53,067	....	....
....	$5 \times 100 + 8 \times 4 + 9 \times 0{,}01$	....
....	....	$7 \times 1 + 8 \times \frac{1}{10} + 2 \times \frac{1}{1\,000}$

2 Simplifier l'écriture des nombres suivants :
$A = 42 \times 10 + 64 \times 0{,}1 + 5 \times 0{,}001$;

$B = 648 \times \frac{1}{10} + 15 \times \frac{1}{100}$; $C = 81 \times \frac{1}{100} + 99 \times \frac{1}{1\,000}$.

Voir exercices 37 à 41, p. 17.

3 Le Grand Tableau des Unités

1 Recopier le tableau ci-dessous et compléter la première ligne :

Centaine	....	....	,	Dixième	....	....
....	....	....	,	....	....	....
....	....	....	,	....	....	....
....	....	....	,	....	....	....

2 Placer dans le tableau les nombres suivants : 54,1 ; 605,12 ; 4,512.

3 Écrire ces trois nombres en toutes lettres.

Voir exercices 33 et 34, p. 16.

4 Multiplier un nombre par 10 ; 100 ou 1 000

1 Sans calculatrice, donner le résultat de :
$A = 12 \times 10$; $B = 12{,}6 \times 10$; $C = 3 \times 100$;
$D = 3{,}125 \times 100$; $E = 64 \times 1\,000$; $F = 64{,}15 \times 1\,000$.

2 Recopier et compléter la règle de multiplication par 10, 100 ou 1 000 : pour **multiplier** un nombre par 10, 100 ou 1 000 on déplace, selon les cas, la .... de 1, 2 ou 3 rangs vers la ...., en complétant au besoin par des ....

3 Utiliser la règle précédente pour calculer :
$G = 5{,}12 \times 10$; $H = 5{,}12 \times 100$; $I = 5{,}12 \times 1\,000$.

Voir exercices 42 à 45, p. 17.

5 Diviser un nombre par 10 ; 100 ou 1 000

1 Sans calculatrice, donner le résultat de :

$A = \dfrac{24}{10}$; $B = 24{,}1 \div 10$; $C = \dfrac{302}{100}$;

$D = 302{,}1 \div 100$; $E = \dfrac{156}{1\,000}$; $F = 156{,}59 \div 1\,000$.

2 Recopier et compléter la règle de division par 10, 100 ou 1 000 : pour **diviser** un nombre par 10, 100 ou 1 000, on déplace, selon les cas, la .... de 1, 2 ou 3 rangs vers la ...., en complétant au besoin par des ....

3 Utiliser la règle ci-dessus pour calculer :
$G = 96{,}12 \div 10$; $H = 96{,}12 \div 100$; $I = 96{,}12 \div 1\,000$.

Voir exercices 46, p. 17 et 49 à 51, p. 18.

6 Ranger en ajoutant des zéros

Théo souhaite s'acheter un nouveau joystick. Il a repéré les prix de quatre modèles : Zeubaiste : 46,55 € ; Championi : 46,8 € ; Fulgurator : 46,09 € ; Toudou : 46,2 €.

1 Recopier chacun de ces nombres avec deux chiffres après la virgule (écrire ces deux chiffres en rouge).

2 Ranger ces prix du plus petit au plus grand.

3 Quel joystick Théo va-t-il finalement choisir s'il veut acheter le moins cher ?

Voir exercices 54 à 56, p. 18.

7 Placer des nombres sur une droite graduée

Les filles de la 3e B viennent de faire un concours de saut en longueur. Le tableau ci-contre donne leurs résultats (Tatiana n'était vraiment pas en forme mais elle a voulu sauter quand même !)

Nom	Distance (en mètres)
Laurène	2,8
Bella	3
Doria	4
Noémie	3,8
Marion	2
Claudy	2,5
Audrey	2,95
Tatiana	0,6

1 Reproduire la droite graduée ci-dessous (on prendra 4 carreaux pour un mètre).

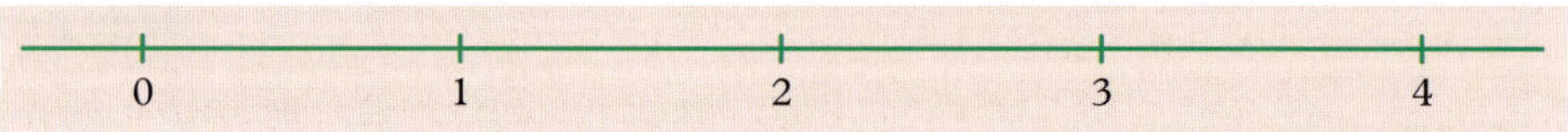

2 Placer approximativement les initiales des prénoms de ces filles au-dessus de leur performance (comme par exemple L un peu avant le 3).

3 Donner le classement de la compétition.

Voir exercices 59 et 60, p. 18.

8 Savoir utiliser $<$ et $>$

1 Recopier et compléter les phrases suivantes avec les mots *petit* ou *grand* :

a. 3 mètres, c'est plus .... que 2,95 mètres.
b. 15 €, c'est un prix plus .... que 18,56 €.
c. 36 litres, c'est un volume plus .... que 28 litres.

2 3 est plus grand que 2,95 :
on écrit $3 > 2{,}95$.
15 est plus petit que 18,56 :
on écrit $15 < 18{,}56$.
Comparer les nombres suivants en utilisant les symboles $<$ et $>$:
36 et 28 ; 16,5 et 16,49 ;
7,09 et 7,6 ; 792,6 et 758,999.

3 Recopier le tableau suivant et transformer les affirmations qui sont fausses :

$5{,}1 < 5{,}3$	$5{,}48 < 5{,}3$	$5{,}06 < 5{,}3$
$49{,}01 < 48{,}97$	$48{,}9 < 48{,}97$	$48{,}908 < 48{,}97$
$5{,}1 > 5{,}09$	$5{,}26 > 5{,}09$	$6 > 5{,}09$
$75{,}6 > 75{,}64$	$75{,}609 > 75{,}64$	$75{,}6399 > 75{,}64$
$65{,}1 < 65{,}101$	$65{,}0264 < 65{,}101$	$65{,}18 < 65{,}101$

Voir exercices 62, p. 18 et 65, p. 19.

9 Valeurs approchées

A - On découvre

Trois élèves ont calculé leur moyenne en mathématiques :
Léa : 12,16 ; Idir : 14,825 ; Théo : 13,675.

1 **a.** Leur professeur ne s'occupe pas des chiffres après la virgule dans le résultat des moyennes. Quelle note va-t-il donner à chacun ?
b. Cette note est la **valeur approchée par défaut à l'unité** de la vraie note. Recopier et compléter : .... est la valeur .... par défaut à l'unité de 12,16.

2 Idir trouve cela injuste : il explique qu'il aurait dû avoir 15 de moyenne. Le professeur le reconnaît et décide d'arrondir à l'entier supérieur.
a. Que vont devenir les deux autres moyennes ?
b. Cette note est la **valeur approchée par excès à l'unité** de la vraie note. Recopier et compléter : 14 est la .... par .... à l'unité de 13,675.

3 La moyenne de Léa semble maintenant un peu faussée. Le professeur a représenté les moyennes des trois élèves sur l'axe gradué ci-dessous :

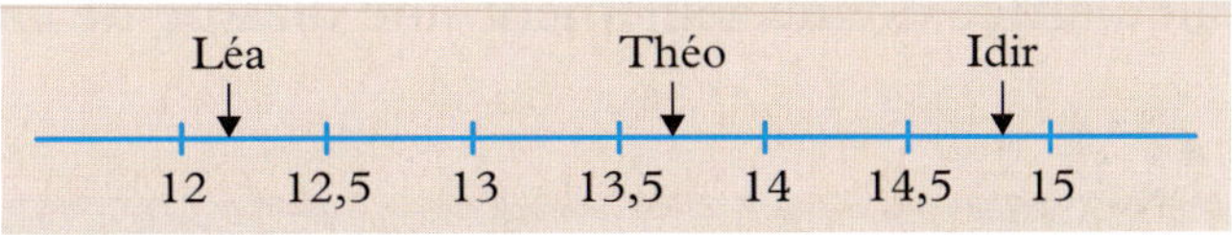

a. Indiquer la moyenne qu'il va finalement écrire sur leurs bulletins.
b. Ces nombres sont les **arrondis à l'unité** des vraies notes.
Recopier et compléter : 12 est l'........ à l'unité de 12,16 et .... est l'arrondi à l'........ de 14,825.

B - On explique

1 Pierre s'est parfois trompé en remplissant le tableau ci-dessous. Trouver ses réponses fausses et les rectifier en recopiant le tableau :

Nombre	Valeur approchée	Par défaut / Par excès	Réponse
45,361	à l'unité	par défaut	*45,3*
122,24	au dixième	par défaut	*122,2*
13,349	au dixième	par excès	*13,34*
12,214	au centième	par défaut	*12,22*

2 Recopier et compléter le tableau suivant :

Nombre	Valeur approchée	Précision	Par défaut / Par excès
4,51	**4,5**	**au dixième**	**par défaut**
3,754	4	....	....
16,957	16,9	....	....
32,954	32,96	....	....

Voir exercices 66 à 69, p. 19.

Retenir le cours

1 Les nombres

A - Les entiers

Les nombres entiers sont les nombres qui peuvent s'écrire simplement **sans utiliser la virgule**.

Exemples

- 12 et 153 sont des nombres entiers. 46,0 est aussi un nombre entier car $46{,}0 = 46$.
- 4,1 n'est pas un nombre entier.

B - Les décimaux

Les décimaux sont les nombres que l'on peut écrire sous forme de **fraction décimale**.

Exemples

- $21{,}4 = \dfrac{214}{10}$ et $38{,}03 = \dfrac{3\,803}{100}$ sont des nombres décimaux.
- $10 \div 3$ n'est pas un nombre décimal car son écriture ne s'arrête jamais même si la calculatrice donne seulement une dizaine de chiffres après la virgule.

2 Le tableau des « classes »

Il faut toujours se souvenir de ce tableau :

Partie entière									Partie décimale		
Classes des millions			Classes des mille			Classes des unités					
Centaine	Dizaine	Unité	Centaine	Dizaine	Unité	Centaine	Dizaine	Unité	Dixième	Centième	Millième
			1	2	0	4	9	0			
							2	7 ,	2	6	

Par exemple, on a écrit dans le tableau les nombres 120 490 et 27,26.

3 Multiplication et division par 10 ; 100 ou 1 000

Pour **multiplier** un nombre par 10, 100 ou 1 000, on déplace sa virgule de 1, 2 ou 3 rangs **vers la droite** (le nombre doit **grossir**).
Pour **diviser** un nombre par 10, 100 ou 1 000, on déplace sa virgule de 1, 2 ou 3 rangs **vers la gauche** (le nombre doit **diminuer**).

4 Valeurs approchées et arrondi

A - Valeurs approchées

Pour le nombre π, une calculatrice affiche 3.141592654.

On peut encadrer π entre deux nombres entiers **consécutifs**.

- On a $3 < \pi < 4$.

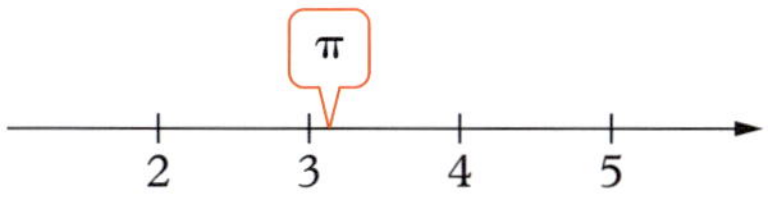

Car il en manque.

3 s'appelle la **valeur approchée par défaut à l'unité** de π.

4 s'appelle la **valeur approchée par excès à l'unité** de π.

Car il y en a trop.

Remarque $3 + 1 = 4$; entre 3 et 4 il y a une unité d'écart.

- De même, avec un chiffre après la virgule, on a : $3{,}1 < \pi < 3{,}2$.

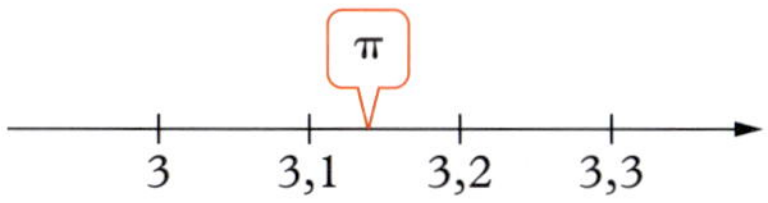

3,1 s'appelle la **valeur approchée par défaut au dixième** de π.

3,2 s'appelle la **valeur approchée par excès au dixième** de π.

Remarque $3{,}1 + 0{,}1 = 3{,}2$; entre 3,1 et 3,2 il y a un dixième d'écart.

- De la même façon, on obtiendrait des valeurs approchées au centième, au millième, etc.

Vocabulaire

La valeur approchée par défaut est aussi appelée **troncature**.

B - Arrondi

Pour le calcul de $A = 436 \div 64$, la calculatrice affiche 6.8125.

- L'encadrement à l'unité de A est : $6 < A < 7$.

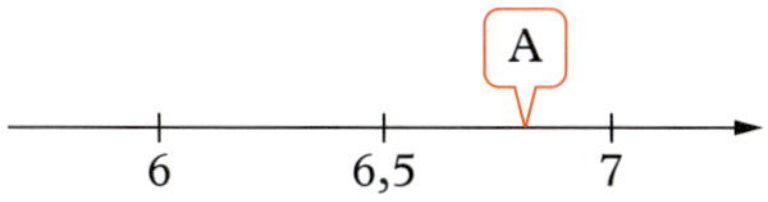

A est plus près de 7 que de 6 car son chiffre des dixièmes est supérieur à 5.

On dit que 7 est l'**arrondi à l'unité** de A et on note $\mathbf{A \approx 7}$.

- L'encadrement au dixième de A est : $6{,}8 < A < 6{,}9$.

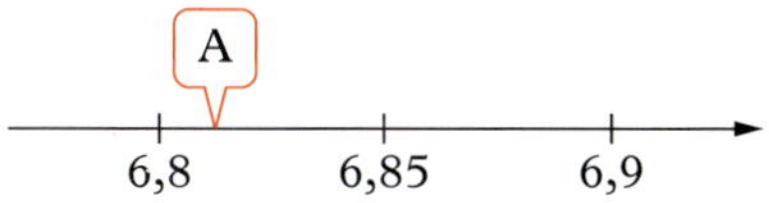

A est plus près de 6,8 que de 6,9 car son chiffre des centièmes est inférieur à 5.

On dit que 6,8 est l'**arrondi au dixième** de A et on note $\mathbf{A \approx 6{,}8}$.

Remarque Pour l'arrondi au centième de A, on obtiendrait $\mathbf{A \approx 6{,}81}$.

Retenir les méthodes

Comparer des nombres décimaux

En comparant les nombres chiffre après chiffre.

Classer les nombres suivants : 48,825 ; 48,85 et 47,999.

1re étape

On écrit les trois nombres les uns en dessous des autres en mettant les unités sous les unités et en alignant les chiffres.

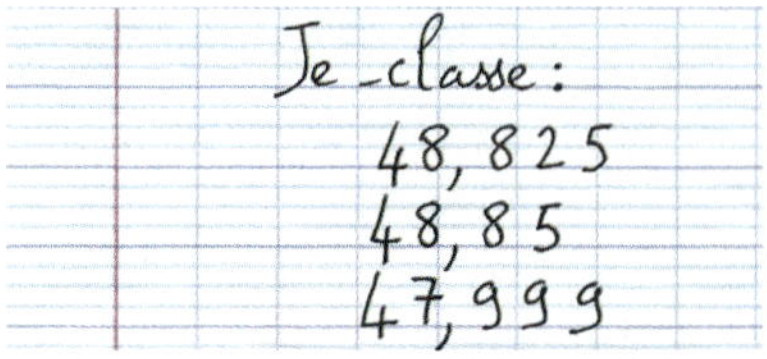

2e étape

On prend un crayon et on le pose à côté du premier chiffre que l'on rencontre.

Ce sont tous des 4 : on ne peut donc rien dire sur l'ordre des trois nombres.

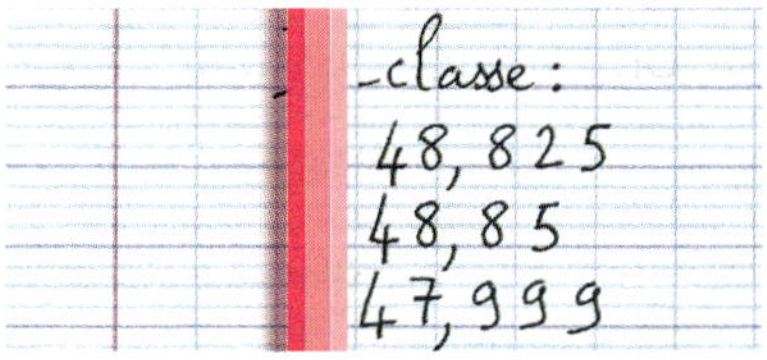

3e étape

On décale le crayon d'un chiffre vers la droite.

On trouve deux 8 et un 7.
7 est plus petit que 8 : on est donc sûr que 47,999 sera plus petit que les deux autres nombres.

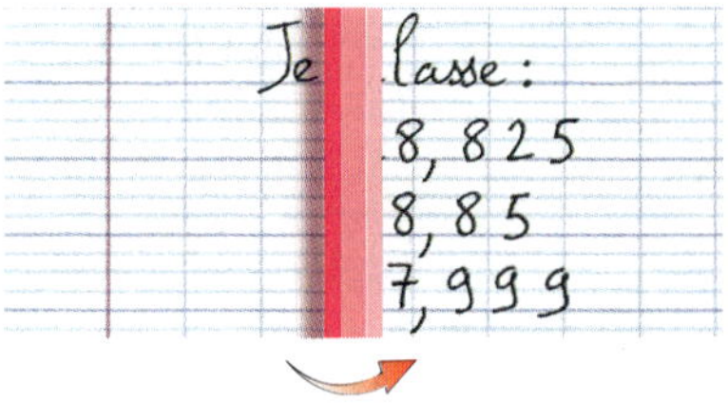

4e étape

On barre 47,999 car on n'a plus besoin de lui.

5e étape

On décale le crayon à droite, à côté du chiffre suivant.

On trouve deux 8 : on ne peut donc rien dire sur l'ordre de ces deux nombres.

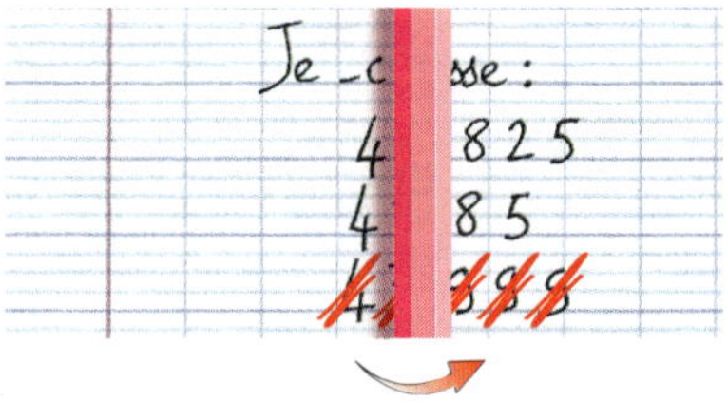

6e étape

On décale le crayon à droite, à côté du chiffre suivant.

On trouve un 2 et un 5.
2 est plus petit que 5 donc 48,825 est plus petit que 48,85.

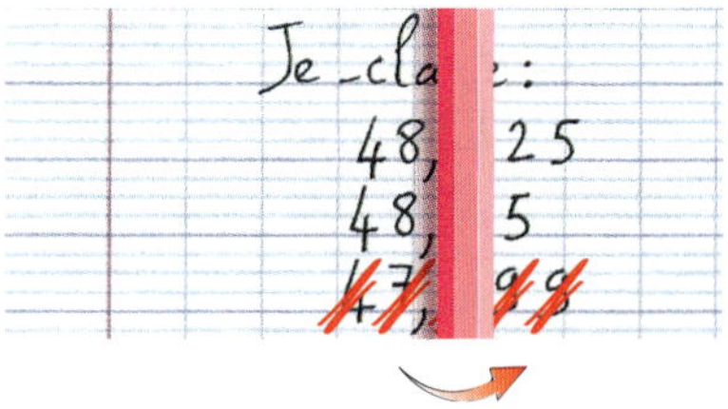

7e étape

On conclut.

$47,999 < 48,825 < 48,85$.

Voir exercices 53 à 55, p. 18.

Coup d'œil sur le chapitre

1 À vous de lire :
A = 156,06 ; B = 0,0974 ;
C = 1 896 450 ; D = 48 512 654 212 .

2 Dans les nombres suivants, préciser ce que représente le 4 :
A = 241,15 ; B = 158,14 ;
C = 410 560 ; D = 4 150 876.

3 Un nombre de quatre chiffres a pour chiffre des dixièmes 4, des dizaines 2, des unités 5 et des centaines 7.
Donner l'écriture décimale de ce nombre.

4 Mon chiffre des millièmes est 4, celui des dizaines est 1 et celui des centièmes est 5. Mon chiffre des unités est le double de celui des millièmes. Enfin, il y a un 2 dans mon écriture mais je n'ai que 5 chiffres.
Qui suis-je ?

5 Supprimer les zéros inutiles des nombres suivants :
A = 15 000 ; B = 16,80 ;
C = 49,067 ; D = 410,0690 ;
E = 017,6.

6 Calculer les produits suivants :
A = 15,1 × 10 ; B = 46,094 × 100 ;
C = 0,419 × 100 ; D = 62,31 × 1 000.

7 Calculer les nombres suivants :
A = 16,9 ÷ 10 ; B = 0,514 ÷ 10 ;
C = 9,5 ÷ 100 ; D = 9 845,4 ÷ 1 000.

8 Classer les nombres suivants du plus petit au plus grand :
A = 54,8 ; B = 54,789 ;
C = 53,999 ; D = 54.

9 Classer les nombres suivants dans l'ordre croissant :
A = 1,525 ; B = 1,53 ;
C = 2,4 ; D = 1,6.

10 Classer les nombres suivants dans l'ordre décroissant :
A = 0,6554 ; B = 0,66 ;
C = 0,658 ; D = 0,59999.

11 Compléter les phrases suivantes avec les mots *inférieur* ou *supérieur* :
a. 15,6 est .... à 84,2 ;
b. 18,95 est .... à 18,7 ;
c. 95,678 est .... à 956,78 ;
d. 45,602 est .... à 45,6017.

12 Compléter avec les symboles $<$ ou $>$:
a. 86,5 .... 95,14 ;
b. 7,854 .... 7,845 ;
c. 0,015 .... 0,13 ;
d. 614 152,15 .... 615 452,16.

13 Donner la valeur approchée à l'unité par défaut puis par excès de :
A = 64,15 ; B = 69,8 ; C = 740,06.

14 Donner la valeur approchée au dixième par défaut puis par excès de :
A = 59,91 ; B = 65,58 ; C = 0,099.

15 Donner l'arrondi à l'unité puis au centième de :
A = 14,194 ; B = 47,237 ; C = 30,657.

16 Ma valeur approchée à l'unité par excès est 142 et ma partie décimale est 0,58. Qui suis-je ?

17 Mon arrondi à l'unité est 141 et ma partie décimale est 0,14. Qui suis-je ?

18 Donner une écriture fractionnaire de :
A = 47,8 ; B = 15,24 ;
C = 6,02 ; D = 48,907.

19 Donner l'écriture décimale de :
$A = \frac{72}{10}$; $B = \frac{1\,357}{100}$;
$C = \frac{7}{100}$; $D = \frac{3}{1\,000}$.

20 Recopier et compléter :
a. $\frac{17\,000}{\ldots\ldots} = 170$; **b.** $\frac{\ldots\ldots}{10} = 4,5$;
c. $\frac{174,5}{\ldots\ldots} = 1,745$; **d.** $8,5 \times \ldots\ldots = 8\,500$;
e. $\frac{873}{\ldots\ldots} = 0,873$; **f.** $\frac{50,4}{\ldots\ldots} = 0,504$.

Exercices

Pour démarrer

Écriture décimale

21 Écrire en chiffres les nombres suivants :
a. huit cent quatre ;
b. sept mille douze ;
c. six mille trois cents ;
d. deux cent un.

22 Écrire en chiffres les nombres suivants :
a. deux cent quatre-vingts ;
b. quatre cent vingt-deux ;
c. deux cent vingt-quatre ;
d. cent quatre-vingt-deux.

23 Écrire en chiffres les nombres suivants :
a. treize millions cinq cent mille ;
b. trois cent mille quatre cents ;
c. quarante-trois millions huit cent soixante-douze mille deux cent quatre ;
d. un milliard un million mille cent.

24 Écrire en toutes lettres les nombres suivants :
a. 7 000 ; **b.** 502 ;
c. 98 ; **d.** 850.

25 Écrire en toutes lettres les nombres suivants :
a. 456 ; **b.** 3 024 ;
c. 2 005 000 ; **d.** 19 000.

26 Énergie
Dans le texte suivant, les nombres sont mal écrits. Réécrire ce texte en exprimant les énergies en wattheures :
En 2003, la production d'électricité hydraulique a été de 658 67 GWh (milliards de wattheures). La force du vent a permis de produire 3 7400 0 MWh (millions de wattheures) et le soleil a fourni 19000000 kWh (milliers de wattheures).

27 Recopier et compléter le tableau suivant en précisant le rôle de certains chiffres :

	167 483	673 148 952	643 178
1	centaine de mille	....	....
3	....	....	....
4	....	....	....
6	....	....	....
7	....	....	....
8	....	....	....

28 Écrire en chiffres les nombres suivants :
a. dix-huit virgule trois ;
b. cent quatre virgule zéro un ;
c. soixante-douze virgule cinq cent quatre ;
d. mille cent virgule cent un.

29 Écrire en chiffres les nombres suivants :
a. trois unités et quatre dixièmes ;
b. quatre dizaines et trois dixièmes ;
c. une centaine et trois millièmes ;
d. zéro unité et zéro dixième.

30 Écrire en chiffres les nombres suivants :
a. quarante-trois dizaines et vingt-trois centièmes ;
b. cent deux centaines et trois cent quatre millièmes ;
c. cent dizaines et dix centièmes.

31 Supprimer les zéros inutiles de :
a. 56,0120 ;
b. 0 400,3210 ;
c. 050,060 ;
d. 950,12.

32 Repérer les nombres égaux :
a. 65,0 ; **b.** 12,3 ; **c.** 084,01 ;
d. 0,84 ; **e.** 13,2 ; **f.** 84,1 ;
g. 0102,3 ; **h.** 065 ; **i.** 84,10 ;
j. 012,30 ; **k.** 00,0084 ; **l.** 13,200.

33 Recopier et compléter le tableau suivant :

	3 514,268	654,831	984,316
Chiffre des dizaines	....	....	....
Chiffre des centièmes	....	....	....
Chiffre des unités	....	....	....
Chiffre des millièmes	....	....	....
Chiffre des centaines	....	....	....
Chiffre des dixièmes	....	....	....

34 Recopier et compléter le tableau suivant en précisant le rôle de certains chiffres :

	268,953	95 183,062	369,8524
2	centaines	....	....
3	....	....	....
5	....	....	....
6	....	....	....
8	....	....	....
9	....	....	....

Grandeur et mesure

35 Lucie sait que :
3,154 m = 3 m 1 dm 5 cm 4 mm.
Décomposer de la même manière :
a. 1,272 L ; **b.** 9,501 kg.

36 Marc a effectué la décomposition suivante :
2 728 g = 2 kg 7 hg 2 dag 8 g.
Décomposer de la même manière :
a. 3 405 m ; **b.** 320,5 g.

Fractions décimales

37 Recopier et compléter :

a. $9{,}6 = \frac{96}{\dots\dots}$; **b.** $81{,}24 = \frac{8\,124}{\dots\dots}$;

c. $6{,}02 = \frac{602}{\dots\dots}$; **d.** $0{,}167 = \frac{167}{\dots\dots}$.

38 Recopier et compléter :

a. $1{,}6 = \frac{\dots\dots}{10}$; **b.** $4{,}85 = \frac{\dots\dots}{100}$;

c. $45{,}2 = \frac{\dots\dots}{10}$; **d.** $6{,}304 = \frac{\dots\dots}{1\,000}$.

39 Écrire les nombres suivants à l'aide de fractions décimales :
a. 56,8 ; **b.** 41,05 ; **c.** 0,045 ; **d.** 84,1.

40 Décomposer les nombres suivants comme dans l'exemple :
Exemple : $56{,}13 = 56 + 0{,}1 + 3 \times 0{,}01$

$= 56 + 1 \times \frac{1}{10} + 3 \times \frac{1}{100}$

a. 89,67 ; **b.** 1,609 ; **c.** 654,087 ; **d.** 5,917.

41 Recopier et compléter les égalités suivantes :

a. $47{,}12 = 47 + \frac{\dots\dots}{10} + \frac{\dots\dots}{100}$;

b. $6{,}015 = \dots\dots + \frac{\dots\dots}{100} + \frac{\dots\dots}{1\,000}$;

c. $0{,}108 = \dots\dots + \frac{\dots\dots}{10} + \frac{\dots\dots}{1\,000}$;

d. $4{,}857 = \dots\dots + \frac{\dots\dots}{10} + \frac{\dots\dots}{100} + \frac{\dots\dots}{1\,000}$.

Multiplications et divisions décimales

42 Donner le résultat de :
a. 8,12 × 10 ;
b. 26,052 × 10 ;
c. 9 875,123 × 100 ;
d. 0,0148 × 1 000.

43 Recopier et compléter par 10, 100 ou 1 000 :
a. 95 × …… = 9 500 ;
b. 80 × …… = 800 ;
c. 156 × …… = 156 000.

44 Recopier et compléter par 10, 100 ou 1 000 :
a. 18,6 × …… = 186 ;
b. 45,7 × …… = 4 570 ;
c. 0,056 × …… = 5,6.

45 Recopier et compléter :
a. …… × 10 = 78 ;
b. …… × 100 = 57,4 ;
c. …… × 100 = 1 034,5 ;
d. …… × 1 000 = 84 020.

46 Donner le résultat de :
a. 56,8 ÷ 10 ;
b. 6,51 ÷ 10 ;
c. 840 000 ÷ 100 ;
d. 952,6 ÷ 1 000.

Calcul mental

47 Sans poser l'opération et sans la calculatrice, effectuer :

3,5 × 10	4,68 × 10	0,56 × 10
0,094 × 10	46,58 × 100	6,248 × 100
0,09134 × 100	12,6 × 1 000	0,0647 × 1 000

48 Sans poser l'opération et sans la calculatrice, effectuer :

95 ÷ 10	6,1 ÷ 10	0,48 ÷ 10
61,023 ÷ 10	915,77 ÷ 100	8,14 ÷ 100
0,064 ÷ 100	1 698 450 ÷ 1 000	0,5 ÷ 1 000

Exercices

49 Recopier et compléter par 10, 100 ou 1 000 :
a. 8 400 ÷ .... = 84 ; **b.** 180 ÷ .... = 18 ;
c. 1 500 000 ÷ .... = 150 000 ;
d. 110 000 ÷ .... = 110.

50 Recopier et compléter par 10, 100 ou 1 000 :
a. 750 ÷ .... = 0,75 ; **b.** 2,35 ÷ .... = 0,235 ;
c. 0,2 ÷ .... = 0,002 ; **d.** 15,3 ÷ .... = 0,0153.

51 Recopier et compléter :
a. .... ÷ 10 = 9,4 ; **b.** .... ÷ 100 = 3,056 ;
c. .... ÷ 100 = 0,0051 ;
d. .... ÷ 1 000 = 0,0152.

52 Donner le résultat de :
a. 58 × 1 ; **b.** 26,052 × 10 ;
c. 9 875,123 × 100 ; **d.** 0,0148 × 1 000.

Comparaison et rangement

53 Voici cinq propositions incomplètes :
a. 951,126 .... 951,157 ;
b. 78 621,99 .... 78 622,001 ;
c. 84,0108 .... 84,00999 ;
d. 0,0578 .... 0,0586 ;
e. 94,09 .... 95.

1. Recopier chacune d'elles.

2. Souligner en vert le chiffre qui permet de trouver le plus grand des deux nombres.
Exemple : 56,15 .... 56,4.

3. Entourer le plus grand des deux nombres et compléter par le symbole < ou >.

Voir* Retenir les méthodes, *p. 14.

54 Recopier en bleu les nombres plus petits que 46,34 et en vert ceux qui sont plus grands que 46,34 :
46,148 ; 46,3199 ; 46,5 ; 64,01 ;
46,9001 ; 460,33 ; 46,339 ; 46,4.

55 Ranger les nombres suivants dans l'ordre croissant :
12,15 ; 12,194 ; 12,617 ; 12,9 ; 12,846.

56 Santé
Une expérience a été réalisée avec cinq enfants : on a mesuré leur taux de glucose dans le sang qui doit se situer entre 0,8 et 1,2 g/L.
Indiquer quels enfants doivent faire plus attention à leur alimentation :
Zoé : 0,95 g/L ; Bruno : 1,3 g/L ;
Marion : 1,245g/L ; Mehdi : 0,75 g/L ;
Fatima : 1,154 g/L ; Léa : 0,845 g/L.

57 Pour chaque nombre ci-dessous :
a. 15,9 ; **b.** 1,97 ; **c.** 180 000,001.

1. Proposer deux nombres entiers plus petits.

2. Donner l'entier qui le précède immédiatement.

58 Pour chaque nombre ci-dessous :
a. 57,12 ; **b.** 58,001 ; **c.** 590 000,9.

1. Proposer deux nombres entiers plus grands.

2. Donner le premier entier qui le suit.

59 Reproduire la droite graduée ci-dessous et y placer les nombres suivants (prendre 1 cm comme unité) :
0,5 ; 2,6 ; 4,1 ; 3,9 ; 2,8.

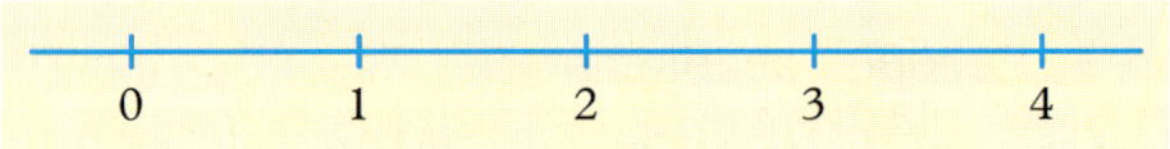

60 Indiquer le nombre repéré par chacune des lettres sur la droite suivante :

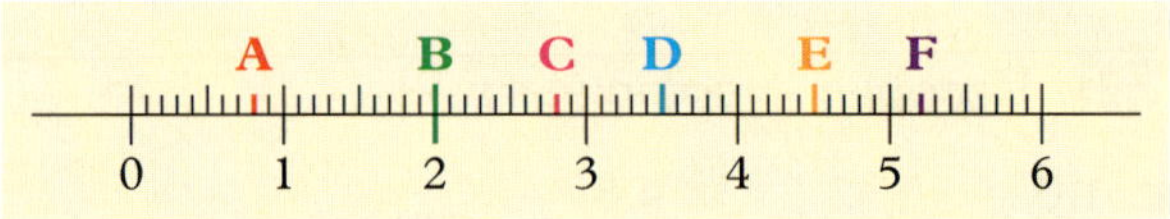

61 Représenter une frise chronologique allant de 1500 à 1900 (prendre 1 carreau pour 20 ans) puis placer approximativement les événements scientifiques suivants :
1783 : 1er vol en montgolfière ; **1826 :** invention du stéthoscope ; **1669 :** balance de Roberval ; **1804 :** 1er vol en planeur ; **1895 :** 1re émission de radio ; **1569 :** la carte moderne de Mercator.

62 Recopier et compléter avec les symboles < ou > :
a. 78,94 .... 78,49 ; **b.** 84,675 .... 84,75 ;
c. 912,601 .... 913,502 ; **d.** 84,015 .... 84,0151.

63 **1.** Je suis un nombre entier compris entre 15,23 et 61,2 et entre 60,648 et 95,2. Qui suis-je ?

2. Je possède un seul chiffre après la virgule, je suis à la fois entre 45,21 et 49,81 et entre 49,75 et 56,4. Qui suis-je ?

3. J'ai deux chiffres après ma virgule (qui ne sont pas des zéros), je suis entre 8,1234 et 12,608 ainsi qu'entre 12,587 et 456,7. Qui suis-je ?
Indication : on pourra s'aider d'un schéma.

64 Pour chacun des quatre cas, proposer un nombre qui est entre :
a. 3,1 et 3,6 ; **b.** 5,1 et 5,2 ;
c. 9,99 et 10 ; **d.** 0,06 et 0,07.

65 Recopier et compléter chaque ligne par deux nombres décimaux :
a. 59,9 < .... < .... < 60 ;
b. 4,8 < .... < .... < 4,81 ;
c. 5,01 < .... < .... < 5,02 ;
d. 48,91 < .... < .... < 48,9101 .

Valeurs approchées

66 Donner la valeur approchée au dixième par défaut et par excès des nombres suivants :
a. 56,945 ; **b.** 410,011 ;
c. 67,956 ; **d.** 98,927.

67 Donner la valeur approchée au centième par défaut et par excès des nombres de l'exercice **66**.

68 Soit le nombre A = 125,3651 .
Recopier et compléter le tableau suivant :

Valeur approchée	
par défaut au dixième	....
par excès au centième	....
par défaut à l'unité	....
....	126
....	125,36

69 Recopier et compléter le tableau suivant :

	Troncature	Arrondi à l'unité
9,845	....	....
6,254	....	....
45,6	....	....

Lire et comprendre

70 Jérémie est plus petit que Kévin et il est plus grand que Laurence. Recopier et compléter le texte avec les nombres suivants : 1,41 ; 1,48 ; 1,56.
Jérémie mesure .... mètre, Kévin mesure .... mètre et Laurence a une taille de .... mètre.

71 Recopier et compléter le texte avec les nombres suivants : 2 ; 10 ; 37 ; 12,5.
Quand Alain a soufflé ses .... bougies d'anniversaire de mariage, il était avec sa femme et ses .... enfants. Il avait alors .... ans et il a reçu en cadeau un beau voilier de .... mètres.

72 **1.** Quand je dis « l'homme a une main qui possède 5 doigts », 5 est-il un nombre ou un chiffre ?
2. Combien existe-t-il de chiffres ?
3. Combien existe-t-il de nombres entiers ?

73 La phrase « Voici les chiffres du chômage », que l'on entend souvent au journal télévisé, est-elle correcte ? Que devrait-on dire ?

74 Adrien, élève de 6e, prétend savoir combien il y a de nombres entiers compris entre 9,01 et 19,5. Son grand frère Romain, qui aime bien avoir le dernier mot, affirme pouvoir compter combien il y a de nombres qui ne sont pas entiers et qui sont compris entre 9,01 et 19,5.
Que peut-on penser des déclarations de ces deux frères ? Expliquer.

Qui a raison ?

a

b

Pour aller plus loin

Nombres décimaux

75 Sans utiliser le mot *virgule*, écrire en toutes lettres :
a. 8,2 ; **b.** 95,6 ; **c.** 6,15 ; **d.** 8,06 ; **e.** 94,01 ; **f.** 8,00054 ; **g.** 0,0014 ; **h.** 12,0509 ; **i.** 45 000,5.

76 Regrouper les nombres égaux du tableau suivant :

150 centièmes	1 unité et 5 centièmes	1,500
$\frac{15}{10}$	15 dixièmes	$10,5 \div 10$
105 centièmes	$0,105 \times 10$	1,05
$1 + \frac{5}{100}$	1 unité et 5 dixièmes	$1 + \frac{5}{10}$

77 **Devinettes**

1. Mon chiffre des dizaines est 5 et celui des dixièmes est 8. À part ces deux-là, je n'ai que des zéros… Qui suis-je ?

2. Mon chiffre des milliers est 8 et celui des centièmes est 2. À part ces deux-là, je n'ai que des zéros… Qui suis-je ?

3. Mon chiffre des milliers est 3, celui des unités est 5 et celui des centièmes est 8. À part ces trois-là, je n'ai que des zéros… Qui suis-je ?

78 Recopier et compléter le tableau suivant :

Nombre de départ	Opération	Le 4 devient le chiffre des
154,16	**× 10**	**dizaines**
146,93	× 10	………
468,191	÷ 100	………
197,45	………	dizaines
649 012	………	centaines
0,0154	× 100	………

79 Recopier et compléter le tableau suivant (quand il y a plusieurs solutions, on n'en donnera qu'une) :

Nombre	Troncature	Arrondi à l'unité
6,59	………	………
7,068999	………	………
………	5	5
………	159	160

Comparaison

80 Pour être admis en finale d'un concours de triple saut, il fallait franchir au moins 17,15 m aux éliminatoires. On a inscrit dans le tableau ci-dessous le nom de quelques concurrents ainsi que leur record à ces éliminatoires.

	Helmut	Manuel	Elton	Émilio	Sylvain
Longueur en m	17,2	17,08	18,1	18,03	16,95

Préciser quels sont ceux qui ont pu disputer la finale.

81 Avant l'apparition du système métrique, on utilisait en France des unités comme :
le pas (0,624 m) ; la lieue (3 900 m) ;
la toise (1,949 m) ; le pouce (0,02707 m) ;
le pied (0,325 m) ; la perche (6,496 m) ;
la ligne (0,00226 m).

1. Classer ces unités de la plus petite à la plus grande.

2. Au fait, pouvez-vous trouver quelle distance le Chat botté parcourait à chaque pas ?

82 Recopier chaque ligne et la compléter par des nombres décimaux :
a. 460 < ……… < ……… < 461 ;
b. 6,2 < ……… < ……… < 6,4 ;
c. 9,15 < ……… < ……… < ……… < 9,16 ;
d. 169,9 < ……… < ……… < ……… < 170 ;
e. 0 < ……… < ……… < 0,01.

83 Ranger par ordre croissant :
4 ; 0,44 ; 44,04 ; 44,4 ; 40,04 ; 40,4 ; 40 ; 4,04.

84 Ranger par ordre décroissant :
8 ; 80 ; 8,08 ; 0,88 ; 80,08 ; 80,8 ; 88,08 ; 88,8.

85 Indiquer le nombre entier immédiatement supérieur à :
a. 999 ; **b.** 699 ; **c.** 80 099 ;
d. 99,9 ; **e.** 3 009 999 ; **f.** 0,0001 ;
g. 10,001 ; **h.** 1,09 ; **i.** 100,7.

86 Encadrer chacun des nombres suivants entre deux nombres entiers consécutifs :
a. 95,8 ; **b.** 84,10099 ;
c. 999,01 ; **d.** 150,002 ;
e. 9,999999 ; **f.** 0,001.

87 Recopier et compléter par un des nombres de la liste suivante : 5,213 ; 5,123 ; 5,312.
a. $5,1 < \ldots < 5,2$; **b.** $5,2 < \ldots < 5,3$;
c. $5,3 < \ldots < 5,4$.

88 Pour chaque cas, proposer deux nombres décimaux qui conviennent :
a. $95,6 < \ldots < 96,7$; **b.** $458,01 < \ldots < 459,04$;
c. $6,07 < \ldots < 6,09$; **d.** $61,16 < \ldots < 61,17$.

Problèmes

89 Énergie
Au 1er trimestre 2004, dans l'Aude, on comptait 11 sites de production d'électricité éolienne.
Voici leurs productions en GWh :
Escales-Conilhac : 3,899 ; Tuchan : 8,982 ;
Souleilla : 7,706 ; Grande Garrigue : 15,232 ;
Plan du Pal 1 : 1,917 ; Plan du Pal 2 : 0,833 ;
Sigean : 5,726 ; Port-la-Nouvelle : 1,763 ;
Roquetaillade : 4,480 ; Fitou : 8,652 ;
Portel-des-Corbières : 12,342.

1. Donner la valeur approchée par défaut au dixième de chacun de ces nombres.

2. Donner l'arrondi au dixième de chacun de ces nombres.

3. Classer ces sites par ordre décroissant de production.

90 Quelle générosité !

1. Paul vient de gagner 156 090 € à la loterie. Il décide de donner le dixième de cette somme à sa fille.
a. Combien va-t-elle recevoir ?
b. Combien reste-t-il d'argent à Paul ?

2. Il offre le centième de ce qui lui reste à chacun de ses 75 amis.
Combien donnera-t-il à chacun ?

3. Avec le reste, il s'offre une nouvelle voiture.
Quel est le prix de cette voiture ?

91 Drôle d'espèce !

1. Un saumon d'une espèce très curieuse, le *salmonis mathematicus*, pond 100 œufs juste avant de mourir. Si tous les œufs éclosent et qu'il n'y a pas de prédateurs pour manger ces poissons, combien a-t-on de saumons au bout de :
a. deux générations (ses « petits-enfants ») ?
b. quatre générations ?
c. cinq générations ?

2. Peut-on croire à cette histoire ? pourquoi ?

92 Énergie
Voici les coûts de production en centimes d'euros d'un kilowattheure (kWh) pour différentes centrales :
centrale à charbon : 3,65 ; turbine à gaz : 3,48 ;
centrale nucléaire : 8,83 ; ferme éolienne : 6,48.

1. Classer ces types de production du moins coûteux au plus coûteux.

2. Donner les valeurs approchées par défaut au dixième de chacun de ces coûts.

3. Donner l'arrondi à l'unité de chacun de ces coûts.

93 Voici quelques performances relevées à l'arrivée d'un marathon.
Classer ces cinq coureurs dans l'ordre d'arrivée.

	Temps
Manu	3 h 12 min 45 s
Loulou	2 h 45 min 56 s
Paulo	3 h 12 min
Maxou	2 h 41 min 58 s
Pierrot	3 h 13 min

94 La bonne pointure
Le tableau ci-dessous indique la pointure en fonction de la longueur du pied. Ainsi, un pied mesurant entre 13 et 13,6 cm correspond à la pointure 22.

Long. du pied cm	10,3	11	11,6	12,3	13	13,6	14,3	15
Pointure	**17**	**18**	**19**	**20**	**21**	**22**	**23**	**24**
Long. du pied cm	15,6	16,3	17	17,6	18,3	19	19,6	20,3
Pointure	**25**	**26**	**27**	**28**	**29**	**30**	**31**	**32**
Long. du pied cm	21	21,6	22,3	22,9	23,6	24,2	24,9	25,5
Pointure	**33**	**34**	**35**	**36**	**37**	**38**	**39**	**40**

Source : catalogue *Les 3 Suisses*.

Monsieur Didier veut commander des chaussures par correspondance pour ses filles Catherine et Pascale.
Les pieds de Catherine mesurent 17,8 cm et ceux de Pascale 24 cm.
Quelles pointures doit-il commander pour ses filles ?

95 Météorologie
Voici pour quelques villes la hauteur (en mm) d'eau de pluie tombée en août 2004 :
Lille : 81,6 ; Caen : 113,8 ; Brest : 129 ;
La Rochelle : 70 ; Strasbourg : 73 ;
Paris : 98,2 ; Besançon : 178,6.

1. Convertir ces hauteurs en centimètres.

2. Classer ces hauteurs par ordre croissant.

3. Donner la valeur approchée par excès à l'unité pour chacun de ces nombres.

Exercices

Devoirs à la maison

96 **1.** Reproduire la droite graduée ci-dessous (on peut prendre 1 carreau entre 0 et 0,2) :

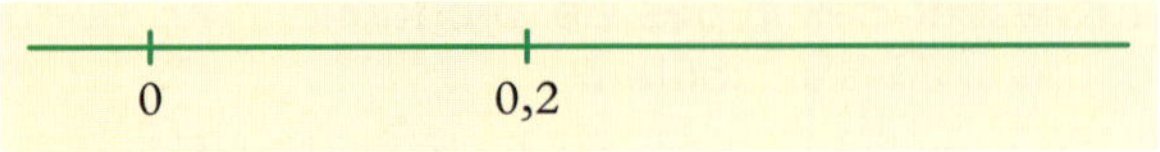

2. Placer sur la même droite graduée les nombres suivants :
0,4 ; 0,8 ; 1 ; 1,4 ; 0,7.

97 **Les neuf planètes**

Planète	Diamètre (en milliers de km)	Distance au Soleil (en km)
Jupiter	142,2	778 300 000
Mars	6,8	228 000 000
Mercure	4,84	58 000 000
Neptune	48	4 497 000 000
Pluton	3	5 912 400 000
Saturne	119,3	1 425 800 000
Terre	12,76	149 600 000
Uranus	47	2 869 000 000
Vénus	12,1	108 200 000

1. Parmi ces planètes de notre système solaire, lesquelles ont un diamètre compris entre 5 000 km et 15 000 km ?

2. Réécrire chaque distance au Soleil, en prenant comme unité le milliard de kilomètres.
Exemple : Uranus est à 2,869 milliards de kilomètres du Soleil.

3. Ranger ces planètes de la plus proche à la plus éloignée du Soleil.

4. Un peu d'histoire : à l'aide d'un dictionnaire, établir un lien entre certains jours de la semaine et certaines planètes de notre système solaire.

98 Reproduire et compléter les deux chenilles de la race *Mathématix* dessinées ci-dessous.

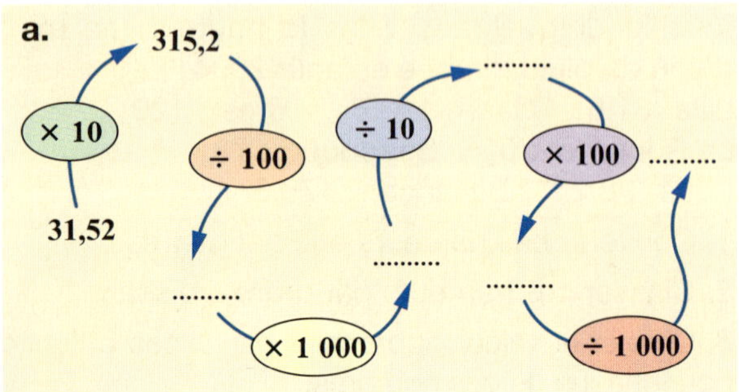

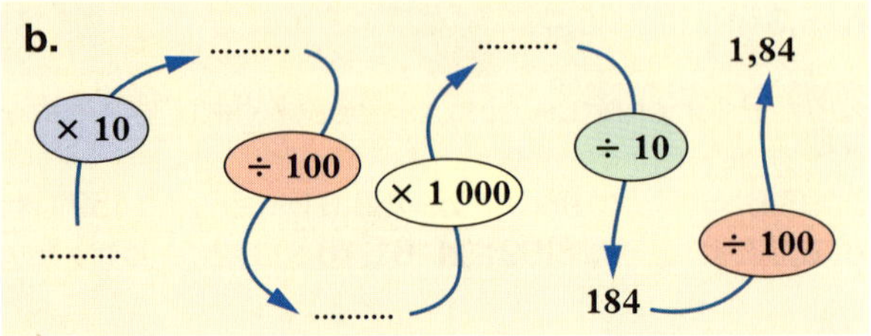

99 Pour être homologué, un ballon de rugby doit répondre à certaines normes parmi lesquelles :
- sa longueur doit être comprise entre 2,8 dm et 3 dm ;
- sa masse doit être comprise entre 0,4 kg et 0,44 kg.

Si l'une de ces deux conditions n'est pas satisfaite, le ballon n'est pas homologué.
Parmi les quatre ballons décrits ci-dessous, indiquer ceux qui ne peuvent pas être homologués :

	Longueur	Masse
Ballon A	2,75 dm	0,43 kg
Ballon B	2,806 dm	0,438 kg
Ballon C	2,895 dm	0,453 kg
Ballon D	2,901 dm	0,46 kg

100 **À la poissonnerie**
J'ai acheté pour 37,30 € de poisson et je paie avec un billet de 50 €.
La poissonnière me rend une pièce de 20 centimes et me dit « 37,50 ». Puis, elle me rend une pièce de 50 centimes et me dit « 38 ». Ensuite, elle me rend deux pièces de 1 € et me dit « 40 ». Enfin, elle me rend un billet de 10 € et me dit « et dix qui font 50 ».
Écrire ce que me dit la poissonnière si je paie :
a. 15,60 € avec un billet de 20 € ;
b. 67,85 € avec un billet de 100 € ;
c. 26,94 € avec un billet de 50 €.

Petits exposés

1. Le système sexagésimal : qu'est-ce que c'est ? est-il encore utilisé ?
2. Les Égyptiens connaissaient-ils le zéro ? Par qui a-t-il été inventé ?
3. Tous les nombres sont-ils décimaux ? Donner des exemples.

IVXLCDM

Vive les Maths !!!

LA NUMÉRATION ROMAINE

La **numération romaine** fut très particulière et totalement inadaptée à des calculs même élémentaires. Les symboles principaux en sont **I**, **X**, **C** et **M** (1 ; 10 ; 100 et 1 000) et les symboles secondaires **V**, **L** et **D** (5 ; 50 et 500) :

1	5	10	50	100	500	1 000
I	V	X	L	C	D	M

Pour leurs calculs, les Romains utilisaient des casiers réunis en damiers dans lesquels ils plaçaient des petits cailloux pour désigner les unités, les dizaines, les centaines, etc.
De cette technique romaine, il nous est resté le mot **calcul** (*calculus* = petit caillou). Pour lire les nombres écrits en romain, on doit la plupart du temps effectuer des additions ou des soustractions. Par exemple, avec ce système :
- 9 s'écrit IX, soit 10 − 1 ;
- 24 s'écrit XXIV, soit 10 + 10 + 5 − 1 ;
- 1995 s'écrit MCMXCV : le premier M signifie 1 000, puis on enlève 100 (C) à 1 000 (M) et on obtient 900. On retranche ensuite 10 (X) à 100 (C), ce qui fait 90, et on ajoute 5 (V) à la fin. **Ouf !**

MCCIC

Notre numération

Les Grecs utilisaient en astronomie le système sexagésimal babylonien. On a longtemps pensé que notre système de numération était d'origine arabe mais il est de nos jours établi qu'il est issu de l'Inde où il aurait été inventé aux alentours du IVe siècle avant J.-C., avant d'être couramment utilisé par les savants arabes.

En Europe occidentale, on en est longtemps resté à la numération romaine. Les deux systèmes ont toutefois peu à peu cohabité, parfois non sans problèmes (en 1299, le pape interdit l'usage des chiffres indo-arabes, peut-être par crainte des falsifications car leur forme n'était pas encore bien établie).

Ce n'est qu'au XIVe siècle que l'utilisation des chiffres indo-arabes se répand en Occident. Par la suite, Simon Stevin, financier et ingénieur de Bruges, et le Français François Viète seront les précurseurs du calcul décimal.

Casse-tête...

❶ Lire en romain

Écrire avec nos chiffres chacun des nombres suivants :
XIV ; DVI ; CDLXXVI.

❷ Écrire en romain

Écrire en numération romaine chacun des nombres suivants :
841 ; 999 ; 689.

❸ Calculer en romain

Pensez aux pauvres élèves romains qui ont dû faire les trois opérations ci-dessous !
LXII + XLIII ; XCVII + XXIII ; DVI − XIX.
Et vous, vous pourriez donner le résultat ? en écriture romaine bien sûr...

D'après le site internet www.chronomath.com

Soutien

A Lire ou écrire des nombres

1 Écrire avec des chiffres et une virgule les nombres suivants :
a. 4 cent 32 unités virgule 13 ;
b. sept millions dix-huit mille trois cent quatre virgule cinq ;
c. cinq cent sept millions trois mille quatre cent dix unités trois dixièmes.

Indication
On pourra utiliser au brouillon un tableau du même type que celui ci-dessous.

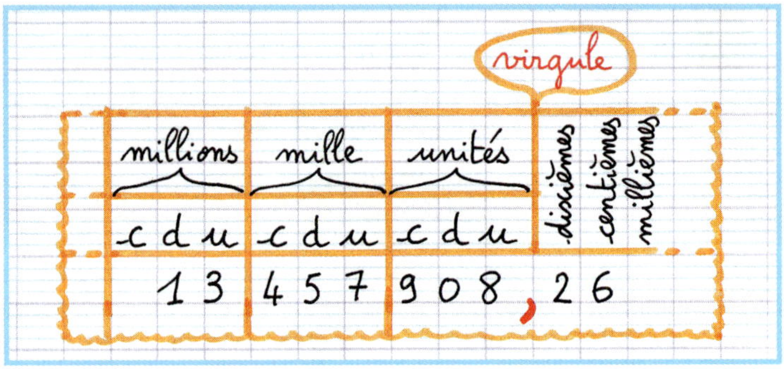

2 Écrire en toutes lettres :
a. 64,1 ;
b. 708,15 ;
c. 300,01.

B Comparer deux nombres qui ont la même partie entière

Recopier et compléter par $<$ (est plus petit que) ou $>$ (est plus grand que) :
a. 234,689 .... 234,7 ;
b. 46,568 .... 36,57 ;
c. 5,678 .... 5,63 ;
d. 25,429 .... 25,85 ;
e. 8,7 .... 8,64.

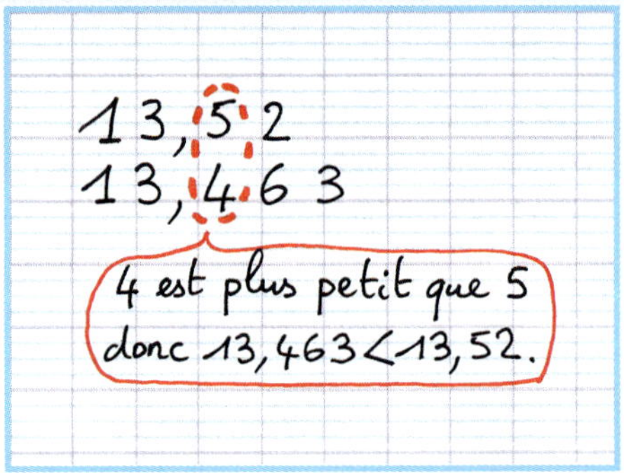

Indication
On peut écrire les deux nombres l'un sous l'autre en plaçant les virgules l'une sous l'autre ; on compare ensuite les chiffres en partant de la gauche jusqu'à ce qu'on en trouve deux différents.

C Écrire avec des fractions décimales

1 Écrire à l'aide de fractions décimales les nombres suivants :
a. 46,5 ; **b.** 64,27 ; **c.** 9,012.

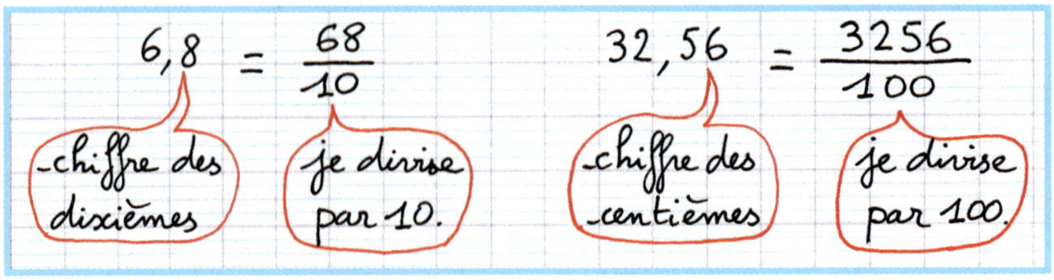

2 Écrire sous forme décimale les nombres suivants :
a. $\frac{27}{10}$; **b.** $\frac{645}{10}$; **c.** $\frac{562}{100}$; **d.** $\frac{68}{100}$; **e.** $\frac{4\,362}{1\,000}$; **f.** $\frac{728}{100}$.

Chapitre 2

Addition Soustraction

Avant de démarrer

1 Choix d'opération

Marc veut s'offrir un lecteur de CD qui coûte 110 € et un CD à 18,75 €. Il possède 53,35 € d'économies. Son père participe à son achat en lui donnant 15 €. Marc envisage de retirer de son livret de Caisse d'Épargne l'argent qui lui manque. Sur ce livret, il dispose de 191,73 €.

a. Quelle somme Marc doit-il retirer de son livret de Caisse d'Épargne?

b. Quel montant lui restera-t-il alors sur son livret?

2 Renverser les rôles (Jouer au professeur!)

Écrire un problème pour lequel il faut faire une addition et une soustraction pour trouver la réponse à la question.

3 Technique opératoire

Poser les opérations suivantes en colonnes puis effectuer:
$745{,}23 + 48{,}9$; $58{,}97 - 3{,}2$; $52{,}43 - 28{,}72$.

4 Opérations liées

Sachant que $456{,}23 - 368{,}7 = 87{,}53$, déterminer si possible le résultat des opérations suivantes sans les poser et sans calculatrice:
$368{,}7 + 87{,}53$; $456{,}23 - 87{,}53$; $456{,}23 + 87{,}53$.

5 Calculs habiles

Lire attentivement les calculs suivants puis les effectuer de tête:
$1 + 20 + 92 + 99 + 80 + 15 + 8$; $41 - 6 + 4$;
$752 + 99$; $131 - 87$.

6 Vérifier avec l'ordre de grandeur

Un jour de vendanges, Jean-Marc a apporté trois bennes de raisin à la coopérative: la première contenait 2 860 kg de raisin, la deuxième 1 022 kg de raisin et la troisième 3 980 kg de raisin.
Parmi les nombres suivants, déterminer sans poser d'opération et sans se servir de la calculatrice si la masse totale de raisin transportée est:
6 762 kg;   782 kg;   7 862 kg;   9 562 kg.

Activités

1 Associer un schéma à une opération

A - Compléter un schéma

Voici les schémas de trois itinéraires de randonnées de deux étapes chacun. Quelle opération faut-il poser pour trouver les distances manquantes ? Calculer ces distantes manquantes.

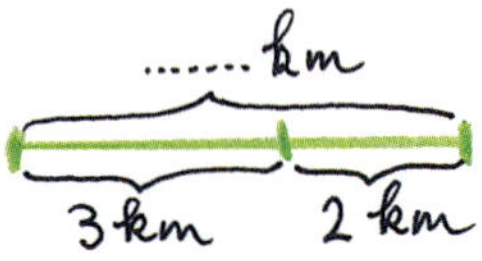

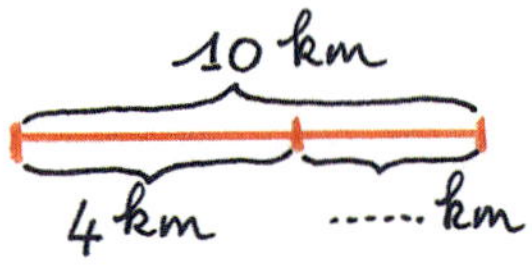

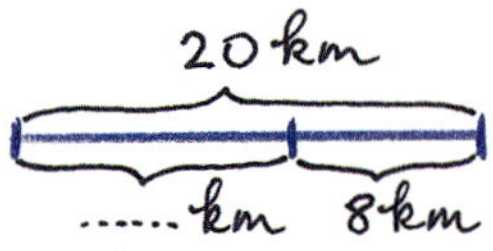

B - Schématiser une situation

1 Tom possède deux cannes à pêche : la grande qui est bleue et la petite qui est rouge. La différence de longueur des deux cannes est 17 cm.

Parmi les trois schémas ci-contre, indiquer celui qui correspond à la situation.

Schéma 1

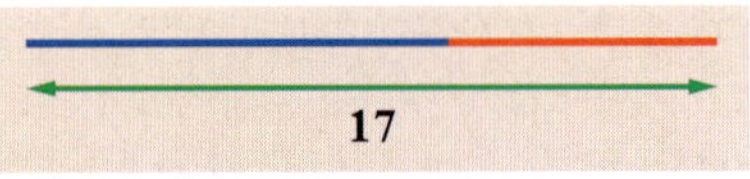

Schéma 2

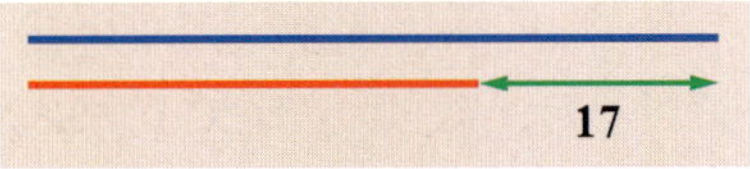

Schéma 3

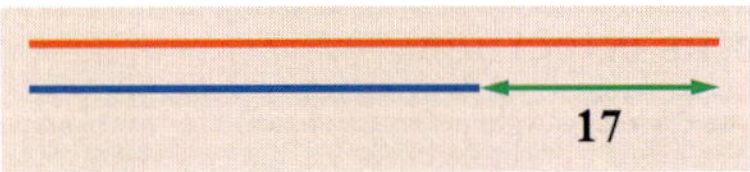

2 **a.** Refaire le schéma choisi à la question **1** et le compléter si la canne rouge mesure 152 cm.

b. Quelle opération faut-il effectuer pour trouver la longueur de la canne bleue ?

3 **a.** Refaire le schéma choisi à la question **1** et le compléter si la canne bleue mesure 198 cm.

b. Quelle opération faut-il effectuer pour trouver la longueur de la canne rouge ?

Voir exercices 40 à 43, p. 35 et 51 à 56, p. 36.

2 Choix d'opération

Résoudre des petits problèmes

Résoudre les problèmes suivants en se servant éventuellement de schémas comme dans l'activité **1** :

1 Le bus n° 9 qui va à la gare transporte 36 passagers dont 8 sont assis. Quel est le nombre de passagers debout ?

2 109 coureurs à pied participent à une course sur route de 10 km. Il y a 27 Espagnols, 48 Portugais et les autres sont français.
Combien y a-t-il de Français ?

3 Pierre a trois ans de moins que Brahim qui a cinq ans de plus que Kim. Pierre fête aujourd'hui son douzième anniversaire.
Quel est l'âge de Brahim ? et celui de Kim ?

4 Dimitri a 18 billes jaunes, 28 vertes, 14 rouges et 37 blanches. À la récréation du matin, il perd 18 billes mais il en gagne 7 à celle de l'après-midi. Quel est maintenant le nombre total de billes de Dimitri ?

Voir exercices 40 à 43, p. 35 et 51 à 56, p. 36.

3 Techniques d'addition et de soustraction

A - En colonnes

Nicolas	Delphine	Salvia
1 128,4 + 45,32 5,816	1 128,40 + 45,32 173,72	128,40 + 45,32 163,72

1 Nicolas, Delphine et Salvia ont posé ci-contre l'addition : 128,4 + 45,32.
Seul l'un de ces trois élèves a procédé correctement. Lequel ? Quelles erreurs ont été commises par chacun des deux autres ?

Nelly	Fadoua	Caroline
15,73 1 − 4,9 11,83	15,73 − 4,9 11,23	15,73 1 − 1 4,9 10,83

2 Nelly, Fadoua et Caroline ont posé ci-contre la soustraction : 15,73 − 4,9.
Seule l'une de ces trois élèves a procédé correctement. Laquelle ? Quelles erreurs ont été commises par chacune des deux autres ?

B - En ligne

Pour effectuer l'addition 124,23 + 45,3 en ligne, Frédéric a une technique efficace qu'il nous décrit ci-dessous en cinq étapes commentées :

Étape 1	**124,23 + 45,3 = 3** × ×	Je repère les centièmes par une croix et je les ajoute.
Étape 2	**124,23 + 45,3 = 53** ×× × ××	Je repère les dixièmes par une croix et je les ajoute.
Étape 3	**124,23 + 45,3 = 9,53** × ×× × × × ××	Je repère les unités par une croix et je les ajoute.
Étape 4	**124,23 + 45,3 = 69,53** ×× ×× ×× × ×× ××	Je repère les dizaines par une croix et je les ajoute.
Étape 5	**124,23 + 45,3 = 169,53** ××× ×× ×× × ××× ××	Je repère les centaines par une croix et je les ajoute. J'ai terminé.

1 Effectuer les opérations suivantes avec la technique de Frédéric :
43,5 + 132,26 ; 589,47 − 62,3.

2 Procéder comme Frédéric pour les opérations suivantes, en n'oubliant pas les retenues (qu'on pourra garder sur ses doigts) :
78,6 + 157,43 ; 52,53 − 1,73.

Voir exercices 19, p. 33 et 29, p. 34.

Activités

4 Opérations liées

A - Preuve

En utilisant sa calculatrice dont la touche [–] est cassée, Théo cherche si 147 896,63 − 79 497,6 = 68 398,67.

1 Quel calcul Théo doit-il taper? La soustraction de départ est-elle juste?

2 En utilisant la méthode précédente, mais cette fois sans la calculatrice, indiquer parmi les opérations suivantes celles qui sont justes:
a. 4 378 − 3 379 = 999; **b.** 77,47 − 46,58 = 31,11;
c. 986,52 − 789,17 = 197,35.

B - Opérations à trous

Pauline se demande quel nombre elle doit ajouter à 14,5 pour obtenir 25,82. Pour cela, elle a écrit: 14,5 + **?** = 25,82.

1 Pour obtenir **?**, quelle opération faut-il effectuer? Calculer **?**.

2 Recopier et compléter: 28,58 + ……… = 83,41.

Voir exercice 34, p. 34.

5 Enchaînements d'opérations

A - Avec seulement des additions

Paul, Julie et Olivier doivent calculer 17 + 8 + 13.
Recopier et compléter les schémas suivants. Que remarque-t-on?

Paul

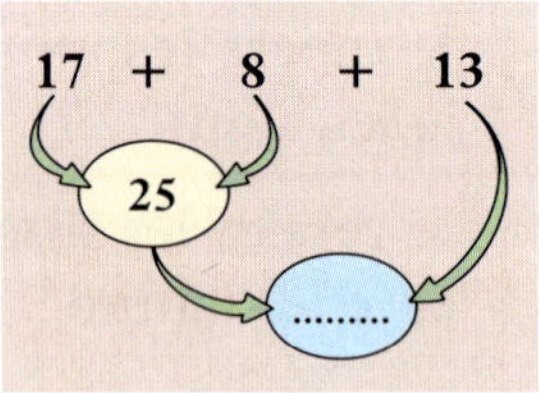

Julie

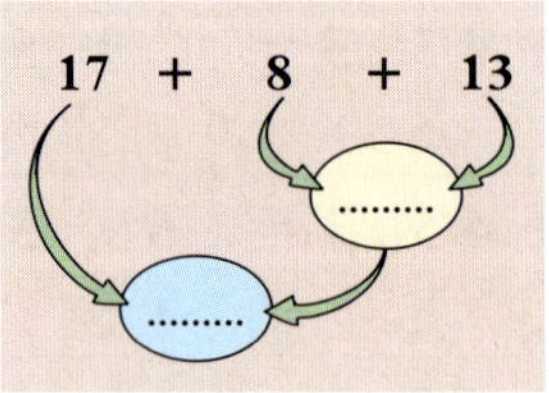

Olivier

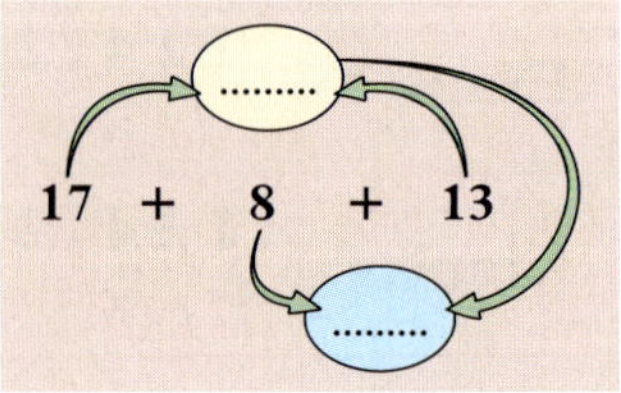

B - Danger: soustraction!

Sami avait 23 billes, il en a perdu 7 puis il en a gagné 2.

1 Combien Sami a-t-il de billes maintenant ?

2 Pour répondre à la question **1**, le professeur a écrit 23 − 7 + 2. Chloé prétend qu'on peut regrouper 7 et 2. Célia, elle, affirme qu'on doit effectuer ce calcul de la gauche vers la droite. Laquelle a raison ?

3 À quelle situation correspond le calcul de 23 − 7 − 2 ?

Voir exercices 31 et 33, p. 34.

6 Calculer de tête

Dans la classe, Nabil est un as du calcul mental. Il nous a confié une de ses astuces : « Pour ajouter 29, j'ajoute 30 et je retranche 1. »

1 En appliquant la méthode de Nabil, calculer mentalement :
$126 + 59$; $157 + 19$; $456 + 39$; $458 + 999$; $1\,485 + 99$.

2 Il doit bien exister un procédé similaire pour soustraire !
Trouver ce procédé, puis calculer mentalement :
$785 - 19$; $456 - 49$; $1\,235 - 99$; $782 - 69$.

Voir exercice 48, p. 35.

7 Compléter pour calculer une différence

Sarah veut calculer $239 - 96$.

Voilà ensuite ce qui se passe dans sa tête :

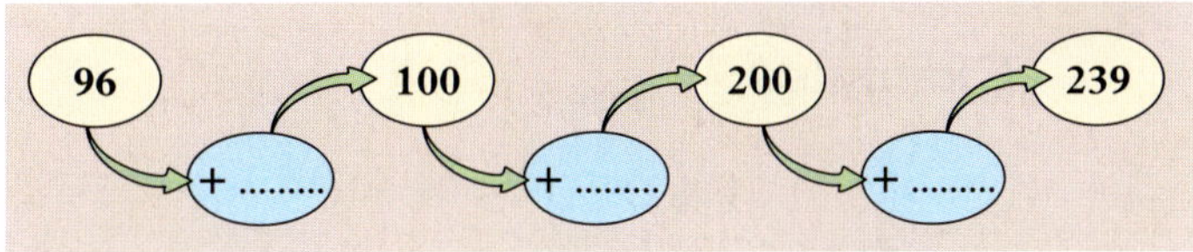

1 Recopier et compléter le schéma ci-dessus. Qu'obtient-on en additionnant les nombres contenus dans les cases bleues ?

2 À la manière de Sarah, calculer $407 - 186$ et $42 - 7{,}5$.

Voir exercices 23 et 24, p. 33.

8 Ordre de grandeur

Roger est électricien. Il demande à son apprenti Gaël de prélever sur un rouleau de 20 m de câble électrique un morceau de 10,90 m puis un autre de 6,85 m. Gaël pense qu'il n'y aura pas assez de câble sur le rouleau pour prélever les deux morceaux et il le dit à Roger.

« Bien sûr que si ! lui répond Roger, 10,90 est proche de 11 et 6,85 est proche de 7, donc la longueur totale est proche de 18. »

> 18 est un **ordre de grandeur** de $10{,}90 + 6{,}85$.

En utilisant le procédé de Roger, donner un ordre de grandeur de :
a. $12{,}8 + 18{,}3$; **b.** $75{,}17 - 11{,}03$; **c.** $998{,}72 - 499{,}53$.

Voir exercice 37, p. 34.

Retenir le cours

1 Vocabulaire

A - Addition

$$8 + 14 = 22$$

termes de la somme — **somme** de 8 et 14

On dit qu'on **ajoute** 14 à 8.

B - Soustraction

$$25 - 13 = 12$$

termes de la différence — **différence** de 25 et 13

On dit qu'on **soustrait** 13 de 25, ou qu'on **retranche** 13 de 25, ou qu'on **ôte** 13 de 25, ou encore qu'on **enlève** 13 de 25.

2 Effectuer une addition ou une soustraction

A - En colonnes

On écrit les chiffres en colonnes avec les unités sous les unités.

Exemples

(unités)

$$\begin{array}{r} 1\,{}^{1}4\,6\,,\,0 \\ +\quad 3\,7\,,\,9 \\ \hline 1\,8\,3\,,\,9 \end{array}$$

Donc $146 + 37{,}9 = 183{,}9$.

(unités)

$$\begin{array}{r} 1\,9\,,_{1}3\,_{1}0 \\ -\quad {}_{1}4\,,_{1}8\,2 \\ \hline 1\,4\,,\,4\,8 \end{array}$$

Donc $19{,}3 - 4{,}82 = 14{,}48$.

B - En ligne

On additionne d'abord les centièmes, puis les dixièmes, puis les unités et ainsi de suite, en faisant attention aux retenues.

Exemple

$14{,}3 + 2{,}65 = 16{,}95$

C - Autres méthodes

On peut encore utiliser :
- des techniques de calcul habile en faisant des regroupements astucieux ;
- des techniques de calcul mental ;
- la calculatrice ;
- un tableur d'ordinateur.

Attention Pour chacune de ces méthodes, vérifier l'**ordre de grandeur** du résultat.

Lire un énoncé

Énoncé

Laurette a acheté des ananas pour 7,50 €, des tomates pour 6 € et des boissons. Elle a payé avec un billet de 20 € et on lui a rendu 2,50 € à la caisse. Combien coûtent les boissons achetées par Laurette ?

Comment s'y prendre ?

On réécrit ce qui est important dans le texte en résumant les données et les questions.

Ce que je sais	**Ce que je cherche**
Ananas : 7,50 € ; tomates : 6 €. Boissons Donné : 20 € ; rendu : 2,50 €.	Prix des boissons ?

Résoudre un problème

On réfléchit aux calculs intermédiaires nécessaires

On imagine la situation : Ici, on peut trouver combien coûtent ensemble les ananas et les tomates.

On peut se poser des questions intermédiaires utiles.

Si je connaissais la dépense totale, je saurais calculer le prix des boissons.

On organise sa démarche en partant de la question posée.

-
-
- Les boissons coûtent ?

-
- La dépense totale est ?
- Les boissons coûtent ?

- Les ananas et les tomates coûtent ?
- La dépense totale est ?
- Les boissons coûtent ?

Solution

Chaque opération est suivie d'une phrase-réponse.

$7{,}50 + 6 = 13{,}50$
Les ananas et les tomates coûtent ensemble 13,50 €.
$20 - 2{,}50 = 17{,}50$
La dépense totale est égale à 17,50 €.
$17{,}50 - 13{,}50 = 4$
Les boissons coûtent 4 €.

On souligne la phrase-réponse qui répond à la question de l'énoncé.

Exercices

Coup d'œil sur le chapitre

Sauf indication contraire, les exercices sont à réaliser sans calculatrice.

1 Poser en colonnes et effectuer :
a. 586,4 + 63,37 ;
b. 78 − 5,3 ;
c. 131,42 − 36 ;
d. 128,6 − 65,2 ;
e. 567,845 − 398,96.

2 Calculer en ligne :
a. 13 + 8 ;
b. 24 + 1 ;
c. 18 − 9 ;
d. 35 − 7 ;
e. 46 − 1 ;
f. 54 − 28.

3 Regrouper astucieusement pour calculer :
A = 9,8 + 14 + 97 + 0,2 + 3 + 46 ;
B = 192 + 0,8 + 6,4 + 8 + 3,6 + 19,2.

4 Calculer mentalement 56 − 3 + 13 puis écrire le résultat.

5 Recopier et compléter :
a. 17 + ... = 39 ; **b.** 143 + 69 = ... ;
c. 58 − 26 = ... ; **d.** 87 − .... = 20 ;
e. 7,8 + ... = 10 ; **f.** 12,5 − .... = 7,7 ;
g. .... − 14 = 21 ; **h.** .... − 5,6 = 12,7.

6 Pour vérifier une soustraction, Julien effectue une addition.
En utilisant la méthode de Julien, vérifier si les trois soustractions suivantes sont justes :
a. 152 − 36 = 116 ;
b. 782 − 266 = 526 ;
c. 32,38 − 14,59 = 17,79.

7 Le professeur a dit que l'un des quatre nombres suivants écrits au tableau est le résultat de 987,8 + 252,3 :
124,01 ; 2 140,1 ; 1 240,1 ; 12 401.
Sans calculer la valeur exacte de cette somme, Lucie a choisi le bon résultat.
Quel est ce nombre ? Expliquer pourquoi.

8 Henri a choisi un nombre et, en y ajoutant 50, il obtient 116.
Quel est ce nombre choisi par Henri ?

9 Sophie choisit un nombre auquel elle retranche 14,7 ; elle obtient alors 3,27.
Quel est ce nombre choisi par Sophie ?

10 Linda achète un jeu qu'elle paie 19,75 € ; il lui reste alors 2,50 €.
Combien Linda avait-elle d'argent avant de payer le jeu ?

11 À l'aide d'un bidon plein d'essence, Mike complète le réservoir du moteur de son bateau. Le bidon plein contenait 25 L de carburant et maintenant il ne contient plus que 7,5 L.
Combien de litres d'essence Mike a-t-il ajoutés dans son réservoir ?

12 Un ouvrier a reçu un salaire de 985 € ainsi qu'une prime d'ancienneté de 86 €. Il a dépensé 172 € en frais de transport et 238 € de nourriture. Il a aussi payé 113 € d'impôts et 397 € pour le remboursement d'un prêt.
De quelle somme cet ouvrier dispose-t-il après toutes ces dépenses ?

13 Ce matin, la gamelle de Vox, Twister et Uba, les trois chiens de la maison, contenait 3,2 L d'eau. Dans la journée, les chiens ont bu ensemble 1,3 L. Ce soir, Bruno, leur jeune maître, a entièrement rempli un seau de 4 L mais il en a malheureusement renversé 0,5 L en le transportant. Il a ensuite réussi à en vider le contenu dans la gamelle des chiens sans en perdre une goutte !
Quelle quantité d'eau contient maintenant la gamelle des chiens ?

14 En 1997, on a lâché des ours bruns dans les Pyrénées, du côté d'un village appelé Melles, parce que l'espèce était en voie de disparition dans cette région. Parmi les spécimens qui ont ainsi été introduits dans ce secteur, figuraient un mâle, Pyros, et une femelle, Ziva.
Au moment de leur lâcher, Pyros était âgé de 9 ans et pesait 235 kg. Il avait trois ans de plus que Ziva. La femelle présentait une hauteur de 71 cm au garrot, soit 14 cm de moins que le mâle, et pesait 131 kg de moins que lui.

Source : lycée des Arènes à Toulouse.

1. À quelles questions nécessitant un calcul simple peut-on répondre en utilisant les données contenues dans ce texte ?

2. Répondre à ces questions.

Pour démarrer

Sauf indication contraire, les exercices sont à réaliser sans calculatrice.

Vocabulaire

15 On sait que :
7 + 4 = 11 et 23 − 8 = 15.
En utilisant les mots *différence*, *termes* et *somme*, recopier et compléter les phrases suivantes :
a. 11 est la .... de 4 et de 7.
7 et 4 sont les .... de la ....
b. 15 est la .... de 23 et de 8.
23 et 8 sont les .... de la ....

16 Calculer :
a. la somme de 15 et de 18 ;
b. la différence de 56 et de 33.

17 **1.** Écrire deux nombres dont la somme est 47.
2. Écrire deux nombres dont la somme est 23,7.

18 **1.** Écrire deux nombres dont la différence est 14.
2. Écrire deux nombres dont la différence est 8,6.

En colonnes

19 Recopier les opérations suivantes puis les terminer :

a. $$\begin{array}{rrrr} & 9 & 6 & 7 \\ + & & 8 & 6 \\ \hline & \ldots & \ldots & \ldots \end{array}$$

b. $$\begin{array}{rrrr} & 7 & 5, & 8 \\ - & & 4, & 6 \\ \hline & \ldots & \ldots & \ldots \end{array}$$

c. $$\begin{array}{rrrrr} & 4 & 0 & 6 & 2 \\ + & & 9 & 5 & 4 \\ \hline & \ldots & \ldots & \ldots & \ldots \end{array}$$

d. $$\begin{array}{rrrr} & 2 & 8 & \\ - & & 7, & 6 \\ \hline & \ldots & \ldots & \ldots \end{array}$$

20 Les opérations ci-dessous sont **mal posées**. Les recopier en les posant correctement puis les effectuer :

a. $$\begin{array}{rrrr} & 8 & 4 & 6 \\ + & 8 & 5 & \\ \hline & \ldots & \ldots & \ldots \end{array}$$

b. $$\begin{array}{rrrr} & 5 & 2 & 9 \\ - & 3, & 7 & \\ \hline & \ldots & \ldots & \ldots \end{array}$$

c. $$\begin{array}{rrrrr} & 8, & 0 & 5 & 7 \\ + & & 7 & 9, & 4 \\ \hline & \ldots & \ldots & \ldots & \ldots \end{array}$$

d. $$\begin{array}{rrrrr} & 2 & 4 & 0 & \\ - & & 8, & 0 & 9 \\ \hline & \ldots & \ldots & \ldots & \ldots \end{array}$$

21 Poser en colonnes puis effectuer :
a. 875,65 + 32,8 ; **b.** 807,6 + 4 578,68 ;
c. 6,17 + 86 ; **d.** 23,872 + 7,04.

22 Poser en colonnes puis effectuer :
a. 256,4 − 62 ; **b.** 571,23 − 79,5 ;
c. 87,58 − 9,325 ; **d.** 7,6 − 0,084.

Faire le complément pour soustraire

23 Recopier et compléter :
a. 97 + ... = 100 donc 100 − 97 = ... ;
b. 100 + ... = 400 donc 400 − 100 = ... ;
c. 783 + ... = 800,5 donc 800,5 − 783 = ... ;
d. 8,6 + ... = 10 donc 10 − 8,6 = ...

24 **1.** Recopier et compléter le schéma suivant puis à l'aide des cases bleues, trouver le résultat de 308 − 84 :

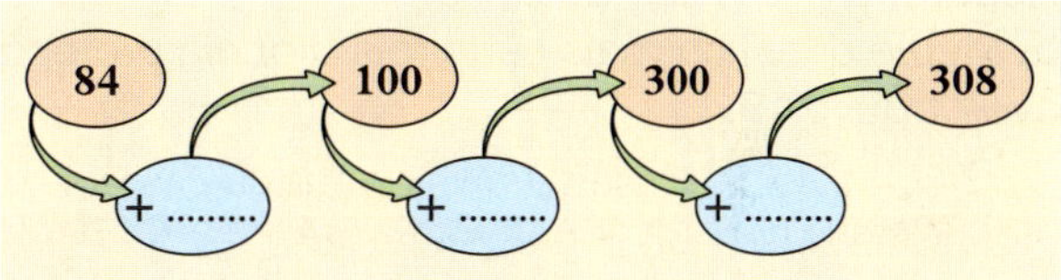

2. En utilisant la méthode ci-dessus, calculer :
a. 1 423 − 997 ; **b.** 17,4 − 9,8 ;
c. 732 − 475 ; **d.** 130,2 − 98,5.

25 **Santé**
Répondre aux questions en utilisant la méthode de l'exercice **24**.
1. Le médecin a conseillé à Pauline un apport journalier de 1 150 mg de calcium. Au petit déjeuner, elle a consommé du lait, un yaourt et des tartines qui lui ont apporté en tout 730 mg de calcium.
Quelle quantité de calcium doit-elle encore prendre au cours de la journée ?
2. Avant le repas, le taux de glycémie de Pierre était de 0,78 g de sucre par litre de sang. Une heure et demie après le repas, son taux de glycémie est de 1,23 g.
Calculer l'augmentation de son taux de glycémie.

Retrouver les chiffres cachés

26 Retrouver les chiffres cachés des opérations suivantes. Expliquer comment on s'y prend.

a. $$\begin{array}{rrrrrr} & ♣ & ♦ & ♥ & & ♠ \\ - & & 1 & 9 & & \\ \hline & 1 & 0 & 5 & , & 6 \end{array}$$

b. $$\begin{array}{rrrrrr} & ♣ & ♦ & , & ♥ & ♠ \\ - & 3 & 9 & , & 2 & \\ \hline & 1 & 6 & , & 7 & 8 \end{array}$$

c. $$\begin{array}{rrrrrrr} & & ♣ & ♦ & ♥ & , & ♠ \\ + & & 2 & 9 & , & 5 & 2 \\ \hline & 9 & 2 & 2 & , & 9 & 2 \end{array}$$

d. $$\begin{array}{rrrrrr} & ♣ & ♦ & , & ♥ & ♠ \\ + & 1 & 7 & , & 5 & \\ \hline & 7 & 1 & , & 8 & 2 \end{array}$$

27 Dans les opérations suivantes, retrouver les chiffres remplacés par des symboles :

a.

```
   1 4 8 ♠ 3
+    2 1 4 ♥
-----------
   1 ♦ ♣ 4 5
```

b.

```
   ♥ 7 2
 − 5 4 ♣
--------
   2 ♠ 5
```

28 **1. a.** Citer tous les nombres entiers inférieurs à 10.
b. On additionne deux de ces nombres et on trouve 10. Donner toutes les possibilités.
c. Reprendre la question **b** mais cette fois, on trouve 16.

2. a. Mounia affirme qu'en ajoutant les chiffres des unités de deux nombres entiers elle trouve 18. Elle demande à Driss de deviner ces chiffres. Répondre à la place de Driss.
b. Même question mais cette fois Mounia prétend avoir trouvé 19.

En ligne

29 Effectuer en ligne les calculs suivants :
a. 17 + 5 ; **b.** 28 + 13 ;
c. 1,32 + 2,8 ; **d.** 1,47 + 0,6.

30 Effectuer en ligne les calculs suivants :
a. 58 − 36 ; **b.** 9,55 − 6,4 ;
c. 15,8 − 4,2 ; **d.** 14,5 − 3,9.

Enchaînements d'opérations

31 En regroupant astucieusement, calculer :
a. 96 + 75 + 17 + 4 + 25 ;
b. 2 + 54 + 125 + 98 + 6 + 75.

32 En regroupant astucieusement, calculer :
a. 3,5 + 6,7 + 6,5 ;
b. 0,97 + 1,2 + 0,03 + 0,3.

33 Effectuer en ligne les calculs suivants :
a. 47,3 + 12 + 4 ;
b. 56,3 − 4,5 + 5,5.

Déduire sans calculer

34 **1.** Recopier et compléter :
18 + 7 = 25 donc :
25 − .... = 18 et 25 − .... = 7.

2. Calculer 256,7 + 419,8 puis en procédant comme ci-dessus, écrire avec ces nombres deux soustractions et leurs résultats.

35 **1.** Recopier et compléter :
56 − 29 = 27 donc :
27 + 29 = ... et 56 − 27 = ...

2. Calculer 263,13 − 189,38 puis écrire avec ces nombres deux autres égalités (l'une avec une addition et l'autre avec une soustraction).

36 Cindy a effectué correctement les deux opérations ci-dessous :

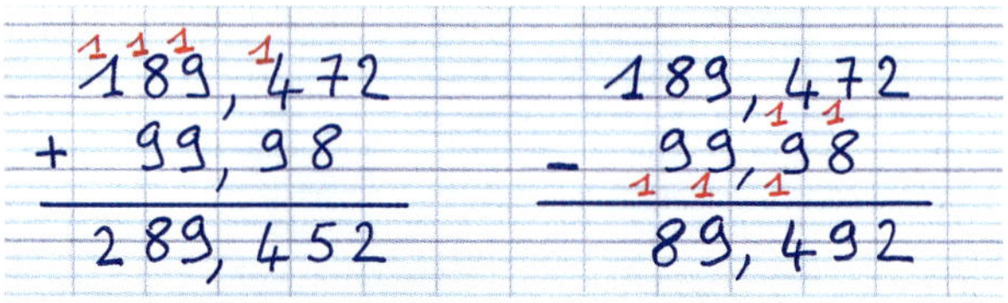

Parmi les calculs suivants, certains peuvent être effectués en observant les opérations de Cindy, sans calculatrice et sans poser d'opération. Lesquels ? Préciser alors les résultats de ces « calculs faciles ».
a. 289,452 + 99,98 ; **b.** 289,452 − 99,98 ;
c. 89,492 + 99,98 ; **d.** 189,472 − 89,492.

Évaluer un résultat

37 À la boulangerie, Hervé a acheté pour 2,05 € de confiserie, pour 9,98 € de pâtisserie et pour 2,53 € de pain. Déterminer mentalement le ticket de caisse qui correspond à ces achats.

38 Pour chacune des opérations du tableau ci-dessous, trois nombres A, B et C sont proposés :

Opérations	A	B	C
787 + 53	750	850	788
4232 − 923	3300	3000	4000
20,31 + 19,75	30	40	50

Déterminer mentalement celui qui est le plus proche du résultat puis l'indiquer par écrit.

39 Pour chacune des opérations suivantes, indiquer sans poser d'opération si le résultat est plus grand ou plus petit que 1 000 :
a. 1 047 − 52 ; **b.** 873 + 157 ;
c. 790 + 195 ; **d.** 1 317 − 287.

Choisir une opération

40 Recopier les schémas suivants et calculer les valeurs manquantes :

a.
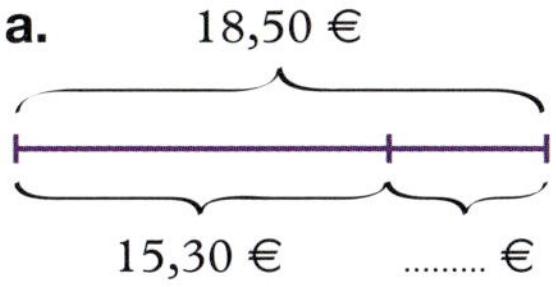

b.
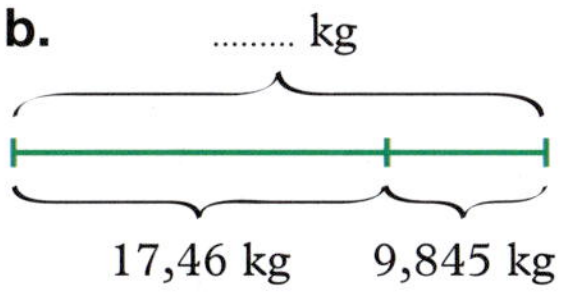

c.
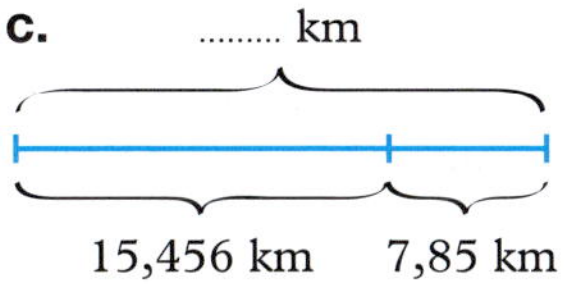

d.
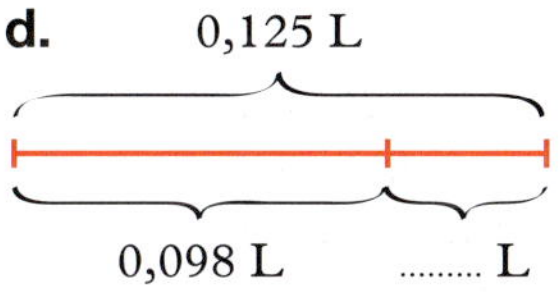

41 Denis, qui vient de fêter son quinzième anniversaire, a trois ans de plus que Sonia.
Quel est l'âge de Sonia ? (Commencer par faire un schéma.)

42 Dans le bus, nous étions 35 passagers au départ et 7 personnes sont descendues au premier arrêt.
Combien de passagers reste-t-il alors ? (Commencer par faire un schéma.)

43 **Énergie**

1. Au 1er juillet, on a relevé 5 023 kWh au compteur électrique de la maison. Au 1er août, le compteur indiquait 5 214 kWh.
Quelle a été la consommation électrique au cours du mois de juillet ?

2. En août, on a consommé 195 kWh.
Que peut-on lire sur le compteur à la fin du mois ?

3. En juin, on avait consommé 164 kWh.
Qu'indiquait le compteur au début du mois ?

Calcul mental

Débutant

44 Calculer :
a. 15 + 8 ; **b.** 48 + 7 ; **c.** 86 + 8 ;
d. 35 + 6 ; **e.** 6,3 + 8 ; **f.** 4,7 + 5 ;
g. 49 + 7 ; **h.** 6,4 + 0,3 ; **i.** 56 + 9.

45 Calculer :
a. 17 − 6 ; **b.** 47 − 9 ; **c.** 68 − 10 ;
d. 35 − 6 ; **e.** 12,1 − 5,1 ; **f.** 6,6 − 3,4 ;
g. 4,5 − 0,7 ; **h.** 17 − 12 ; **i.** 45 − 23.

Confirmé

46 Calculer :
a. 125 + 11 ; **b.** 457 + 21 ; **c.** 376 + 31 ;
d. 256 − 11 ; **e.** 347 − 21 ; **f.** 523 − 31 ;
g. 564 + 201 ; **h.** 896 − 301 ; **i.** 100 − 41.

47 Dans chaque cas suivant, trouver par quel nombre ou par quel signe il faut remplacer les pointillés pour que l'égalité soit juste :
a. 13 + ... = 17 ; **b.** 31 − .... = 20 ;
c. 30 .... 8 = 22 ; **d.** .... + 4 = 27,9 ;
e. .... − 15 = 31 ; **f.** 57 + ... = 74.

Expert

48 Calculer :
a. 125 + 99 ; **b.** 56 + 39 ; **c.** 732 + 999 ;
d. 23,4 + 1,9 ; **e.** 418 + 79 ; **f.** 56 + 1 999 ;
g. 89 + 199 ; **h.** 25,6 + 4,9 ; **i.** 237 + 89.

49 Calculer :
a. 125 − 99 ; **b.** 56 − 39 ; **c.** 782 − 39 ;
d. 23,4 − 1,9 ; **e.** 418 − 79 ; **f.** 567 − 199 ;
g. 189 − 109 ; **h.** 25,6 − 4,9 ; **i.** 237 − 89.

Grand maître

50 Dans chaque cas suivant, trouver par quel nombre il faut remplacer les pointillés pour que l'égalité soit juste :
a. 175 + 25 = 311 − .... ;
b. 36 + 14 = ... − 21 ;
c. 876 + ... = 999 − 99 ;
d. 12,7 − 0,8 = 10 + ... ;
e. 17 + 83 = 59 + ... ;
f. 0,07 + 0,93 = 11,8 − ....

Exercices

51 On a coupé 5,7 m dans cette corde qui ne mesure plus que 12,3 m.
Combien mesurait-elle auparavant ?

52 On a versé 2 litres d'eau dans un bidon. Il contient maintenant 15 litres d'eau.
Combien en contenait-il auparavant ?

53 Sécurité
La distance d'arrêt d'une voiture qui roule à 110 km/h est de 109 m sur route sèche. Cette distance est augmentée de 48 m sur route mouillée.
Le conducteur commence à freiner à 203 m d'un obstacle.

1. À quelle distance de l'obstacle s'arrêtera la voiture si la route est sèche ?

2. Même question si la route est mouillée.

54 Énergie
Papa a noté les dépenses annuelles en électricité des appareils ménagers qu'il a regroupés en deux catégories :

Confort		Loisirs	
Congélateur	24,30 €	Ordinateur	45,75 €
Réfrigérateur	18,17 €	Télévision	24,70 €
Lave-linge	48,10 €	Décodeur	19,02 €
Lave-vaisselle	....	Lecteur DVD	9,33 €

Calculer le coût annuel en électricité du lave-vaisselle sachant que le total de la catégorie *Confort* dépasse de 16,41 € celui de la catégorie *Loisirs*.

55 Michel se rend en voiture de Bordeaux à Soulac. Il passe d'abord devant le premier panneau puis devant le second panneau sur lequel la distance pour Soulac est effacée. Quelle est la distance effacée sur le second panneau ?

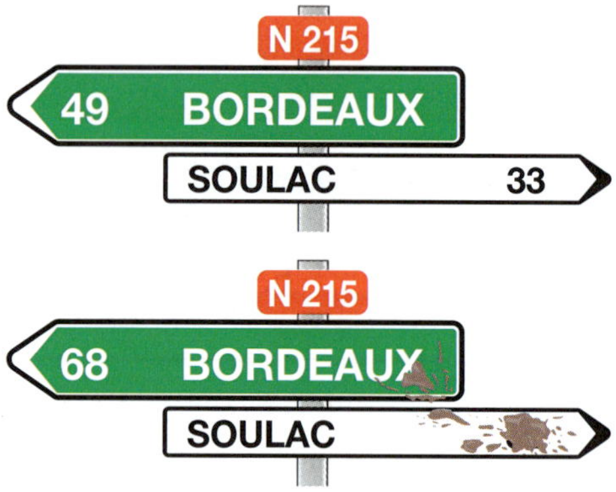

56 Santé
Louis Pasteur est né en 1822 et il est mort en 1895. En 1880, il commence ses recherches sur la rage. En 1885, Joseph Meister est la première personne vaccinée contre cette maladie et sauvée.

1. À quel âge Pasteur est-il décédé ?

2. Combien d'années de recherches furent nécessaires avant la première vaccination contre la rage ?

3. Combien de temps vécut Pasteur après avoir sauvé J. Meister ?

4. Quel âge avait Pasteur quand il commença ses travaux sur la rage ?

Qui a raison ?

a

b

Pour aller plus loin

Sauf indication contraire, les exercices sont à réaliser sans calculatrice.

Lire et comprendre

57 **1.** La somme de 998 et d'un autre nombre est 1 782. Quel est cet autre nombre ?

2. La différence de deux nombres est 2 005 et le plus petit est 2 957. Quel est le plus grand ?

3. La différence de deux nombres est 2 005 et le plus grand est 2 957. Quel est le plus petit ?

58 **1.** Quel est le plus grand nombre que l'on peut ajouter à 347 pour obtenir un nombre entier de trois chiffres ?

2. Quel est le plus grand nombre que l'on peut retrancher à 347 pour obtenir un nombre entier de deux chiffres ?

59 **Se poser des questions et y répondre**
Malika raconte son départ en vacances :

À huit heures précises, ce fut le grand départ ! Deux heures plus tard, papa dit à maman : « Nous avons déjà parcouru 160 km ! Arrêtons-nous pour prendre de l'essence. » Maman paya 32 € de carburant en espèces et dit ensuite à papa : « Il ne me reste plus que 17 € dans mon porte-monnaie. » Le compteur de la voiture marquait 23 580 km. Il faisait très chaud…

1. À partir de son récit, Malika pose trois questions à son copain Marc. Pour y répondre, Marc devra faire soit une addition, soit une soustraction. Quelles peuvent être ces trois questions ?

2. Répondre à ces questions.

60 Julie, Marie et Pierre sont frères et sœurs. Julie est la plus jeune. Pierre est le plus âgé. Il a huit ans de plus que Julie. Marie a 12 ans.

1. Peut-on trouver l'âge de Julie ?

2. Recopier et compléter :
Si je connaissais ...., je saurais calculer l'âge de Julie.

Le compte est bon

61 En choisissant chaque fois trois des quatre étiquettes et en utilisant des additions ou des soustractions, atteindre le nombre-cible.

					Cible
a.	12	18	17	15	23
b.	115	42	12	45	148
c.	1,3	0,5	0,3	0,4	2
d.	4,172	1,5	0,828	0,05	3,5

Carrés magiques

62 Calculer la somme des trois nombres sur chaque ligne (horizontalement), chaque colonne (verticalement), et chaque diagonale.

Que constate-t-on ?

Un tel carré s'appelle un *carré magique*.

2,6	2,85	0,85
0,35	2,1	3,85
3,35	1,35	1,6

63 Recopier et compléter chaque carré ci-dessous de telle manière qu'il soit magique :

a.

3,62	....	....
....	3,71	....
....	0,42	3,8

b.

19,2	39,3	4,95
....	....	....
....	3	....

Indication : dans un carré magique, la somme des trois nombres sur chaque ligne (horizontalement), chaque colonne (verticalement) et chaque diagonale est la même.

Exercices

Avec un tableur

64 Sur un tableur, c'est un peu comme à la bataille navale : chaque cellule est repérée par ses positions horizontale et verticale. Sur la copie d'écran de tableur ci-dessous, le nombre 5,2 est dans la cellule A1. La cellule B2 contient le nombre 4,91.

	A	B	C	D	E
1	5,2	3,41	7,8	8,5	
2	6,7	4,91	9,3	10	
3					
4					

1. a. Dans le tableau, quel est le nombre de la cellule D1 ? et celui de la cellule B1 ?
b. Dans quelle cellule se trouve le nombre 6,7 ? et le nombre 7,8 ?

2. Zoé prétend que la deuxième ligne du tableau a été obtenue à partir de la première ligne en ajoutant le même nombre. Quel est ce nombre ?

65 Loïc veut ajouter 4,3 à chaque nombre de la première ligne du tableau ci-dessous. Dans la cellule A2, il a donc demandé à l'ordinateur d'ajouter 4,3 au contenu de la cellule A1.

	A	B	C	D
1	3,56	7,8	15,43	5,7
2	=A1+4,3			
3	=A1-3,1			

1. Calculer les quatre nombres de la deuxième ligne si Loïc recopie cette formule vers la droite.

2. Calculer les nombres obtenus à la troisième ligne s'il procède de même.

Décalage horaire

66 Quand il est 13 h en France, il est 21 h à Sidney en Australie. À 22 h, Sylvette appelle de Marseille son amie Helen qui habite à Sidney.
Quelle heure est-il à Sydney quand Helen reçoit l'appel ?

67 À 18 h, un avion décolle de Paris pour aller à Malé aux îles Maldives. Le vol dure 11 h et on sait que quand il est 12 h à Paris, il est 17 h à Malé.

1. À quelle heure locale l'avion atterrit-il à Malé ?

2. Pour le retour, l'avion décolle de Malé à 23 h. À quelle heure locale arrive-t-il à Paris ?

Avec des durées

68 **1.** Voici la méthode qui permet de calculer : 12 h 36 min + 4 h 47 min.

	12	h	36	min
+	4	h	47	min
	~~16~~	~~h~~	~~83~~	~~min~~
	17	h	23	min

On additionne les minutes avec les minutes puis les heures avec les heures.
1 h = 60 min.
83 min = 1 h 23 min.

Calculer de même 7 h 28 min + 11 h 43 min.

2. Voici la méthode qui permet de calculer : 17 h 23 min − 4 h 47 min.

	16	h	83	min
	~~17~~	~~h~~	~~23~~	~~min~~
−	4	h	47	min
	12	h	36	min

On ne peut pas enlever 47 min de 23 min donc on prélève 1 h à 17 h et on la transforme en minutes.
17 h 23 min = 16 h 83 min.

Maintenant, on peut soustraire les minutes des minutes et les heures des heures.
Calculer de même :
a. 17 h 18 min − 13 h 33 min ;
b. 20 h 26 min − 15 h 37 min.

69 **1.** Le départ de la course a été donné à 9 h 40 et le vainqueur est arrivé à 11 h 11.
Éric veut calculer le temps effectué par le vainqueur. Pour cela, il procède de la manière suivante :

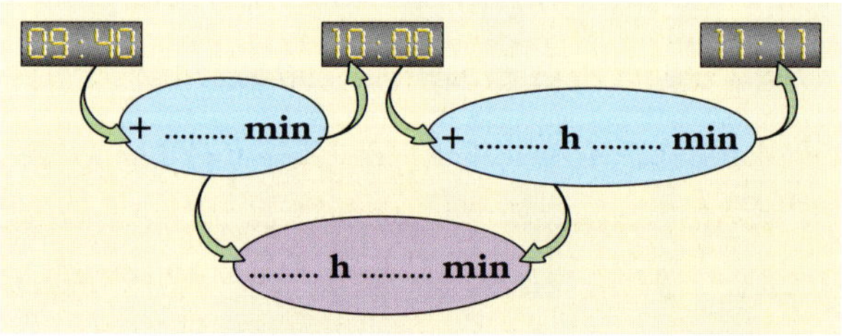

Recopier et compléter le schéma ci-dessus puis en déduire le temps réalisé par le vainqueur.

2. Au triathlon d'Embrun, Éric est parti à 7 h 35 et a terminé l'épreuve à 21 h 14.
Calculer à sa manière combien de temps il a mis.

70 Youri est parti à VTT à 9 h 47 et il est revenu à 11 h 23.
Calculer la durée de sa promenade.

71 Titouan, le peintre, a passé 3 heures et 45 minutes à enlever la tapisserie et à lessiver le plafond. Il lui a fallu ensuite 50 minutes pour peindre chacune des deux couches du plafond. Poser la nouvelle tapisserie a occupé Titouan pendant 5 heures et 20 minutes.
Quelle a été la durée de ce travail ?

Calcul avec des lettres

72 Bon anniversaire !
Jo désire envoyer un bouquet de fleurs à sa sœur pour son anniversaire.
Les frais d'expédition sont de 8,50 €. On désigne par p le prix en euros du bouquet en magasin.

1. Parmi les trois expressions suivantes, indiquer celle qui désigne la dépense de Jo :
a. $8,50 + p$; **b.** $p - 8,50$; **c.** $8,50 - p$.

2. Calculer le prix de chacun des bouquets du tableau ci-dessous en tenant compte des frais d'expédition :

	Prix du bouquet en magasin
Assortiment de roses	14,90 €
Bouquet champêtre	23,30 €
Brassée d'œillets	9,85 €
Bouquet de lys	17,75 €

Entre parenthèses

73 Effectuer les calculs suivants en commençant par ceux entre parenthèses :
$A = 15,6 - (7,2 + 2,3)$;
$B = 28,5 - (7,5 + 11,17)$;
$C = 33,2 - (16,9 - 9,3)$;
$D = 80,1 - (50,02 - 27,7)$.

74 Balade en Guadeloupe
Le réservoir de la voiture de Tibitin contenait 35 L de carburant au départ d'Anse-Bertrand. Le moteur a consommé 3,5 L de carburant depuis Anse-Bertrand jusqu'à Saint-François, puis 2,5 L de Saint-François jusqu'à Pointe-à-Pitre.

1. Parmi les calculs suivants, préciser ceux qui indiquent le volume de carburant que contient le réservoir à l'arrivée à Pointe-à-Pitre :
a. $35 - (3,5 + 2,5)$;
b. $35 - 3,5 + 2,5$;
c. $35 - (3,5 - 2,5)$;
d. $35 - 3,5 - 2,5$.

2. Effectuer tous les calculs proposés à la question **1**, puis préciser le volume cherché.

75 Cueillette
Magali a ramassé 13 kg de noix. Elle en donne 3,5 kg à son cousin, 4 kg à son voisin et garde le reste de la récolte pour elle.

1. Calculer la quantité de noix qui reste à Magali.

2. À l'aide de parenthèses et en utilisant qu'une seule fois le signe « moins », écrire le calcul qui permet de trouver directement le résultat.

Problèmes

76 Effectifs
L'an dernier, à la fin de l'année scolaire, mon collège comptait 856 élèves. Voici le tableau que le principal a dressé en prévision de la rentrée :

	Départs au lycée	Autres départs	Arrivées en 6^e	Autres arrivées
Nombre d'élèves	115	23	134	15

Combien mon collège comptait-il d'élèves à la rentrée si les prévisions du principal se sont révélées exactes ?

77 Vive les vacances !
Cannes, Antibes et Saint-Raphaël sont trois villes situées sur une route côtière qui longe la Méditerranée. Au bord de cette route, on peut voir les panneaux représentés ci-contre.

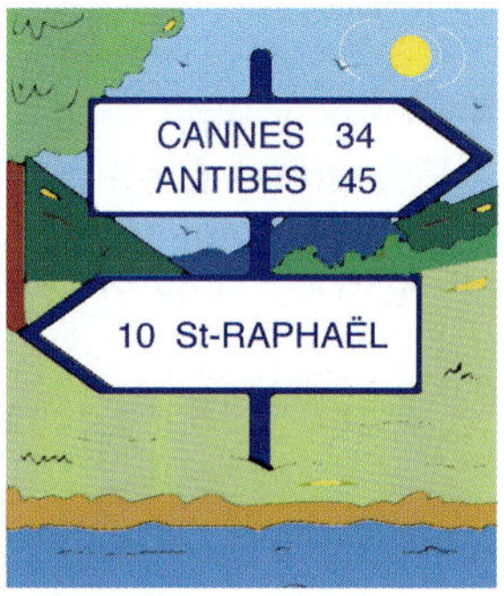

1. Laquelle des trois villes est située entre les deux autres sur cette route ?

2. Calculer les trois distances :
a. de Cannes à Saint-Raphaël ;
b. de Cannes à Antibes ;
c. d'Antibes à Saint-Raphaël.

78 « Je pense à un nombre, je lui ajoute 7,8 et je trouve 14,2. Quel est ce nombre ? » demande Farid à Isabelle.
« Facile ! répond Isabelle, il suffit de faire un schéma comme celui-là ! »

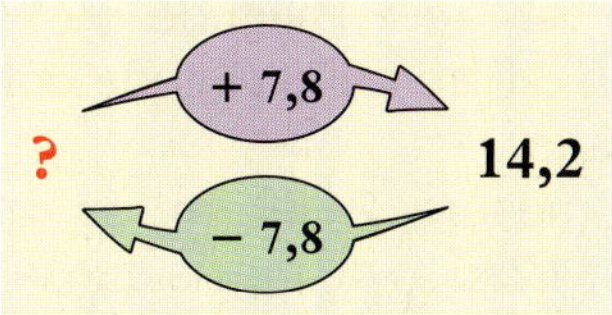

Puis elle calcule rapidement : « 14,2 − 7,8 = 6,4. Ton nombre, c'est 6,4. »

Avec la méthode d'Isabelle, résoudre les devinettes suivantes :

1. Je pense à un nombre, je lui ajoute 3,6 et je trouve 9,41. Quel est ce nombre ?

2. Je pense à un nombre, je lui retranche 113,7 et je trouve 4,21. Quel est ce nombre ?

Exercices

Devoirs à la maison

79 Comptons-nous !
Voici les effectifs de mon collège :

	6^e	5^e	4^e	3^e	Total
Filles	80	....	71	....	297
Garçons	....	63	....	66	280
Total	150	....	....	140	....

1. Recopier et compléter ce tableau.

2. Quel est le nombre total de garçons ?

3. Combien y a-t-il d'élèves en classe de 4e ?

4. Combien y a-t-il d'élèves en tout dans mon collège ?

80 La course des *Sept Sommets* consiste à gravir le plus haut sommet de chacun des cinq continents auxquels les alpinistes ajoutent l'Alaska et l'Antarctique.

Mont	Zone géographique	Année de la première ascension
Aconcagua	Amérique du Sud	1897
Mac Kinley	Amérique du Nord	1913
Everest	Asie	1953
Kilimandjaro	Afrique	1887
Elbrouz	Europe	1829
Vinson	Antarctique	1965
Kosciusko	Océanie (Australie)	1809

Le Kilimandjaro culmine à 5 894 m.
Ce sont 1 888 m qui séparent le plus haut sommet du monde, l'Everest, de l'Aconcagua.
Il manque 1 066 m au Kilimandjaro pour atteindre la hauteur de l'Aconcagua.
En enlevant 340 m à l'altitude de l'Aconcagua, on obtient la différence d'altitude entre l'Everest et le Kosciusko.
Le Vinson mesure 2 669 m de plus que le Kosciusko et 1 290 m de moins que le Mac Kinley.
Si l'Elbrouz mesurait 400 m de plus, il dépasserait de 148 m le Kilimandjaro.

1. a. Déterminer la hauteur de chacun de ces sommets.
b. Classer les sommets par altitude croissante.

2. a. Classer les sommets par ordre croissant de première ascension.
b. Existe-t-il des sommets classés à la même place pour les deux classements ? lesquels ?

81 Voici une facture d'entretien de la voiture du père d'Anaïs :

Le garage poétique
63, route de la Reine
25000 Besançon

Facture n° 0458846

Désignation	Prix hors-taxes en €	TVA en €	Prix TTC en €
Main d'œuvre	39,90	7,82	47,72
Flexibles de freins	19,81	3,88	23,69
Liquide de freins	6,19	....	....
Plaquettes de freins	....	7,54	46,02
Plafonnier	17,35	....	20,75
TOTAL	....	23,85	....

1. a. Rechercher ce que signifient les sigles TVA et TTC.
b. Comment obtient-on le prix TTC quand on connaît le prix hors-taxes et la TVA ?

2. a. Recopier et compléter la facture.
b. Donner un moyen de vérifier la facture.

82 Météorologie

1. a. Aujourd'hui, à Lyon, le Soleil s'est levé à 7 h 46 et s'est couché à 16 h 2. Quelle a été la durée du jour ? Quelle est la saison ?
b. Même question pour un lever du Soleil à 3 h 49 et un coucher à 19 h 56.

2. a. Chercher dans un dictionnaire la définition du mot *équinoxe*. Quelle est la durée entre le lever et le coucher du Soleil à ce moment de l'année ?
b. À l'aide du calendrier de la poste, préciser les dates auxquelles ont lieu les équinoxes. Quel est le lien avec les saisons ?
Indication : voir l'exercice **68**, p. 38. Les heures sont données en temps universel et il est nécessaire d'ajouter une heure en hiver et deux heures en été pour obtenir les heures légales.

Petits exposés

1. Les ancêtres de la calculatrice : bouliers, abaques, additionneuses.
2. Les diverses techniques de la soustraction à travers les âges et les civilisations.

Vive les Maths !!!

ADDITIONNEUSE EN PAPIER !

C'est égal ! Bien sûr $3 + 3 = 6$, mais on a aussi $2 + 4 = 6$. Émilie prétend qu'elle a trouvé dix autres façons d'obtenir 6 en additionnant deux nombres. Parions que toi, tu peux en trouver douze !

Additionner ou soustraire d'un coup de règle

Observer la figure ci-dessous. Pour lire la somme de 3 et de 9, il suffit d'aligner la règle sur le 3 de la graduation du haut avec le 9 de celle du bas puis de lire la valeur qui correspond au point d'intersection de la graduation du milieu avec le bord de la règle.

1. En déplaçant la règle, lire d'autres nombres dont la somme est égale à 12.

2. Expliquer comment positionner la règle pour lire la différence de 14 et de 8.

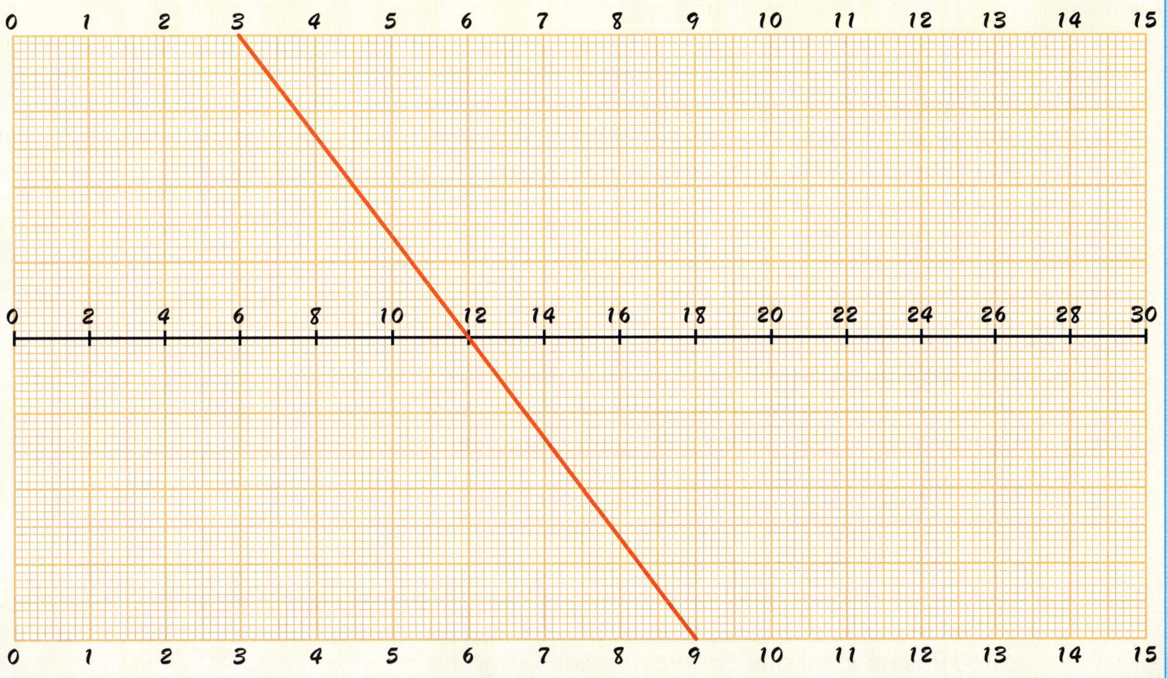

Casse-tête...

H + A + 51 = R - 3 + 68

❶ Opération codée En utilisant les chiffres de 0 à 9, remplacer les lettres pour obtenir une opération exacte (le même chiffre pour une même lettre, des chiffres différents pour des lettres différentes).

```
   H U I T
+  H U I T
 S E I Z E
```

D'après *Rallye mathématique de Lorraine, CIJM, collection « Panoramath »*.

❷ Bande d'additions Reproduire la bande ci-dessous :

1	2	3	4	5	6	7	8	9

La découper ensuite en six morceaux de telle sorte qu'en utilisant cinq d'entre eux l'opération suivante soit juste :

☐☐ + ☐☐ + ☐ + ☐ = ☐☐

D'après *Tournoi APMEP de Rennes.*

Soutien

A Reconnaître un type de schéma

Dans cette partie, on souhaite résoudre quelques petits problèmes qui ne nécessitent chacun qu'une addition ou une soustraction. Mais laquelle des deux choisir ? Des schémas vont nous y aider.

1 On a représenté ci-dessous trois schémas :

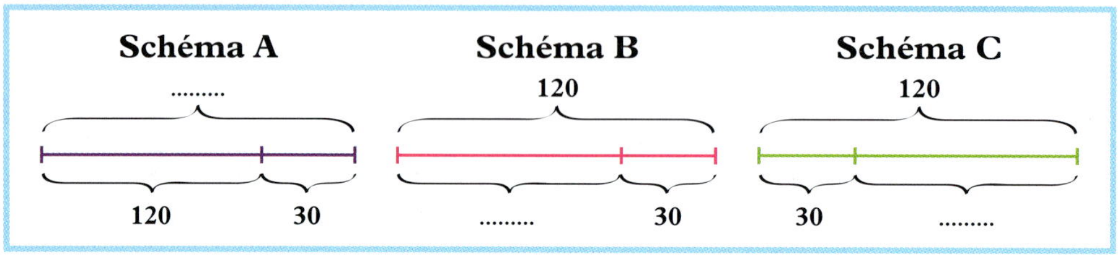

Recopier et compléter chacun de ces schémas en faisant figurer le nombre manquant.

2 Voici huit textes de petits problèmes simples.
Chaque problème peut être représenté par l'un des trois schémas précédents.
Pour chaque problème, choisir le schéma qui lui correspond, le reproduire et répondre à la question posée dans le texte.

Texte 1 – Le berger Daniel possède 120 brebis. Il en a 30 de plus que son voisin Michel. Combien de brebis Michel possède-t-il ?
Texte 2 – Xavier a 120 € dans son portefeuille. Francis a 30 € de plus que lui. Combien d'argent Francis a-t-il ?
Texte 3 – Hervé possède 120 timbres de collection et son petit frère Éric, lui, n'en a que 30. Combien en ont-ils s'ils les mettent en commun ?
Texte 4 – Il paraît que certains poissons ont 120 dents de plus que Lulu qui, lui, n'en a que 30. Combien ces poissons ont-ils de dents ?
Texte 5 – Pascale effectue un trajet en train de 120 km. Il n'en reste plus que 30 à parcourir. Combien de kilomètres a-t-elle déjà parcourus ?
Texte 6 – Pendant que Sandra mangeait sa glace, Hélène, qui a nagé 30 m, a parcouru 120 m de moins que Laurent. Quel bon nageur, ce Laurent ! Mais combien de mètres a-t-il parcourus pendant que Sandra mangeait sa glace ?
Texte 7 – « Je pèse 30 kg de moins que cet énorme singe ! » s'exclame le père de Nathalie devant la cage de ce géant de 120 kg. Combien pèse le père de Nathalie ?
Texte 8 – « J'ai marché pendant 120 min », dit Georges. « C'est 30 min de moins que moi », répond Stéphane. Pendant combien de temps Stéphane a-t-il marché ?

B Résoudre avec un schéma

Les deux petits problèmes suivants se résolvent de la même manière que ceux de la partie A. On peut commencer par construire un schéma.

Problème 1 – Lors d'une course à pied, Catherine a mis 24 min pour effectuer le parcours. C'est 8 min de moins que Nathalie. Combien de temps Nathalie a-t-elle mis ?
Problème 2 – L'*Airbus A 340-300* mesure 63,70 m. Le *Boeing 747 SP* mesure 7,50 m de moins que son concurrent européen. Combien mesure le *Boeing 747 SP* ?

Chapitre 3

Multiplication

Avant de démarrer

1 Ajouter encore et encore

Pendant les vacances d'automne qui ont duré 8 jours, Antoine a lu chaque jour 18 pages de son livre. Pour savoir combien de pages il a lues en tout, sa sœur Astrid a posé une grande addition. Mais Antoine a trouvé un autre procédé plus rapide.
Utiliser le moyen qui vous paraît le plus judicieux pour calculer ce nombre.

2 Ordre de grandeur

Une caisse contient 95 livres identiques qui pèsent chacun 340 grammes. Parmi les nombres suivants, déterminer sans poser d'opération et sans calculatrice celui qui indique la masse totale des livres :
435 g ; 3 230 g ; 32 300 g ; 323 000 g.

3 Multiplication de nombres décimaux

a. Effectuer en la posant la multiplication suivante : $A = 4{,}83 \times 12$.
b. En déduire $B = 4{,}83 \times 1{,}2$ (utiliser l'ordre de grandeur).

4 Calculs habiles

Effectuer les calculs suivants si possible sans poser d'opérations en colonnes :
$A = 1{,}845 \times 100$;
$B = 8{,}2 \times 3$;
$C = 25 \times 9 \times 4$.

5 Choix d'opérations

Un pull vaut 42 euros. Ce pull vaut 3 euros de plus qu'un chemisier. Un pantalon vaut 3 euros de plus que ce pull. Un manteau vaut trois fois plus cher que ce pull.
Qu'indique chacune des opérations suivantes ?
$42 + 3$;
42×3 ;
$42 - 3$;
$42 + 42 + 42$.

Activités

1 Imaginer une opération

Marion cherche combien d'images contient une planche composée de 5 rangées de 6 images chacune. Elle imagine la situation comme ci-dessous.

Pour chacun des problèmes suivants, imaginer si possible la situation comme le fait Marion, puis répondre aux questions.

Résoudre des petits problèmes

1 Une grille de mots croisés contient 8 rangées de 6 cases chacune. Dans cette grille, il y a 12 cases noires.
Combien contient-elle de cases en tout ?

2 Ce document rédigé à l'ordinateur est composé de 20 pages. Chaque page contient 25 lignes. Chaque ligne est composée en moyenne de 60 caractères.
a. Combien de caractères sont contenus dans une page ?
b. Combien de lignes comporte ce document ?
c. Combien de caractères contient ce document ?

3 Dans l'assiette de fruits, il y a une poire qui pèse 200 grammes et une pomme qui pèse 150 grammes.
Combien pèsent 8 pommes identiques à celle posée sur l'assiette ?

4 Pour la tombola du collège, un groupe de 3 élèves a vendu, en tout, 54 billets. Chaque billet vaut 1,50 €.
Quelle somme a récoltée ce groupe d'élèves ?

5 Rémi est parti à 9 h pour se rendre chez sa sœur. Le voyage a duré 2 h.
À quelle heure est-il arrivé ?

Voir exercice 44, p. 54.

2 Payer le juste prix

Damien vient de faire des courses pour sa mère. Il a acheté 2,1 kg de fruits à 1,80 € le kg, 3 bouteilles de jus de fruits à 1,05 € la bouteille et un journal qui coûte 0,80 €. Horreur ! Quand il se présente à la caisse, la caissière lui annonce 15,40 € et il n'a qu'un billet de 10 € dans son porte-monnaie.
« Pourtant 2,1 est proche de 2 et 1,8 est proche de 2 donc le prix des fruits est proche de... » commence-t-il à réfléchir.

1 Poursuivre la réflexion de Damien puis déterminer sans calculatrice et sans écrire de calculs si la situation de Damien est aussi « désespérée » qu'elle en a l'air...

2 Pour chacune des opérations suivantes, un seul des trois résultats proposés est correct. En s'inspirant de la méthode de Damien, retrouver ce résultat mentalement.

Opération	A	B	C
51×89	4 539	459	40 539
$7{,}9 \times 103$	83,7	813,7	8 113,7
$41{,}3 \times 9{,}5$	39,32	3 092,35	392,35
$110 \times 2{,}89$	37,9	317,9	3 117,9

Voir exercice 41, p. 53.

3 Multiplier les nombres décimaux

A - Placer la virgule

1 Le professeur écrit au tableau la multiplication ci-contre.

$$\begin{array}{r} 3{,}24 \\ \times\ 1{,}9 \\ \hline 2916 \\ 324\bullet \\ \hline 6156 \end{array}$$

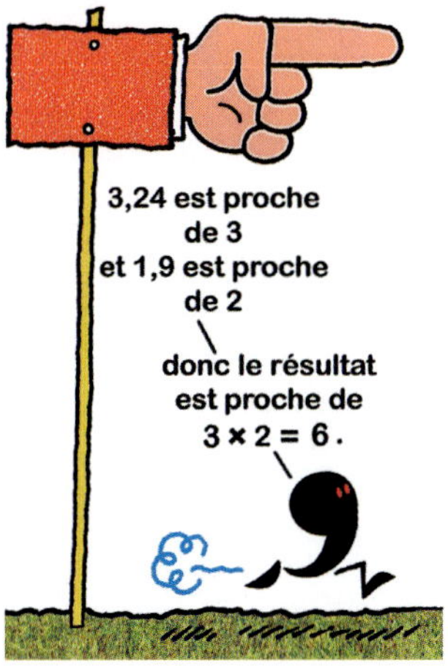

Puis il demande : « Où faut-il placer la virgule dans le résultat de cette multiplication ? »
À l'aide de l'illustration ci-contre, choisir parmi les réponses suivantes celle qui semble juste :
a. entre le 5 et le 6 ; **b.** entre le 1 et le 5 ;
c. entre le 6 et le 1 ; **d.** à gauche du résultat.

2 Audrey, de son côté, se dit : « 3,24 s'écrit avec deux chiffres après la virgule et 1,9 s'écrit avec un chiffre après la virgule, donc on met trois chiffres après la virgule au résultat car $2 + 1 = 3$. »
La méthode d'Audrey donne-t-elle le résultat choisi à la question **1** ?

3 Calculer les produits suivants, puis vérifier les résultats à la calculatrice :
a. $3{,}24 \times 19$; **b.** $32{,}4 \times 1{,}9$; **c.** $3{,}24 \times 0{,}19$.

B - Avec des zéros

1 Léo et Marc ont effectué les opérations ci-contre pour calculer le produit $48\,000 \times 2{,}1$.
L'un des deux a raison. Lequel ?
Expliquer l'erreur commise dans l'opération fausse.

Léo	Marc
48000	48000
× 2,1	× 2,1
48	48
96•	96•
100,8000	100800,0

2 Poser et effectuer les opérations suivantes :
a. $2\,100 \times 0{,}16$; **b.** $0{,}45 \times 240$.

Voir exercices 31 et 33, p. 53.

4 Calculer vite et sans peine

Multiplier par 10 ; 100 ou par 0,1 ; 0,01

Effectuer de tête les opérations suivantes :
a. $3{,}5 \times 10$; **b.** $3{,}5 \times 0{,}1$; **c.** $2{,}3 \times 100$; **d.** $2{,}3 \times 0{,}01$.

Par regroupements astucieux

On sait que $4 \times 25 = 100$ et $2 \times 5 = 10$.

1 Que valent :
a. $4 \times 2{,}5$? **b.** $4 \times 0{,}25$? **c.** 2×50 ?

2 En procédant à des regroupements astucieux, calculer mentalement :
$A = 4 \times 7 \times 2{,}5$; $B = 6 \times 2 \times 8 \times 50$; $C = 3 \times 0{,}25 \times 7 \times 4$.

Multiplier en ligne

1 Recopier et compléter :
$3 \times 1 =$ .... et $3 \times 2 =$ .... donc $3 \times 21 =$ ....

2 En s'inspirant de ce qui précède, calculer en ligne :
$A = 4 \times 32$; $B = 5 \times 23$; $C = 6 \times 4{,}3$;
$D = 0{,}7 \times 8{,}2$; $E = 50 \times 63$; $F = 5{,}4 \times 8$.

Voir exercices 24, 26, p. 52 et 36, p. 53.

5 Utiliser le prix au kilogramme

1 « Pour connaître le prix d'un rôti, dit la bouchère, il suffit de multiplier le nombre de kilogrammes par le prix d'un kilogramme. »
Calculer le prix de ce rôti s'il pèse :
a. 2 kg ; **b.** 3 kg.

2 Calculer le prix de 1,3 kg de prunes qui coûtent 4 € le kg.

3 **a.** Calculer le prix de 2,4 kg de courgettes qui valent 2,70 € le kg.
b. Quel est le prix de 700 g de ces courgettes ?

Voir exercice 49, p. 54.

6 Choisir l'opération

Résoudre des petits problèmes

Pour trouver l'opération à faire, on pourra remplacer dans sa tête les nombres de l'énoncé par d'autres nombres plus simples.

1 J'ai 11,56 € dans ma tirelire et ma sœur a 5,18 € de plus que moi.
Quelle somme ma sœur a-t-elle dans sa tirelire ?

2 Pour aller dans les Pyrénées, nous avons 272,5 km à parcourir. Mais les Alpes sont trois fois plus loin.
À quelle distance des Alpes sommes-nous ?

3 Dans une camionnette pouvant supporter une charge de 2 tonnes, on met 54 colis de 36,8 kg chacun.
A-t-on dépassé la charge autorisée ?

4 Dans le réservoir de mon scooter, j'ai mis 4,5 litres d'essence à 0,95 € le litre.
Combien ai-je dépensé ?

5 Un mile (mesure britannique de longueur) mesure 1,609 km. La distance de Paris à Toulouse est 450 miles.
Exprimer cette distance en kilomètres.

Voir exercice 65, p. 56.

Retenir le cours

1 Vocabulaire

$$6{,}4 \times 3 = 19{,}2$$

facteurs du produit (6,4 et 3)

produit de 6,4 par 3 (19,2)

2 Effectuer une multiplication

A - En colonnes

Exemples

• Pour placer la virgule dans une multiplication :

$$\begin{array}{r} 4{,}23 \\ \times\ 0{,}24 \\ \hline 1692 \\ 846 \\ \hline 1{,}0152 \end{array}$$

- 4,**23** ← 2 chiffres après la virgule
- 0,**24** ← 2 chiffres après la virgule
- 1,**0152** ← 4 chiffres après la virgule

• Lorsqu'un des nombres à multiplier se termine par des 0 :

$$\begin{array}{r} 24\mathbf{00} \\ \times\ 1{,}7 \\ \hline 168 \\ 24 \\ \hline 4080{,}0 \end{array}$$

On reporte les zéros à la dernière ligne avant de déplacer la virgule.

B - Calcul mental

Pour multiplier un nombre par **0,1**, par **0,01**, par **0,001**, il suffit de déplacer sa virgule de 1, 2 ou 3 rangs **vers la gauche**.
Pour multiplier un nombre par **10**, par **100**, par **1 000**, il suffit de déplacer sa virgule de 1, 2 ou 3 rangs **vers la droite**.

Exemples

$12{,}7 \times 0{,}1 = 1{,}27$; $12{,}7 \times 0{,}01 = 0{,}127$; $12{,}7 \times 0{,}001 = 0{,}0127$.
$12{,}5 \times 10 = 125$; $0{,}451 \times 100 = 45{,}1$; $4{,}1 \times 1\,000 = 4\,100$.

C - Ordre de grandeur

Exemple Trouver un nombre proche de $10{,}5 \times 2{,}9$.
On remplace chacun des facteurs par un nombre proche pour pouvoir faire l'opération de tête.

- **Produit à approcher :** $10{,}5 \times 2{,}9$.
- **Résultat approché :** $10 \times 3 = 30$.

Donc le résultat de $10{,}5 \times 2{,}9$ est proche de 30.

On dit que 30 est un **ordre de grandeur** du produit $10{,}5 \times 2{,}9$.

Remarque Après chaque opération, il est conseillé de vérifier l'ordre de grandeur du résultat.

Lire un énoncé

Énoncé

Nicolas dispose de 40 € pour faire ses courses. Il achète trois boîtes de conserve qui coûtent 4,50 € chacune et un poulet de 1,4 kg qui est vendu 12,20 € le kg.
Quelle somme lui reste-t-il ?

Lecture et interprétation de l'énoncé

Ce que je sais	Ce que je cherche
40 € en tout. Dépenses : • conserves : 3 boîtes à 4,50 € la boîte ; • poulet : 1,4 kg à 12,20 € le kg.	Combien reste-t-il ?

Résoudre un problème

On réfléchit aux calculs intermédiaires nécessaires

J'imagine la situation

Pour savoir ce qui reste, j'ai besoin de savoir combien Nicolas a dépensé, et pour cela, je dois donc calculer d'abord :
- combien coûtent les boîtes de conserve ;
- combien coûte le poulet.

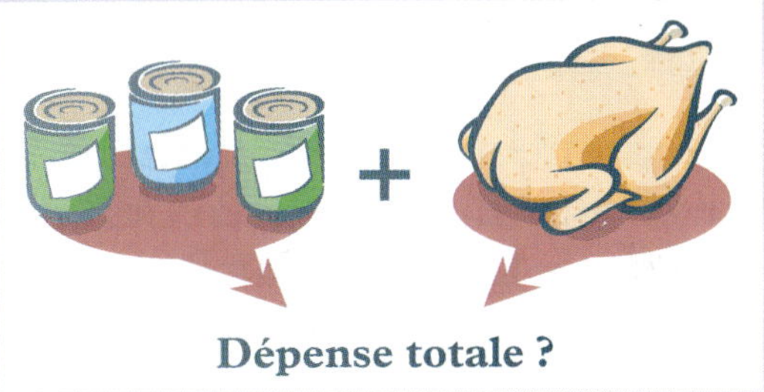

Solution

$4{,}50 \times 3 = 13{,}50$ (prix total des boîtes = prix d'une boîte × nombre de boîtes)
Les trois boîtes de conserve coûtent 13,50 €.

$12{,}20 \times 1{,}4 = 17{,}08$ (prix du poulet = prix d'un kg × nombre de kg)
Le poulet coûte 17,08 €.

$13{,}50 + 17{,}08 = 30{,}58$
La dépense totale est égale à 30,58 €.

$40 - 30{,}58 = 9{,}42$.
Il reste à Nicolas 9,42 €. (On souligne la phrase-réponse qui répond à la question de l'énoncé.)

Retenir les méthodes

1 Calculer le prix à partir du prix d'un kilogramme

Des fruits sont vendus 2,75 € le kg. Calculer le prix de 800 g de ces fruits.

1re étape

On contrôle les unités.

Le prix est donné pour 1 kg, donc on convertit 800 g en kg :
800 g = 0,8 kg.

2e étape

On utilise la formule : prix total = prix d'un kg × nombre de kg.

$2,75 \times 0,8 = 2,2$

3e étape

On conclut par une phrase-réponse.

800 g de fruits valent 2,20 €.

Voir exercices 50, p. 54 et 52, p. 55.

2 Détecter les erreurs de virgule

Fred a effectué correctement l'opération 975×32. Il a ensuite commis une erreur de virgule en écrivant que $9,75 \times 3,2 = 0,312$.
Retrouver le bon résultat sans poser d'opération.

1re étape

On cherche un ordre de grandeur du produit.

9,75 est proche de 10 et 3,2 est proche de 3.
Donc $9,75 \times 3,2$ est proche de 10×3, c'est-à-dire de 30.

2e étape

On conclut.

Puisque Fred n'a commis qu'une erreur de virgule, on doit déplacer la virgule dans son résultat jusqu'à ce qu'on trouve un résultat proche de 30.
Le bon résultat est donc 31,2.

Voir exercice 31, p. 53.

Coup d'œil sur le chapitre

1 Calculer mentalement les produits suivants :
a. 7×8 ;
b. 4×9 ;
c. 2×8 ;
d. 3×9 ;
e. 7×5 ;
f. 8×4.

2 Recopier et compléter :
a. $4 \times \ldots = 32$;
b. $\ldots \times 5 = 45$;
c. $\ldots \times 6 = 42$;
d. $\ldots \times 9 = 36$.

3 À l'aide des tables de multiplication, écrire chacun des nombres suivants comme le produit de deux entiers inférieurs à 10 (donner le plus possible de solutions) :
a. 18 ;
b. 36 ;
c. 24 ;
d. 35 ;
e. 72.

4 Pour chacune des opérations suivantes, écrire le résultat après avoir calculé mentalement :
a. $10 \times 4{,}5$;
b. $100 \times 2{,}3$;
c. $1\,000 \times 0{,}0125$.

5 Reprendre l'exercice **4** pour :
a. $0{,}1 \times 3{,}4$;
b. $0{,}01 \times 4{,}5$;
c. $0{,}001 \times 2\,300$.

6 On a oublié la virgule dans les produits suivants :
a. $12{,}4 \times 2{,}8 = 3\,472$;
b. $3{,}4 \times 1{,}03 = 3\,502$;
c. $0{,}45 \times 35 = 1\,575$;
d. $50 \times 3{,}7 = 1\,850$.
Pour chacun d'eux, retrouver l'emplacement de la virgule sans poser d'opération et sans calculatrice.

7 Poser et effectuer les produits suivants :
a. $5{,}6 \times 12$;
b. $58{,}6 \times 208$;
c. $0{,}45 \times 1{,}7$.

8 Chacune des quatre opérations suivantes a son résultat exact parmi les trois nombres indiqués en bleu :
$A = 44 \times 38$; $B = 23 \times 34$;
$C = 11 \times 152$; $D = 78 \times 64$.
$x = 4\,992$; $y = 782$; $z = 1\,672$.
Sans poser d'opération et sans utiliser de calculatrice, indiquer quel est le résultat de chacune des opérations.

9 Un pâtissier a utilisé 15 boîtes de 12 œufs et une boîte de 6 œufs.
Combien a-t-il utilisé d'œufs en tout ?

10 Pour ma fête d'anniversaire, maman a acheté 14 paquets de gâteaux à 0,88 € chacun et 5 bouteilles de jus de fruits à 2 € chacune.
Combien a-t-elle dépensé ?

11 Au supermarché, on indique que le prix au litre d'une boisson est 5,40 €.
Combien vaut une bouteille de 0,75 litre de cette boisson ?

12 C'est un certain Matthew Webb qui réussit le premier en 1875 à parcourir à la nage les 17,3 milles marins qui séparent Calais de Douvres.
Un mille marin mesure 1,852 km.
Combien de kilomètres mesure cette traversée (arrondir à l'unité) ?

13 Calculer en ligne :
a. $5 \times 6{,}1$; **b.** $7{,}3 \times 3$;
c. $9{,}02 \times 4$; **d.** $4{,}5 \times 7$;
e. $0{,}6 \times 4{,}8$; **f.** $400 \times 8{,}9$.

14 En effectuant des regroupements bien choisis, calculer astucieusement et sans poser d'opération :
a. $4 \times 7 \times 0{,}25 \times 9$;
b. $5 \times 7 \times 6 \times 2$;
c. $2{,}5 \times 3 \times 4 \times 9$;
d. $32 \times 0{,}5 \times 2 \times 3$.

15 Dans un collège, les 19 classes comptent chacune en moyenne 25 élèves.
Déterminer mentalement si le nombre total d'élèves est plutôt proche de :
a. 900 ; **b.** 200 ; **c.** 500.
Expliquer la démarche par écrit.

Exercices

Pour démarrer

Revoir les tables de multiplication

Pour les exercices 16 à 21, on répondra par écrit après avoir calculé mentalement.

16 Calculer :
a. 7×9 ; **b.** 6×8 ; **c.** 3×7 ;
d. 8×4 ; **e.** 9×5 ; **f.** 7×6.

17 Recopier et compléter :
a. $6 \times$ .... $= 24$;
b. .... $\times 8 = 64$;
c. .... $\times 2 \times 3 = 54$;
d. $4 \times$ .... $\times 2 = 56$;
e. $5 \times$ .... $\times$ .... $= 30$.

18 Écrire chacun des nombres suivants comme le produit de deux nombres entiers inférieurs à 10 (donner le plus possible de solutions) :
a. 16 ; **b.** 12 ; **c.** 28 ;
d. 81 ; **e.** 40 ; **f.** 21.

19 Recopier et compléter le tableau suivant :

a	b	a × b
8	....	56
7	3	....
....	6	54
9	....	72
9	....	81

20 Dans les deux tableaux ci-dessous, chaque case ne contient qu'un seul chiffre :

a.
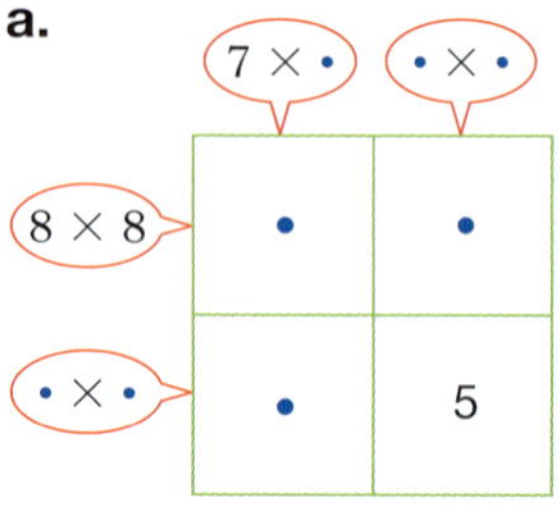

b.
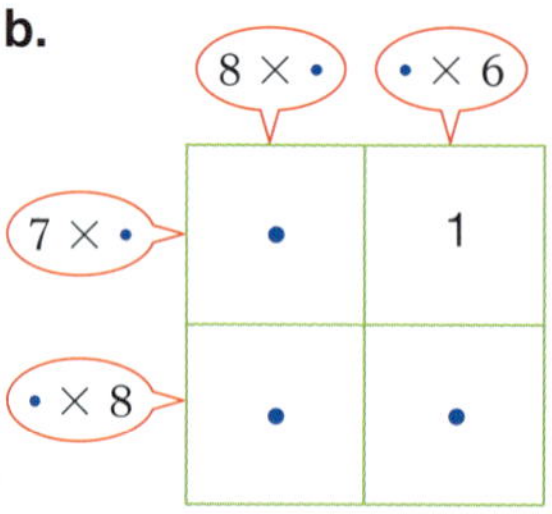

Reproduire et compléter ces tableaux en remplaçant chaque point par un chiffre qui convienne.

21 Le nombre 32 est le produit de 8 par 4.
Citer tous les autres nombres compris entre 31 et 43 qui peuvent être obtenus en multipliant deux entiers inférieurs à 10. Préciser les deux entiers en donnant plusieurs solutions quand c'est possible.

Vocabulaire

22 Recopier et compléter les phrases suivantes :
a. 20 est le .... des nombres 2 et 10.
b. Le .... $7 \times 4 \times 5$ est composé de trois ....
c. La .... $4 + 4 + 4$ est égale au .... de 4 par 3.

23 **1.** Quel est :
a. le double de 14,8 ?
b. le triple de 5,4 ?
c. le quadruple de 6,3 ?
2. Combien vaut le produit du double de 7 par le triple de 5 ?

Calcul rapide

Pour les exercices 24 à 27, on répondra par écrit après avoir calculé mentalement.

24 Déterminer en calculant mentalement :
a. $26{,}35 \times 10$; **b.** $4{,}5 \times 100$; **c.** $3{,}2 \times 0{,}1$;
d. $0{,}5 \times 100$; **e.** $3\,000 \times 0{,}01$.

25 Recopier et compléter :
a. $21{,}45 = 2\,145 \times$ .... ;
b. $5\,456 = 54{,}56 \times$ .... ;
c. $84\,000 = 840 \times$ .... ;
d. $4{,}6 = 1\,000 \times$ ....

26 À l'aide de regroupements astucieux, calculer :
a. $4 \times 6 \times 2{,}5$;
b. $895 \times 2 \times 0{,}5$;
c. $4 \times 7{,}89 \times 25$.

27 Effectuer en ligne après avoir fait des regroupements judicieux :
a. $0{,}2 \times 1{,}2 \times 0{,}5 \times 7$;
b. $0{,}4 \times 5{,}6 \times 25 \times 0{,}2$;
c. $5 \times 1{,}7 \times 0{,}4 \times 20$;
d. $0{,}25 \times 0{,}5 \times 3{,}7 \times 4 \times 2$.
Vérifier les résultats à la calculatrice.

Produits d'entiers

Pour les exercices 28 à 30, on pourra vérifier les résultats à la calculatrice après avoir effectué les calculs à la main.

28 Poser et effectuer :
a. 452×23 ; **b.** 78×456 ; **c.** 666×58.

29 Recopier et compléter les multiplications suivantes dans lesquelles certains chiffres ont été remplacés par des points :

a.
$$\begin{array}{r} 2\,8 \\ \times \;\bullet\,\bullet \\ \hline \bullet\,4 \\ \bullet\,\bullet\,0 \\ \hline \bullet\,\bullet\,\bullet\,\bullet \end{array}$$

b.
$$\begin{array}{r} \bullet\,6\,\bullet \\ \times \quad 4 \\ \hline 1\,0\,\bullet\,2 \end{array}$$

30 Denis prétend que 458×896 est égal à 410 366.
« Tu t'es trompé, s'exclame Sarah, regarde le chiffre des unités ! »
Expliquer la remarque de Sarah.

Produits de décimaux

31 On a oublié la virgule dans les opérations suivantes :
a. $1{,}25 \times 0{,}23 = 2\,875$;
b. $2{,}46 \times 1{,}4 = 3\,444$;
c. $3{,}6 \times 12 = 432$;
d. $2{,}5 \times 0{,}25 = 625$.
Recopier chacune d'elles sans la poser et replacer la virgule sans utiliser de calculatrice.

Voir **Retenir les méthodes 2, *p. 50.***

32 Poser et effectuer :
a. $3{,}5 \times 0{,}63$;
b. $7{,}96 \times 4{,}2$;
c. $5{,}7 \times 8{,}9$.

33 Dorothée, qui ne se trompe jamais dans les multiplications, a calculé le produit :
$32 \times 57 = 1\,824$.
Déterminer les produits suivants sans utiliser de calculatrice et sans poser d'opérations :
a. $3{,}2 \times 5\,700$;
b. $320 \times 5{,}7$;
c. $3\,200 \times 570$;
d. $0{,}32 \times 57\,000$.

34 Poser et effectuer :
a. $4{,}5 \times 4\,200$;
b. $850 \times 4{,}06$.

35 Les quatre opérations suivantes sont fausses. Trouver l'erreur puis corriger.

a.
$$\begin{array}{r} 33{,}4 \\ \times \;\; 12 \\ \hline 668 \\ 334 \\ \hline 100{,}2 \end{array}$$

b.
$$\begin{array}{r} 26{,}8 \\ \times \; 2{,}4 \\ \hline 1072 \\ 536 \\ \hline 643{,}2 \end{array}$$

c.
$$\begin{array}{r} 57 \\ \times \, 0{,}12 \\ \hline 114 \\ 57 \\ \hline 0{,}684 \end{array}$$

d.
$$\begin{array}{r} 424 \\ \times \, 10{,}8 \\ \hline 3392 \\ 424 \\ \hline 763{,}2 \end{array}$$

Calculs en ligne

Pour les exercices 36 à 38, il s'agit d'effectuer des calculs en ligne qu'on peut ensuite vérifier à la calculatrice ou en posant les opérations.

36 **a.** 523×7 ; **b.** 128×4 ;
c. 8×542 ; **d.** 9×56.

37 **a.** $4{,}5 \times 8$; **b.** $6 \times 12{,}7$;
c. $0{,}5 \times 7{,}89$; **d.** $4{,}5 \times 0{,}03$.

38 **a.** 700×56 ; **b.** $0{,}08 \times 23\,000$;
c. $5{,}89 \times 500$; **d.** $8{,}23 \times 30$;
e. $0{,}35 \times 0{,}04$; **f.** $7{,}03 \times 30$.

Prévoir l'ordre de grandeur

39 **1.** Recopier et compléter par des nombres entiers :
6,197 est proche de .... et 4,019 est proche de .... Donc $6{,}197 \times 4{,}019$ est proche de :
.... × .... , donc de ....
2. Recopier et compléter à l'aide d'une calculatrice : $6{,}197 \times 4{,}019 =$ ....
3. Les résultats des questions **1** et **2** sont-ils cohérents (rechercher ce mot dans un dictionnaire) ? Pourquoi ?

40 Léa est incollable pour effectuer des multiplications de nombres entiers mais elle a beaucoup de mal à placer la virgule quand c'est nécessaire ! Aider Léa à replacer cette virgule dans les cas suivants :

A est proche de	B est proche de	Réponse proposée par Léa pour A × B
30	20	56,89
5	2 000	1 023,456
40	8	3 185,63

41 Sécurité
La charge maximale que peut supporter cette remorque est une tonne.
Fabien doit transporter 79 statuettes identiques pesant chacune 9,5 kg.
1. Évaluer un ordre de grandeur de la masse totale des statuettes.
2. Fabien peut-il envisager de transporter ces statuettes dans la remorque en un seul voyage, sans être en surcharge ?

Exercices

42 Pour chacun des produits suivants, trois nombres A, B et C sont proposés.
Sans poser d'opération, choisir le plus proche du résultat exact du produit :
a. produit $24 \times 10{,}5$:
A = 240 ; B = 2 400 ;
C = 34 ;
b. produit $84 \times 1{,}05$:
A = 1 000 ; B = 10 ;
C = 100 ;
c. produit $889{,}4 \times 105$:
A = 10 000 ; B = 100 000 ;
C = 1 000.

43 On considère les trois nombres suivants :
A = 6,2 ; B = 5,02 ;
C = 9,02.
Le produit de deux de ces trois nombres est égal à 55,924.
Déterminer mentalement quels sont ces deux nombres. Expliquer par écrit.

Multiplier, pour quoi faire ?

44 À la belote, une dame rapporte 3 points, un roi 4 points et un as 11 points.
À combien de points correspondent en tout les 6 cartes suivantes ?

45 Pour établir le classement d'un championnat de handball, on a décidé d'accorder 3 points par match gagné, 2 points par match nul et 1 point par match perdu.
L'équipe que supporte Zoé a gagné 8 matchs, n'a fait aucun match nul et a perdu 5 matchs.
L'équipe que supporte Driss a gagné 7 matchs, a fait 3 matchs nuls et a perdu 3 matchs.
Laquelle des deux équipes a le plus de points ?

46 Environnement
Théo se brosse les dents deux fois par jour en laissant toujours l'eau du robinet couler. Il gaspille chaque fois environ 1,4 litre d'eau.

1. Expliquer pourquoi l'eau ainsi gaspillée en une semaine pourrait presque remplir une bonbonne de 20 litres.

2. Combien manquerait-il d'eau pour remplir exactement la bonbonne ?

47 Jacques et Patricia ont installé leur tente pour cinq jours au camping du Moulin. Ils sont accompagnés de leurs enfants, Gabriel (15 ans) et Lise (11 ans), ainsi que de leur chien Fido.
Combien vont-ils payer pour leur séjour ?

48 Maman a acheté 5 bougies rouges et 3 bougies bleues. Chaque bougie coûte 0,90 €.

1. Combien maman a-t-elle acheté de bougies en tout ?

2. Combien maman a-t-elle dépensé en tout ?

3. Combien coûtent en tout les bougies rouges ? et les bougies bleues ?

49 Ce cordage pèse 850 g le mètre.
Combien pèse un morceau de :
a. 5 m ? **b.** 4,6 m ? **c.** 0,8 m ?

50 Énergie
Le carburant utilisé par l'automobile de Vincent coûte 1,05 € le litre et celui utilisé par l'automobile de Sylvia coûte 0,84 € le litre.
Pour un même trajet, la voiture de Vincent consomme 5,4 litres de carburant et celle de Sylvia consomme 6,75 litres de carburant.
Quel véhicule semble le plus économique ?

Voir **Retenir les méthodes 1, *p. 50.***

51 En novembre 2004, un dollar valait 0,75 €.
Véronique, qui était en vacances aux États-Unis, a rapporté un souvenir qui lui a coûté 13,40 dollars.
Transformer en euros le prix de cet achat.

52 Recopier et compléter les étiquettes suivantes :

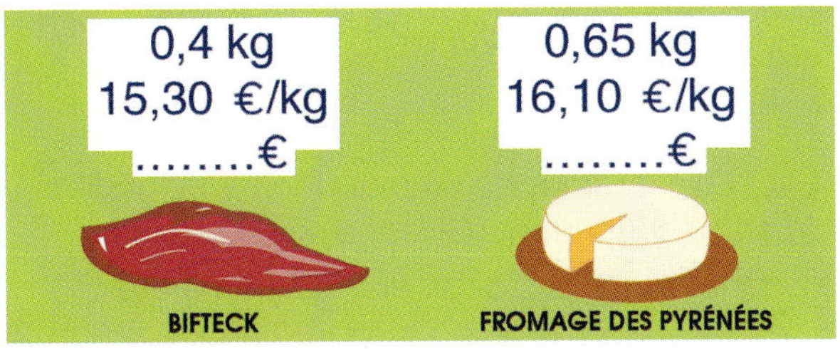

53 Statistiques
Le savon pour douche *Qu'il est doux* est vendu 9,40 € le litre par flacon de 250 mL. Le savon de la marque concurrente *Qu'il sent bon* est vendu 11,25 € le litre par flacon de 200 mL.

1. Calculer le prix de chaque flacon.

2. Préciser quel est le flacon qui coûte le moins cher. Est-ce le plus économique ? Pourquoi ?

Avec des parenthèses

54 Effectuer les calculs suivants en les détaillant :
$A = 3 + (5 \times 9)$; $B = 8 \times (3 + 4)$;
$C = (3 \times 5{,}2) - (0{,}5 \times 1{,}4)$.

55 **1.** Effectuer les calculs suivants :
$x = 5 + (8 \times 3)$; $y = (5 + 8) \times 3$.

2. Clément a acheté 5 classeurs et 3 paquets de 8 cahiers chacun. Aurore a acheté 3 lots contenant chacun 5 crayons et 8 stylos.
En utilisant la question **1**, déterminer sans calculs supplémentaires le nombre total d'articles achetés par Clément. Même question pour Aurore.

Des situations-problèmes

56 Pour faire la confiture, maman utilise 0,8 kg de sucre pour un kilogramme de fruits.

1. Quelle quantité de sucre a-t-elle utilisée pour 14,5 kg de fruits ?

2. Après avoir goûté la confiture, maman a ajouté 0,2 kg de sucre dans la bassine.
Quelle quantité de sucre a-t-elle utilisée en tout ?

57 Dans un car, il y a 23 rangées de 4 sièges.

1. Combien de passagers peuvent s'asseoir ?

2. Quelle sera alors la recette si le car est plein et si chaque passager a payé 1,05 € pour son trajet ?

58 Dans son cartable, Paul a mis cinq livres pesant en moyenne chacun 0,75 kg. Vide, le cartable de Paul pèse 2,3 kg.

1. Quel est le poids total des cinq livres ?

2. Quel est le poids du cartable de Paul s'il y ajoute quatre cahiers qui pèsent 300 g chacun ?

59 Passer une annonce dans un journal coûte 4,50 € augmentés de 3,50 € par ligne.

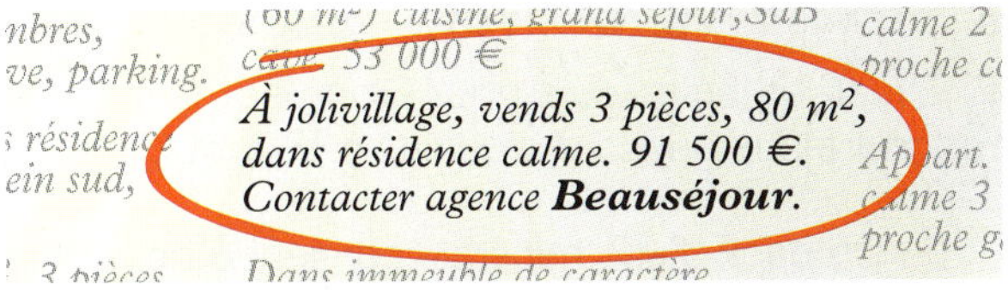
À jolivillage, vends 3 pièces, 80 m²,
dans résidence calme. 91 500 €.
Contacter agence ***Beauséjour.***

Quel est le prix de l'annonce ci-dessus ?

60 Pour le Grand Prix de vélo, les concurrents doivent parcourir 32 fois un circuit qui comporte 3 km en montée, 1,250 km en descente et 2,5 km de plat.
Quelle distance le vainqueur a-t-il parcourue ?

61 Énergie
Je viens d'acheter un téléviseur qui consomme 90 watts pour chaque heure d'utilisation.
Quelle sera sa consommation pendant une année (365 jours) si je l'allume en moyenne 2 heures par jour ?

62 Un collégien va en classe en moyenne 22 heures par semaine. L'année scolaire dure environ 36 semaines.
Combien de temps passera un élève, en classe, au collège (s'il ne redouble pas) ?

63 Nicolas a dessiné le plan de sa chambre puis, estimant que son dessin était trop petit, il a décidé de l'agrandir.
Recopier et compléter le tableau suivant :

	Premier dessin	Dessin agrandi
Largeur	3 cm	9 cm
Longueur	....	12 cm
Largeur de la porte	0,7 cm	....
Largeur de la fenêtre	1,2 cm	....

64 Santé
Au repos, le cœur d'un homme en bonne santé bat en moyenne 70 fois par minute.
Quel est le nombre de pulsations cardiaques de cet homme au repos durant une heure ? et durant une journée ?

Exercices

La bonne opération

65 Trois cagettes contiennent chacune 32 pommes qui sont toutes du même calibre. Chacune des pommes pèse 145 grammes.

1. Franck veut calculer le nombre total de pommes. Coralie souhaite connaître le poids total des pommes d'une cagette. Parmi les opérations suivantes, quelle est celle que chacun doit choisir :
a. 3×145 ? **b.** 32×145 ? **c.** 3×32 ?

2. Effectuer les calculs pour Franck et Coralie et répondre aux questions qu'ils se posent.

66 Un pack d'eau minérale contient 6 bouteilles de 1,5 litre. Un magasinier range 25 de ces packs.

1. Parmi les calculs suivants, quel est celui qui indique le nombre de bouteilles rangées :
a. $25 + 6$? **b.** $25 - 6$? **c.** 25×6 ?
d. $25 \times 1{,}5$? **e.** $1{,}5 \times 6$? **f.** $6 - 1{,}5$?

2. Le magasinier a posé le calcul $(25 \times 6) \times 1{,}5$.
a. Que voulait-il connaître ?
b. Effectuer le calcul et répondre à la question qu'il s'est posée.

D'après *Cahier d'évaluation*.

Problèmes de durée

67 Tous les jours, René achète son journal qui coûte 1,25 € et qui comporte 48 pages. Quelle a été la dépense de René lors du mois de juillet ?

68 Exprimer en minutes les durées suivantes :
a. 3 h 40 min ;
b. 5 h 5 min ;
c. 2 jours 3 h 26 min ;
d. une semaine.

69 Loïc a remporté un marathon en 2 h 33 min. Un autre concurrent, Gilles, a mis 4 h 8 min.

1. Transformer ces deux durées en minutes.

2. Combien de temps après le vainqueur Gilles est-il arrivé (donner la réponse en minutes puis en heures et minutes) ?

Multiples

Le nombre 126 s'obtient en multipliant 42 par un entier. En effet, $42 \times 3 = 126$. On dit alors que 126 est un *multiple* de 42. L'objectif des exercices 70 à 72 est d'utiliser cette notion de *multiple*.

70 Quels sont les multiples de 25 qui sont compris entre 199 et 399 ?

71 **1.** Quels sont les multiples de 13 qui sont compris entre 50 et 100 ?

2. Même question pour les multiples de 17.

72 Recopier la liste des nombres suivants :
15 ; 24 ; 32 ; 48 ; 54 ; 57.
Souligner en vert les multiples de 6 et en rouge les multiples de 8.

Qui a raison ?

a

b

Pour aller plus loin

Lire et comprendre

73 **1.** On double chaque terme de la somme de 12 et de 15. Calculer la nouvelle somme obtenue.

2. On triple chaque facteur du produit de 5 par 7. Calculer le nouveau produit obtenu.

74 Cette année, Jacques a marqué six buts. Si Luc avait marqué trois buts de plus, il aurait marqué trois fois plus de buts que Jacques. Combien de buts Luc a-t-il marqués ?

75 À l'occasion d'un anniversaire, Jean a apporté 3 CD de plus que Sophie et Karine en a apporté quatre fois plus que Jean. Sophie est venue avec 5 CD.
Combien de CD ont-ils apportés à eux trois ?

76 Un champ est entièrement clos par du grillage maintenu par des piquets. Il y a 2,50 m entre chaque piquet.

1. Sur une longueur du champ, Lucas a compté 36 piquets (y compris ceux des deux extrémités). Calculer la longueur du champ.

2. Sur tout le pourtour du champ, Lucas a compté en tout 200 piquets.
Calculer le périmètre du champ.

77 Juliette doit multiplier 154 par 16. Elle se trompe et multiplie 154 seulement par 6.
Combien doit-elle ajouter à ce qu'elle a trouvé pour obtenir le bon produit ?

Avec les ordres de grandeur

78 **Astucieux**
Trouver un ordre de grandeur de chacun des produits suivants puis, sans calculatrice, ranger les nombres A, B, C, D et E dans l'ordre croissant :
$A = 0{,}182 \times 10{,}35$; $B = 0{,}182 \times 2{,}1$;
$C = 0{,}182 \times 400$; $D = 0{,}182$.

79 Reprendre l'exercice **78** avec :
$A = 1{,}05 \times 3{,}21$; $B = 10{,}5 \times 3{,}21$;
$C = 0{,}0105 \times 3{,}21$; $D = 3{,}21$.

Calcul et géométrie

80 Calculer le périmètre du triangle équilatéral ABC puis celui du losange MNPQ.

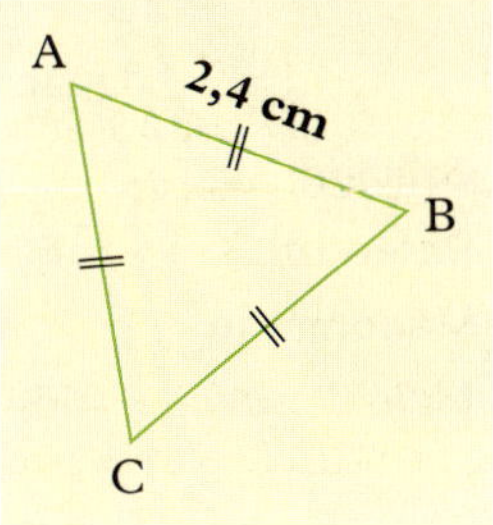

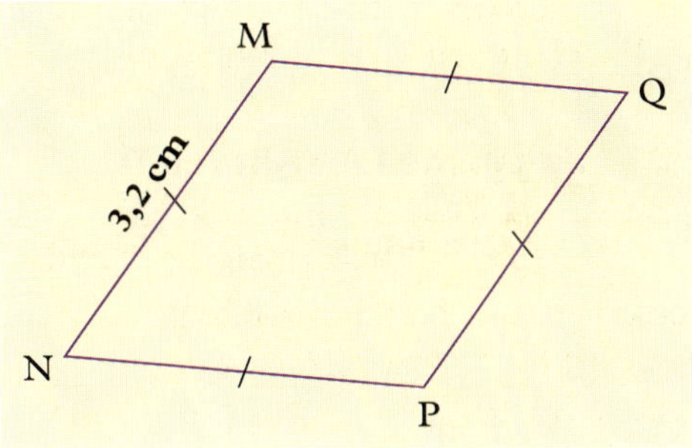

81 **Fractale**
En joignant les milieux des côtés d'un triangle équilatéral (fig. 1), on obtient 4 triangles équilatéraux plus petits et superposables (fig. 2).

1. Si on recommence l'opération avec ces quatre petits triangles, combien obtient-on de petits triangles équilatéraux superposables (fig. 3) ?

2. Si on poursuivait le procédé jusqu'à obtenir une figure 5, combien aurait-on de petits triangles superposables ?

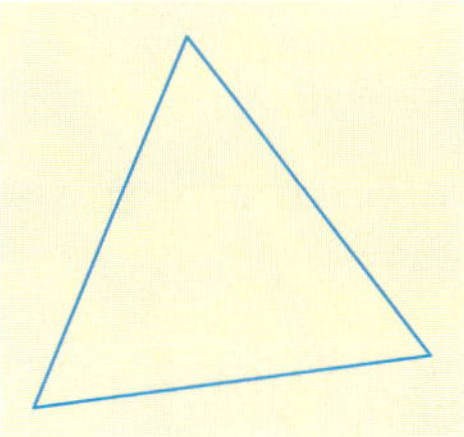

Fig. 1

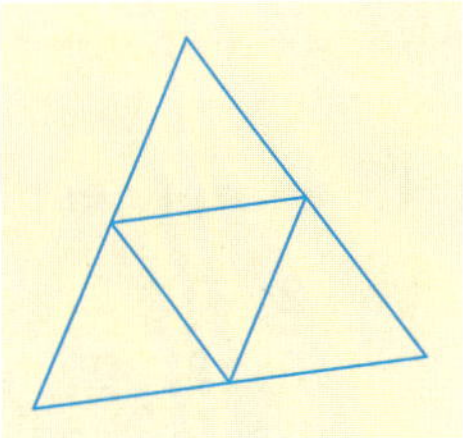

Fig. 2

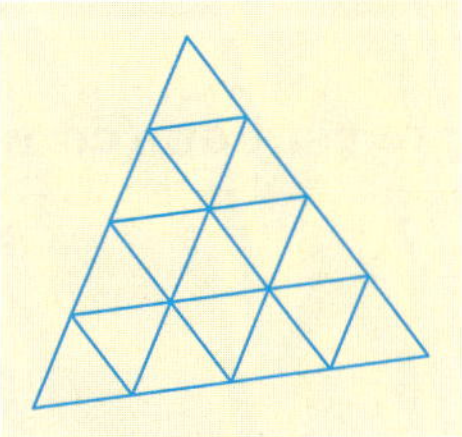

Fig. 3

Factures

82 Recopier et compléter la facture suivante :

Entreprise LACLÔTURE			
	Quantité	Prix unitaire en €	Sous-total
Grillage	125 m	3,70	....
Poteaux	50	1,70	....
Maçonnerie	125 m	0,64	....
Main d'œuvre	15 h	12	....
		Total général	....

83 Recopier et compléter la facture suivante :

Jardinerie LAMAINVERTE			
	Quantité	Prix unitaire en €	Sous-total
Rosiers	12	6,40	....
Engrais	.... kg	5	....
Bulbes	8	0,65	....
		Total général	97 €

Indication : certaines cases sont à compléter en utilisant les tables de multiplication.

Jeux et concours

Pour les exercices 84 et 85, à l'aide de multiplications, d'additions ou de soustractions, retrouver le résultat de la colonne de droite en utilisant obligatoirement une seule fois chacun des nombres de la colonne de gauche. Donner le résultat en utilisant des parenthèses.

84 **Le compte est bon (entraînement)**

2 ; 3 ; 5	13
3 ; 8 ; 9	216
4 ; 7 ; 8 ; 25	156
2 ; 3 ; 5 ; 11	41

85 **Le compte est bon (compétition)**

5 ; 6 ; 7 ; 8	86
2 ; 5 ; 8 ; 9	41
3 ; 4 ; 5 ; 7	137
5 ; 6 ; 7 ; 10	23

86 Ce que le kangourou appelle le *multant* de 36 est 18. Le *multant* de 325 est 30. Le *multant* de 45 est 20.
Quel est le *multant* de 531 :
a. 15 ? **b.** 16 ? **c.** 18 ? **d.** 20 ? **e.** 24 ?

Source : *Le Kangourou des mathématiques.*

87 Sur Mars, le jour dure exactement 40 minutes de plus que sur la Terre.
Quelle est la différence de durée entre une semaine sur Mars et une semaine sur la Terre :
a. 4 h 40 min ? **b.** 2 h 80 min ? **c.** 7 h 20 min ?
d. 40 min ? **e.** 0 min ?

Source : *Le Kangourou des mathématiques.*

Indication : on suppose ici qu'une semaine sur Mars ou sur la Terre, c'est 7 jours…

Texte inconnu

88 Voici la solution exacte d'un problème :

$(0,3 \times 7,5) + (0,25 \times 12,6) + (0,6 \times 17) = 15,6.$
$25 - 15,6 = 9,4.$
Le rôti coûte 9,40 €.

Retrouver le texte de ce problème à partir des expressions ci-dessous :
- 0,300 kg de pâté
- à 12,60 € le kilogramme,
- Au supermarché, un client achète
- Quel est le prix du rôti ?
- à 7,50 € le kilogramme,
- 0,250 kg de jambon
- Il paie en tout 25 €.
- à 17 € le kilogramme et un rôti.
- 600 g de fromage

89 Même énoncé que l'exercice **88** avec :

$(100 \times 15) + (50 \times 32) = 3100.$
$3100 - 2500 = 600.$
Il reste en caisse 600 €.

- à 15 €
- et 50 repas
- Le restaurateur met
- Quelle part de la recette lui reste-t-il en caisse ?
- 100 repas
- à 32 €.
- Un restaurant sert
- 2 500 € dans son coffre.

90 Au croissant doré

Voici des informations et des calculs :

Vu à la boulangerie 	
Croissant	0,75 €
Chocolatine	0,80 €
Baguette	0,50 €
Pain	0,90 €
Viennoiserie	1,10 €

Calculs effectués :

$(3 \times 0{,}80) + (4 \times 1{,}10) + 0{,}90 = 7{,}70$

$20 - 7{,}70 = 12{,}30$.

Inventer un énoncé de problème qui corresponde à cette situation.

D'après *Cahier d'évaluation.*

Nombres masqués

91 **1. a.** Si on remplace ♣ par 6, combien obtient-on pour $7 + (8 \times ♣)$?

b. Calculer $7 + (8 \times a)$ pour $a = 6$.

2. Calculer $7 + (8 \times a)$ pour $a = 11$.

92 Recopier le tableau puis le compléter par écrit après avoir recherché mentalement les nombres manquants :

Valeur de *a*	4	5	10	100
$3 \times a$	....	....	....	....
$0{,}6 \times a$	....	....	....	....

93 Si on remplace ♦ par 5 et ♠ par 7, combien obtient-on pour $(♦ \times ♠) + ♠$?

Le coin de l'informaticien

94 L'exercice peut être effectué avec une calculatrice ou directement sur un tableur.

Dans la cellule A2, Marion a demandé à l'ordinateur de multiplier le contenu de la cellule A1 par 3,5.

	A	B	C	D	
1	4	6.4	3.4	5.64	
2	=A1*3.5				
3	=A2+5				

1. Calculer les résultats obtenus à la 2e ligne si Marion recopie vers la droite la formule de la cellule A2.

2. a. Que souhaite faire Marion dans la cellule A3 ?

b. Calculer les résultats qu'elle va obtenir à la 3e ligne si elle recopie vers la droite la formule de la cellule A3.

Problèmes

95 Au théâtre

Une salle de théâtre comporte 20 rangées de 27 sièges chacune. Les Grandsamis y ont donné 80 représentations de la pièce *Fourire* devant une salle comble.

Quelle a été la recette sachant que le prix d'une place est 14,60 € ?

96 Arthur a acheté 1,2 kg de viande à 14,50 € le kg, 750 g de fruits à 2,40 € le kg, du fromage, un journal à 0,80 € et trois pains à 0,90 € l'un. Il donne 30 € à la caissière qui lui rend 5 €.

1. Combien Arthur a-t-il dépensé ?

2. Combien coûte le fromage ?

Calcul mental

Pour les exercices 97 et 98, on répondra par écrit après avoir calculé mentalement.

97 Calculer :

$A = (13{,}2 \times 10) + 3$; $B = 20 - (0{,}1 \times 140)$;
$C = (4{,}5 \times 100) - (500 \times 0{,}1)$;
$D = (0{,}5 \times 2) + 5$.

98 On donne les résultats suivants :

a. $6 \times 2 = 12$; **b.** $45 \times 12 = 540$;
c. $540 \times 35 = 18\,900$; **d.** $540 \times 2 = 1\,080$.

Sans poser d'opération, calculer :
$35 \times 45 \times 2 \times 6$.

Devoirs à la maison

99 Statistiques

La grande sœur de Fabien s'est renseignée pour choisir un opérateur de téléphone portable. Elle est persuadée que la durée de ses communications risque parfois de dépasser deux heures par mois et elle a retenu deux offres, celle de l'opérateur A et celle de l'opérateur B.

	Opérateur A	Opérateur B
Durée du forfait	120 min	180 min
Prix du forfait	25 €	45 €
Prix par minute supplémentaire	0,34 €	0,28 €

1. Fabien, qui souhaite l'aider dans son choix, a fait les calculs suivants qui correspondent à une durée de 150 minutes:
$150 - 120 = 30$;
$30 \times 0,34 = 10,20$;
$10,20 + 25 = 35,20$.
« Tu paieras 35,20 € pour 150 minutes si tu choisis l'opérateur A alors qu'avec l'opérateur B, tu paierais 45 € » lui dit Fabien.
a. Indiquer à quoi correspond chacune des opérations de Fabien.
b. Pourquoi Fabien sait-il, sans calculer, que le prix avec l'opérateur B serait 45 € ?

2. a. Calculer le coût correspondant à chaque opérateur pour 200 minutes de communication.
b. Fabien sait que sa sœur est beaucoup plus bavarde qu'elle ne le pense et qu'elle utilisera son portable en moyenne 200 minutes par mois. Quel opérateur va-t-il alors lui conseiller ?

100 Course en circuit

Quentin et Richard participent à une course de vélo qui se court sur un circuit de 2 300 m de long qu'ils doivent parcourir plusieurs fois. Ils ont des vélos identiques dont les roues ont une circonférence qui mesure 1,95 m.
Quarante-cinq minutes exactement après le départ, chaque roue du vélo de Quentin a effectué 14 160 tours et chaque roue du vélo de Richard a effectué 12 980 tours.
Le commentateur de l'épreuve annonce alors au micro : « Incroyable ! Quentin vient de prendre un tour de circuit à Richard ! »

1. Que signifie cette expression ?

2. Vérifier par le calcul ce qu'annonce le commentateur.

101 Pour se rendre chez sa tante, Nicolas a pris le bus puis le train et enfin le taxi.
Le trajet en train est 80 fois plus long que celui en taxi. Celui en bus fait 5,2 km de moins que celui en taxi. Nicolas a parcouru 8,4 km en taxi.
Quelle est la longueur totale du trajet ?

102 On donne ci-dessous quatre opérations et quatre textes.
Associer chaque opération à un texte puis répondre à la question posée.

Opérations :
a. $150 + (11 \times 70)$; **b.** $(150 \times 11) + 70$;
c. $150 \times 11 \times 70$; **d.** $150 + 11 + 70$.

Texte 1 :
Loïc a effectué son voyage en trois étapes : 150 km, 11 km et 70 km.
Quelle est la longueur du voyage de Loïc ?

Texte 2 :
Pour payer mon scooter, maman a réglé 70 € à la commande, puis elle a versé 11 mensualités de 150 € chacune.
Combien coûte mon scooter ?

Texte 3 :
Pour son stage de parapente, l'association *Vol libre* demande une cotisation de 150 € à l'inscription, puis 70 € par jour.
Combien coûte le stage de 11 jours ?

Texte 4 :
Sur une palette, on peut mettre 70 couches de briquettes, chaque couche étant composée de 11 rangées de 150 briquettes chacune.
Combien de briquettes peut-on mettre sur la palette ?

103 Paul a traversé l'Atlantique en bateau. Il est parti de Brest le 5 mars à 13 h et il est arrivé en Guadeloupe le 24 mars à 17 h (10 h du matin, heure de Paris).
Combien d'heures Paul a-t-il passées en mer ?

Petits exposés

1. Rechercher et expliquer la méthode de multiplication « par jalousie ».
2. Rechercher des méthodes de calcul mental pour multiplier.

Au temps des pharaons

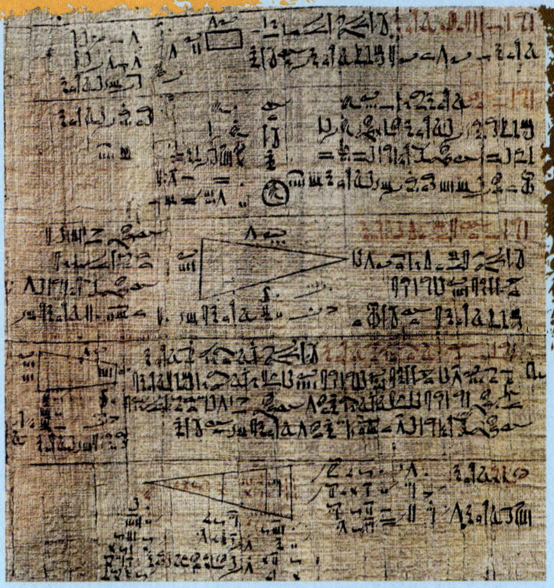

Extrait du papyrus de Rhind

Dans le papyrus de Rhind (écrit il y a 3 000 ans), on peut observer la méthode qu'utilisaient les Égyptiens pour effectuer des multiplications.

La principale caractéristique de cette méthode est qu'il suffit de connaître uniquement la table de 2 (j'en vois déjà qui sont intéressés !).

Voyons ceci en détail à l'aide d'un exemple, le calcul de 47 × 315. Tout d'abord, choisissons le plus petit facteur, ici : 47.

1	= 1
2	= 2
2 × 2	= 4
2 × 2 × 2	= 8
2 × 2 × 2 × 2	= 16
2 × 2 × 2 × 2 × 2	= 32
2 × 2 × 2 × 2 × 2 × 2	= 64

Dressons le tableau ci-contre en partant de 1 et en multipliant toujours par 2 le résultat précédent (les spécialistes disent qu'on construit le tableau des **puissances** de 2). On s'arrête lorsqu'on obtient un résultat supérieur à 47. Nous allons écrire 47 en utilisant des nombres de la colonne de droite, chacun de ces nombres ne pouvant être utilisé au maximum qu'une seule fois :

47 = 32 + 8 + 4 + 2 + 1.

Dressons ensuite ce deuxième tableau qui ne comporte que des multiplications par 2.

1 × 315	= 315	× 2
2 × 315	= 630	× 2
4 × 315	= 1 260	× 2
8 × 315	= 2 520	× 2
16 × 315	= 5 040	× 2
32 × 315	= 10 080	

Comme : **47 = 32 + 8 + 4 + 2 + 1**,
on a : **47 × 315 =**
32 × 315 + 8 × 315 + 4 × 315 + 2 × 315 + 1 × 315.

Il suffit donc d'additionner les résultats des lignes correspondantes du tableau :

47 × 315 = 10 080 + 2 520 + 1 260 + 630 + 315
= 14 805.

Bien sûr le petit Égyptien moderne posera plutôt la multiplication comme nous…

Casse-tête…

Sacs de blé

Une felouque transporte à chaque voyage 39 sacs de blé. Combien de sacs a-t-elle transportés en tout au bout de 78 voyages ? (Utiliser évidemment la méthode de l'Égypte ancienne pour obtenir le résultat !)

Felouque sur le Nil

Soutien

A Le jeu des deux chaussettes

Voici la règle d'un nouveau jeu mêlant le hasard et les connaissances et qui peut se jouer à deux ou plusieurs joueurs.

- Mettre dans une chaussette (propre de préférence !) **9 morceaux** de carton identiques numérotés de 1 à 9.
- Recommencer avec une autre chaussette de couleur différente (propre elle aussi !).
- Le premier joueur tire au hasard un carton dans chaque chaussette, montre ses cartons aux autres joueurs, **calcule de tête le produit** des deux numéros obtenus puis remet chaque carton dans sa chaussette d'origine (utiliser des cartons de **deux couleurs différentes**).
- Le deuxième joueur procède de la même manière. Celui qui a le plus grand produit marque 1 point. En cas d'égalité des produits, on calcule la **somme** des deux numéros par joueur et la plus grande des deux sommes désigne le **vainqueur du point**.

Évidemment, si les deux joueurs ont obtenu exactement les mêmes numéros, on procède à un nouveau tirage en recommençant au début de la procédure.

Attention Tout joueur qui se trompe dans son produit perd le point même si son produit est le plus grand.
Le vainqueur de la partie est le premier arrivé à **5 points**.

B Trier les informations

Indiquer les informations qui ne servent à rien, puis répondre aux questions.

Problème 1 : Papa charge dans sa camionnette un salon de jardin. Ce salon se compose de quatre chaises pesant 4 kg chacune et valant 8,50 € et d'une table pesant 12,5 kg et valant 18,64 €.
Combien pèse le salon de jardin ?

Problème 2 : En moyenne, un maçon pose en une heure 30 briques de dimensions 20 cm, 50 cm et 20 cm.
Combien de briques pose une équipe de huit maçons en une semaine, sachant qu'ils travaillent 35 heures par semaine ?

Problème 3 : Un article est vendu 0,35 € à l'unité ou bien par paquets de trois à 0,95 € le paquet.
Combien valent 12 articles achetés par paquets ?

Chapitre 4

Division

Avant de démarrer

1 Associations

Voici 6 vignettes. Indiquer les numéros de celles qui illustrent la même idée que l'étiquette n° 1.

n° 1 Combien de fois peut-on faire rentrer 12 dans 60 ?	**n° 2** Combien font 12 fois 60 ?	**n° 3** On multiplie 12 par 60.
n° 4 $60 = 12 \times ?$	**n° 5** $? = 12 \times 60$	**n° 6** On divise 60 par 12.

2 Qu'est-ce qu'on calcule ?

Des stylos sont vendus chacun 3 euros.
Zoé a acheté 27 stylos. Maud a acheté des stylos et a payé 27 euros.

a. Que représente le résultat de l'opération 27×3 ?

b. Que représente le résultat de l'opération $27 \div 3$?

3 Rien que des entiers !

On voudrait faire transporter 95 tonnes de maïs par un camion ne pouvant contenir que 8 tonnes à chaque voyage. Le transporteur n'accepte de se déplacer que si on charge entièrement son camion.
Que va-t-il se passer ?

4 Partage d'une quantité décimale

On a coupé une corde qui mesurait 10,8 m en quatre morceaux de même longueur. Combien mesure chacun des quatre morceaux en cm ? en m ?

5 Choix d'opération chez les décimaux

Margot la poissonnière vend ses soles 15,20 euros le kilogramme.

a. Rémi, un restaurateur, lui en a acheté 3,4 kg.
Combien va-t-il payer ?

b. Grégoire, un autre restaurateur, lui en a pris pour 42,56 euros.
Quelle quantité de soles lui a-t-il achetée ?

Activités

1 Opérations à trous

1 Quentin voudrait savoir combien de boîtes de 6 œufs on peut remplir avec 54 œufs.
« Facile, lui dit Manon, il te suffit de compléter la multiplication à trous $54 = 6 \times \dots$ en te servant des tables de multiplication. Cela revient à effectuer une division. »
a. De quelle division Manon parle-t-elle ?
b. Quel est le nombre cherché par Quentin ?
c. Recopier et compléter les multiplications à trous suivantes en indiquant pour chacune d'elles à quelle division elle correspond :
$32 = 8 \times \dots$; $35 = \dots \times 5$; $28 = 7 \times \dots$.

2 Voici deux divisions :

?	128
0	4

128	4
0	?

Indiquer à laquelle des deux divisions correspond chacune des opérations à trous suivantes :
$4 \times \dots = 128$; $128 \times 4 = \dots$.
Dans chacun des cas, calculer le nombre manquant.

Voir exercices 13 à 15, p. 72.

2 Aller-retour

1 Marine souhaite trouver le nombre qui manque dans l'égalité ? $\times 8 = 608$.
Pour cela, elle utilise un petit schéma de son invention :

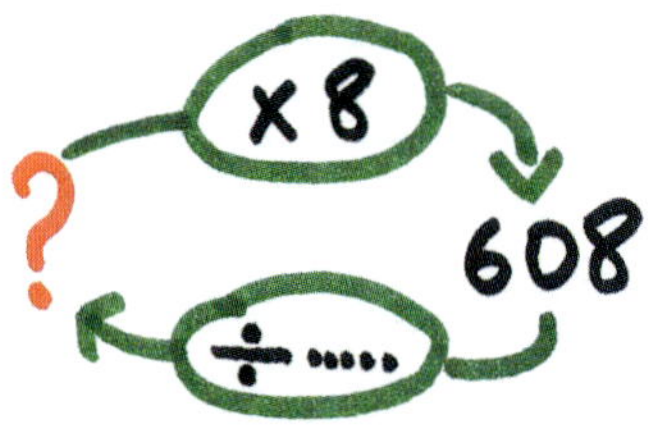

Reproduire ce schéma puis compléter la bulle du bas. Calculer ensuite le nombre que Marine recherche.

2 À l'aide d'une calculatrice, chercher quel est le nombre qui complète chacune des égalités suivantes :
a. $\dots \times 75 = 12$; **b.** $48{,}6 \times \dots = 126{,}36$; **c.** $0{,}805 = \dots \times 3{,}5$.

3 Comment vérifier à l'aide d'une multiplication mais sans calculatrice que :
$\frac{7{,}68}{2{,}4} = 3{,}2$? (Autrement dit que $7{,}68 \div 2{,}4 = 3{,}2$.)

Voir exercice 16, p. 72.

3 Choix d'opération

Camille a acheté trois sachets de bonbons tous identiques qui valent chacun 15 €. Léa a acheté trois gâteaux tous identiques pour une somme totale de 15 € et Luc a acheté 15 bonbons à 1 € chacun.

1 Quel est le dessin qui correspond à l'achat de Camille ? À quoi correspond l'autre dessin ?

2 Que peut-on calculer pour Camille ? À l'aide de quelle opération ?

3 Reprendre la question **2** pour Léa.

Voir exercices 21, p. 72 et 45, p. 74.

4 Répartition équitable

« Les billes, c'est un jeu de petits » a décidé Jérémie. « Maintenant que je suis au collège, je vais me débarrasser du contenu de mon sac en le distribuant aux élèves de la classe de mon petit frère Yoann. » Dans la classe de Yoann, il y a 24 élèves et dans le sac de Jérémie, il y a toute sa fortune : 266 billes !

1 Jérémie se demande d'abord s'il a assez de billes pour en distribuer 10 à chacun des enfants. Que peut-on en penser ?

$24 \times 10 = 240$
$24 \times 11 = 264$
$24 \times 12 = 288$

2 Pour prévoir avec plus de précision comment il va pouvoir effectuer le partage, Jérémie décide de dresser une partie de la table de multiplication de 24.

3 **a.** Pourquoi Jérémie ne poursuit-il pas davantage l'écriture de la table ?
b. À l'aide de cette table de multiplication, indiquer combien de billes Jérémie peut donner à chaque enfant.
c. Combien pourra-t-il en garder en souvenir ?

4 « Moi, j'aurais procédé au partage plus rapidement que toi ! » s'exclame Patou. Pour savoir combien de fois 24 rentre dans 266, il suffit de poser cette division ! »
Comment peut-on vérifier l'opération posée par Patou sans utiliser de division ?

266	24
− 24	11
26	
− 24	
2	

5 Effectuer le partage à la manière de Patou si Jérémie avait eu 305 billes dans son sac.

Voir exercices 25 et 32, p. 73.

5 Partager équitablement une quantité décimale

Alice se pose un très «grave» problème: est-il plus avantageux d'acheter un paquet de quatre glaces pour 5,76 € ou un paquet de six des mêmes glaces pour 8,70 €?

Il y a bien sûr de la division dans l'air! mais comment diviser des nombres à virgule?
«Transforme tout en centimes, lui dit sa copine Lina, et le tour est joué!»

1. En suivant le conseil de Lina, que décideriez-vous à la place d'Alice?
2. Alice est un peu vexée de ne pas avoir trouvé seule la ruse de Lina. «À la réflexion, se dit-elle, diviser 5,76 par 4, c'est effectuer trois divisions successives:
   - les unités (en **rouge**)
   - les dixièmes (en **vert**)
   - et enfin les centièmes (en **bleu**).»

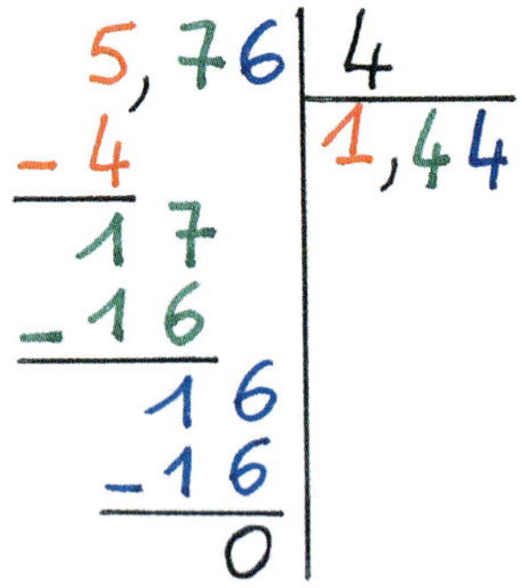

Effectuer la division de 8,70 par 6 avec cette méthode.

Voir exercice 48, p. 74.

6 Diviser par un décimal

1 Jérôme fait des pas de 0,60 m. On souhaite calculer combien il peut compter de pas pour traverser la cour qui mesure 24 m.
Réécrire le texte de ce problème en exprimant toutes les longueurs en centimètres.

2 Parmi les opérations ci-dessous, indiquer toutes celles qui donnent le nombre cherché. Expliquer le choix.
a. $0{,}60 \times 24$; **b.** $0{,}60 \div 24$;
c. $24 \div 60$; **d.** $24 \div 0{,}60$;
e. $2\,400 \div 60$; **f.** $2\,400 \div 6$.

3 Que peut-on dire des nombres $\frac{24}{0{,}6}$ et $\frac{2\,400}{60}$?
Au fait, combien de pas Jérôme fait-il ?

4 Adeline prétend qu'on ne change pas le résultat de la division de 24 par 0,60 si on multiplie ces deux nombres par 100.
Que peut-on en penser ? et si on les multiplie par 10 ?

5 Le récipient ci-contre contient 13,5 litres de la boisson favorite d'Arthur.
En s'inspirant de ce qui précède, calculer le nombre de bouteilles de 0,75 L qu'il peut remplir avec le contenu du récipient.

Voir exercice 57, p. 75.

Retenir le cours

1 Division entière ou euclidienne

Exemple

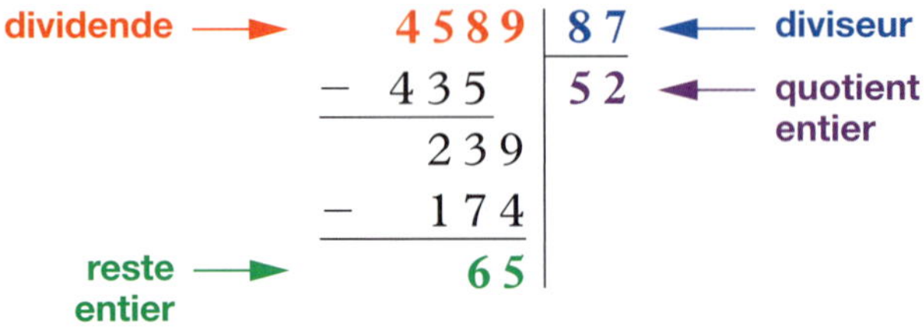

Dans cette division, on a : **4 589** = (**87** × **52**) + **65**.
On a la relation : **dividende** = (**diviseur** × **quotient**) + **reste**.

> Effectuer la **division entière** (ou **euclidienne**) de deux entiers, c'est trouver le quotient entier et le reste entier.
> Le reste de la division est **toujours inférieur** au diviseur.

2 Diviser, c'est compléter une opération à trous

A - Multiplication à trous

Le quotient exact de 8,4 par 12 est le nombre qui manque dans la multiplication 8,4 = ... × 12.
C'est le nombre manquant du schéma suivant :

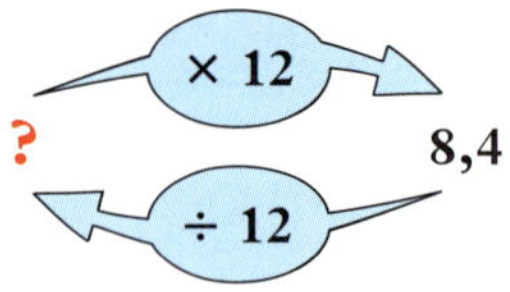

On obtient ce quotient exact en divisant 8,4 par 12. La calculatrice fournit le résultat 

.

On a donc 8,4 = 0,7 × 12.

B - Notation

« Le quotient de 8,4 par 12 est 0,7 » peut s'écrire de plusieurs manières :

$\frac{8,4}{12} = 0,7$ ou $8,4 : 12 = 0,7$ ou encore $8,4 \div 12 = 0,7$.

3 Division décimale

Exemples

126,9	54
− 108	2,35
18 9	
− 16 2	
2 70	
− 2 70	
0	

Le **reste** est égal à zéro.
2,35 est la **valeur exacte du quotient** de 126,9 par 54.
On écrit :

$$\frac{126{,}9}{54} = 2{,}35.$$

380	44
− 352	8,63
280	
− 264	
160	
− 132	
28	

Le **reste** n'est pas égal à zéro.
8,63 est une **valeur approchée au centième du quotient** de 380 par 44, mais en continuant la division, on pourrait obtenir une précision plus grande.

4 Diviser par un nombre à virgule

Certains problèmes conduisent à effectuer une division dans laquelle le diviseur est un nombre à virgule. On transforme alors la division de telle manière que le diviseur soit entier comme dans les deux exemples suivants.

Exemples

• On veut chercher combien de fois 2,52 m contiennent 0,7 m.
2,52 m = 25,2 dm et 0,7 m = 7 dm. Donc le problème revient à chercher combien de fois 25,2 dm contiennent 7 dm.

On a multiplié le dividende et le diviseur par 10.

Les deux divisions 2,52 | 0,7 et 25,2 | 7 ont donc le même quotient.

• On veut chercher le prix d'un kilogramme de légumes sachant que 8,25 kg valent 9,90 €.
Au même tarif, 825 kg valent 990 € (en multipliant par 100).
Le prix d'un kilogramme est donc égal à $990 \div 825$.

On a multiplié le dividende et le diviseur par 100.

Les deux divisions 9,9 | 8,25 et 990 | 825 ont donc le même quotient.

Retenir les méthodes

Effectuer une division décimale

Effectuer la division de 383,4 par 43 en donnant une valeur approchée par défaut du quotient avec deux chiffres après la virgule.

1re étape

On complète le dividende.

$$\begin{array}{r|l} 383{,}4\mathbf{0} & 43 \\ \cline{2-2} & \end{array}$$

On ajoute un 0 pour avoir les deux chiffres après la virgule comme le précise la consigne.

2e étape

On cherche le premier chiffre du quotient.

$$\begin{array}{r|l} 383{,}40 & 43 \\ \cline{2-2} -\ 344\phantom{{,}40} & \mathbf{8} \\ \cline{1-1} 39\phantom{{,}40} & \end{array}$$

D'abord, on remarque que $38 < 43$.
On prend donc 383.
En 383, combien de fois 43 ?
En 38, combien de fois 4 ? 9 fois.
On a : $9 \times 43 = 387$. C'est trop.
On a : $8 \times 43 = 344$.
On calcule le reste : $383 - 344 = 39$.

3e étape

On abaisse le chiffre suivant.

$$\begin{array}{r|l} 383{,}\mathbf{4}0 & 43 \\ \cline{2-2} -\ 344\phantom{{,}40} & \mathbf{8{,}} \\ \cline{1-1} 39\,\mathbf{4} & \end{array}$$

On abaisse le 4.
On a « franchi la virgule ».
On la place au quotient.

4e étape

On poursuit la division.

$$\begin{array}{r|l} 383{,}40 & 43 \\ \cline{2-2} -\ 344\phantom{{,}40} & \mathbf{8{,}91} \\ \cline{1-1} 39\,4 & \\ -\ 38\,7 & \\ \cline{1-1} 7\mathbf{0} & \\ -\ 43 & \\ \cline{1-1} 27 & \end{array}$$

On renouvelle les questions :
En 394, combien de fois 43 ?
En 39, combien de fois 4 ? 9 fois.
On a : $9 \times 43 = 387$.
On calcule le reste : $394 - 387 = 7$.
On abaisse le dernier chiffre 0.
On recommence les questions :
En 70, combien de fois 43 ?
En 7, combien de fois 4 ? 1 fois.
On a : $1 \times 43 = 43$.
On calcule le reste : $70 - 43 = 27$.

5e étape

On conclut.

La **valeur approchée** au centième par défaut du quotient de 383,4 divisé par 43 est **8,91**.

Voir exercices 39, p. 73 et 48, p. 74.

Coup d'œil sur le chapitre

1 Déterminer mentalement les nombres manquants puis recopier et compléter :
a. 84 = 4 × .... ; **b.** 128 = 2 × .... ;
c. 96 = 3 × .... ; **d.** 478 = 10 × ....

2 Recopier et compléter les schémas suivants comme dans le cours. Déterminer sans calculatrice le nombre représenté par le point d'interrogation dans chacun des cas.

a.

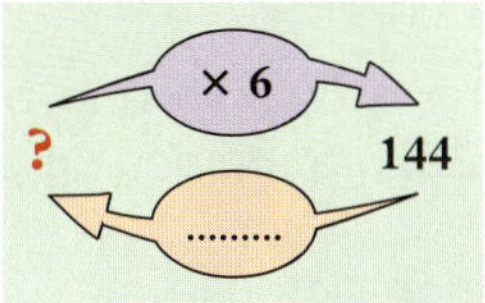

b.

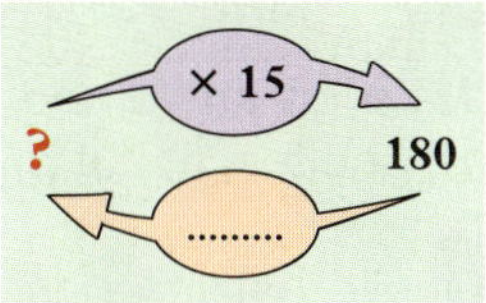

c.

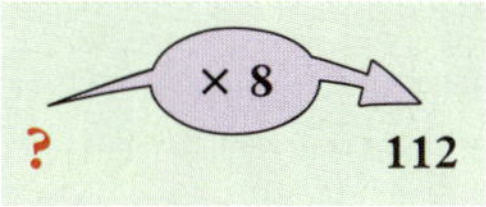

3 **1.** Si on me divise par 14, on trouve exactement 9. Qui suis-je ?

2. Pour me trouver exactement, il faut diviser 1 440 par 45. Qui suis-je ?

4 **1.** Lors d'une course en voilier, Bruno a parcouru 10 258 km en 23 jours. Quelle distance moyenne a-t-il parcourue chaque jour ?

2. Un avion à réaction met 9 heures pour parcourir la même distance. Quelle distance moyenne parcourt-il en une heure (arrondir au km) ?

5 Voici la table de multiplication de 86 :

1 × 86 = 86	4 × 86 = 344	7 × 86 = 602
2 × 86 = 172	5 × 86 = 430	8 × 86 = 688
3 × 86 = 258	6 × 86 = 516	9 × 86 = 774

Lucie a 574 caramels à distribuer aux 86 élèves de sixième de son collège. Elle en donne autant à chacun et le plus possible.

1. Combien de caramels recevra chaque élève ?

2. Combien de caramels ne seront pas distribués ?

3. Poser la division euclidienne de 574 par 86, puis l'écrire en ligne.

6 **1.** Effectuer la division euclidienne de 294 par 26 puis écrire le résultat en ligne.

2. Dans cette division, quel est le quotient ? quel est le reste ?

7 Voici ce que Gaëtan a écrit pour effectuer la division euclidienne de 520 par 37 :

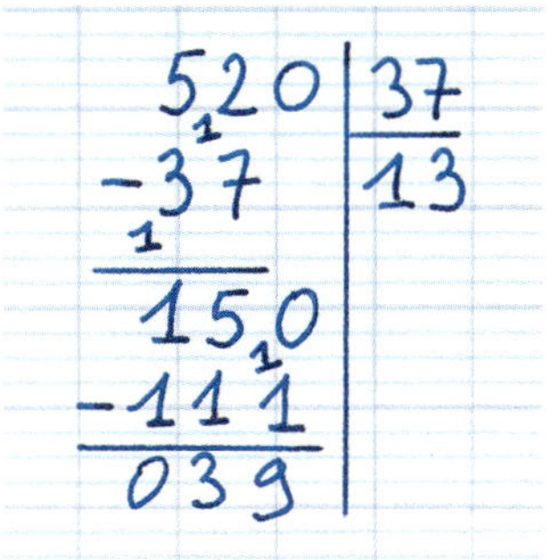

1. Le calcul de Gaëtan est-il juste ?

2. Gaëtan a-t-il bien effectué la division attendue ? Pourquoi ?

8 Grand-mère a ramassé dans la semaine 77 œufs. Elle les range par boîtes de 12 et fait une omelette avec le reste.

1. Combien son omelette contient-elle d'œufs ?

2. Combien de boîtes a-t-elle utilisées ?

9 Ce jouet est la reproduction fidèle d'une vraie voiture qui mesure 368 cm de long.
Les dimensions du jouet sont 40 fois moins longues que celles de la voiture.
Déterminer sans calculatrice quelle est la dimension exacte du jouet.

10 Un paquet de 18 biscuits coûte 2,34 €.
Déterminer sans calculatrice à combien revient un biscuit de ce paquet.

11 Combien de sachets de sel de 0,35 kg chacun obtient-on avec 2,1 kg de sel ?

12 **Choix d'opérations**

1. Mon frère Louis mesure 15 cm de plus que moi et 12 cm de plus que notre sœur Inès. Moi, je mesure 1,20 m.
Quelle est la taille d'Inès ?

2. J'ai acheté trois journaux identiques qui coûtent 1,20 € chacun.
Combien vais-je payer ?

3. Pour 1,20 €, j'ai eu trois tickets de tombola. Combien coûte un ticket ?

4. Combien me rend-on si je règle une note de 5,40 € avec un billet de 10 € ?

Exercices

Pour démarrer

Multiplications à trous

13 Déterminer mentalement les nombres manquants puis recopier et compléter :
a. 7 × .... = 56 ; **b.** 8 × .... = 32 ;
c. 11 × .... = 55 ; **d.** 100 × .... = 4 700.

14 Déterminer mentalement les nombres manquants puis recopier et compléter :
a. 7 × .... = 42 donc .... ÷ 7 = ... ;
b. 8 × .... = 72 donc .... ÷ 8 = ...

15 Déterminer mentalement les nombres manquants puis recopier et compléter :
a. 864 = 2 × .... ;
b. 9 603 = ... × 3 ;
c. 10 × ....= 7 800 ;
d. 497 = ... × 7.

16 **1. a.** Recopier le schéma ci-dessous et le compléter à l'aide d'un calcul effectué sans calculatrice :

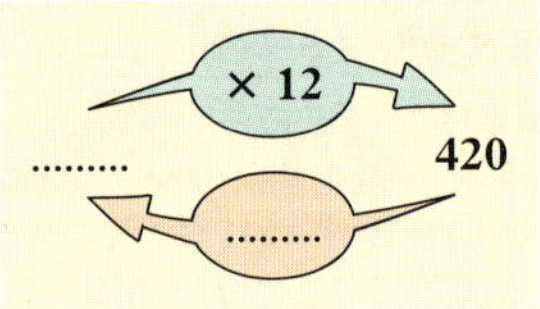

b. Recopier et compléter : .... × 12 = 420.
2. Recopier les égalités suivantes et les compléter à l'aide d'un schéma similaire :
a. .... × 18 = 126 ;
b. 29 × .... = 232.

17 Recopier et compléter à l'aide d'une calculatrice :
a. 14,7 = 4,2 × .... ;
b. 5,848 = ... × 1,72 ;
c. 9,8 × .... = 4,606 ;
d. 4,5 × .... = 26,55.

Quotient entier d'un entier par un entier

18 À l'école primaire, on a appris certaines tables de multiplication mais on peut aussi en fabriquer d'autres.

1. Sans utiliser de calculatrice, expliquer pourquoi 630 est dans la table de multiplication de 42 (on pourra poser une division).

2. Expliquer de même pourquoi 198 n'est pas dans la table de multiplication de 16.

19 Sans poser d'opérations et sans calculatrice, déterminer les quotients suivants :
a. 48 ÷ 6 ; **b.** 81 : 9 ;
c. $\frac{56}{8}$; **d.** $\frac{12\,000}{100}$.

20 Si on me divise par 16, on trouve exactement 74. Qui suis-je ?

21 Santé

1. Le gérant d'une cantine a calculé que pour 18 adultes, il faut prévoir 2 970 grammes de pain par jour.
Quelle est la consommation actuelle moyenne d'un adulte par jour ?

2. En 1900, il aurait fallu prévoir 16 200 grammes de pain par jour pour le même nombre d'adultes. Quelle était alors la consommation journalière de pain par adulte ?

22 Santé

Un élève de 6e a besoin chaque jour d'un apport d'environ 1 200 mg de calcium dans son alimentation. Un yaourt contient 150 mg de calcium.

1. À combien de yaourts correspond la ration journalière de Marc qui est en 6e ?

2. Faut-il vraiment manger autant de yaourts pour être en bonne santé ? Pourquoi ?

23 Pour faire un gâteau, Lili doit utiliser 120 g de sucre en poudre. Une cuillère à café contient 4 g de sucre et une cuillère à soupe en contient 15 g.
Combien Lili doit-elle compter de cuillerées si elle utilise :
a. une cuillère à café ?
b. une cuillère à soupe ?

24 Environnement

1. La France a une superficie d'environ 549 000 km^2 pour une population approximative de 61 172 000 habitants. À l'aide d'une calculatrice, évaluer combien il y a d'habitants par kilomètre carré (arrondir à l'unité).
Information : on appelle ce nombre la densité de la population.

2. Reprendre la question pour le Bangladesh (140 369 000 habitants pour 143 000 km^2) puis pour le Canada (31 015 000 habitants pour 9 975 000 km^2).

Division euclidienne

25 Voici la table de multiplication de 78 :

1 × 78 = 78	4 × 78 = 312	7 × 78 = 546
2 × 78 = 156	5 × 78 = 390	8 × 78 = 624
3 × 78 = 234	6 × 78 = 468	9 × 78 = 702

1. a. À l'aide de cette table, effectuer la division euclidienne de 450 par 78.
b. Écrire cette division en ligne.

2. Reprendre la question **1** en remplaçant 450 par 45 017.

26 **1.** Effectuer la division euclidienne de 306 par 7.

2. Quel est le quotient ? Quel est le reste ?

3. Écrire en ligne le résultat de cette division euclidienne.

27 Même exercice que le précédent pour la division de :
a. 7 045 par 103 ; **b.** 7 965 par 86 ;
c. 6 000 par 120.

28 Alexis devait effectuer la division euclidienne de 120 par 25 et voici ce qu'il a écrit :

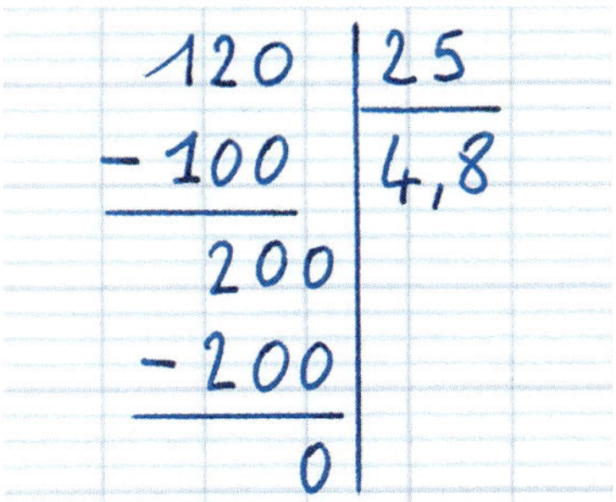

1. Alexis a-t-il respecté la consigne de l'exercice ? Expliquer pourquoi.

2. Effectuer correctement l'opération.

29 Dans une division euclidienne, le reste est 14, le quotient est 25 et le diviseur est 8.
Calculer le dividende.

30 Si on me divise par 13, on trouve 45 et il reste 11. Qui suis-je ?

31 Recopier et compléter le tableau suivant :

Dividende	Diviseur	Quotient	Reste
789	14	....	....
....	13	9	7

32 À la cantine, il y a des tables de six. Quand les 125 demi-pensionnaires de sixième sont installés pour déjeuner, toutes les tables sont complètes sauf une.

1. Combien y a-t-il de tables à la cantine ?

2. Combien d'élèves sont installés à la table incomplète ?

33 Sans faire de calculs, dire pourquoi l'égalité $241 = (17 \times 13) + 20$ ne peut pas être le résultat d'une division euclidienne.

34 **1.** Dans une division entière, le diviseur est 7, le quotient est 41 et le reste 6. Calculer le dividende.

2. Un meunier a rempli entièrement 41 sacs contenant chacun 7 kg de farine. Il lui reste alors 6 kg de farine. De quelle quantité de farine disposait-il au départ ?

35 Pour revenir de Martinique, nous étions 536 passagers dans l'avion. Combien de bus de 45 places a-t-il fallu pour nous transporter de l'avion jusqu'aux bâtiments de l'aéroport ?

36 Madame Rivière est documentaliste au CDI. Elle doit ranger 1 847 livres et, sur chaque étagère, elle peut disposer 25 livres.
Combien d'étagères va-t-elle utiliser ?

37 Anatole est berger. Lorsqu'on lui demande combien de moutons il y a dans son troupeau, il répond : « Si vous comptez les pattes, vous trouverez un nombre compris entre 810 et 813. »
Combien Anatole garde-t-il de moutons ?

38 **Sécurité**
Une passerelle ne peut supporter que 3 tonnes.
Combien de personnes pesant 75 kg peuvent s'y tenir en même temps (au maximum) ?

Quotient décimal d'un entier par un entier

39 Sans utiliser de calculatrice, déterminer en posant la division la valeur exacte de chacun des quotients suivants sous forme décimale :

a. 27 : 18 ; **b.** 84 ÷ 35 ; **c.** $\dfrac{37}{25}$.

Voir **Retenir les méthodes, *p. 70.***

40 **1.** À l'aide d'une règle du cours, expliquer pourquoi les quotients suivants sont égaux :

a. 10 500 : 8 400 ; **b.** 1 050 ÷ 840 ; **c.** $\dfrac{105}{84}$.

2. Déterminer la valeur décimale exacte de ce quotient sans utiliser de calculatrice.

Exercices

41 Une cagette contenant 8 kg de fruits coûte 14 €.
Quel est le prix au kilogramme de ces fruits? (Autrement dit, quel est le prix d'un kilogramme de ces fruits?)

42 Le père de Rémi a acheté une voiture à crédit. Il paiera en tout 13716 € répartis en 24 mensualités. À combien s'élève précisément une mensualité?

43 Les coureurs du Tour de France ont parcouru 3361 km en 20 étapes.

1. Quelle était la distance moyenne d'une étape?

2. À l'aide des renseignements du texte, peut-on trouver la longueur exacte de chacune des 20 étapes? Pourquoi?

44 Santé
Une canette de soda contient 32 g de sucre. Au goûter, Paul a bu deux canettes de soda.
Combien cela représente-t-il environ de morceaux de sucre de 5 g?

45 Un morceau de câble électrique de 10 m de long pèse 8 kg.
Jules veut calculer la masse d'un morceau de ce câble de longueur 1 m. Son ami Roland, lui, souhaite connaître la longueur d'un morceau de ce câble qui pèse 1 kg.

1. Parmi les deux opérations suivantes, indiquer celle que choisit chacun des deux amis:
a. 8 : 10; **b.** 10 : 8.

2. Donner à chacun le renseignement précis qu'il recherche.

46 Outre-Manche
En Angleterre, on mesure les distances en miles (demander au professeur d'anglais comment ça se prononce). Un trajet de 35 miles mesure environ 56 kilomètres.

1. Calculer en miles la longueur d'un kilomètre (donner l'arrondi au dixième).

2. Calculer en kilomètres la longueur d'un mile (donner l'arrondi au dixième).

47 Semence
Pour ensemencer de blé un champ de 8000 m^2, il a fallu 140 kg de semence.

1. Quelle quantité de semence faut-il prévoir par mètre carré?

2. Combien en faudrait-il pour un champ de 6000 m^2.

Division d'un décimal par un entier

48 Sans utiliser de calculatrice, déterminer en posant la division la valeur exacte de chacun des quotients suivants sous forme décimale:

a. 28,8 : 12; **b.** 283,5 ÷ 63; **c.** $\dfrac{42,9}{55}$.

49 Sans utiliser de calculatrice, déterminer la troncature au dixième des quotients suivants:

a. 89,2 ÷ 7; **b.** $\dfrac{152,7}{24}$.

50 Comment payer exactement une facture de 35,72 € sans utiliser de billets et avec le moins possible de pièces?

51 Énergie
Pour porter 2 m^3 d'eau à 60° en utilisant son chauffe-eau électrique, Léo a dépensé 3,72 €. Sa voisine Léa a dépensé 8,68 € avec son chauffe-eau au gaz pour porter 7 m^3 d'eau à la même température.
Laquelle de ces deux énergies paraît la plus économique?

52 Sylvain a parcouru en canoë 6,5 km en 50 minutes. Quelle distance moyenne a-t-il parcourue par minute?

53 William a séjourné exactement pendant trois semaines au camping Les Mosellans. Le jour du départ, il a dû payer 352,80 €.

1. Combien y a-t-il de jours dans trois semaines?

2. À combien son séjour lui est-il revenu par jour?

54 Un producteur d'huile d'olive de Collobrières a rempli 62 bouteilles identiques avec 46,5 litres d'huile. Quelle est la contenance exacte de chaque bouteille?

55 Environnement
Une famille de 4 personnes produit en moyenne 1,6 tonne de déchets par an (d'où l'intérêt de les trier!). Quelle masse moyenne (à 100 g près) cela représente-t-il par personne et par jour?

56 «À l'entrée du musée, on a payé 25,50 €. La visite nous a bien intéressés, mon frère jumeau et moi, mais ma petite sœur s'est ennuyée. Papa et maman, eux, ont adoré!» raconte Félix, âgé de 12 ans.
L'entrée pour un adulte coûte 6 €. Mais combien coûte l'entrée pour un enfant de moins de 15 ans?

Division de deux décimaux

57 **1.** Des crayons valent 0,40 € chacun. Quelle opération permet d'obtenir le nombre de crayons que l'on peut acheter avec 8 € ?

2. Parmi les quotients suivants, indiquer celui qui donne le nombre recherché :

a. $\frac{8}{40}$; **b.** $\frac{80}{40}$; **c.** $\frac{800}{40}$.

3. Calculer le nombre de crayons cherché.

58 Pour faire le plein de carburant, maman a acheté 16,5 litres qui ont coûté 13,86 €.

1. Quel est le prix de 165 litres de carburant ?

2. Parmi les quotients suivants, indiquer ceux qui donnent le prix en euros d'un litre de carburant :

a. $\frac{16,5}{13,86}$; **b.** $\frac{13,86}{16,5}$; **c.** $\frac{1\,650}{1\,386}$; **d.** $\frac{138,6}{165}$.

3. Combien vaut un litre de carburant ?

59 **1.** Un bocal contient 3 dm^3 d'eau de mer. La masse de ce liquide est 3,09 kg.
Combien pèse 1 dm^3 d'eau de mer ?

2. Une statue en fer a un volume de 1,6 dm^3 et une masse de 12,64 kg.
Déterminer sans calculatrice combien pèse exactement 1 dm^3 de fer.

60 Un rectangle a pour longueur 3,4 m et son aire est égale à 15,3 m^2. Calculer sa largeur.
Indication : on pourra éventuellement chercher d'abord la largeur en dm.

Évaluer un résultat

61 En remarquant que 2 018 est proche de 2 000 et que 4,05 est proche de 4, choisir mentalement puis indiquer par écrit si la partie entière de $\frac{2018}{4,05}$ est :

a. 49 ; **b.** 498 ; **c.** 4 987.

62 La calculatrice de Jules n'affiche plus la virgule du résultat. À chaque fois, il doit la placer en trouvant l'ordre de grandeur.
Aider Jules à rétablir le bon résultat dans les deux cas ci-dessous :

a. Pour $\frac{178,794}{59,4}$, sa calculatrice affiche :

178.794÷59.4
301

b. Pour $\frac{5\,863,48}{97,4}$, sa calculatrice affiche :

5863.48÷97.4
602

63 Dans ce jeu télévisé, les candidats doivent trouver la bonne réponse parmi les trois propositions qui leur sont faites. Mais il faut faire vite et **sans calculatrice** bien sûr ! À vous de jouer :

a. $\frac{15,39}{17,1} =$	réponse A : 0,09 réponse B : 0,9 réponse C : 9
b. $\frac{582,33}{98,7} =$	réponse A : 59 réponse B : 5,9 réponse C : 0,59

Qui a raison ?

Pour aller plus loin

Lire et comprendre

64 Recopier et compléter :
a. le double de 45 est .... ;
b. la moitié de 7,5 est .... ;
c. 86 est le double de .... ;
d. 84,7 est la moitié de .... ;
e. 51 est le triple de .... ;
f. 13,2 est le tiers de .... ;
g. le triple de 2,5 est .... ;
h. le tiers de 21,6 est ....

65 César possède 12 billes.
Justine en a quatre fois plus que César.
Hassan en a quatre de plus que César.
Sergio en a deux fois moins que César.
Stéphanie en a deux de moins que César.
César en a trois fois plus que Caroline.
César en a trois fois moins qu'India.
César en a trois de plus que Mercedes.
César en a trois de moins que Jean-Charles.
Dire combien de billes possède chacun d'entre eux.

66 Météorologie
Voici les hauteurs en mm des précipitations relevées dans une station météorologique du Languedoc pendant les sept jours de pluie du mois d'août 2004.

Date	3	7	10	17	18	19	24
Hauteur	2,4	1,4	4,2	60,6	2,8	4,6	2,2

On peut voir par exemple qu'il est tombé 1,4 mm d'eau le 7 août.

1. a. Calculer la somme de ces sept hauteurs.
b. Calculer la moyenne des sept hauteurs.

2. a. Combien y a-t-il de jours en août ?
b. Calculer la moyenne des hauteurs pour un jour de ce mois d'août.
c. Retrouve-t-on le même résultat qu'à la question **1b** ?

3. La moyenne des précipitations relevées en août à cet endroit depuis 50 ans est 1,7 mm par jour.
a. Peut-on considérer que le mois d'août 2004 a été un mois d'août plus pluvieux que d'habitude ?
b. Arrive-t-on à la même conclusion si on ne tient pas compte du gros orage du 17 août ?

Avec le temps

67 Recopier et compléter les égalités suivantes :
a. 1 h = ... min ;
b. 1 min = ... s ;
c. 96 min = ... h .... min ;
d. 226 s = ... min .... s ;
e. 5 000 s = ... min .... s = ... h .... min .... s.

68 Quentin a dû aller chez le kinésithérapeute pour 5 séances de 35 minutes chacune.

1. Exprimer en minutes la durée totale de ces séances.

2. Exprimer cette durée en heures et minutes.

69 **1.** Effectuer la division euclidienne de 150 par 7 puis écrire le résultat en ligne.

2. « Aujourd'hui, nous sommes lundi. Quel jour de la semaine serons-nous dans 150 jours ? » se demande Titouan. Répondre pour Titouan.

Factures

70 Fruits et légumes
Sans utiliser de calculatrice, recopier et compléter le ticket de caisse ci-contre.

EN DIRECT DU JARDIN
Poires
.... kg à 1,80 €/kg ....
Pommes de terre
1,4 kg à 1,50 €/kg ....
Total 5,70 €
25/05/2005 - 19:23:50
Merci et à bientôt

71 Fromages
Dans cet exercice, on pourra utiliser la calculatrice.

1. Chez le fromager, Benoît a donné un billet de 20 € pour régler ses achats et on lui a rendu 5,76 €. Quel est le total de son ticket de caisse représenté ci-dessous ?

À LA BONNE CRÈME
14-12-2005 18:32:25
Gruyère
.... kg à 10,40 €/kg .... €
Comté
0,340 kg à .... €/kg 2,21 €
Camembert
3 boîtes à 2,45 € la boîte .... €
==========
Total .... €

2. Recopier et compléter le ticket de caisse de Benoît.

Des problèmes de restes

72 L'oncle de Clément vient de lui donner un billet de 10 € pour son anniversaire. Clément voudrait savoir combien il peut acheter de petites bandes dessinées à 1,66 € avec cette somme et combien il lui restera.
Il a donc posé la division ci-dessous :

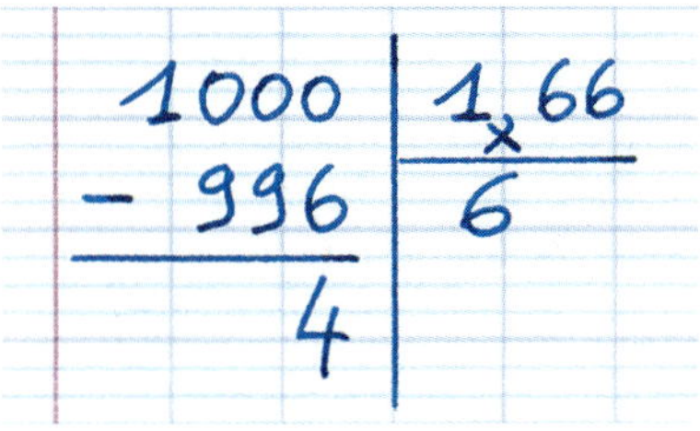

1. Cette opération est-elle juste ?

2. « Chouette ! Je peux acheter six BD et il me restera 4 € ! » s'est écrié Clément.
a. Calculer le prix de six BD.
b. L'affirmation de Clément est-elle juste ?

73 Un paquet de bonbons à la réglisse coûte 1,20 €.
Un paquet de chewing-gums coûte 0,60 €.
Pour le prix de six paquets de chewing-gums et de cinq paquets de bonbons à la réglisse, tu peux t'offrir exactement trois maxi glaces au chocolat.

1. Combien coûte une maxi glace ?

2. Si tu as 14,50 €, combien de maxi glaces peux-tu t'acheter ?
Quelle somme te restera-t-il ?

Problèmes

74 Retrouver les chiffres manquants dans la division ci-dessous. (Un même symbole désigne toujours le même chiffre et aucun des chiffres cherchés n'est nul.)

```
  ♠ ♥ ♠ | ♣ ■
− ♣ ■   |-----
  -----   | ★ 6
  3 3 8 |
− ◆ ■ ♣ |
  ----- |
    4 4 |
```

75 Avec le contenu d'un pot de 3,5 L de peinture, on peut couvrir un mur de 14 m^2.
Quelle quantité de cette peinture faut-il prévoir pour une surface de :
a. 1 m^2 ?
b. 7,4 m^2 ?

76 Xavier a planté 25 jeunes arbres régulièrement espacés. La longueur totale de la rangée obtenue est 48 mètres.
Quelle distance sépare deux arbres successifs ?
Indication : on conseille de commencer par schématiser la situation sur un dessin.

77 Pour Noël, un pâtissier a préparé des boîtes de chocolats en les entourant d'un ruban comme le montre le dessin ci-dessous.

Chaque paquet est un cube de 7 cm d'arête et il faut compter en moyenne 10 cm pour le nœud.
Combien le pâtissier peut-il préparer de tels paquets avec un rouleau de 10 m de ruban ?

78 Amandine attend patiemment son tour dans la file au pied d'une remontée mécanique. Chaque panier emporte quatre skieurs à la fois et il y a trente personnes dans la file devant Amandine.
Elle a compté qu'il se passe 12 secondes entre le passage de deux paniers successifs.
Quatre des trente skieurs viennent tout juste de s'asseoir dans un panier.
Pendant combien de temps Amandine va-t-elle encore attendre avant de pouvoir commencer sa remontée ?

79 Papa veut poser du carrelage dans la cuisine. Il doit coller des carreaux de faïence de 10 cm × 10 cm sur un rectangle de 70 cm sur 2 m (on ne tient pas compte des joints).
Les carreaux sont vendus par paquets de 50.

1. Combien de paquets de carreaux papa doit-il acheter au minimum ?

2. Combien de carreaux lui restera-t-il à la fin ?

80 Un rectangle a une aire de 245 cm^2. Un de ses côtés mesure 35 cm.
Quel est le périmètre de ce rectangle ?

81 Un épicier a acheté 15 kg de fraises à 2,05 € le kg. Il veut revendre ces fraises en faisant un bénéfice total de 7,60 €. Mais 2 kg de fraises sont avariés et doivent être jetés.
À quel prix l'épicier revend-il chaque kilogramme de fraises ?

Devoirs à la maison

82 Des pirates partagent équitablement 4 501 pièces d'or. En comptant leur chef Jim, ils sont 78.

1. Combien de pièces recevra chacun d'eux ? Toutes les pièces auront-elles été distribuées ?

2. Jim décide alors que les pièces qui restent seront pour lui. Combien de pièces recevra-t-il ?

3. a. Combien Jim aurait-il reçu de pièces si l'équipage avait comporté 79 hommes en tout ?
b. Comparer ce résultat à celui de la question **2**.

83 Vaisselle cassée
Un faïencier achète 1 000 assiettes pour 5 300 €. Il en casse 50 dans le transport. Il revend les assiettes qui restent et réalise un bénéfice total de 3 630 €.
À quel prix a été revendue chaque assiette ?

84 Au marché
Pour 5,40 €, j'ai acheté 2,750 kg de fruits à 1,20 € le kg et 1,5 kg de légumes.
Combien vaut un kilogramme de légumes ?

85 Quatre choix d'opération
1. Jérôme met 4 minutes pour parcourir 200 m à la nage. Combien parcourt-il en moyenne en une minute ?

2. Mon frère pèse 29 kg. Il pèse 8 kg de moins que moi. Quel est mon poids ?

3. Un mètre de tuyau pèse 14 kg. Ce morceau de tuyau pèse 119 kg. Quelle est sa longueur ?

4. Un mètre de tissu vaut 11,50 €.
Combien valent 3,8 m de tissu ? et 0,8 m ?

86 **1.** Effectuer la division entière de 56 par 12 puis traduire cette opération par une égalité.

2. a. On doit ranger 56 œufs dans des boîtes qui peuvent contenir chacune 12 œufs.
Combien faut-il de boîtes au minimum ?
b. Si on remplit entièrement toutes les boîtes au fur et à mesure du rangement, combien pourrait-on placer d'œufs en plus dans la dernière boîte ?

87 Confiture
Maman a préparé 3,5 kg de confiture dans une grande bassine. Elle verse alors le contenu dans des pots qui peuvent contenir chacun 0,4 kg de confiture.

1. Combien de pots maman peut-elle remplir ? Quelle quantité de confiture reste-t-il ?

2. « Si tu avais pris des pots de 0,250 kg, tu aurais pu remplir exactement 14 pots » lui dit papa.
Est-ce vrai ? Expliquer la réponse.

88 **1.** Effectuer la division entière de 45 par 7 (on posera l'opération, puis on donnera le résultat en ligne).

2. Combien peut-on ajouter au maximum à 45 sans changer le quotient entier par 7 ?

3. On veut transporter 45 pots de fleurs avec une brouette. Sur cette brouette, on ne peut installer que 7 pots à la fois.
a. Combien fera-t-on de voyages ?
b. Au dernier voyage, combien de pots aurait-on pu ajouter au chargement ?

89 À la colo
Une municipalité a décidé d'envoyer 150 enfants en colonie de vacances pendant 30 jours, en payant tous les frais à l'exception du voyage qui reste à la charge des familles. Le prix de la journée au centre de vacances est estimé à 10 € par enfant.

1. Quel est le montant de la dépense totale que doit prévoir la municipalité ?

2. Au moment du départ, 12 enfants renoncent à partir. On décide alors de prolonger le séjour des autres le plus longtemps possible, mais sans dépasser la dépense prévue.
a. Combien de jours supplémentaires pourront rester les « chanceux » ?
b. Quel sera le montant effectif de la dépense ?
c. Quel est le montant de la somme qui n'aura pas été dépensée ?

Petits exposés

1 La division euclidienne doit son nom à Euclide. Effectuer des recherches sur ce mathématicien.

2 Certaines calculatrices possèdent plusieurs touches permettant de diviser. Quelle est leur utilité ?

À VOUS DE JOUER !

Copains comme cochons

Ce jeu se joue à deux sur un rectangle de 40 cases.
Le joueur qui commence est tiré au sort.
Tour à tour, les joueurs cochent 1, 2, 3, 4, 5 ou 6 nouvelles cases (mais pas plus !). Celui qui coche la dernière case a **GAGNÉ** !

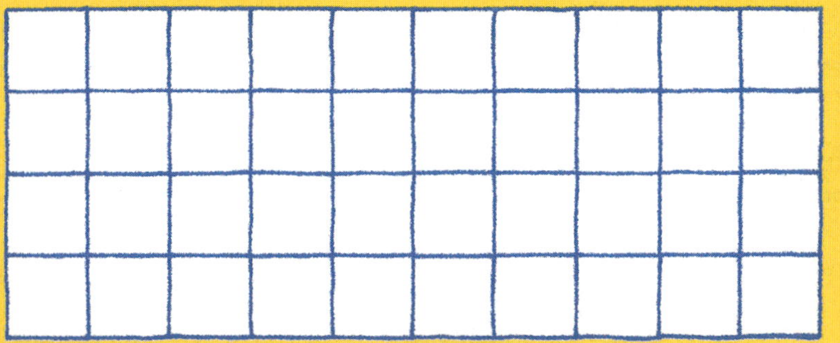

VARIANTES

On peut augmenter ou diminuer le nombre de cases à cocher ; on peut aussi prendre un rectangle plus petit ou plus grand.

Casse-tête... 0 1 2 3 4 5 6 7 8 9

1 Marcher droit Au départ d'une épreuve de 20 km de marche, il y avait 35 concurrents. Pendant l'épreuve, les juges, qui sont très sévères, ont distribué 82 avertissements pour marche irrégulière. On sait qu'au troisième avertissement un marcheur est éliminé. Annabel affirme que 10 marcheurs ont été éliminés. Tom certifie qu'il a vu le juge en éliminer 30 ! Grégoire dit qu'il a assisté à l'élimination de 23 marcheurs. Il y a au moins deux menteurs ! Lesquels ? Pourquoi ?

D'après *Rallye mathématique Poitou-Charentes, CIJM, collection « Panoramath »*.

2 Joli décor Le 1er janvier 2005, pour fêter la nouvelle année, Charlotte décide de décorer sa chambre avec des chiffres. Elle écrit alors : 122333444455555666666… et après chaque série de 9, elle recommence à 1. Quel est le deux mille quatrième chiffre écrit par Charlotte ?

D'après *Rallye mathématique Poitou-Charentes, CIJM, collection « Panoramath »*.

Soutien

A Technique de la division

Voici la table de multiplication de 39 :

$1 \times 39 = 39$	$4 \times 39 = 156$	$7 \times 39 = 273$
$2 \times 39 = 78$	$5 \times 39 = 195$	$8 \times 39 = 312$
$3 \times 39 = 117$	$6 \times 39 = 234$	$9 \times 39 = 351$

1 Poser et effectuer la division entière de 5 146 par 39.

2 Recopier et compléter la phrase suivante :
Dans cette division, le reste est .... , le .... est 5 146, le .... est 39 et le .... est ....

Indication
Grâce à la table de multiplication, il n'y a plus que des soustractions à faire.

3 En observant l'opération effectuée précédemment, donner une valeur approchée du quotient avec deux chiffres après la virgule de la division de 51,46 par 39.

B Sens des opérations

1 Zoé a dessiné la position des aiguilles de son réveil au début de sa sieste comme le montre le dessin ci-contre.

a. Quelle heure indiquent les aiguilles ?
b. Effectuer la division euclidienne de 200 par 60.
c. En déduire le mouvement de la grande aiguille en 200 min.
d. Représenter à main levée le réveil quand Zoé a terminé sa sieste au bout de 200 min.
e. Représenter à main levée le réveil comme il apparaissait 250 min avant le début de la sieste de Zoé.

2 Joachim reçoit deux fois plus d'argent de poche que sa cousine Cécilia.
a. Si Joachim reçoit 12 €, indiquer l'opération qui permet de calculer ce que reçoit Cécilia :
- on ajoute 2 à ce que reçoit Joachim ;
- on divise par 2 ce que reçoit Joachim ;
- on multiplie par 2 ce que reçoit Joachim.

b. Si Cécilia reçoit 17 €, indiquer l'opération qui permet de calculer ce que reçoit Joachim :
- on ajoute 2 à ce que reçoit Cécilia ;
- on divise par 2 ce que reçoit Cécilia ;
- on multiplie par 2 ce que reçoit Cécilia.

3 Hervé a trois fois moins de billes que Sylvia.
Sylvia a deux fois plus de billes que Sofiane.
Janou a 4 billes de plus que Sofiane.

Indication
Qui a le plus de billes :
Hervé ou Sylvia ?
Sylvia ou Sofiane ?
Sofiane ou Janou ?
Quelle est l'opération à faire ?

Combien de billes ont les trois autres dans chacun des quatre cas suivants ?
a. Hervé a 20 billes ;
b. Sylvia a 48 billes ;
c. Sofiane a 45 billes ;
d. Janou a 64 billes.

Chapitre 5

Écriture fractionnaire

Avant de démarrer

1 Partages

a. Tracer un rectangle de longueur 5 carreaux et de largeur 4 carreaux. Colorier les deux cinquièmes de ce rectangle en vert puis les sept vingtièmes de ce même rectangle en rouge sans que les couleurs se superposent.

b. Quelle fraction du rectangle n'a pas été coloriée? Donner si possible plusieurs réponses.

2 Une fraction, mais de quoi?

Monsieur et Madame Pentagone ont cinq enfants: Sophie, Sylvain, Dorothée, Sylvie et Albert.
Recopier et compléter:

- $\frac{\dots}{\dots}$ des filles ont un prénom qui commence par la lettre S;
- $\frac{\dots}{\dots}$ des garçons ont un prénom qui commence par la lettre S;
- $\frac{\dots}{\dots}$ des enfants ont un prénom qui commence par la lettre S.

3 Repérages

Quelle fraction peut servir à repérer le point B sur la droite ci-dessous?

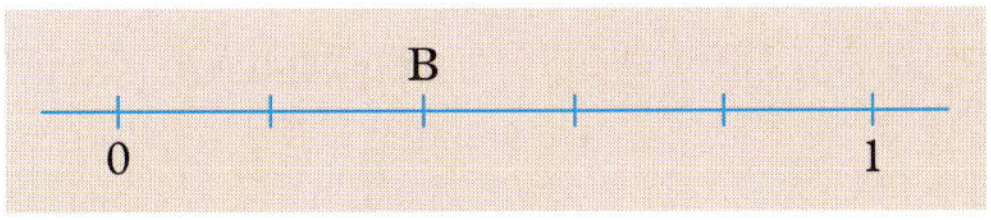

4 Calcul d'une fraction d'une quantité

Une cuve, qui peut contenir en tout 80 litres, est remplie aux $\frac{3}{5}$ de sa capacité. Combien contient-elle de litres?

5 Au-delà des tables de multiplication...

On donne les cinq nombres suivants:
135; 52; 78; 61; 90.
Indiquer ceux qui sont divisibles soit par 2, soit par 3, soit par 5.

Activités

1 Visualiser une fraction

1 Dans le rectangle ci-dessous, combien y a-t-il de cases ?

2 On donne les fractions suivantes : $\frac{2}{24}$; $\frac{8}{24}$; $\frac{6}{24}$; $\frac{5}{24}$; $\frac{4}{24}$.

Recopier les phrases ci-dessous et les compléter en choisissant parmi les fractions précédentes :

a. $\frac{\dots}{\dots}$ des cases sont coloriées en rouge ;

b. $\frac{\dots}{\dots}$ des cases sont coloriées en vert ;

c. $\frac{\dots}{\dots}$ des cases sont coloriées en bleu ;

d. $\frac{\dots}{\dots}$ des cases sont coloriées en jaune.

Voir exercices 13 à 16, p. 91.

2 Coloriage

1 Reproduire le rectangle et le disque représentés ci-dessous.

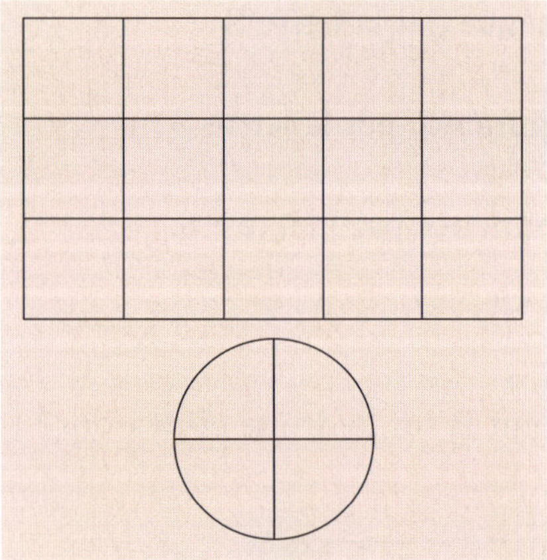

2 Colorier en rouge $\frac{5}{15}$ du rectangle et $\frac{1}{4}$ du disque.

3 Colorier en vert $\frac{1}{5}$ du rectangle et $\frac{1}{2}$ du disque sans repasser sur le rouge.

4 **a.** Reste-t-il assez de place pour colorier en jaune $\frac{8}{15}$ du rectangle sans repasser sur les autres couleurs ?

b. Reste-t-il assez de place pour colorier en jaune $\frac{1}{4}$ du disque sans repasser sur les autres couleurs ?

Voir exercice 17, p. 91.

3 Partage d'un segment

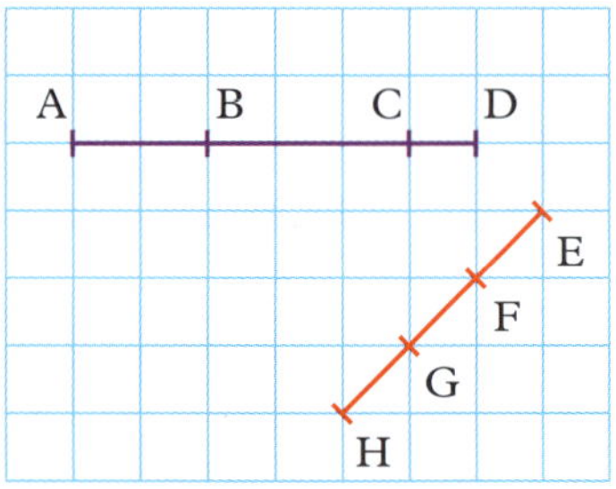

1 Pourquoi peut-on affirmer que la longueur de [AB] représente $\frac{2}{5}$ de celle de [AC] ?

2 Recopier et compléter les phrases suivantes :

a. La longueur de [AB] représente $\frac{\dots}{\dots}$ de celle de [AD].

b. La longueur de [FH] représente $\frac{\dots}{\dots}$ de celle de [HE].

c. La longueur de [FG] représente $\frac{\dots}{\dots}$ de celle de [FH].

Voir exercice 22, p. 92.

4 Fractions égales

A - Partages égaux

Les carrés représentés ci-dessous sont identiques :

Fig. 1

Fig. 2

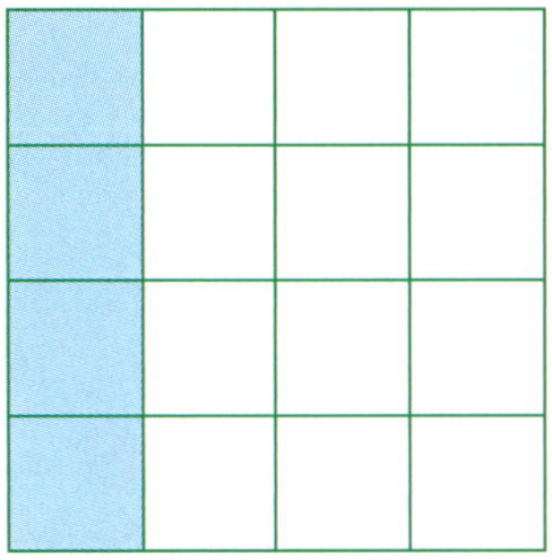

Fig. 3

1 Recopier et compléter les phrases suivantes :

a. Dans la figure 1, il y a ...... cases. La partie bleue représente $\frac{......}{......}$ du carré.

b. Dans la figure 2, il y a ...... cases. La partie bleue représente $\frac{2}{......}$ du carré.

c. Dans la figure 3, il y a ...... cases. La partie bleue représente $\frac{4}{......}$ du carré.

2 Recopier et compléter : $\frac{1}{4} = \frac{......}{8} = \frac{4}{......}$.

3 De même, recopier et compléter : $\frac{4}{5} = \frac{......}{10} = \frac{16}{......}$.

B - Avec la calculatrice

1 Calculer $\frac{13}{5}$, $\frac{39}{15}$, $\frac{130}{50}$ et $\frac{26}{10}$. Que remarque-t-on ?

2 Recopier et compléter : $\frac{39}{15} = \frac{3 \times ......}{3 \times ......} = \frac{13}{......}$.

On dit que l'on **a simplifié** la fraction $\frac{39}{15}$ par 3.

3 **a.** Recopier et compléter : $\frac{51}{15} = \frac{17 \times ......}{...... \times ......} = \frac{......}{5}$.

b. Par combien a-t-on simplifié la fraction $\frac{51}{15}$?

4 Simplifier la fraction $\frac{26}{10}$ par 2.

Voir exercices 33, p. 92 et 34 à 38, p. 93.

5 Repérage

1 **a.** Reproduire la droite graduée ci-dessous et remplacer chaque point d'interrogation par une fraction.

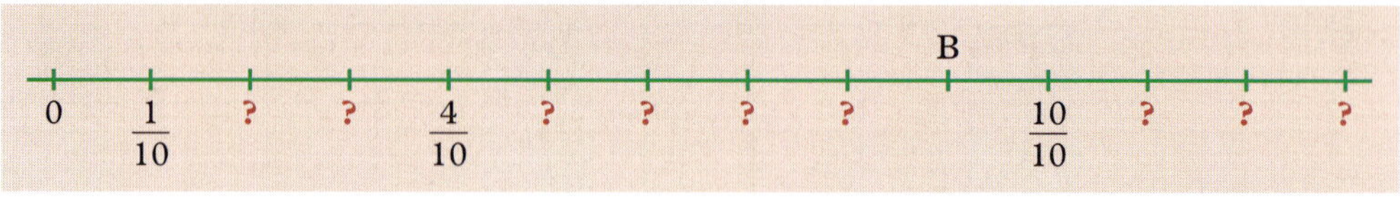

b. Proposer une fraction ou un nombre entier qui permette de repérer le point B.

2 **a.** Reproduire la droite graduée ci-dessous.

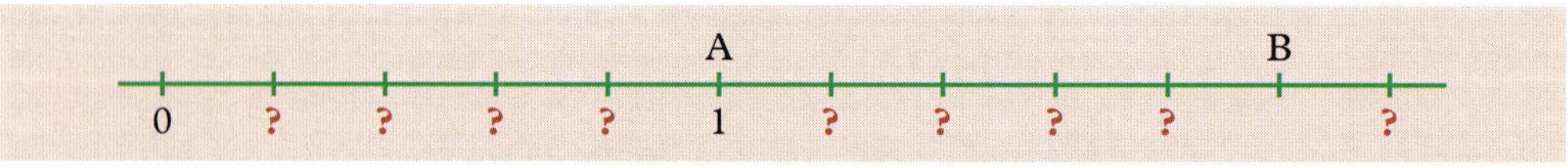

b. Repérer chacun des points A et B par une fraction de dénominateur 5.
c. Remplacer chaque point d'interrogation par une fraction.

Voir exercice 24, p. 92.

6 Calculer une fraction de quelque chose

Dans un jeu vidéo, Marion doit prendre les $\frac{2}{5}$ d'un trésor constitué de 140 pièces. Si elle se trompe, elle a perdu. Heureusement, elle sait que pour calculer les $\frac{2}{5}$ de 140 il faut multiplier 140 par $\frac{2}{5}$! Ses amis, Léa, Cyril et Céline, lui proposent alors chacun une solution :

Léa :
Cyril :
Céline :

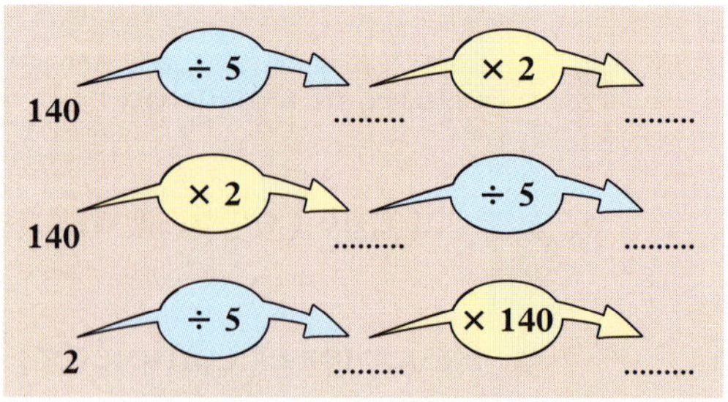

1 Reproduire ces schémas et les compléter. Que constate-t-on ?

2 Calculer de trois façons différentes chacun des nombres suivants :

a. $28 \times \frac{3}{4}$; **b.** $\frac{9}{8} \times 64$; **c.** $2{,}1 \times \frac{7}{10}$.

Voir exercices 45 à 53, p. 93.

7 Critères de divisibilité

A - Divisibilité par 2 ; 4 et 5

1 Recopier et compléter le tableau suivant en s'aidant de divisions :

Nombre entier	Il est divisible par 2 (oui/non)	Il est divisible par 5 (oui/non)	Il est divisible par 4 (oui/non)	Son chiffre des unités est
128	....	....	....	....
105	....	....	....	....
250	....	....	....	....
144	....	....	....	....
229	....	....	....	....
456	....	....	....	....
214	....	....	....	....
102	....	....	....	....
995	....	....	....	....

2 À quelle condition un nombre entier semble-t-il divisible par 2? par 5?

3 **a.** Quels sont les nombres du tableau divisibles par 2, et encore par 2?
b. À quelle condition un nombre entier semble-t-il divisible par 4?

B - Divisibilité par 3 et 9

1 Recopier et compléter le tableau suivant en s'aidant de divisions :

Nombre entier	Il est divisible par 3 (oui/non)	Il est divisible par 9 (oui/non)	La somme de ses chiffres est
128	....	....	....
105	....	....	....
147	....	....	....
333	....	....	....
13 333	....	....	....
9 927	....	....	....
101 010	....	....	....
121	....	....	....

2 À quelle condition un nombre entier semble-t-il divisible par 3?

C - Devinettes

1 Trouver le plus petit entier non nul divisible à la fois par 2 et par 3.

2 Trouver le plus petit entier non nul divisible à la fois par 4 et par 3.

3 Trouver le plus petit entier non nul divisible à la fois par 5 et par 3.

4 Trouver un entier divisible à la fois par 2, 3 et 5 compris entre 50 et 70.

Voir exercices 27 à 32, p. 92.

Retenir le cours

1 Critères de divisibilité

• Un nombre est divisible par 2 si son chiffre des unités est 0 ou 2 ou 4 ou 6 ou 8.
• Un nombre est divisible par 3 si la somme de ses chiffres est aussi divisible par 3.
La règle est similaire pour la divisibilité par 9.
• Un nombre est divisible par 5 si son chiffre des unités est 0 ou 5.
• Un nombre est divisible par 4 s'il est divisible par 2 et encore par 2.

Exemples

	Divisible par 2	Divisible par 3	Divisible par 5
132	oui	oui car $1 + 3 + 2 = 6$ et $6 = 2 \times 3$	non
850	oui	non car $8 + 5 + 0 = 13$ et 13 n'est pas dans la table de 3	oui
113	non	non car $1 + 1 + 3 = 5$ et 5 n'est pas dans la table de 3	non

Remarque 132 est divisible par 4 car $132 = 2 \times 66$ et $66 = 2 \times 33$.

2 Plusieurs écritures d'une même proportion

On partage un rectangle de deux façons différentes :

On a colorié $\frac{1}{3}$ du rectangle.

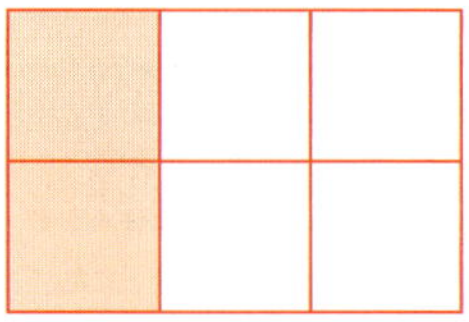

On a colorié $\frac{2}{6}$ du rectangle.

Les deux zones coloriées ont la même aire donc $\frac{1}{3} = \frac{2}{6}$.

numérateur

dénominateur

Remarques

• Pour simplifier par 2, on écrit : $\frac{2}{6} = \frac{1 \times 2}{3 \times 2} = \frac{1}{3}$ ou $\frac{2}{6} = \frac{2 \div 2}{6 \div 2} = \frac{1}{3}$.
• Pour simplifier, on utilise les tables de multiplication ou les critères de divisibilité.

Propriété

La valeur d'une écriture fractionnaire **ne change pas** si on multiplie ou si on divise le numérateur et le dénominateur par un **même nombre** non nul.

3 Une fraction est un nombre

- On peut utiliser les fractions pour repérer des points sur une droite graduée :

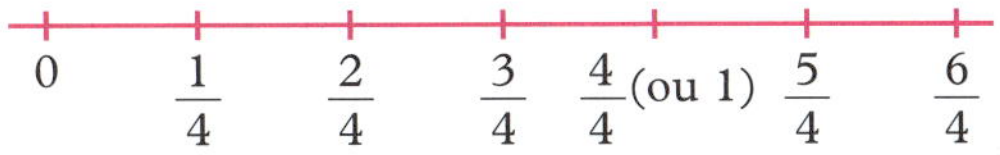

- Un quotient peut s'écrire sous la forme d'une fraction :

$13 \div 4 = 3{,}25$ se note aussi $\dfrac{13}{4} = 3{,}25$.

- Tout nombre décimal peut s'écrire sous la forme d'une fraction :

$4{,}3 = \dfrac{43}{10}$; $0{,}019 = \dfrac{19}{1\,000}$; $3 = \dfrac{30}{10} = \dfrac{3}{1}$; $1 = \dfrac{1}{1}$.

4 Multiplier un nombre par une fraction

Prendre les $\frac{3}{5}$ de 18 c'est effectuer le produit $\frac{3}{5} \times 18$ $\left(\text{ou } 18 \times \frac{3}{5}\right)$.

Pour cela, on peut procéder de trois façons différentes :

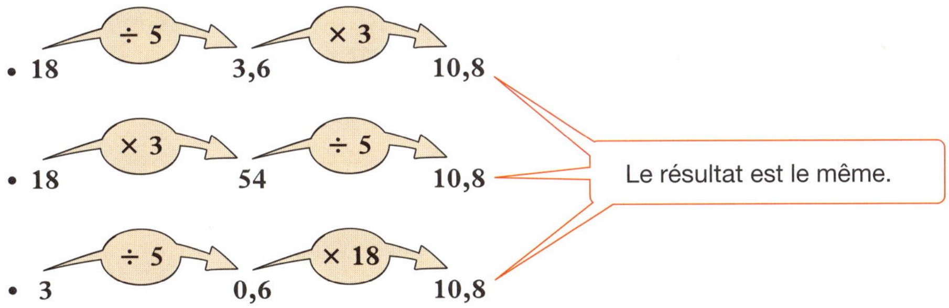

Pour **multiplier** le nombre 18 **par la fraction** $\frac{3}{5}$, on peut :

- diviser 18 par 5 puis multiplier le résultat par 3 ;
- multiplier 18 par 3 puis diviser le résultat par 5 ;
- diviser 3 par 5 puis multiplier le résultat par 18.

Remarque

Les trois méthodes donnent le même résultat, mais il faut bien observer les nombres car suivant les cas, les opérations à effectuer sont plus ou moins faciles.

Page conseil

Une fraction exprime un partage

Partager un bouquet

Dans un bouquet, il y a 5 glaïeuls, 4 tulipes, 8 roses rouges et 2 roses blanches.

- Dans le bouquet, il y a 19 fleurs dont 5 glaïeuls :

les glaïeuls représentent donc $\frac{5}{19}$ de **toutes les fleurs**.

- Il y a 4 tulipes, donc **les tulipes** représentent $\frac{4}{19}$ de **toutes les fleurs**.
- Il y a 10 roses dont 8 rouges :

les roses rouges représentent donc $\frac{8}{10}$ de **toutes les roses**.

Partager un segment

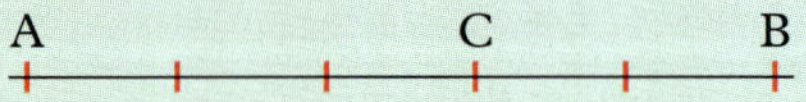

- Le segment [AC] mesure 3 cm.
- Le segment [AB] mesure 5 cm.

- **AC** représente les $\frac{3}{5}$ de **AB**.

On écrit $AC = \frac{3}{5} \times AB$.

- **AB** représente les $\frac{5}{3}$ de **AC**.

On écrit $AB = \frac{5}{3} \times AC$.

Une fraction est un nombre

- Une fraction permet de repérer des points sur une droite graduée :

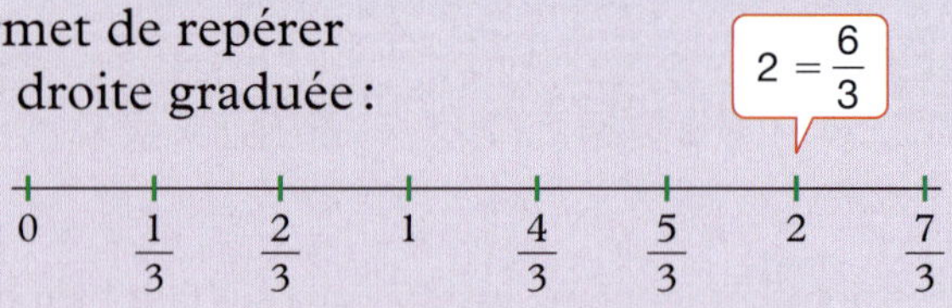

- Une fraction exprime un quotient : $\frac{23}{5} = 4{,}6$.
- Une fraction est un nombre avec lequel on peut effectuer des opérations :

$12 \times \frac{5}{4} = 12 \times 1{,}25 = 15$; $\quad \frac{3}{10} + \frac{1}{10} = 0{,}3 + 0{,}1 = 0{,}4 = \frac{4}{10}$.

Retenir les méthodes

1 Simplifier une fraction

Simplifier la fraction $\frac{48}{114}$ à l'aide des critères de divisibilité.

1re étape

On vérifie si le dénominateur et le numérateur sont divisibles par un même nombre. On simplifie par ce nombre.

48 et 114 sont des nombres pairs car leurs chiffres des unités sont 8 et 4.

On simplifie par 2. $\frac{48}{114} = \frac{\not{2} \times 24}{\not{2} \times 57} = \frac{24}{57}$.

2e étape

On recommence autant de fois que c'est possible.

On cherche si 24 et 57 sont divisibles par 3 :
- pour 24, on a : $2 + 4 = 6$
- pour 57, on a : $5 + 7 = 12$

6 et 12 sont dans la table de 3, donc 24 et 57 sont divisibles par 3.

On simplifie par 3. $\frac{24}{57} = \frac{\not{3} \times 8}{\not{3} \times 19} = \frac{8}{19}$.

Voir exercices 33, p. 92 et 34 à 44, p. 93.

2 Prendre une fraction d'une quantité

Une bonbonne d'huile de 32 litres est remplie aux $\frac{3}{5}$.

Combien de litres d'huile contient cette bonbonne ?

1re étape

On écrit le calcul à effectuer.

Pour prendre les $\frac{3}{5}$ d'une quantité, on multiplie cette quantité par $\frac{3}{5}$.

On doit calculer $\frac{3}{5} \times 32 \left(\text{ou } 32 \times \frac{3}{5}\right)$.

2e étape

On utilise une des trois méthodes du cours.

- $\frac{32}{5} = 6{,}4$ donc $\frac{3}{5} \times 32 = 6{,}4 \times 3 = 19{,}2$.
- $32 \times 3 = 96$ donc $\frac{3}{5} \times 32 = \frac{96}{5} = 19{,}2$.
- $\frac{3}{5} = 0{,}6$ donc $\frac{3}{5} \times 32 = 0{,}6 \times 32 = 19{,}2$.

Attention : Sur la calculatrice, il ne faut pas effacer le résultat intermédiaire car on risque de faire des erreurs d'arrondi.

3e étape

On conclut.

La bonbonne contient 19,2 litres d'huile.

Voir exercices 45 à 53, p. 93.

Exercices

Coup d'œil sur le chapitre

1 Écrire la fraction de numérateur 25 et de dénominateur 72.

2 Écrire une fraction dont le numérateur est le double du dénominateur.

3 **1.** Donner le nombre total de cases du rectangle ci-dessous ainsi que le nombre de cases coloriées en vert, en bleu et en rouge.

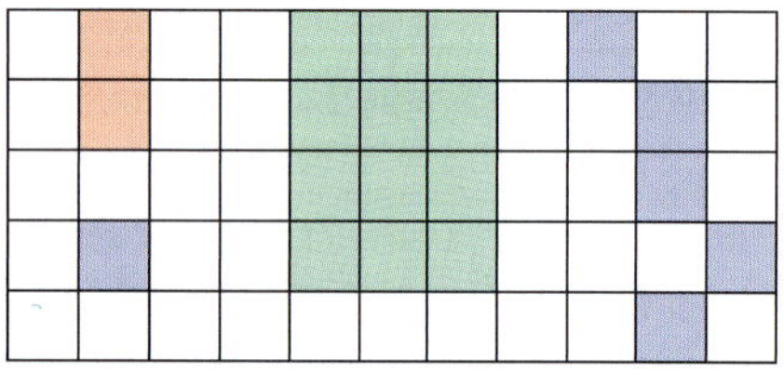

2. Recopier et compléter :

a. Une case représente $\frac{\cdots}{\cdots}$ du nombre total de cases.

b. Les cases vertes représentent $\frac{\cdots}{\cdots}$ du nombre total de cases.

c. Les cases rouges représentent $\frac{\cdots}{\cdots}$ du nombre total de cases.

d. Les cases bleues représentent $\frac{\cdots}{\cdots}$ du nombre total de cases.

3. Quelle est la proportion de cases coloriées par rapport au nombre total de cases ?

4. Quelle est la proportion de cases non coloriées par rapport au nombre total de cases ?

4 On donne la droite graduée ci-dessous :

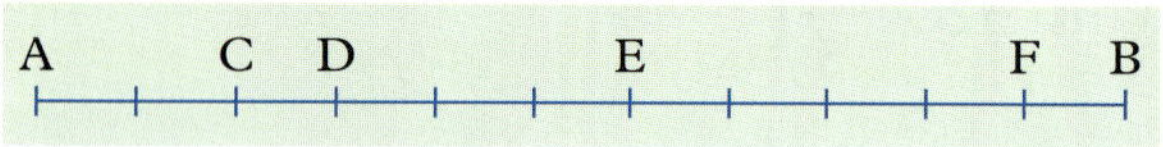

Recopier et compléter :

a. AC $= \frac{\cdots}{\cdots}$ de AD ; **b.** AC $= \frac{\cdots}{\cdots}$ de AB ;

c. AC $= \frac{\cdots}{\cdots}$ de EF ; **d.** CD $= \frac{\cdots}{\cdots}$ de DE ;

e. DE $= \frac{\cdots}{\cdots}$ de CD ; **f.** AD $= \frac{\cdots}{\cdots}$ de DF.

5 **1.** Tracer un segment [AB] de longueur 8 cm puis placer le point C de ce segment tel que :

AC $= \frac{3}{4}$ de AB.

2. Que vaut AC ?

6 Théo a 15 € dans sa poche. Il en dépense les $\frac{2}{3}$ pour l'achat d'un livre. Combien coûte ce livre ?

7 **1.** Simplifier la fraction $\frac{12}{26}$ par 2.

2. Simplifier la fraction $\frac{12}{27}$ par 3.

3. Simplifier la fraction $\frac{15}{25}$ par 5.

8 Parmi les fractions suivantes, indiquer celles que l'on peut simplifier par 2, par 3 ou par 5 et effectuer la (ou les) simplification(s) possible(s) :

$\frac{12}{14}$; $\frac{15}{10}$; $\frac{12}{13}$; $\frac{21}{111}$; $\frac{13}{33}$;
$\frac{30}{120}$; $\frac{45}{9}$; $\frac{150}{60}$; $\frac{91}{71}$.

9 Voici une liste de nombres :

146 ; 23 ; 87 ; 1 000 ; 590 ; 44 ; 68 ; 192 ; 705 ; 105 ; 60 ; 744 ; 495 ; 746 ; 2 001 ; 300.

1. Recopier cette liste et souligner en rouge les nombres divisibles par 2, en bleu ceux divisibles par 3 et en vert ceux divisibles par 5.

2. a. Citer les nombres divisibles par 4.

b. Citer les nombres divisibles par 9.

10 En utilisant les tables de multiplication ou les critères de divisibilité, simplifier les fractions suivantes :

$\frac{6}{8}$; $\frac{50}{30}$; $\frac{24}{36}$; $\frac{12}{18}$; $\frac{21}{6}$.

11 Calculer mentalement :

a. $2 \times \frac{5}{2}$; **b.** $30 \times \frac{7}{3}$; **c.** $56 \times \frac{5}{8}$; **d.** $63 \times \frac{3}{7}$;
e. $5 \times \frac{1}{5}$; **f.** $20 \times \frac{7}{10}$; **g.** $7 \times \frac{2}{14}$.

12 Dans un parc animalier, Amélie a photographié 5 ours, 5 lions, 2 perroquets, 3 aigles et 15 tigres.

1. Combien d'animaux Amélie a-t-elle photographiés ?

2. Parmi tous ces animaux, quelle proportion les ours représentent-ils ? et les aigles ?

3. Parmi les oiseaux, quelle est la proportion d'aigles ?

Pour démarrer

Voir et dessiner des fractions

13 Quelle fraction de la surface de la pendule représente la partie rouge ? la partie bleue ? la partie verte ?

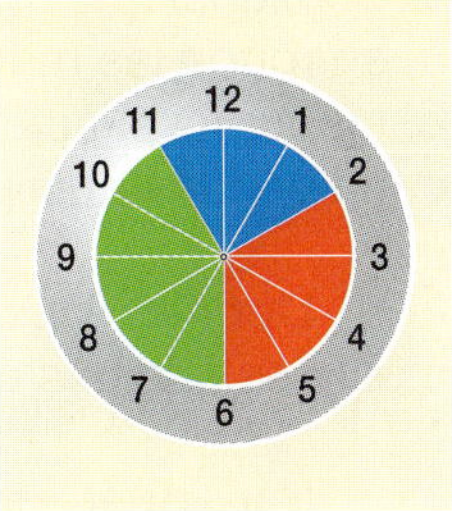

14 **Avec des croix**
Pour chaque figure ci-contre et ci-dessous, indiquer quelle fraction de l'aire du grand carré représente l'aire de la surface coloriée.

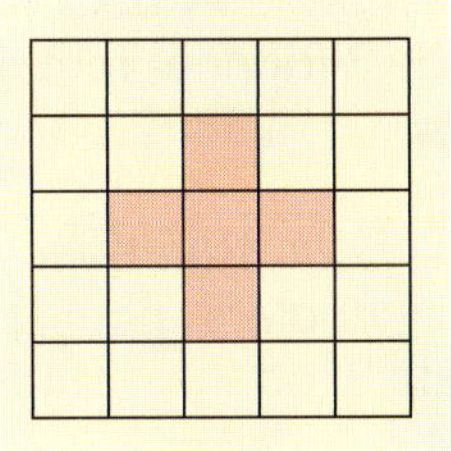

Fig. 1

Fig. 2

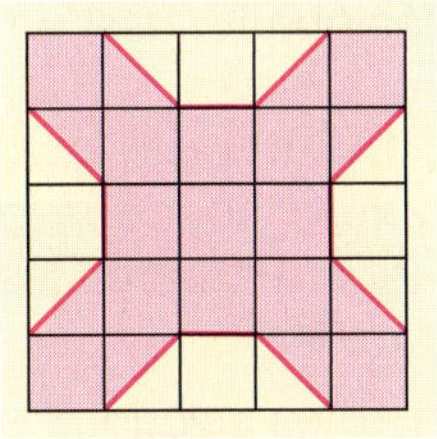

Fig. 3

15 Indiquer quelle fraction de l'aire du carré ci-contre représente l'aire de la surface coloriée.

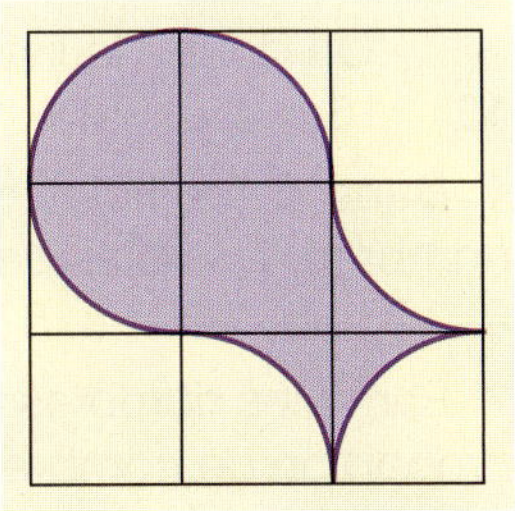

16 **1.** Pour chaque figure ci-dessous, indiquer quelle fraction de l'aire totale du grand carré représente l'aire de la surface coloriée en rouge.

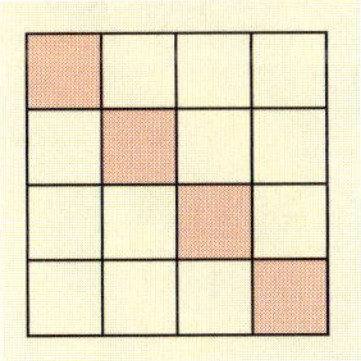

Fig. 1

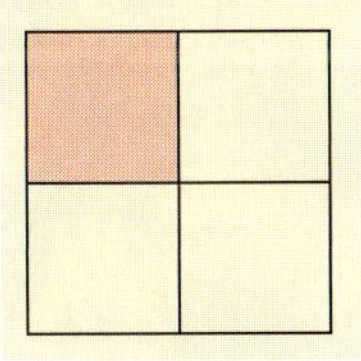

Fig. 2

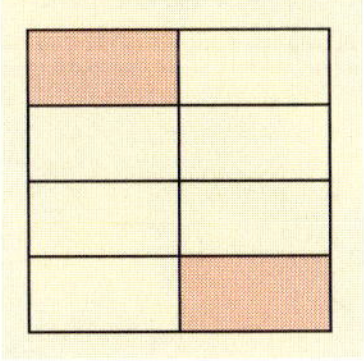

Fig. 3

2. Comparer entre elles les surfaces coloriées et traduire ce résultat par des égalités de fractions.

17 Dans le coffre à jouets de Léa, il y a 20 objets : 5 puzzles, 3 poupées, 10 livres et 2 jeux de société.

1. Quelle fraction du nombre total de jouets représente le nombre de :

a. puzzles ? **b.** poupées ?
c. livres ? **d.** jeux de société ?

2. Représenter cette répartition à l'aide de 4 couleurs et d'un rectangle de 4 carreaux sur 5.

18 Parmi les élèves du collège de Manu, les $\frac{7}{10}$ viennent en bus, les $\frac{2}{3}$ déjeunent à la cantine, les $\frac{3}{5}$ pratiquent un sport et les $\frac{3}{4}$ aiment les chats.

1. À l'aide de ce qui précède, peut-on savoir combien il y a d'élèves dans le collège de Manu ?

2. Associer chaque catégorie d'élèves à l'un des graphiques ci-dessous :

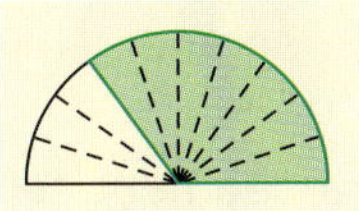

A

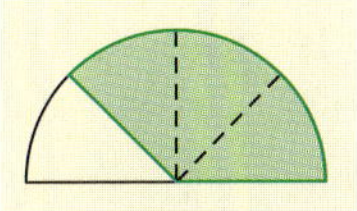

B

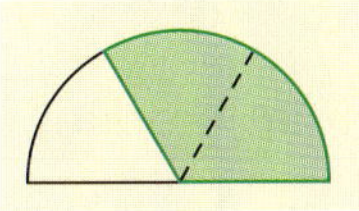

C

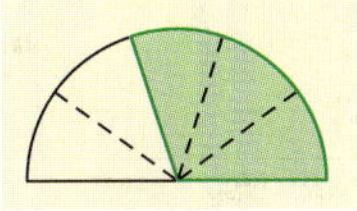

D

19 Voici les quantités de crevettes pêchées par Maurice dans l'île d'Aix durant une semaine :

Lundi	1 500 g
Mardi	500 g
Mercredi	200 g
Jeudi	300 g
Vendredi	2 500 g
Samedi	2 000 g
Dimanche	3 000 g

1. Quelle quantité de crevettes Maurice a-t-il pêchée durant cette semaine ?

2. Pour chaque jour de la semaine, indiquer la fraction que représente la quantité de crevettes pêchée par rapport au total.

20 Exprimer sous forme de fraction la proportion de voyelles contenue dans l'énoncé de ce texte. Sans calculer leur nombre, indiquer la proportion de consonnes.

Exercices

21 Sylvie a trouvé deux mots qui s'écrivent avec $\frac{3}{4}$ de voyelles : *beau* et *amie*.
À vous d'en trouver d'autres.

22 On donne la droite suivante :

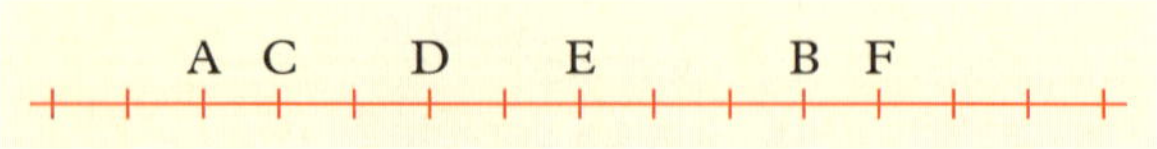

1. Recopier et compléter :

a. $AC = \frac{\dots}{3}$ de AD ; **b.** $AC = \frac{\dots}{5}$ de AE ;

c. $ED = \frac{2}{\dots} \times DF$; **d.** $BF = \frac{\dots}{\dots} \times DE$;

e. $AB = \frac{\dots}{\dots}$ de EB ; **f.** $EB = \frac{\dots}{\dots} \times CB$.

2. Quelle fraction de AB représente chacune des longueurs AC, DE, EB et AF ?

23 **1.** Tracer un segment [AB] de longueur 12 cm.

2. Tracer le point C de ce segment tel que AC soit égale aux trois quarts de AB.

3. Tracer le point D de ce segment tel que AD soit égale à $\frac{1}{4}$ de AB.

24 **1.** Représenter la droite graduée (AB) sur un quadrillage.

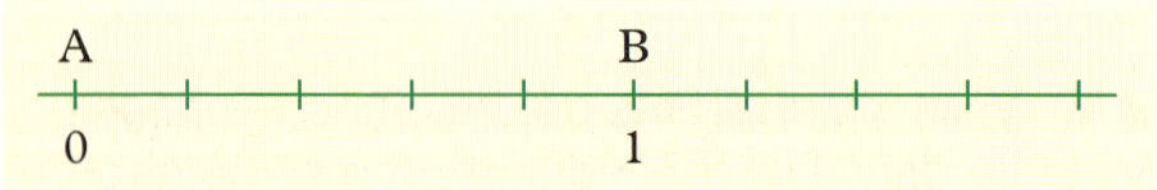

2. Placer le point C repéré par $\frac{4}{5}$ et le point D repéré par $\frac{7}{5}$.

25 Parmi les 28 élèves de cette 6e A, il y a 15 filles.
Quelle fraction de cette classe représentent les filles ? et les garçons ?

26 Dimanche, parmi les visiteurs de son musée de trains miniatures, Pierre a compté 75 Français, 8 Japonais, 5 Anglais, 3 Espagnols, 2 Chiliens et 7 Allemands.

1. Combien Pierre a t-il eu de visiteurs ce dimanche ?

2. Quelle est la proportion de Français parmi la totalité des visiteurs ? et celle d'Espagnols ? et celle d'Européens ?

Divisibilité

27 **1.** Recopier la liste de nombres suivante :
28 ; 45 ; 89 ; 23 ; 44 ; 60 ; 36 ; 96 ; 306.

2. Souligner :
a. en rouge les multiples de 2 ;
b. en bleu les multiples de 3 ;
c. en vert les multiples de 5.

28 Donner tous les entiers inférieurs à 100 multiples à la fois de 2, de 3 et de 5.

29 Par quel chiffre peut-on remplacer le symbole ♠ pour que le nombre x soit un multiple de 3 (donner toutes les solutions possibles) ?
a. x = 1 58923♠ ; **b.** x = 12♠54.

30 **1.** Par quel chiffre peut-on remplacer le symbole ♣ pour que le nombre c soit un multiple de 3 (donner toutes les solutions possibles) ?
c = 275♣.

2. Parmi les solutions trouvées, quelles sont celles qui désignent aussi un multiple de 2 ?

31 **1.** Par quel chiffre peut-on remplacer le symbole ♥ pour que le nombre d soit un multiple de 5 (donner toutes les solutions possibles) ?
d = 145♥.

2. Parmi les solutions trouvées, quelles sont celles qui désignent aussi un multiple de 2 ?

32 On donne la liste de nombres suivante :
12 ; 15 ; 45 ; 78 ; 13 ; 63 ; 96 ; 29 ; 80.

1. Dans cette liste, quelle est la proportion de nombres divisibles par :
a. 2 ? **b.** 3 ? **c.** 5 ? **d.** 4 ? **e.** 9 ?

2. Parmi les nombres divisibles par 3, quelle est la proportion de nombres divisibles par 2 ? et par 9 ?

Plusieurs écritures d'un même nombre

33 Recopier et compléter pour avoir plusieurs écritures d'un même nombre :

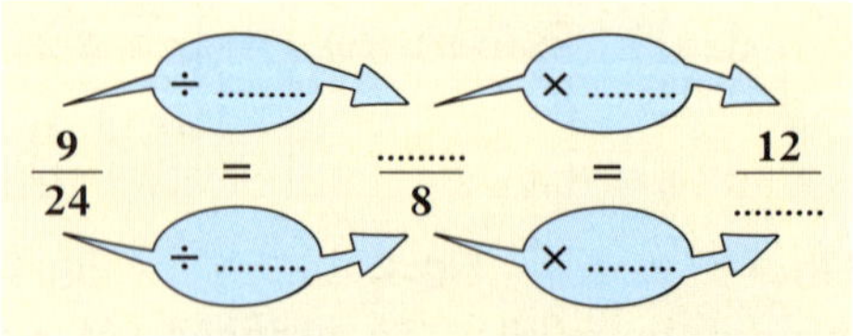

Voir **Retenir les méthodes 1, *p. 89*.**

34 Recopier et compléter pour avoir plusieurs écritures d'un même nombre :

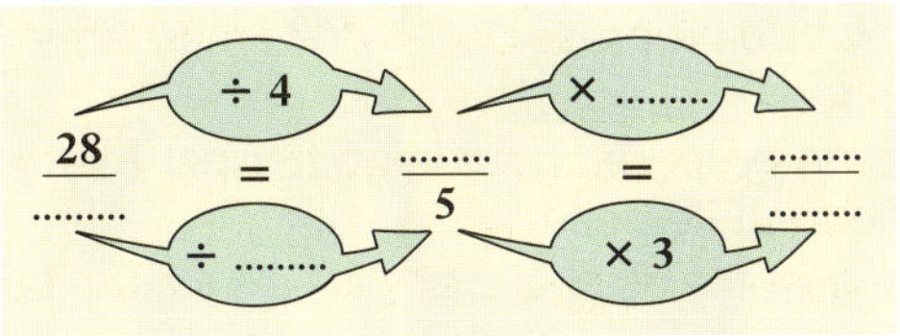

35 Recopier et compléter mentalement :

a. $\frac{3}{5} = \frac{\dots}{10} = \frac{18}{\dots}$; **b.** $\frac{7}{8} = \frac{21}{\dots} = \frac{\dots}{48}$;

c. $\frac{20}{15} = \frac{\dots}{3} = \frac{8}{\dots}$; **d.** $\frac{6}{12} = \frac{1}{\dots} = \frac{12}{\dots}$.

36 Simplifier par 3 les fractions suivantes :

$\frac{63}{12}$; $\frac{33}{24}$; $\frac{18}{12}$.

37 Simplifier par 5 les fractions suivantes :

$\frac{25}{10}$; $\frac{15}{50}$; $\frac{20}{5}$.

38 **1.** Simplifier la fraction $\frac{16}{48}$ par 8.

2. Simplifier la fraction $\frac{120}{42}$ par 6.

39 Parmi les fractions suivantes, après un calcul mental, indiquer celles égales à $\frac{2}{3}$:

$\frac{4}{6}$; $\frac{5}{6}$; $\frac{4}{9}$; $\frac{20}{30}$; $\frac{8}{12}$; $\frac{1}{2}$.

40 Simplifier les fractions suivantes en utilisant les critères de divisibilité ou les tables de multiplication :

$\frac{10}{18}$; $\frac{33}{45}$; $\frac{42}{77}$; $\frac{63}{18}$; $\frac{54}{36}$; $\frac{14}{35}$.

41 Recopier et compléter :

a. $1{,}4 = \frac{\dots}{10} = \frac{\dots}{5}$;

b. $0{,}6 = \frac{6}{\dots} = \frac{3}{\dots}$;

c. $0{,}04 = \frac{\dots}{100} = \frac{1}{\dots}$.

42 **1.** Pourquoi la fraction $\frac{24}{17}$ ne peut-elle pas se simplifier par 2 ?

2. Pourquoi la fraction $\frac{13}{33}$ ne peut-elle pas se simplifier par 3 ?

3. Pourquoi la fraction $\frac{50}{21}$ ne peut-elle pas se simplifier par 5 ?

43 Écrire chacun des nombres suivants sous la forme d'une fraction décimale puis la simplifier :
1,5 ; 0,2 ; 0,004 ; 2,5.

44 Écrire chacun des nombres suivants sous la forme d'une fraction décimale puis la simplifier :
1,25 ; 1,2 ; 0,002 ; 4,02.

Fraction d'une quantité

Pour les exercices 45 à 52, on demande de calculer mentalement.

45 Calculer :

a. $15 \times \frac{12}{5}$; **b.** $49 \times \frac{10}{7}$;

c. $42 \times \frac{6}{7}$; **d.** $48 \times \frac{5}{6}$.

***Voir* Retenir les méthodes 2, *p. 89*.**

46 Que vaut le tiers de 30 ? et un demi de 50 ? et le cinquième de 25 ?

47 Que valent les trois quarts de 20 ? et les deux tiers de 30 ?

48 Déterminer mentalement puis écrire le résultat :

a. $\frac{1}{3} \times 6$; **b.** $\frac{1}{5} \times 25$; **c.** $\frac{1}{4} \times 100$.

49 On peut calculer $\frac{2}{3} \times 45$ de trois façons différentes.

1. Laquelle peut-on déconseiller ? Pourquoi ?

2. Combien vaut $\frac{2}{3} \times 45$?

50 Calculer :

a. $\frac{5}{7} \times 140$; **b.** $\frac{6}{5} \times 100$; **c.** $\frac{5}{25} \times 10$.

51 Calculer :

a. $\frac{7}{8}$ de 40 € ; **b.** $\frac{3}{5}$ de 30 L ; **c.** $\frac{5}{7}$ de 35 kg.

52 Calculer :

a. $\frac{7}{9}$ de 45 m ; **b.** $\frac{6}{13}$ de 130 km ; **c.** $\frac{11}{8}$ de 64 g.

53 Calculer :

a. $\frac{12}{7}$ de 84 € ; **b.** $\frac{9}{4}$ de 532 km ; **c.** $\frac{3}{8}$ de 96 kg ;

d. $\frac{2}{3}$ de 513 € ; **e.** $\frac{7}{11}$ de 506 m.

Exercices

Les fractions parmi nous

54 Une livre de beurre pèse 500 g.
Combien pèse alors une demi-livre ?

55 Dans 1 litre, il y a 100 centilitres.
Combien y a-t-il de centilitres dans $\frac{1}{4}$ de litre ?

56 Jérôme doit 4,80 € à Stéphanie. Il vient de lui rembourser les $\frac{2}{3}$ de sa dette.
Combien lui reste-t-il à payer ?

57 L'aire du terrain où habite Jean est 1 250 m^2.
Ce terrain est partagé en 3 zones : la maison en occupe les $\frac{4}{25}$, le potager correspond aux $\frac{2}{25}$ et le reste est en gazon.

1. Quelle surface la maison occupe-t-elle ?

2. Quelle est la surface du potager ?

3. Quelle surface reste-t-il pour le gazon ?

58 Dans cette classe, trois élèves viennent au collège à pied, douze prennent le bus, cinq ont un scooter et les dix autres utilisent leur vélo.

1. Quelle est la proportion d'élèves venant au collège en bus ?

2. Parmi les élèves qui ne viennent pas à pied, quelle est la proportion se déplaçant à vélo ?

59 Edmond doit calculer $\frac{2}{3}$ de 12 €. Il dispose de trois méthodes (voir *Retenir le cours*, p. 87).
Laquelle peut-on lui conseiller ? Pourquoi ?

60 Gourmands
Pour qu'une tartine de chocolat soit bonne, le chocolat doit représenter $\frac{1}{5}$ de la masse totale de la tartine.
La tartine préparée pour le goûter par maman est excellente. Elle pèse 110 g.
Quelle quantité de chocolat y a-t-il sur cette tartine ?

61 Les revenus d'une famille sont de 1 820 € par mois. Elle dépense les $\frac{2}{5}$ de cette somme pour la nourriture et $\frac{1}{4}$ pour le loyer.

1. Quelle somme reste-t-il à cette famille pour les autres dépenses ?

2. Quelle fraction des revenus cela représente-t-il ?

62 Héritiers
L'héritage du grand-père se monte à 3 600 €. Il est partagé entre trois héritiers. Jules a reçu les $\frac{2}{5}$ de la somme, Serge les $\frac{7}{30}$ et Annie a reçu le reste.

1. Combien chacun a-t-il reçu ?

2. Lequel a reçu la plus grosse somme ?

63 Promotion
Le paquet de délicieux café *Grand-père* pèse habituellement 250 g (voir dessin ci-contre).
Combien pèse-t-il lors de cette promotion ?

Calcul mental

64 Calculer les nombres suivants :

a. $\frac{136}{10} \times 100$; **b.** $72 \times \frac{5}{9}$; **c.** $\frac{7}{6} \times 54$;

d. $\frac{9}{7} \times 28$; **e.** $42 \times \frac{5}{6}$; **f.** $63 \times \frac{2}{9}$;

g. $81 \times \frac{5}{9}$; **h.** $500 \times \frac{2}{10}$.

65 Calculer :

a. $\frac{2}{5}$ de 40 € ; **b.** $\frac{2}{3}$ de 30 L ;

c. $\frac{7}{10}$ de 500 g ; **d.** $\frac{4}{7}$ de 140 cm.

66 Simplifier les fractions suivantes :

a. $\frac{14}{35}$; **b.** $\frac{54}{81}$; **c.** $\frac{64}{72}$; **d.** $\frac{56}{21}$.

67 Lise a mangé les $\frac{3}{4}$ de la tablette de 200 g de chocolat. Luc affirme avoir mangé $\frac{1}{2}$ de cette même tablette !

1. Que peut-on en penser ?

2. Quelle fraction de la tablette Luc peut-il avoir mangée au maximum ?

68 Henri doit traiter contre les insectes 72 rangées d'arbres fruitiers.

1. Lundi, il en traite $\frac{1}{6}$.

a. Combien de rangées a-t-il traitées ?
b. Combien lui en reste-t-il à traiter ?

2. Mardi, il traite les $\frac{2}{3}$ de ce qui reste.

Combien de rangées a-t-il traitées ce jour-là ?

3. Il souhaite finir cette tâche mercredi.
Combien devra-t-il alors traiter de rangées ?

69 La tortue Torpédo doit parcourir 828 m pour rejoindre le terrier de son ami Jeannot Lapin.

1. a. Comme elle n'est pas très courageuse, elle parcourt seulement $\frac{1}{4}$ du trajet le premier jour.

Combien de mètres a-t-elle parcourus ce premier jour ?
b. Combien lui en reste-t-il à parcourir ?

2. Le deuxième jour, elle parcourt $\frac{1}{3}$ du trajet restant.

Combien lui restera-t-il à parcourir le troisième jour si elle veut retrouver Jeannot Lapin ?

70 Statistiques
La classe de 6e C est constituée de 28 élèves, dont 18 filles. $\frac{1}{5}$ des garçons et $\frac{8}{9}$ des filles regardent à la télévision la série *Au soleil sur la plage*.
Recopier et compléter le tableau ci-dessous :

	Regardent la série	Ne regardent pas la série	Total
Garçons	....	....	....
Filles	....	....	18
Total	....	....	28

71 Julien a reçu 20 € pour son anniversaire. Il en utilise les $\frac{3}{4}$ pour s'offrir une BD et $\frac{1}{5}$ pour s'acheter des bonbons. Il aimerait bien aussi déguster une glace à 1,10 € avec ce qui lui reste.
Est-ce possible ?

72 Oasis
Ali possède 72 dromadaires. Le matin, il en conduit $\frac{1}{3}$ à l'oasis pour les faire boire. Le soir, il en mène $\frac{1}{4}$ à l'oasis (un dromadaire n'est jamais conduit à l'oasis plus d'une fois dans la journée).

1. Combien de dromadaires ont bu le matin ?

2. Combien de dromadaires ont bu le soir ?

3. Quelle est la proportion de dromadaires qui n'a pas bu ce jour-là ?

Durée et fraction

73 **1.** Combien y a-t-il de secondes dans une minute ?

2. Quelle fraction d'une minute une seconde représente-t-elle ?

74 Combien y a-t-il de minutes dans :

a. $\frac{1}{5}$ d'heure ? **b.** $\frac{3}{5}$ d'heure ?

75 Juliette dispose de $\frac{1}{2}$ heure pour faire son exercice de mathématiques. Elle a déjà cherché la solution pendant $\frac{1}{3}$ d'heure.

1. Combien lui reste-t-il de minutes pour trouver la solution ?

2. Quelle fraction d'heure cela représente-t-il ?

76 Julie et Mario partent à la même heure chez leur ami Noé. Julie met $\frac{3}{4}$ d'heure pour faire le trajet et Mario met $\frac{2}{3}$ d'heure.

Lequel arrivera le premier chez Noé ?

77 Amélie travaille 8 heures par jour. Elle passe les $\frac{3}{5}$ de ce temps de travail à écrire du courrier.

1. Combien cela fait-il de minutes par jour consacrées à cette tâche ?
Indication : calculer le nombre de minutes contenues dans 8 heures.

2. Amélie passe les $\frac{5}{24}$ du temps de travail restant à téléphoner.
Combien cela représente-t-il de minutes passées au téléphone ?

Exercices

Fractions décimales

78 Traduire à l'aide de fractions décimales les égalités suivantes :
a. $0{,}2 + 0{,}5 = 0{,}7$; **b.** $0{,}25 + 0{,}3 = 0{,}55$;
c. $0{,}1 + 0{,}01 = 0{,}11$.

79 **1.** Calculer $5{,}6 + 4{,}2$ puis $4{,}5 + 0{,}59$.

2. Recopier et compléter à l'aide des résultats de la question **1** :

a. $\dfrac{56}{10} + \dfrac{42}{10} = \dfrac{\dots}{10}$;

b. $\dfrac{45}{10} + \dfrac{59}{100} = \dfrac{\dots}{100}$.

80 En s'inspirant de la méthode utilisée à l'exercice **79**, recopier et compléter :

a. $\dfrac{3}{10} \times \dfrac{42}{10} = \dfrac{\dots}{100}$;

b. $\dfrac{41}{100} \times \dfrac{2}{10} = \dfrac{\dots}{1\,000}$;

c. $\dfrac{3}{10} \times \dfrac{5}{10} = \dfrac{\dots}{\dots}$;

d. $\dfrac{7}{100} \times \dfrac{6}{10} = \dfrac{\dots}{\dots}$.

81 En s'inspirant de la méthode utilisée à l'exercice **79**, recopier et compléter :

a. $\dfrac{3}{10} + \left(\dfrac{7}{10} \times \dfrac{2}{10}\right) = \dfrac{\dots}{\dots}$;

b. $\left(\dfrac{1}{100} \times \dfrac{8}{10}\right) + \dfrac{2}{100} = \dfrac{\dots}{\dots}$.

Avec la calculatrice

82 Déterminer :

a. $\dfrac{3}{7}$ de 9,10 € ; **b.** $\dfrac{2}{3}$ de 4,512 kg ;

c. $\dfrac{14}{49}$ de 3 941 m ; **d.** $\dfrac{17}{32}$ de 200 L ;

e. $\dfrac{5}{7}$ de 805 € ; **f.** $\dfrac{25}{13}$ de 2,6 m ;

g. $\dfrac{7}{11}$ de 6,93 kg ; **h.** $\dfrac{5}{19}$ de 114 €.

Chez les Anglo-Saxons

83 Recopier et compléter :

a. $\dfrac{5}{4} = 1 + \dfrac{\dots}{\dots}$; **b.** $\dfrac{7}{5} = 1 + \dfrac{\dots}{\dots}$;

c. $\dfrac{5}{3} = 1 + \dfrac{\dots}{\dots}$; **d.** $\dfrac{10}{3} = 3 + \dfrac{\dots}{\dots}$.

84 Luc a utilisé la touche a+b/c d/c de sa calculatrice. Pour $\dfrac{16}{5}$, elle affiche :

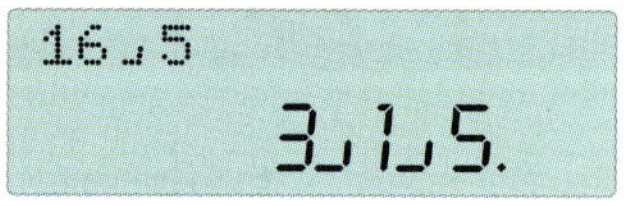

1. Que signifie cette écriture ?

2. Qu'afficherait la calculatrice pour $\dfrac{24}{7}$?

Qui a raison ?

a

b

Pour aller plus loin

Les fractions et le nombre 1

85 Sans faire de calculs, dire si les nombres suivants sont plus grands que 1 :
$\frac{2}{3}$; $\frac{4}{5}$; $\frac{10}{3}$; $\frac{1}{7}$; $\frac{10\,000}{9\,999}$; $\frac{500}{499}$; $\frac{601}{600}$.

86 Parmi les fractions suivantes, indiquer celles comprises entre 1 et 2 :
$\frac{1}{2}$; $\frac{3}{4}$; $\frac{5}{4}$; $\frac{5}{6}$; $\frac{7}{3}$; $\frac{5}{2}$; $\frac{14}{3}$.

87 À vue d'œil
Quel est le point du segment [AB] qui semble placé aux trois quarts de ce segment à partir de A ? et celui placé aux deux tiers ?

88 Écrire les fractions suivantes comme la somme d'un entier et d'une fraction inférieure à 1 :
a. $\frac{25}{3}$; **b.** $\frac{12}{7}$; **c.** $\frac{28}{9}$; **d.** $\frac{31}{11}$.

Encadrer une fraction

89 Sans utiliser la calculatrice, encadrer par deux entiers les fractions suivantes :
a. $\frac{12}{5}$; **b.** $\frac{15}{4}$; **c.** $\frac{57}{7}$; **d.** $\frac{65}{9}$; **e.** $\frac{82}{8}$.

Problèmes

90 **1.** Reproduire le carré ci-contre sur une feuille quadrillée.

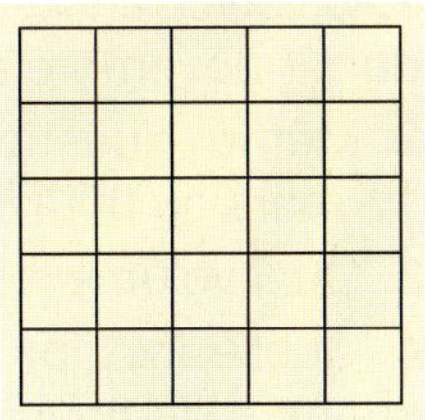

2. Dessiner à l'intérieur du carré et sans que les couleurs se chevauchent :
a. en vert un rectangle dont l'aire représente les $\frac{2}{5}$ de celle du carré ;
b. en bleu un rectangle dont l'aire représente les $\frac{6}{25}$ de celle du carré ;
c. en rouge un triangle rectangle dont l'aire représente les $\frac{3}{25}$ de celle du carré.

91 Pour faire un quatre-quarts, il faut 3 œufs, 250 g de farine, 250 g de sucre et 250 g de beurre.
À l'aide du nom de ce délicieux gâteau, calculer la masse approximative d'un œuf.

92 Sur le marché de Saint-Sauveur, un commerçant vend du jus d'oranges pressées aux prix suivants : $\frac{1}{2}$ L à 1,20 € et $\frac{1}{4}$ L à 0,80 €.
Anna souhaite en acheter pour ses amies.
Sachant qu'une personne boit $\frac{1}{4}$ de litre, quel choix Anna va-t-elle faire et quel prix va-t-elle payer si elle est accompagnée de :
a. trois amies ?
b. quatre amies ?

93 Le réservoir de Paul est aux $\frac{3}{4}$ vide.
Sa contenance totale est 52 L et la voiture consomme 7 L pour 100 km parcourus. Il reste à Paul 200 km à parcourir.
Paul doit-il alors reprendre de l'essence pour terminer son trajet ?

94 Écrire toutes les fractions pour lesquelles la somme du numérateur et du dénominateur est 5.

95 Les $\frac{2}{3}$ d'un bouquet de fleurs sont des roses.
Il y a 18 roses dans le bouquet.
Combien y a-t-il de fleurs dans le bouquet ?
Indication : on pourra s'aider d'un schéma de ce type :

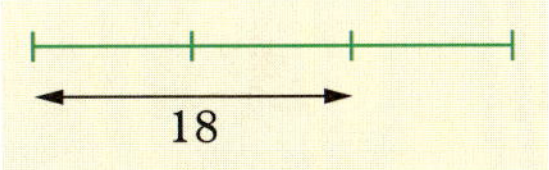

96 Il ne reste que 20 allumettes dans la boîte car les $\frac{8}{9}$ de la boîte ont déjà été utilisés.
Combien d'allumettes contenait la boîte pleine ?
Indication : faire un schéma.

97 Le terrain où habite Marion mesure 1 000 m^2. La maison en occupe le quart et le jardin tout le reste. Le verger recouvre les $\frac{2}{5}$ du jardin.
1. Quelle est la superficie du verger ?
2. Quelle proportion du terrain le verger occupe-t-il ?

Exercices

Devoirs à la maison

98 **1.** Reproduire la figure ci-dessous sur une feuille quadrillée :

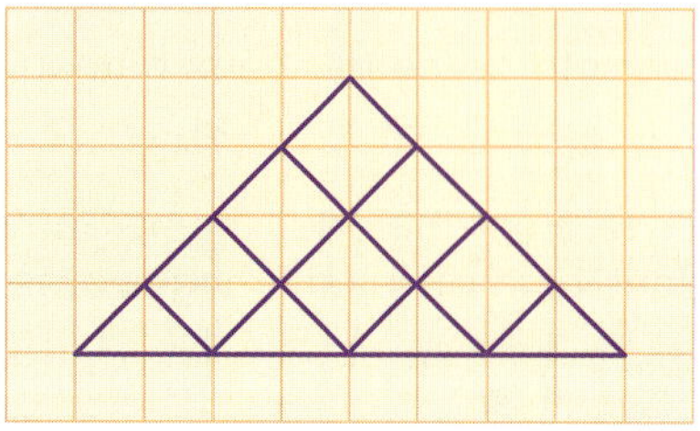

2. Le quadrillage suffit pour répondre aux questions et les couleurs ne devront pas se chevaucher :

a. Colorier en rouge $\frac{1}{8}$ de l'aire totale de la figure.

b. Colorier en vert $\frac{3}{16}$ de l'aire totale de la figure.

99 Les 750 habitants de la forêt de la Noria sont pour $\frac{3}{5}$ des elfes et pour $\frac{6}{25}$ des trolls. Les autres habitants sont des trollocs.
Quels sont les plus nombreux parmi ces trois types d'habitants ?

100 **Cross**
Un collège compte 567 élèves dont les $\frac{8}{12}$ sont des garçons. Un cross est organisé mais les $\frac{2}{7}$ des garçons en sont dispensés et 100 filles participeront à l'épreuve.

1. Recopier et compléter le tableau suivant :

	Garçons	Filles	Total
Participent au cross	....	....	....
Ne participent pas au cross	....	....	....
Total	....	....	567

2. Combien de garçons participent au cross ?

3. Quelle fraction du nombre total d'élèves participe au cross ?

4. Quelle proportion de filles ne participe pas au cross ?

101 Dans cette classe de 6e A, on compte 28 élèves. Les $\frac{2}{7}$ des élèves viennent de l'école Émile-Zola et les $\frac{4}{5}$ des autres élèves viennent de l'école Anatole-France. Tous les autres viennent de l'école Jules-Ferry.

1. Combien d'élèves viennent de l'école Jules-Ferry ?

2. Quelle fraction du nombre total d'élèves représentent-ils ?

102 On donne les nombres suivants :
135 ; 103 ; 15 ; 180 ; 31 ; 12 345 678.

1. Indiquer la liste de ces nombres divisibles par :
a. 2 ; **b.** 3 ; **c.** 5 ; **d.** 4 ; **e.** 9.

2. a. Montrer que la proportion de ces nombres qui sont divisibles par 3 est $\frac{2}{3}$.

b. Indiquer la proportion de ces nombres qui sont divisibles par 2 sous forme de fraction simplifiée.
c. Indiquer la proportion de ces nombres qui sont divisibles par 5 sous forme de fraction simplifiée.

103 Dans sa basse-cour, le père Louis a 40 animaux. Les $\frac{3}{5}$ sont des poules et les $\frac{5}{6}$ des poules sont rousses.

1. Combien de poules rousses le père Louis possède-t-il ?

2. Quelle fraction du nombre total d'animaux cela représente-t-il ?

104 **Énergie**
Une cuve contient 3 500 L de fioul.
Du 1er novembre au 28 février, une famille consomme les $\frac{3}{5}$ de la cuve pour se chauffer, puis du 1er mars au 30 avril, elle consomme les $\frac{4}{7}$ de ce qui reste.

1. Calculer, en litres, le volume de fioul consommé du 1er novembre au 28 février.

2. Même question pour la période allant du 1er mars au 30 avril.

3. Quel volume reste-t-il dans la cuve au 1er mai ?

4. Quelle fraction du volume initial représente la quantité de fioul restant au 1er mai ? Simplifier la fraction obtenue.

Petits exposés

1. Pourquoi les heures sont-elles divisées en 60 minutes ?
2. Quelle est la légende de l'œil d'Horus ?

Vive les Maths !!!

Partie de dés

Pour jouer, vous allez d'abord fabriquer votre dé qui comportera **6 faces**. Sur chacune de ces faces, vous écrirez une des fractions suivantes :

$$\frac{1}{2}; \frac{1}{4}; \frac{3}{4}; \frac{1}{3}; \frac{2}{3} \text{ et } \frac{1}{6}.$$

Vous vous munirez aussi d'un jeton et vous tracerez une droite graduée de 0 à 2 comme celle de l'exemple.

La partie se joue **à deux** : chacun à tour de rôle lance une fois son dé puis déplace le jeton de **la fraction indiquée sur la face supérieure du dé**, à partir de 0 sur la droite graduée.

On peut avancer ou reculer mais il faut toujours rester sur le segment et **le premier qui arrive juste à 2 a GAGNÉ !**

Voici par exemple comment se déroule la partie disputée par Lise et Marc.

Lise a lancé son dé et a réalisé $\frac{3}{4}$. Vérifier qu'elle a bien placé le jeton.

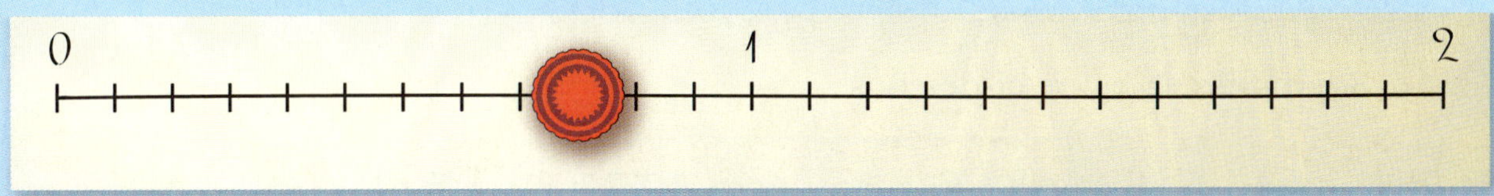

Marc joue à son tour et réalise $\frac{2}{3}$. Voici la nouvelle position du jeton :

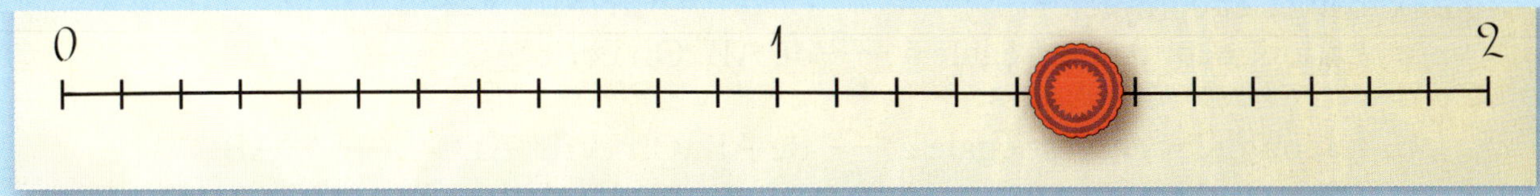

...et ainsi de suite. Maintenant, c'est à votre tour !

Casse-tête...

Ali Baba et son dromadaire

Kamel mourut en laissant 17 dromadaires à partager entre ses trois fils. Dans son testament, il avait précisé que l'aîné devait recevoir la moitié du troupeau, le deuxième $\frac{1}{3}$ et le troisième $\frac{1}{9}$.

Ne pouvant se partager un dromadaire, les fils se désolaient car le partage était impossible ! Heureusement, Ali Baba qui passait par là eut la gentillesse de prêter aux trois frères son propre dromadaire pour qu'ils puissent effectuer le partage. Il émit quand même une condition : pouvoir récupérer sa monture une fois le partage réalisé !

1. Pourquoi était-il impossible de faire le partage avec les 17 dromadaires ?

2. Pourquoi a-t-il été possible de réaliser le partage avec les 17 dromadaires plus celui d'Ali Baba ? Faire ce partage en n'oubliant pas de rendre son dromadaire à Ali Baba.

3. Le partage respecte-t-il le testament ?

Soutien

A Simplifier une fraction

1 **a.** Comment reconnaître un nombre divisible par 5 ?
b. 20 est divisible par 5 car il se termine par 0 et on écrit $20 = 5 \times 4$.
On donne les nombres suivants :
47 ; 55 ; 210 ; 75 ; 60 ; 42 ; 78 ; 99.
Reconnaître ceux qui sont divisibles par 5 et les écrire sous la forme $5 \times \dots$.
c. Recopier et compléter : $\frac{20}{55} = \frac{5 \times 4}{5 \times \dots} = \frac{\dots}{\dots}$.

Indication
On a simplifié la fraction $\frac{20}{55}$ par 5.

2 **a.** Simplifier par 2 la fraction $\frac{14}{22}$, par 3 la fraction $\frac{27}{15}$ et par 7 la fraction $\frac{49}{28}$.
b. Simplifier les fractions suivantes : $\frac{18}{15}$; $\frac{14}{18}$; $\frac{36}{42}$; $\frac{25}{40}$.

B Illustrer un partage

1 Reproduire la figure ci-dessous :

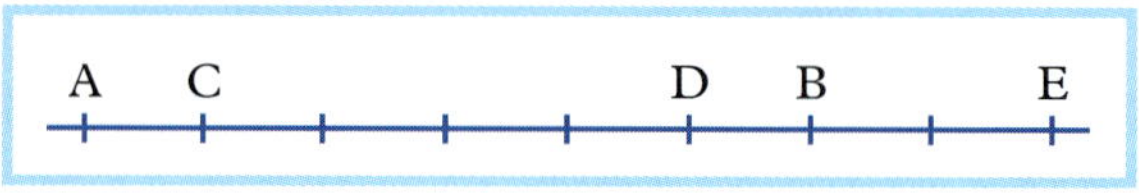

2 Recopier et compléter :
a. La longueur AC est égale à $\frac{\dots}{6}$ de AB. On écrit $AC = \frac{\dots}{\dots} \times AB$.
b. La longueur AD est égale à $\frac{\dots}{6}$ de AB. On écrit $AD = \frac{\dots}{\dots} \times AB$.
c. La longueur AE est égale à $\frac{\dots}{6}$ de AB. On écrit $AE = \frac{\dots}{\dots} \times AB$.

3 Recopier et compléter :
La longueur AD est égale à $\frac{\dots}{\dots}$ de AE. On écrit $AD = \frac{\dots}{\dots} \times AE$.

4 Madame Martin a décidé de donner 1 200 € à trois associations.
Pour illustrer le partage, elle dessine le schéma ci-contre.

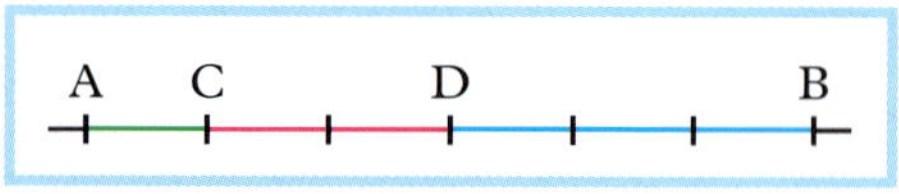

« AB représente les 1 200 €, dit-elle.
AC représente ce que je veux donner à la protection des animaux ;
CD représente ce que je veux donner à la protection de l'environnement ;
DB représente ce que je veux donner aux enfants en difficulté. »
a. Recopier et compléter :
$AC = \frac{\dots}{\dots} \times AB$; $CD = \frac{\dots}{\dots} \times AB$; $DB = \frac{\dots}{\dots} \times AB$.
b. Combien Madame Martin va-t-elle donner à chacune des trois associations ?

Chapitre 6

Proportionnalité Pourcentage

Avant de démarrer

1 Proportionnel ou pas ?

Pour chacune des situations suivantes, dire s'il s'agit d'une situation de proportionnalité ou pas.
Expliquer brièvement votre choix.

À la mercerie	Chez le primeur
3 pelotes coûtent 5 € ; 6 pelotes coûtent 10 €.	2,5 kg de pommes coûtent 4 € ; 5 kg de pommes coûtent 6,50 €.

2 Quantités proportionnelles

Une cagette contient des oranges qui ont toutes la même masse.
Quatre oranges de cette cagette pèsent 480 g.
Combien pèsent sept oranges de cette même cagette ?

3 Sans diviser

Le prix de 5 L d'essence est 5,15 €.
Déterminer sans faire de division le prix de 20 L d'essence.

4 Utiliser la proportionnalité

Le tableau ci-dessous indique les quantités nécessaires à la préparation d'un plat de dorades farcies pour quatre personnes (les masses sont en grammes).

× ....

	Dorades	Beurre	Champignons	Mie de pain
Pour 4 personnes	1 200	40	200	60
Pour 12 personnes	....	....	....	....

Recopier et compléter le tableau afin d'obtenir les quantités nécessaires pour douze personnes.

5 Pourcentage

Chez la mante religieuse, la longueur du mâle représente 70 % de la longueur de la femelle. Une femelle mesure 8 cm.
Calculer la longueur du mâle.

Activités

1 S'imaginer la situation

Pour chaque situation, choisir la bonne réponse :

1 Pierre achète trois fois plus de bonbons que Zoé.
Il paiera :

a. trois fois moins cher que Zoé.
b. 3 € de plus que Zoé.
c. trois fois plus cher que Zoé.

2 Aurélie achète 2 stylos de plus que Kelly.
Elle paiera :

a. deux fois plus cher que Kelly.
b. on ne peut pas savoir.
c. 2 € de plus que Kelly.

3 Mon arrosoir contient 10 L et celui de mon petit frère Julien contient 5 L. J'ai transporté 6 arrosoirs pleins jusqu'au jardin.
Pour transporter autant d'eau que moi, Julien devra remplir complètement :

a. 9 arrosoirs.
b. 12 arrosoirs.
c. 3 arrosoirs.

4 Maman avait prévu le goûter pour nous trois mais mes cousins sont arrivés et nous étions alors six pour le partager.
La part de chacun :

a. n'a pas changé.
b. est deux fois plus grande.
c. est deux fois plus petite.

5 Dans cette librairie, Maxime a acheté 8 BD pour 22 € et Margaux a acheté 6 BD pour 18 €.

a. On est sûr que le prix en euros de 14 BD est $22 + 18$.
b. On est sûr que le prix en euros de 2 BD est $22 - 18$.
c. On ne peut rien affirmer sur le prix de 2 BD prises au hasard.

Voir exercices 12 et 13, p. 111.

2 Passage par l'unité

1 Mathieu porte une barre de fer de 6 m de long qui pèse 15 kg. Dans cette barre, il découpe ensuite un morceau de 4 m de long. Sa petite sœur Marina lui demande alors combien pèse le morceau de 4 m.
Amusé, Mathieu lui répond : « Quatre fois plus qu'un morceau d'un mètre ! »
Marina décide de calculer méthodiquement la masse du morceau de 4 m et elle écrit :

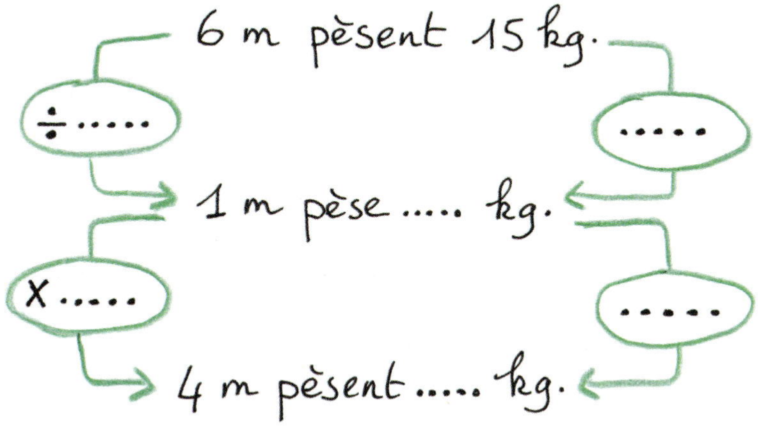

En faisant un schéma comme celui de Marina, calculer la masse de la barre de fer de 4 m de long.

2 Pour laver le linge, Jérémie verse dans un verre gradué le contenu de 4 bouchons doseurs de lessive et il obtient la situation ci-contre.

Si Jérémie verse en tout 15 bouchons doseurs, le verre gradué débordera-t-il ?

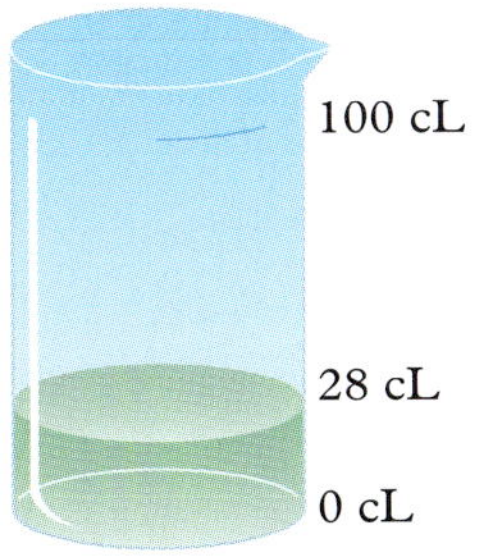

Recopier et compléter le schéma ci-dessous pour justifier la réponse :

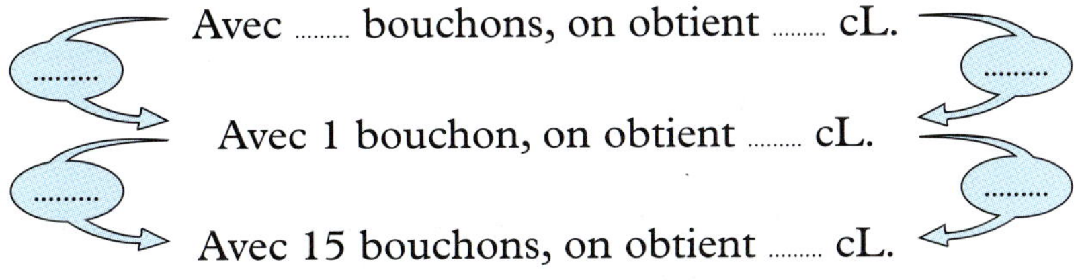

Voir exercices 14 à 16, p. 111.

3 Avec astuce

A - Avec des nombres décimaux

1 Recopier et compléter :
a. 300 g, c'est .... fois 100 g ; **b.** 500 g, c'est .... fois 100 g ;
c. 750 g, c'est .... fois 100 g.

2 Une grande boîte contient des sucres tous identiques. Quatorze de ces sucres pèsent 100 g. Combien faut-il de morceaux de sucre pour obtenir 300 g de sucre ? 500 g ? 750 g ?

3 **a.** Recopier le tableau suivant et le compléter, sauf la dernière colonne :

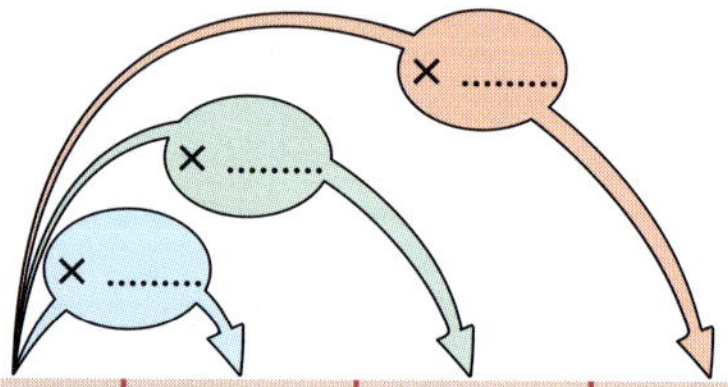

Masse de sucre en g	100	300	500	750	800
Nombre de morceaux	14	....	....	....	....

b. En remarquant que $300 + 500 = 800$, calculer le nombre de morceaux de sucre contenus dans 800 g puis compléter la dernière colonne du tableau.

B - Avec des fractions

Cyril et Éric veulent acheter de la corde et ils discutent du prix :
« Le prix de 21 mètres, c'est .... fois le prix de 7 mètres » dit Cyril.
« Et le prix de 9 mètres, c'est .... fois le prix de 7 mètres » ajoute Éric.
Pour justifier son affirmation, Éric a dessiné le schéma ci-dessous :

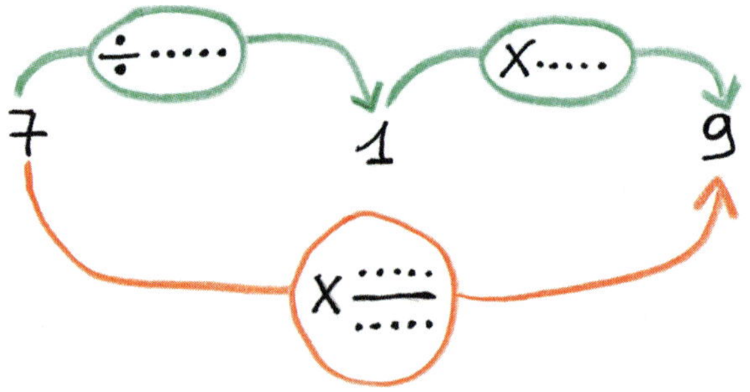

1 **a.** Recopier le schéma d'Éric puis le compléter en commençant par les opérateurs des bulles vertes.
b. Recopier et compléter l'égalité suivante : $7 \times \frac{\dots\dots}{\dots\dots} = 9$.

2 Recopier et compléter les phrases prononcées par Cyril et Éric.

Voir exercices 17 à 19, p. 111 et 33, p. 113.

4 Longueurs proportionnelles

Lisa a écrit un article sur la plongée sous-marine pour le journal du collège. Elle a bien sûr dessiné le pavillon *alpha* qui signale aux bateaux que des plongeurs sont sous l'eau. Dans le journal, le dessin a les dimensions indiquées sur la figure ci-contre.
Dans l'article, on peut lire qu'en réalité la longueur AF mesure 48 cm.

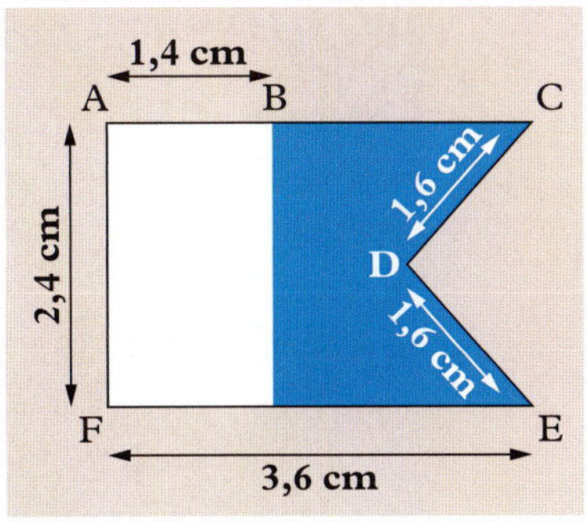

1 **a.** Recopier et compléter : $48 = 2{,}4 \times$ ....
b. Par quel nombre faut-il multiplier les dimensions du dessin dans le journal pour obtenir ses dimensions dans la réalité ?

2 Recopier et compléter le tableau suivant :

(flèche : ....)

Dimension en cm du pavillon *alpha* dans le journal	2,4	3,6	1,4	1,6
Dimension réelle en cm du pavillon *alpha*	....	....	....	....

Voir exercice 20, p. 111.

5 Pourcentage

Point info

Sur un pot de confiture on peut lire « 61 % de fruits » : cela signifie que pour 100 kg de confiture, on a 61 kg de fruits.

Autrement dit, la masse des fruits représente $\frac{61}{100}$ de la masse de la confiture.

1 Pour obtenir 5 kg de gelée, on a utilisé 3 kg de fruits.
a. Combien faut-il de fruits pour 100 kg de gelée ?
b. Recopier et compléter la phrase suivante :

Les fruits représentent $\frac{\dots\dots}{100}$ de la gelée.

c. Quel est le pourcentage de fruits contenu dans cette gelée ?

2 Une tablette de chocolat contient 70 % ce cacao.
Quelle est la masse de cacao contenue dans une tablette de 250 g ?

Voir exercices 41 et 42, p. 113.

Retenir le cours

1 Un exemple de proportionnalité

Émeraude, la chatte de Jules, mange 60 g de croquettes par jour.

En 2 jours, elle mange donc 2 × 60 g de croquettes, c'est-à-dire 120 g de croquettes.

En 3 jours, elle mange 3 × 60 g de croquettes, c'est-à-dire 180 g de croquettes, etc.

On dit que la quantité de croquettes mangée par Émeraude est **proportionnelle** au nombre de jours pendant lesquels elle est nourrie.

On peut représenter cette situation par un **tableau de proportionnalité** :

Nombre de jours	1	2	3	....	10	....	15	....
Quantité de croquettes mangée en g	60	120	180	....	600	....	900	....

(× 60 ; ÷ 60)

On passe de la première ligne du tableau à la deuxième ligne en **multipliant par 60** (appelé **coefficient de proportionnalité**).

En **divisant par 60**, on passe de la deuxième ligne du tableau à la première ligne.

Le tableau ci-dessous permet de trouver directement :

• la quantité de croquettes consommée en 5 jours quand on connaît la quantité consommée en 2 jours et celle consommée en 3 jours ;

• la quantité de croquettes consommée en 28 jours quand on connaît la quantité consommée en 7 jours.

Nombre de jours	1	2	3	**5**	7	**28**
Quantité de croquettes mangée en g	60	120	180	**300**	420	**1 680**

(+ ; + ; × 4 ; × 4)

2 Pourcentage

Les pourcentages sont des exemples de situations de proportionnalité.

A - Exemple de pourcentage

Dans un collège, il y a 150 élèves de sixième.

Dire que 30 % des élèves de sixième prennent le bus signifie que la proportion des élèves qui prennent le bus est $\frac{30}{100}$.
On dit que le **pourcentage** d'élèves de sixième qui prennent le bus dans ce collège est 30 %.

- S'il y avait 100 élèves en sixième, il y aurait 30 élèves de sixième qui prendraient le bus.
- S'il y avait 50 élèves en sixième, il y aurait donc 15 élèves de sixième qui prendraient le bus.
- Il y a 150 élèves en sixième, donc 45 de ces élèves prennent le bus.

100 + 50 = 150
et
30 + 15 = 45

On peut schématiser ainsi cette situation :

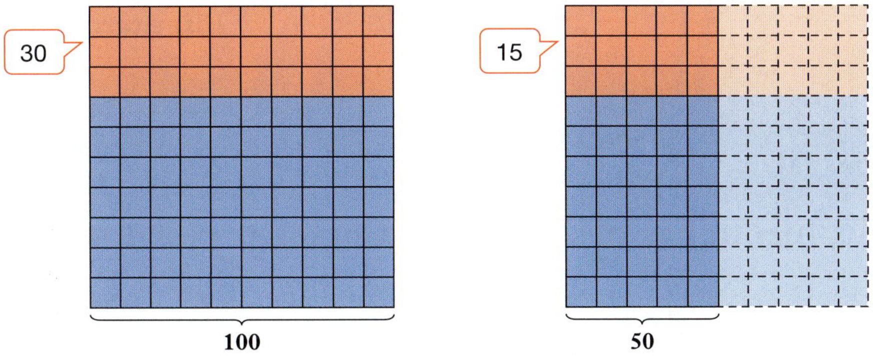

Remarque
$\frac{30}{100} = \frac{45}{150}$

B - Appliquer un pourcentage

Pour calculer 30 % d'une quantité, on multiplie cette quantité par $\frac{30}{100}$.

Dans l'exemple précédent, pour connaître le nombre d'élèves qui viennent au collège en bus, on calcule donc :

$150 \times \frac{30}{100} = 150 \times 0{,}30 = 45$ $\left(\text{en effectuant d'abord } \frac{30}{100}\right)$.

Remarque
Le calcul peut se faire de deux manières différentes :

- $150 \times \frac{30}{100} = 1{,}5 \times 30 = 45$ (en effectuant d'abord $150 \div 100$) ;
- $150 \times \frac{30}{100} = \frac{4\,500}{100} = 45$ (en effectuant d'abord 150×30).

Retenir les méthodes

1 Passage par l'unité

Le prix de 5 kg de pommes est 8 €. Quel est le prix de 3 kg de ces mêmes pommes ?

1re étape

On cherche le prix de 1 kg de pommes.

(÷ 5) 5 kg valent 8 € (÷ 5)

1 kg vaut $\frac{8}{5}$ €.

2e étape

On cherche le prix de 3 kg de pommes et on rédige la réponse.

(× 3) 1 kg vaut $\frac{8}{5}$ € (× 3)

3 kg valent $3 \times \frac{8}{5}$ €.

$3 \times \frac{8}{5} = 4{,}8$. Donc 3 kg de pommes coûtent 4,80 €.

Voir exercice 14, p. 111.

2 Avec un coefficient de proportionnalité

Sept petits pains identiques pèsent 840 g. Combien pèsent cinq de ces petits pains ?

1re étape

On dresse un tableau de proportionnalité qui correspond au problème en indiquant ce que représente chaque ligne.

$7 \times \frac{840}{7} = 840$ donc le coefficient de proportionnalité qui permet de passer de la 1re ligne à la 2e ligne est égal à $\frac{840}{7}$ (ou 120).

Nombre de petits pains	7	5
Masse en grammes	840	………

($\times \frac{840}{7}$) ($\times 120$)

2e étape

À l'aide du tableau, on cherche la masse de 5 petits pains et on rédige la réponse.

$5 \times 120 = 600$

Cinq de ces petits pains pèsent donc 600 g.

Voir exercice 20, p. 111.

3 Avec astuce

Sur le plan du quartier où habitent Loïc et Sylvie, 3 cm représentent en réalité 150 m.

1. Sur ce plan, leurs maisons sont distantes de 15 cm. Combien cela représente-t-il de mètres dans la réalité ?

2. Une place a une longueur de 120 m. Quelle est sa longueur sur le plan ?

Question 1

1re étape

On dresse un tableau de proportionnalité en utilisant l'égalité : $3 \times 5 = 15$.

$\times 5$

Distance sur le plan en cm	3	15
Distance réelle en m	150	....

2e étape

On calcule et on conclut.

$150 \times 5 = 750$.
Dans la réalité, les maisons de Loïc et Sylvie sont donc distantes de 750 m.

Question 2

1re étape

On complète le tableau de proportionnalité précédent en utilisant l'égalité $150 \times \dfrac{120}{150} = 120$.

Distance sur le plan en cm	3	15	....
Distance réelle en m	150	750	120

$\times \dfrac{120}{150}$

2e étape

On calcule et on conclut.

$3 \times \dfrac{120}{150} = 2{,}4$.
Sur le plan, la longueur de la place est donc 2,4 cm.

Voir exercice 17, p. 111.

Exercices

Coup d'œil sur le chapitre

1 Avec 500 g de farine, Noémie fait 30 crêpes.

1. Combien lui faudra-t-il de farine pour faire 60 crêpes ?

2. Combien fera-t-elle de crêpes avec 100 g de farine ?

2 Avec 22 cL de peinture, on peut recouvrir 2,5 m^2 de sol.
Combien faut-il de peinture pour recouvrir 25 m^2 ? et 27,5 m^2 ?

3 Léa pèse un verre doseur qui contient une certaine quantité d'eau. Quand le verre contient 20 cL d'eau, il pèse 350 g et il pèse 450 g lorsqu'il en contient 30 cL.

1. La quantité d'eau et la masse totale du verre sont-elles proportionnelles ?

2. Si ce verre contient 50 cL d'eau, sa masse totale en grammes est-elle égale à 350 + 450, c'est-à-dire à 800 g ? Expliquer pourquoi.

4 La caméra de Théo filme 1 440 images par minute.

1. Combien Théo filme-t-il d'images en une seconde ? en une heure ?

2. Théo a filmé 21 600 images. Pendant combien de temps, en minutes, a-t-il filmé ?

5 Un collège achète des casiers à cartable (un casier par élève). La dépense pour les 20 élèves de 6e A est 230 €.

1. Quelle est la dépense pour un élève ?

2. Quelle sera la dépense nécessaire pour acheter les casiers des 22 élèves de 6e B ?

6 5 compas coûtent 6,50 €. Lou se demande quel est le prix de 20 compas puis combien coûtent 13 compas.

1. Recopier et compléter le tableau suivant :

Nombre de compas	5	20	13
Prix en €	6,50	....	....

2. Rédiger les réponses aux questions de Lou.

7 Raoul court à allure régulière.
Recopier et compléter le tableau suivant :

Durée en min	10	35	....
Nombre de m	2 000	....	600

8 Voici ce qu'on peut lire sur l'étiquette d'un pot de confiture : « Contient 45 % de fruits. »
Recopier et compléter :

a. Dans un pot de 100 g, il y a .... g de fruits.
b. Dans un pot de 200 g, il y a .... g de fruits.
c. Dans un pot de 500 g, il y a .... g de fruits.

9 Rémi mange 20 % d'un sachet de 45 bonbons. Combien de bonbons lui reste-t-il alors ?

10 Un sculpteur réalise des statues en divisant par 5 les dimensions réelles.

1. Quelle est la hauteur de la statue d'un homme qui a pour taille 1,80 m ?

2. Quelle est la taille d'un enfant dont la statue mesure 23 cm ?

11 Voici le plan de la chambre de Ludovic :

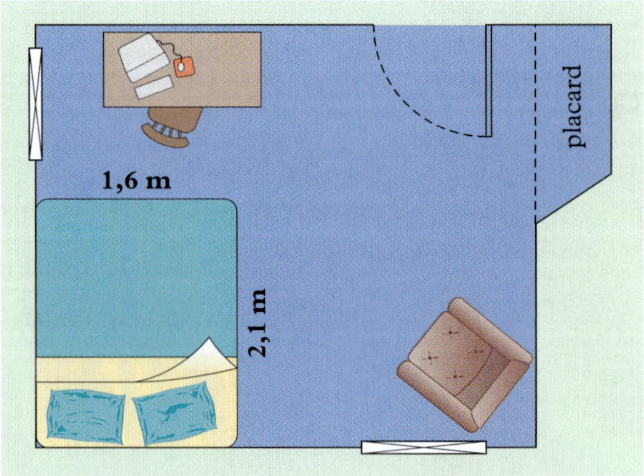

1. Quelle longueur réelle représentent 3 cm sur le plan ? et 1 cm ?

2. Quelle est la longueur en mètres du plus grand côté de la chambre (placard compris) ?

3. Tracer un nouveau plan de la chambre et du lit en prenant 4 cm pour représenter la longueur du lit.

Pour démarrer

Reconnaître une situation de proportionnalité

12 Jules achète à la boulangerie des bonbons qui coûtent chacun 0,20 €.
Recopier et compléter :
a. Le prix que paie Jules est égal à .... fois le nombre de bonbons.
b. Le prix total est .... au nombre de bonbons.

13 Éric est jardinier et se rend chez les gens avec sa tondeuse. Pour tondre une pelouse, il demande 20 € de frais de déplacement et 15 € de l'heure.

1. Quel est le prix d'une heure de tonte ? et de trois heures ?

2. La somme à payer est-elle proportionnelle au nombre d'heures effectuées par Éric ?

Passage par l'unité

14 Un rôti de 2 kg coûte 36 €.

1. Combien coûte un rôti de 1 kg ?

2. Combien coûte un rôti de 1,8 kg ?

Voir **Retenir les méthodes 1, *p. 108.***

15 Cinq pains aux raisins coûtent 3,20 €. Combien coûte un pain aux raisins ? sept pains aux raisins ?

16 Quatre livres identiques pèsent 240 g. Combien pèsent onze livres identiques ?

Tableau et proportionnalité

17 À l'étranger, Yann a acheté quatre timbres pour 2,08 €.

1. Recopier et compléter le tableau suivant :

× .... × ....

Nombre de timbres	4	12	7	....
Prix en €	2,08	....	....	4,16

2. a. À quelles questions peut-on répondre à l'aide de ce tableau complété ?
b. Répondre à ces questions.

Voir **Retenir les méthodes 3, *p. 109.***

18 Le tableau de proportionnalité suivant indique la consommation moyenne d'un véhicule en fonction de la distance parcourue. Le recopier et le compléter.

× ....

Consommation moyenne en L	8	16	....	24
Distance parcourue en km	100	....	500	....

19 Un morceau de fil électrique de 4 m coûte 3,60 €.

1. Recopier et compléter le tableau suivant :

Longueur en m	4	8	12	3	15
Prix en €	3,60	....	....	....	....

2. À l'aide du tableau, calculer sans poser d'opération le prix de 18 m de fil puis celui de 27 m.

20 Un tube de métal de 1,5 m de long a une masse de 4,2 kg.

1. Recopier le tableau de proportionnalité suivant et compléter les deux premières colonnes à l'aide des indications du texte.

.... en m	....	....
.... en kg	....	....

× k

2. Calculer le coefficient de proportionnalité k entre ces deux quantités.

3. On veut calculer la masse d'un tube de 6 m de long. Compléter le tableau pour donner la réponse.

Voir **Retenir les méthodes 2, *p. 108.***

21 Vitesse du son
Le son du tonnerre parcourt 900 m en 3 s.

1. a. Recopier et compléter le tableau suivant :

× .... ÷ ....

Durée en s	3	5
Distance en m	900	....

b. Quelle distance parcourt le son du tonnerre en 5 s ?

2. En complétant le tableau, déterminer combien de temps met le son du tonnerre pour parcourir 450 m, puis 3,6 km.

22 **1.** Recopier et compléter le tableau de proportionnalité suivant qui donne le prix de l'essence en fonction de la quantité achetée :

Nombre de L d'essence achetés	1	12	....	....	75
Prix en €	1,2	....	30	360	....

× ....

2. a. Quel est le prix de 50 L d'essence ?
b. Combien de litres d'essence coûtent 48 € ?

23 Natacha marche à allure régulière et parcourt 3 km en une heure.

1. Quelle distance parcourt-elle en 60 minutes ?

2. Recopier et compléter le tableau suivant :

Distance parcourue en km	3	....	....	....	....
Durée en min	60	30	10	120	130

3. Quelle distance parcourt-elle (à la même vitesse et sans arrêt) en 90 minutes ? en 1 h 30 min ? en 2 h 10 min ?

24 **Au marché**
Les tableaux suivants indiquent le prix des pommes de terre en fonction de la quantité achetée sur trois marchés différents.

• **Marché A :**

Quantité en kg	1	3	5	10
Prix en €	0,40	1,20	2	4

• **Marché B :**

Quantité en kg	1	3	5	10
Prix en €	0,50	1,50	2	4

• **Marché C :**

Quantité en kg	1	3	5	10
Prix en €	0,50	1,50	2,50	5

Indiquer pour quel marché il n'y a pas proportionnalité entre le prix des pommes de terre et la quantité achetée. Expliquer pourquoi.

25 Pour faire de la confiture, Margot ajoute 4,4 kg de sucre à 10 kg de melon d'Espagne.

1. Quelle quantité de sucre utilisera-t-elle pour 13 kg de melon ? et pour 4,5 kg ?
Indication : on peut utiliser une des trois méthodes des pages 108 et 109.

2. Avec la même recette, Margot a utilisé 3,3 kg de sucre. À quelle quantité de melon correspond cette quantité de sucre ?

26 Voici la recette d'un gâteau pour 6 personnes :

Recette pour 6 personnes

Préparation : 20 min
Cuisson : 30 min
Four : 180°

Ingrédients :
- 210 g de farine
- 90 g de beurre
- 3 œufs
- 120 g de sucre

1. Trouver les quantités d'ingrédients nécessaires pour faire ce gâteau pour 10 personnes.

2. Pour 10 personnes, faut-il régler le four sur 300° ?
Indication : on peut utiliser une des trois méthodes des pages 108 et 109.

Calcul mental

27 6 stylos coûtent 9 €.

1. Quel est le prix de 18 stylos ?

2. Quel est le prix de 3 stylos ?

3. Quel est le prix de 21 stylos ?

28 Émilie garde des enfants et elle est payée 8 € de l'heure.

1. Elle a gagné 40 €. Combien d'heures a-t-elle travaillé ?

2. Elle a gagné 4 €. Combien d'heures a-t-elle travaillé ?

3. Elle a gagné 12 €. Combien d'heures a-t-elle travaillé ?

29 Calculer :
a. 10 % de 50 ; **b.** 20 % de 50 ;
c. 15 % de 200 ; **d.** 25 % de 300.

30 Calculer :
a. 75 % de 200 ; **b.** 80 % de 60 ;
c. 2,5 % de 400 ; **d.** 19 % de 50.

31 Quelle fraction représente chacun des pourcentages suivants (plusieurs réponses possibles) ?
a. 10 % ; **b.** 250 % ; **c.** 50 % ; **d.** 5 %.

32 Quel pourcentage peut-on associer à chacune des fractions suivantes ?
a. $\frac{1}{2}$; **b.** $\frac{1}{10}$; **c.** $\frac{1}{4}$; **d.** $\frac{3}{4}$; **e.** $\frac{1}{5}$.

Avec des opérateurs fractionnaires

33 Dans une usine, un robot a vissé 4 550 boulons en 7 heures. On voudrait savoir combien de boulons ce robot peut visser en 24 heures.

1. Indiquer laquelle de ces deux affirmations est juste :

a. 24, c'est $\frac{24}{7}$ fois 7 ;

b. 24, c'est $\frac{7}{24}$ fois 7.

2. a. Par quel nombre doit-on multiplier 4 550 pour obtenir le nombre de boulons vissés par le robot en 24 heures ?

b. Calculer le nombre de boulons vissés par le robot en 24 heures.

34 **1.** Recopier et compléter :

a. $7 \times \frac{\dots}{\dots} = 3$.

b. Le prix de 3 VTT, c'est $\frac{\dots}{\dots}$ fois le prix de 7 VTT.

2. 7 VTT coûtent 1 148 €. Quel est le prix de 3 VTT ?

35 **1.** Recopier et compléter :

a. $150 \times \frac{\dots}{\dots} = 410$.

b. La quantité d'huile fournie par 410 kg de noix est $\frac{\dots}{\dots}$ fois la quantité d'huile fournie par 150 kg de noix.

2. 150 kg de noix donnent 33,75 L d'huile. Quelle quantité d'huile donnent 410 kg de noix ?

Se représenter un pourcentage

36 Recopier et compléter les égalités suivantes :

a. $\frac{10}{100} = \frac{1}{\dots}$; **b.** $\frac{50}{100} = \frac{1}{\dots}$;

c. $\frac{40}{100} = \frac{\dots}{10} = \frac{\dots}{5}$; **d.** $\frac{75}{100} = \frac{\dots}{4}$.

37 Remplacer chacune des phrases suivantes par une phrase qui contient le symbole % et qui a exactement la même signification :

a. La moitié des gens interrogés est favorable au projet.

b. Le quart des habitants de la ville utilise les transports en commun.

c. Les océans occupent les sept dixièmes de la surface terrestre.

38 Au rayon confiserie d'un supermarché, on peut lire sur une affiche : « Tous les chocolats contiennent 60 % de cacao. »

Recopier et compléter les phrases suivantes :

a. Pour 100 g de chocolats, il y a ...... g de cacao.

b. Pour ...... g de chocolats, il y a 600 g de cacao.

c. Pour ...... kg de chocolats, il y a 600 g de cacao.

d. 500 g de chocolats contiennent ...... g de cacao.

e. Pour 600 g de chocolats, il y a ...... g de cacao.

f. 200 g de chocolats contiennent ...... g de cacao.

39 Recopier et compléter :

Dire que dans la classe il y a 30 % d'élèves qui ont 12 ans, signifie que :

a. si dans cette classe il y avait 100 élèves, il y aurait ...... élèves âgés de 12 ans ;

b. si dans cette classe il y avait 50 élèves, il y aurait ...... élèves âgés de 12 ans.

40 On considère la figure suivante :

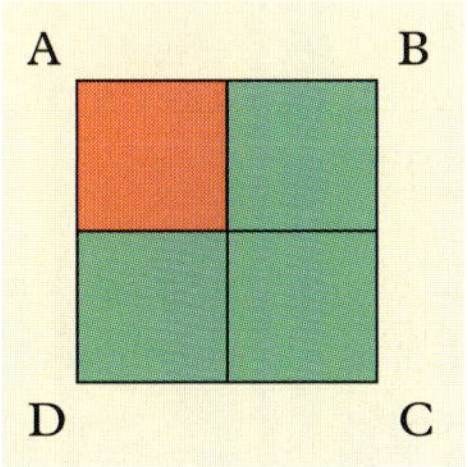

1. a. Quel pourcentage de la surface du carré ABCD représente la partie rouge ?

b. Même question pour la partie verte.

2. Tracer un rectangle de longueur 10 cm et colorier en bleu 10 % de sa surface.

3. Tracer un disque et colorier en bleu 25 % de sa surface.

Appliquer un pourcentage

41 Durant un match de basket, Jordan a réussi 80 % de ses tirs. Il a effectué 50 tirs.

Combien de paniers a-t-il marqués ?

42 Dans un groupe de 40 personnes, il y en a 35 % qui aiment aller au cinéma.

Combien y a-t-il de personnes aimant le cinéma dans ce groupe ?

43 Pour les soldes, un commerçant fait 30 % de remise sur le prix affiché.

1. Quelle est la remise pour un prix affiché de 150 € ?

2. Quel est le prix payé ?

Exercices

44 Pour réaliser du mélange pour un moteur *2 temps*, le grand-père de Fabien se sert d'un bouchon doseur gradué en cL. Il veut préparer 20 L de mélange contenant 4 % d'huile.
Combien de cL d'huile devra-t-il utiliser ?

45 Chez *Pixelone*, un appareil photo coûte 240 € auxquels s'ajoutent 20 % de frais d'envoi.
Chez *Allpixel*, le prix du même appareil est 338 € moins une remise de 15 %.
Quel est l'écart de prix entre les deux magasins ?

46 60 % des 350 élèves d'un collège prennent le bus scolaire et 35 % de ceux qui ne prennent pas le bus se rendent au collège en vélo.
Combien d'élèves vont au collège en vélo ?

47 Dans le journal d'un pays où les prix augmentent très rapidement, on peut lire : « Le prix d'un repas qui coûtait 18 sous il y a deux ans a augmenté de 350 %. »
Quel est le nouveau prix de ce repas le jour de la parution du journal ?

48 Associer les étiquettes qui se correspondent (on pourra s'aider en testant les calculs sur des quantités simples) :

1. Calculer 10 %.	**a.** Multiplier par $\frac{3}{4}$.
2. Calculer 20 %.	**b.** Diviser par 4.
3. Calculer 25 %.	**c.** Diviser par 5.
4. Calculer 50 %.	**d.** Diviser par 10.
5. Calculer 75 %.	**e.** Diviser par 2.

49 **Ordre de grandeur**
Pour chaque affirmation, choisir la bonne réponse :

1. 10 % de 29 c'est	**a.** plus petit que 3. **b.** plus grand que 3.
2. 51 % de 200 c'est	**a.** plus petit que 100. **b.** plus grand que 100.
3. Seize élèves sur vingt ont fait leur exercice juste. Le pourcentage de réussite est	**a.** inférieur à 75 %. **b.** supérieur à 75 %.

Agrandissement – Réduction

50 On donne ci-dessous l'échelle graphique d'une carte :

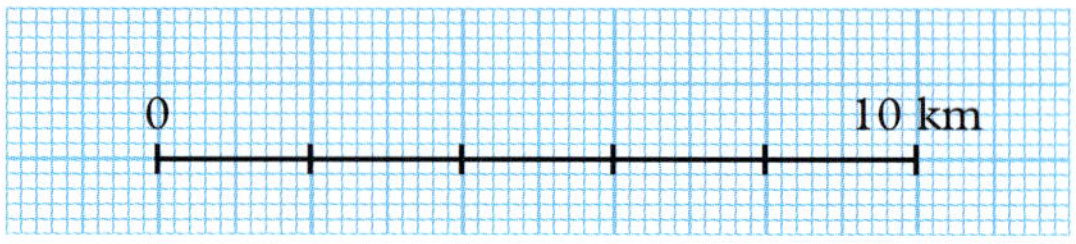

1. Recopier et compléter :
a. .... cm sur la carte représentent 10 km dans la réalité.
b. 1 cm sur la carte représente .... km dans la réalité.

2. Comment passe-t-on des longueurs réelles en km aux longueurs en cm sur la carte ?

3. Sur cette carte, un lac a pour longueur 4,2 cm. Quelle est sa longueur dans la réalité ?

4. Dans la réalité, deux villes sont distantes de 24 km.
Quelle distance les sépare sur cette carte ?

51 La distance de la ville A à la ville B est 24 km. Sur une carte, la distance qui les sépare est 6 cm.

1. Recopier et compléter :
a. Sur cette carte, 6 cm représentent .... km.
b. Sur cette carte, 1 cm représente .... km.

2. La distance mesurée sur la carte entre deux usines est 1,8 cm.
Quelle est la distance réelle entre ces deux usines ?

52 Sur une carte, 2 cm représentent 10 km.

1. Combien représente 1 cm ? et 8 cm ?

2. Quelle est la longueur en cm sur cette carte d'un segment qui représente 7 km ?

53 Loïc a dessiné le plan de son jardin. Sur ce plan, 14 cm représentent 40 m dans la réalité.

1. Quelle longueur dans la réalité est représentée par 28 cm sur le plan ?

2. Quelle longueur sur le plan représentent 4 m dans la réalité ? et 44 m ? et 10 m ?

54 **Goélette**
William construit la maquette de la goélette *La Belle Poule*. Ce navire mesure 37,50 m de long, 7,20 m de large et son grand mât a une hauteur de 22 m. Sa maquette mesure 75 cm de long.
Indiquer les autres dimensions de la maquette.

55 Agrandissement

La photo ci-dessous représente la coupe d'une tige de ceratophylle. Cette tige est observée à la loupe avec un grossissement × 8.

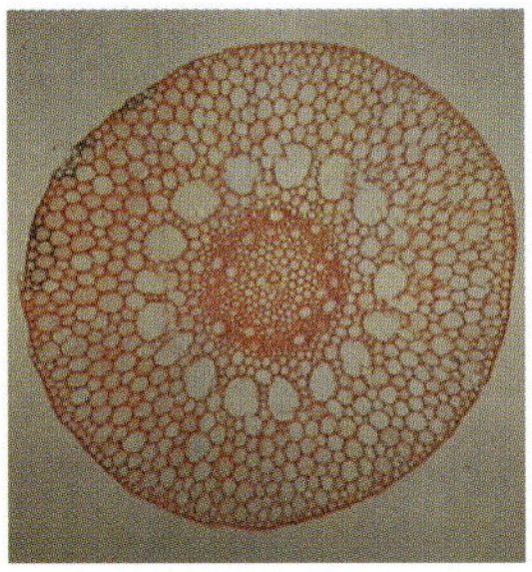

1. Cette photo correspond-elle à une réduction ou à un agrandissement ? Expliquer la réponse.

2. Mesurer en mm sur la photo le diamètre de la tige puis calculer une valeur approchée du diamètre de cette tige dans la réalité.

3. Préciser la valeur de *k* dans le tableau suivant :

Dimension sur la photo en mm	....	....
Dimension dans la réalité en mm	....	....

(÷ *k* ; × *k*)

4. En utilisant le tableau ci-dessus, répondre aux questions suivantes :

a. Une abeille de 1,2 cm de long est photographiée avec le même grossissement. Calculer sa longueur sur la photo.

b. Toujours avec le même grossissement, on a photographié un mille-pattes dont la longueur sur la photo est 19,2 cm. Quelle est la longueur de ce mille-pattes dans la réalité ?

56 Le Piton de la Fournaise

Voici un extrait de la carte de l'île de La Réunion.

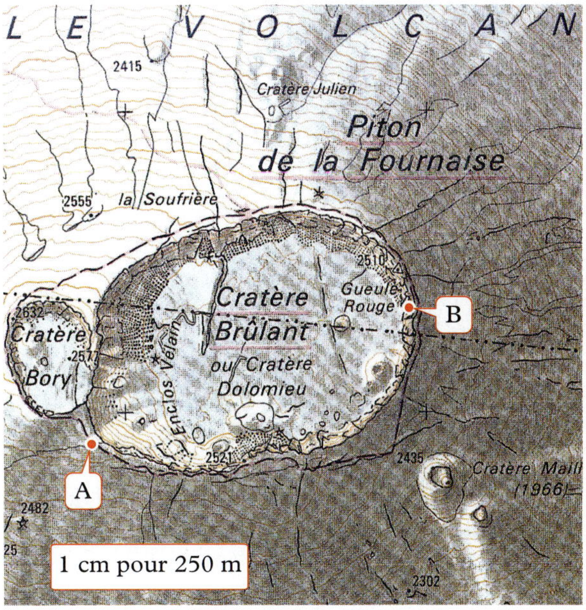

Source : *extrait de la carte IGN 4406, © IGN – 2005. Autorisation n° 80-5016.*

1. Mesurer en centimètres la distance AB à vol d'oiseau.

2. Calculer en mètres la distance réelle à vol d'oiseau entre ces deux points.

3. Le gîte de Belle Combe (qui ne figure pas sur la carte) est à vol d'oiseau à 3,5 km du cratère Bory. Quelle distance les sépare sur la carte ?

Qui a raison ?

a

b

Exercices

Pour aller plus loin

Lire et comprendre

57 Une balle rebondit de 80 % de la hauteur à partir de laquelle elle a été lâchée.
On lâche la balle d'une hauteur de 5 m.
Quelle est la hauteur du premier rebond ? du second ? du troisième ?

58 Les cyprès de Leyland sont des arbustes à croissance rapide. Leur taille augmente de 50 % par an les premières années. On plante une haie de cyprès de hauteur 1,20 m.
Quelle sera la taille des cyprès au bout d'un an ? de deux ans ? de trois ans ?

Dans la vie quotidienne

59 Chez le boulanger
Un boulanger utilise 600 g de pâte pour obtenir 500 g de pain.

1. Combien de pâte lui faut-il pour obtenir un pain de 1,5 kg ? et un pain de 450 g ?

2. Quelle masse de pain obtient-il avec 300 g de pâte ? et avec 900 g ?
Indication : utiliser un tableau de proportionnalité.

60 Location de kart
Marie et Fabien louent un kart 30 € pour cinq heures. Marie l'utilise deux heures et Fabien trois heures.
Combien chacun d'eux doit-il payer ?

61 Les tablettes de chocolat
Voici deux tablettes de chocolat :

1. a. Comparer : $\frac{75}{150}$ et $\frac{45}{100}$.

b. Quelle tablette contient la plus forte concentration de cacao ?

2. Quelle tablette contient le plus de cacao ?

62 Attention, peinture fraîche !

1. Marius a utilisé un pot de peinture pour peindre le premier mur en vert.
Avec de la peinture de même qualité, combien de pots a-t-il utilisés pour peindre le deuxième mur en rouge ?

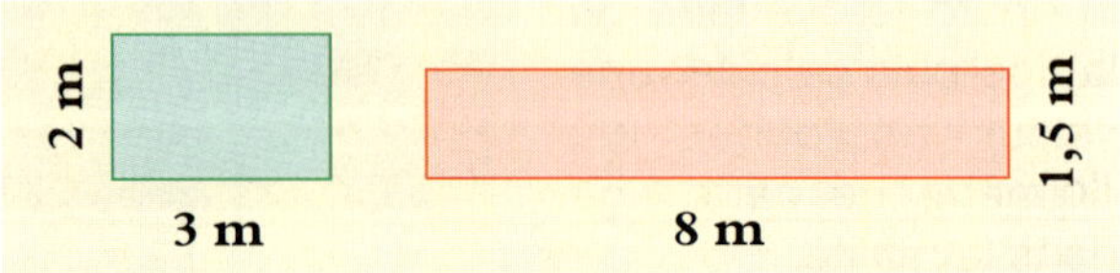

Indication : calculer l'aire de chacune des surfaces.

2. Il reste à Marius juste assez de peinture rouge pour peindre un mur rectangulaire de longueur 4,5 m et de hauteur 2 m. Quelle quantité de peinture rouge lui reste-t-il ?

63 Au CDI
Au CDI du collège, on peut trouver en tout 4 500 ouvrages. 32 % de ces ouvrages sont des romans, 48 % des revues et les autres sont des ouvrages scientifiques.

1. Combien y a-t-il d'ouvrages de chaque catégorie ?

2. Parmi les revues, 60 % sont des BD. Quel est le nombre de BD ?

3. Le nombre d'élèves du collège représente 50 % du nombre de BD. Combien y a-t-il d'élèves au collège ?

64 Au restaurant
Deux amis déjeunent ensemble au restaurant. Au moment de régler l'addition, l'un d'eux propose de faire *cinquante-cinquante*.

1. Que signifie cette expression ?

2. Si le repas coûte en tout 34,20 €, combien chacun va-t-il payer ?

65 Balade
Chloé et Jules se promènent main dans la main en forêt. Jules fait des pas de 75 cm tandis que ceux de Chloé mesurent 60 cm.

1. Le podomètre de Chloé indique qu'elle a effectué 4 000 pas.
a. Quelle distance Chloé et Jules ont-ils parcourue ?
b. Combien de pas Jules a-t-il alors faits ?

2. Quand Jules aura fait 4 000 pas, quel sera le nombre de ceux faits par Chloé ?

66 Une voiture consomme 6,4 L d'essence aux 100 km.

1. Combien consomme-t-elle :
a. pour 300 km ?
b. pour relier Rennes à Nancy distantes de 650 km ?

2. Quelle distance peut-elle parcourir avec 48 L d'essence ?
Indication : utiliser un tableau de proportionnalité.

67 Bouquets
On confectionne des bouquets de fleurs composés de 5 roses et de 7 lys. On dispose de 217 lys que l'on veut tous utiliser.

1. Combien de bouquets peut-on réaliser avec les 217 lys ?

2. Combien faut-il de roses ?

68 Jus de fruits
Une bouteille de 1,5 L de jus d'orange est vendue 1,20 €. Ce même jus d'orange est aussi vendu en packs de 8 bouteilles de 20 cL et coûte alors 1,28 €. Quel est le conditionnement le plus avantageux ? Expliquer la réponse.

69 Statistiques
Dans ce collège très sportif, 90 % des 70 filles adhèrent à l'association sportive. Les trois quarts des 88 garçons sont eux aussi inscrits à cette association.

1. Y a-t-il plus de garçons ou de filles inscrits à l'association ?

2. La proportion d'élèves inscrits à l'association est-elle plus importante chez les filles ou chez les garçons ?

70 **1.** Laurent est vendeur de voitures. Il reçoit une commission de 1,6 % du montant du prix de chacune des ventes qu'il réalise.
Quelle sera la commission de Laurent s'il vend une voiture 13 450 € ?

2. Hervé, lui, vend des chichis sur le marché. Son bénéfice représente 80 % de leur prix de vente. Durant le dernier week-end, il a vendu pour 269 € de chichis. Quel a été son bénéfice ?

71 Au cours du mois d'août, la population de la Grande Motte, ville balnéaire, a augmenté de 800 % par rapport à la population des mois d'hiver. Cet hiver, il y avait 6 600 habitants.

1. Quelle a été la population au mois d'août ?

2. Lisa prétend que la population a été multipliée par 9. Est-ce vrai ?

72 Voici l'échelle graphique d'un plan :

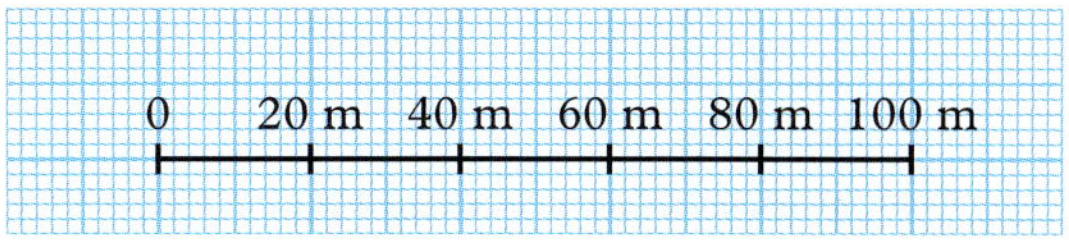

1. Sur ce plan, la longueur d'une allée est 2,3 cm. Quelle est sa longueur dans la réalité ?

2. La ligne droite du terrain de motocross mesure 270 m.
Quelle est sa longueur sur ce plan ?

73 Maxime construit la maquette d'un magnifique planeur biplace, le *Duo-discuss*.
Recopier et compléter le tableau suivant :

	Envergure	Longueur
Sur la maquette en cm	48	19,2
Dans la réalité en m	20	....

74 TVA
Lorsqu'on effectue un achat, on paie une taxe appelée TVA (Taxe sur la Valeur Ajoutée).

1. Pour les produits courants, la TVA représente 19,6 % du prix Hors Taxes (HT). Calculer le montant de la TVA pour un vélo dont le prix HT est 220 €.

2. Pour les denrées alimentaires, la TVA représente 5,5 % du prix HT. Calculer le montant de la TVA pour un rôti dont le prix HT est 22 €.

3. Le prix à payer, ou prix TTC (Toutes Taxes Comprises), s'obtient en additionnant le prix HT et la TVA. Calculer le prix TTC du vélo et du rôti des questions **2** et **3**.

75 Chez le garagiste
Recopier et compléter la facture suivante :

Désignation	Quantité	Prix unitaire HT	Montant HT
Huile 15W-40	3	7	....
Filtre à huile	1	9,72	....
Bougies d'allumage	4	2,67	....
Main d'œuvre	1,2	28	....
		Total HT	....
		Montant TVA*	....
		Total à payer en €	....

* Taux TVA : 19,6 %.

Indication : voir exercice précédent pour la signification de HT et TVA.

Exercices

Devoirs à la maison

76 En voiture

Un automobiliste roule sur un circuit toujours à la même vitesse. Il parcourt 8 kilomètres en 6 minutes. Recopier et compléter le tableau de proportionnalité suivant sans utiliser la calculatrice :

Nombre de km parcourus	8	4	20	....	24
Temps mis en min pour parcourir la distance	6	....	....	21	....

77 Sécurité

1. Une voiture qui roule toujours à la même vitesse a mis 10 minutes pour parcourir 16 kilomètres.
Le chauffeur de cette voiture a-t-il respecté la limitation de vitesse qui est de 90 km/h (90 km pour chaque heure) sur cette route ? Justifier la réponse.

2. Même question pour le conducteur d'une moto qui a parcouru 22 km en 15 minutes sur cette même route.

78 Santé

Sur l'étiquette d'une ancienne bouteille, on peut lire la mention « 21° » (21 degrés). De nos jours, l'étiquette mentionnerait pour le même produit «21 % Vol.», ce qui signifie que l'alcool pur occupe 21 % du volume total de cette boisson.
«Au comptoir d'un café, chaque verre de boisson alcoolisée contient la même quantité d'alcool, déclare un conférencier. Alors méfiez-vous : un verre d'alcool, c'est toujours un verre d'alcool ! »

1. a. Recopier et compléter le tableau ci-dessous :

	% d'alcool	Volume en cL versé dans un verre	Volume d'alcool en cL contenu dans un verre
Bière	5,5	25	....
Vin	11,5	12,5	....
Porto	17	8	....
Apéritif anisé	45	3	....
Whisky	40	3,5	....

b. Que peut-on penser de la déclaration du conférencier ? Cette déclaration pourrait-elle s'appliquer aux verres usuels de la maison ?

2. Un litre d'alcool pur a une masse de 800 g. Pour chacun des verres du tableau, calculer la masse d'alcool pur qu'il contient.

79 Les poules du père Michel

Le père Michel possède 7 poules qui pondent régulièrement 7 œufs en 7 jours. Il n'est pas certain que dans les mêmes conditions 28 poules pondraient 28 œufs en 28 jours !
Selon ces données, calculer :
a. combien d'œufs pondent 28 poules en 7 jours ;
b. combien d'œufs pondent 28 poules en 28 jours ;
c. combien d'œufs pondent 21 poules en 35 jours.

80 Un problème pour ruminer

Un agriculteur dispose d'une réserve de bottes de foin toutes identiques. Pour nourrir 8 vaches pendant 7 jours, il utilise 28 bottes de foin.

1. a. Combien faut-il de bottes de foin pour nourrir 8 vaches pendant un jour ?
b. Pendant combien de jours peut-il nourrir une vache avec 28 bottes de foin ?

2. Combien de bottes de foin faut-il pour nourrir une vache pendant 2 jours ?

3. Combien de jours peut-il nourrir une vache avec 2 bottes de foin ?

81 La valse des étiquettes

Un commerçant fait des remises de 10 %, 15 %, 20 %, 30 % et même 50 %. Il a calculé toutes ses remises et il a changé les prix sur les étiquettes. Malheureusement, il a oublié de noter quel pourcentage était associé à quel nouveau prix. Associer son pourcentage à chaque étiquette.

Petits exposés

Relever dans la presse des pourcentages de la vie quotidienne puis les interpréter : TVA, intérêts, résultats d'élections, sondages, etc.

Représentations et proportions

Une astuce de dessinateur

Dans un dessin, la taille de la tête d'un personnage ne représente pas toujours la **même proportion** de sa taille totale. Par exemple, dans le dessin ci-contre, la tête du bébé représente 1/4 de sa taille totale tandis que celle de l'adulte n'en représente que 1/8 : plus le sujet grandit, plus sa tête paraît petite. Ce phénomène, exagéré par le dessinateur, correspond à une réalité **morphologique** (chercher ce mot dans le dictionnaire).

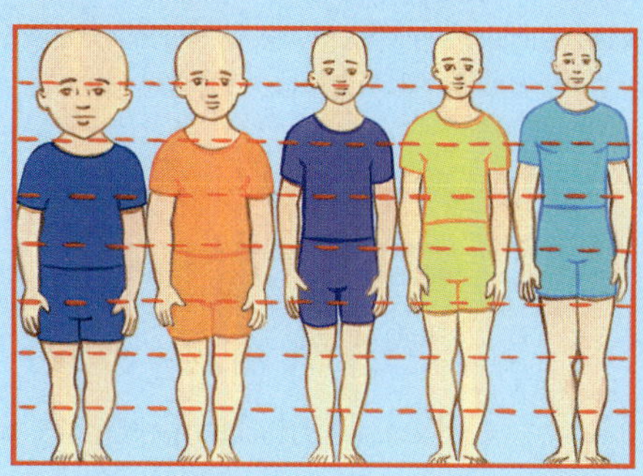

Casse-tête...

Croissance

1. D'après le dessin suivant, la taille d'un individu est-elle proportionnelle à son âge ?

2. Indiquer pour chaque âge par combien il faut multiplier approximativement la hauteur de la tête pour obtenir la taille totale.

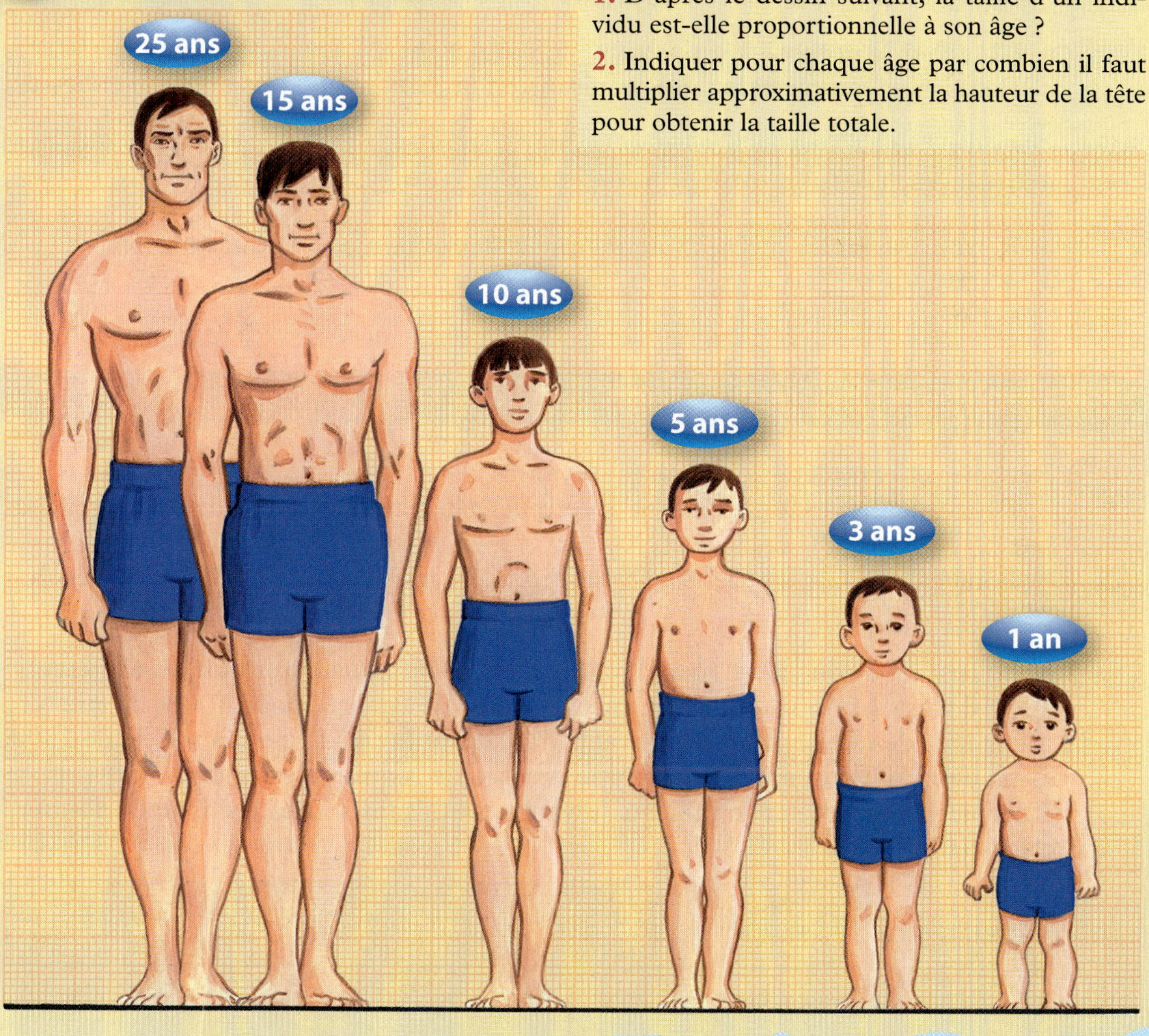

Soutien

A Compléter un tableau de proportionnalité

Un club de VTT décide d'acheter à un grossiste des VTT tous identiques. Jérôme, le trésorier du club, a commencé à dresser le tableau de proportionnalité suivant :

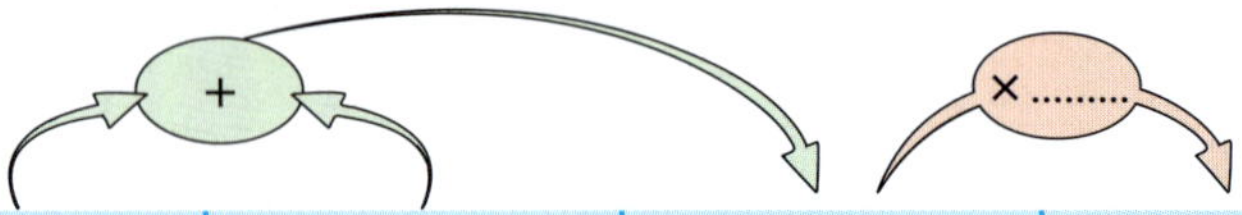

Nombre de VTT	4	7	11	22
Prix en €	768	1 344	....	....

Gilles, le fils de Jérôme, voudrait bien compléter le tableau mais il n'y parvient pas seul. Pour l'aider, Jérôme lui dit :
« Le prix de 11 VTT c'est le prix de 7 VTT plus le prix de .... VTT. Le prix de 22 VTT c'est .... fois le prix de 11 VTT. »

1 **a.** Recopier et compléter ce que dit Jérôme.
b. Recopier et compléter le tableau de proportionnalité.

2 **a.** Chercher le nombre k qui vérifie $768 = 4 \times k$.
b. Recopier et compléter le tableau suivant, en utilisant le nombre k obtenu ci-dessus.

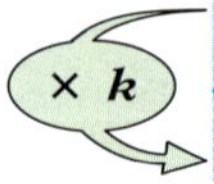

Nombre de VTT	4	7	11	22
Prix en €	768	....	....	....

c. Retrouve-t-on les mêmes valeurs que celles obtenues à la question **1b** ?

B Appliquer un pourcentage

1 Recopier et compléter les phrases suivantes :
a. Pour calculer 15 % de 240, je multiplie 240 par .... puis je divise ce résultat par ....
b. Pour calculer .... % de 80, je multiplie 80 par 12 puis je divise ce résultat par 100.

2 Teddy est un as du calcul mental et il a bien voulu nous livrer l'un de ses secrets : « 400 € c'est 4 fois 100 €. Si on me fait 15 % de remise, pour 400 € on me fera 4 fois 15 € de remise, c'est-à-dire 60 €. Puis il ajoute : 50 €, c'est la moitié de 100 € donc pour 50 €, on me fera la moitié de 15 € de remise, c'est-à-dire 7,50 €. »
Recopier et compléter le tableau suivant en utilisant toutes les astuces données dans cette page :

	100	50	300	350	35
40 %	....	....	....	....	....
80 %	....	....	....	....	....

Chapitre 7

Tableaux et graphiques

Avant de démarrer

1 Diagramme en bâtons

Voici les notes de Virginie au dernier trimestre : mathématiques : 12 ; français : 10 ; SVT : 13 ; anglais : 15 ; histoire/géographie : 14 ; EPS : 16.
Reproduire et compléter le diagramme en bâtons ci-contre représentant les notes de Virginie.

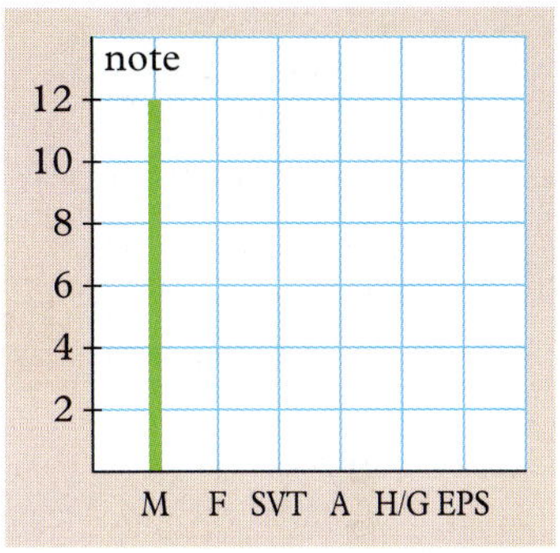

2 Diagrammes circulaires

Le tableau ci-dessous indique la répartition des poissons dans les aquariums de Luc, Maïlis et Véronique :

	Luc	Maïlis	Véronique
Poissons rouges	1	1	2
Poissons bleus	1	2	2
Poissons verts	6	1	2

Les diagrammes circulaires suivants donnent la répartition des poissons dans chaque aquarium. Quel est le diagramme que l'on peut attribuer à Luc ? à Maïlis ? à Véronique ?

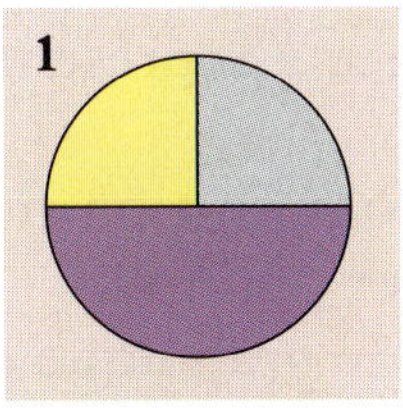

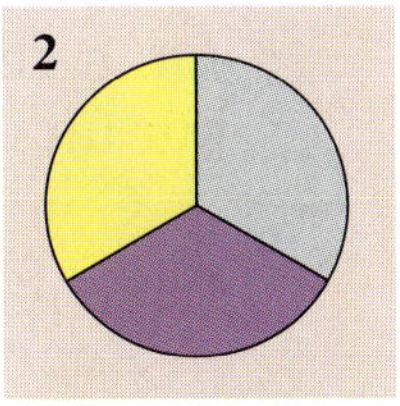

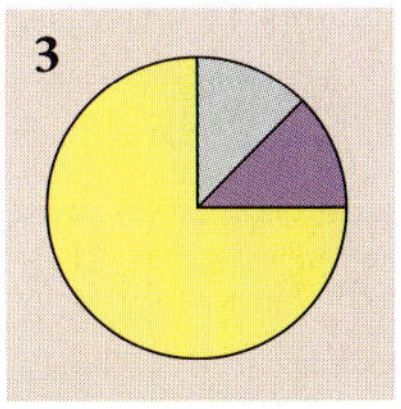

3 Tableau

Le tableau ci-dessous indique le nombre d'élèves de la classe de 6^eA qui possèdent un animal de compagnie :

	Possèdent un animal	Ne possèdent pas d'animal
Filles	3	5
Garçons	9	5

a. Combien y a-t-il d'élèves dans la classe ?
b. Quelle est la proportion de filles dans la classe ?
c. Parmi les garçons, quelle est la proportion de ceux qui possèdent un animal ?

Activités

1 Construire un diagramme en bâtons

Aujourd'hui, en grande section de maternelle, la maîtresse a apporté une belle boîte de cubes qui sont tous de forme identique mais de couleurs différentes.

On ignore combien il y a de cubes mais on sait qu'il y a des rouges, des bleus, des verts, des jaunes et des blancs.

À tour de rôle, chaque enfant tire au hasard, et sans regarder, quatre cubes. Il note la couleur de chacun d'eux puis les remet dans la boîte.

Voici les résultats obtenus :

	Léa	Loïc	Marie	Noé	Lisa	Célia	Line	Théo	Marc	Élodie	Julie	Kévin	Yanis
Bleu	0	1	1	1	0	0	1	1	2	1	0	0	0
Rouge	2	0	0	1	1	2	2	1	1	0	0	0	3
Vert	0	1	2	1	0	1	0	0	0	1	2	2	1
Jaune	1	1	1	1	2	1	1	1	0	2	2	2	0
Blanc	1	1	0	0	1	0	0	1	1	0	0	0	0

1 Recopier et compléter le tableau suivant dans lequel on indiquera combien de fois chaque couleur est tirée :

Couleur des cubes	bleu	rouge	vert	jaune	blanc
Nombre de fois	....	....	....	....	....

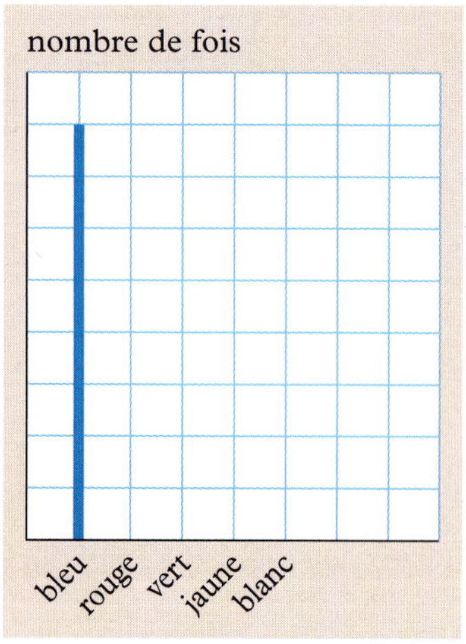

2 On a commencé à représenter les données du tableau sur un **diagramme en bâtons**.
a. Combien compte-t-on de carreaux sur le segment bleu ? Expliquer pourquoi.
b. Reproduire le graphique et le compléter en utilisant les couleurs des cubes.

3 Indiquer la couleur la plus souvent tirée et celle la moins souvent tirée.

4 Parmi les phrases suivantes, citer celles dont on est sûr qu'elles sont vraies :
a. Il y a au moins deux cubes de chaque couleur.
b. Il y a au moins deux cubes rouges.
c. Il y a au moins neuf cubes dans la boîte.
d. Il y a exactement neuf cubes dans la boîte.

Voir exercices 8, p. 129 et 15, p. 131.

2 Visualiser un diagramme circulaire

On donne ci-dessous les résultats d'une enquête réalisée auprès des 24 élèves d'une classe de sixième.

Question 1 : Quel genre de films préférez-vous ?

Dessins animés	Films d'aventure	Autres
12	6	6

Question 2 : Combien de films regardez-vous par semaine à la télévision ?

Un film	Deux films	Plus de deux films
10	10	4

Question 3 : Regardez-vous la télévision pendant les repas ?

Tous les jours	Jamais	Parfois
8	8	8

À l'aide d'un tableur, Marion a représenté sous la forme d'un **diagramme circulaire** les réponses à chacune des trois questions :

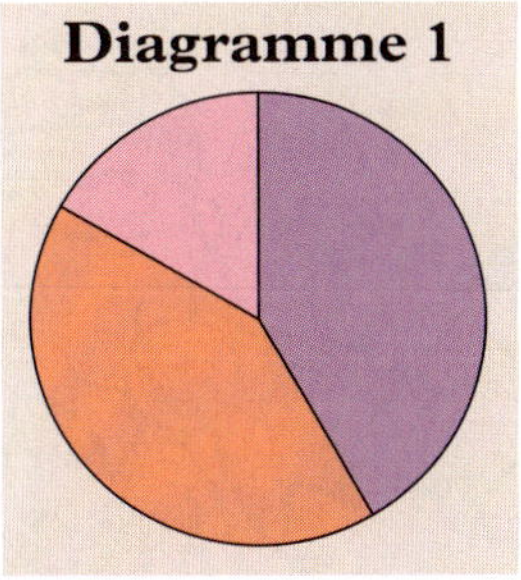

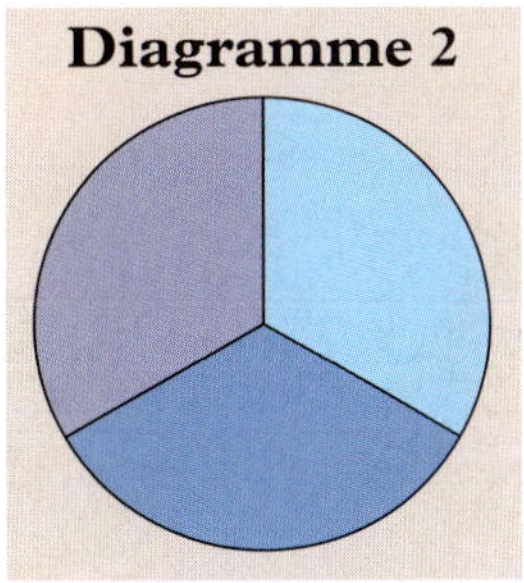

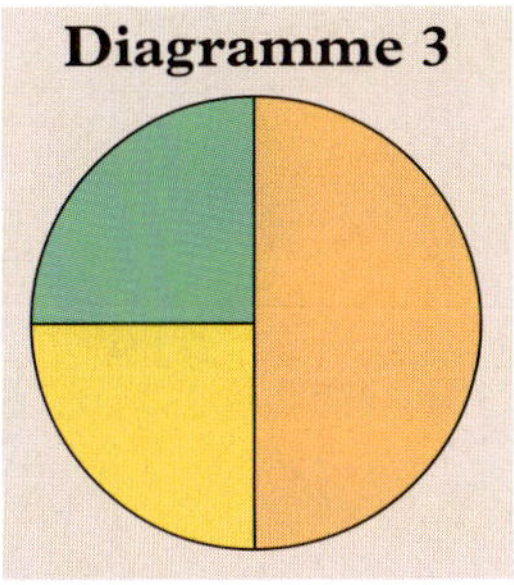

1. À l'aide du tableau de la question **1** de l'enquête, calculer la proportion d'élèves préférant les dessins animés. Quel diagramme correspond à ce tableau ?

2. Pour la question **3** de l'enquête, quelle est la proportion d'élèves correspondant à chaque réponse ? Quel diagramme est associé à cette question ?

3. Donner quelques arguments qui permettent de vérifier que le tableau de la question **2** de l'enquête correspond au diagramme restant.

Voir exercices 6, p. 129 et 23, p. 133.

3 Lire un diagramme circulaire

Le diagramme ci-dessous donne la répartition selon l'âge dans un groupe d'élèves :

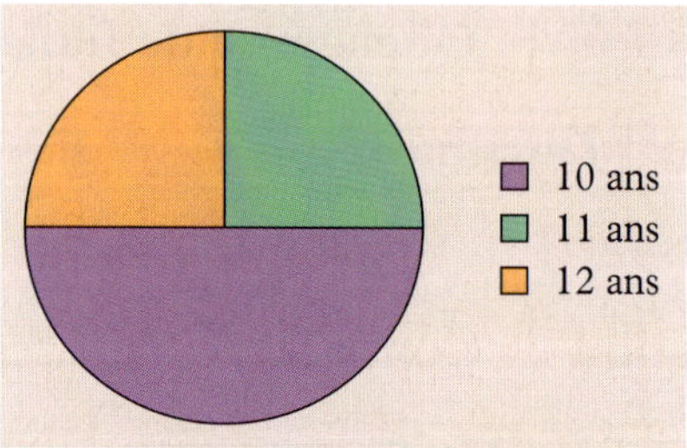

Dans ce groupe, il y a 12 élèves de 10 ans.

1. Combien d'élèves de ce groupe ont 11 ans ?
2. Combien y a-t-il d'élèves en tout dans le groupe ?

Voir exercice 23, p. 133.

4 Illustrer par un diagramme circulaire

Voici les réponses d'un groupe d'élèves à la question « Quel est votre sport favori ? » (une seule réponse possible) :

Tennis	Football	Rugby	Athlétisme	Autres
10	10	5	5	10

1. **a.** Combien d'élèves ont répondu à la question ?
   b. Quelle est la proportion de ceux qui préfèrent le tennis ? Exprimer le résultat sous forme de fraction simplifiée. Même question pour le rugby, le football et l'athlétisme.
2. Représenter le tableau par un diagramme circulaire en s'aidant de la réponse à la première question.

Voir exercice 23, p. 133.

5 Organiser un tableau

Elfes et trolls

Dans une boîte de jeu de rôles, il y a des figurines bleues, des figurines vertes et des figurines rouges. Elles représentent soit des elfes soit des trolls. On sait qu'il y a 8 figurines bleues, 13 elfes, 5 elfes bleus, 16 figurines vertes, 9 trolls verts, 27 figurines dans la boîte.

1 Recopier et compléter le tableau suivant :

Catégorie / Couleur	Elfes	Trolls	Total
Bleue	5	....	8
Rouge	....	....	....
Verte	....	....	16
Total	13	....	27

2 Combien y a-t-il : **a.** de figurines rouges ? **b.** d'elfes rouges ?

Filles et garçons

Voici le tableau donnant la répartition des élèves d'une classe suivant le sexe et l'âge :

Sexe / Âge	Féminin	Masculin	Total	Pourcentage
10 ans	2	....	3	12
11 ans	9	....	....	....
12 ans	3	3	....	24
Total	....	....	25	100

1 Recopier et compléter le tableau.

2 **QCM :** pour chaque ligne du tableau, indiquer la bonne réponse.

1. Le nombre trouvé dans la case grise représente	**a.** le nombre total de garçons de 10 ans **b.** le nombre total de garçons **c.** le nombre total d'élèves de 10 ans
2. Le nombre trouvé dans la case bleue représente	**a.** le nombre total de garçons de 10 ans **b.** le nombre total de garçons **c.** le nombre total d'élèves de 10 ans
3. Le nombre trouvé dans la case orange représente	**a.** le nombre total de garçons de 11 ans **b.** le nombre total d'élèves de 11 ans **c.** le nombre total de garçons
4. Le nombre trouvé dans la case jaune représente	**a.** le nombre total de filles **b.** le nombre total de garçons **c.** le nombre total d'élèves
5. 24 % représentent	**a.** le pourcentage de garçons de 12 ans **b.** le pourcentage d'élèves de 12 ans **c.** le pourcentage de garçons

Voir exercices 16 à 19, pp. 131 et 132.

Retenir le cours

1 Statistiques

Une étude statistique consiste à **rassembler des données** sur différents phénomènes. Cela se fait généralement à partir d'enquêtes ou de sondages.
On présente les résultats sous forme de **graphiques** ou de **tableaux**.

2 Représentations graphiques

Nous traiterons ici un exemple.
On a interrogé 800 élèves le jour de la rentrée des classes au collège. Voici deux des questions posées et leurs réponses.

1. Combien de kilomètres parcourez-vous pour venir au collège ?

Nombre de km parcourus	moins de 1	de 1 à 5	de 5 à 15
Nombre d'élèves	100	500	200

On peut représenter ces réponses par un **diagramme en bâtons**, c'est-à-dire par des segments dont la longueur est **proportionnelle** au nombre d'élèves de chaque catégorie.

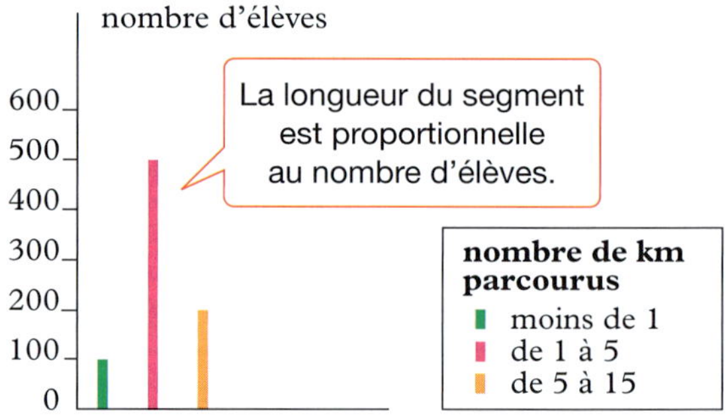

2. Comment venez-vous au collège ?

Moyen de transport	à pied	en voiture	en bus	à bicyclette
Nombre d'élèves	100	100	400	200

On peut représenter ces réponses par un **diagramme circulaire** : par catégorie, l'angle au centre est **proportionnel** au nombre d'élèves correspondants.

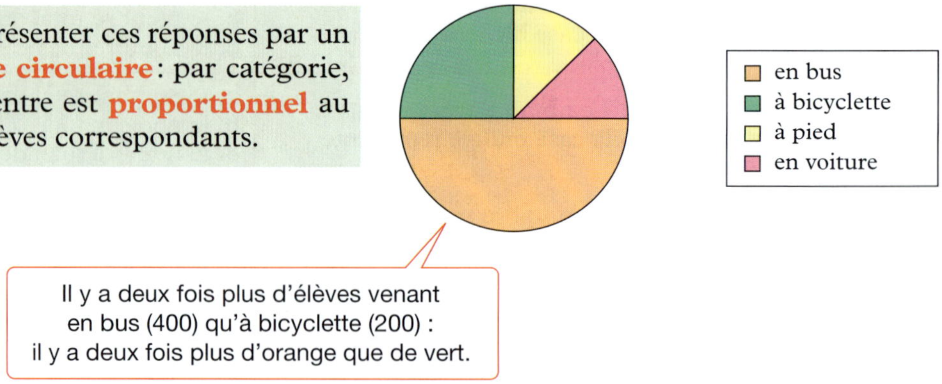

Un tel diagramme est appelé « **camembert** ».

Tracer un diagramme en bâtons

Le marchand de glaces de la plage *Les Filaos* a dressé un tableau pour comparer le nombre de glaces vendues au cours des quatre mois suivants :

Mois	juin	juillet	août	septembre
Nombre de glaces vendues	500	1 000	1 500	250

Tracer un diagramme en bâtons représentant ce tableau statistique.

1re étape

On repère le nombre de catégories à représenter.

Il y a ici quatre catégories donc quatre segments dans le diagramme en bâtons.

2e étape

On décide d'une unité pour tracer le plus grand des segments.

Le plus grand segment correspond à 1 500 : on peut par exemple prendre 3 cm de longueur pour représenter ce segment.

3e étape

On détermine la longueur des segments grâce à un tableau de proportionnalité.

On passe : de 1 500 à 500 en divisant par 3 ; de 500 à 1 000 en multipliant par 2 ; de 500 à 250 en divisant par 2.

÷ 3

Nombre de glaces vendues	500	1 000	1 500	250
Longueur des segments en cm	1	2	3	0,5

÷ 3

4e étape

On représente le nombre de glaces vendues en fonction du mois de vente. On place donc :
- les mois sur l'axe horizontal ;
- le nombre de glaces vendues sur l'axe vertical.

On dessine les segments sans oublier de mettre une légende au graphique.

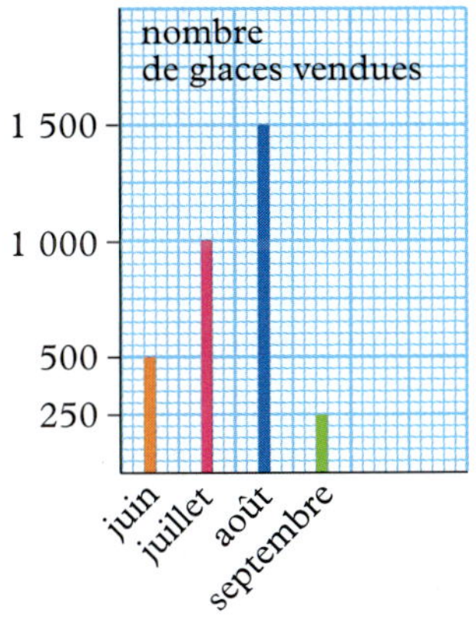

Voir exercice 8, p. 129.

Exercices

Coup d'œil sur le chapitre

1 Voici le résultat d'une enquête menée auprès d'un groupe de personnes.

Question : Pendant combien de temps avez-vous regardé la télévision hier soir ?

Durée	moins d'une heure	entre 1 et 2 h	plus de 2 h
Nombre de personnes	50	10	15

1. a. Combien de personnes ont été interrogées ?
b. Recopier et compléter : .... personnes ont regardé la télévision moins d'une heure.

2. Qu'indique le nombre 10 dans le tableau ?

3. Combien y a-t-il de personnes qui ont regardé la télévision plus de 1 h ?

4. Combien y a-t-il de personnes qui ont regardé la télévision moins de 2 h ?

5. Peut-on savoir quelle chaîne a été la plus regardée ?

2 Au collège, pendant la récréation de 10 h, Chloé vend des pains au chocolat. Le diagramme en bâtons suivant indique le nombre de pains au chocolat qu'elle a vendus les deux premiers jours d'une semaine (le collège est fermé le samedi) :

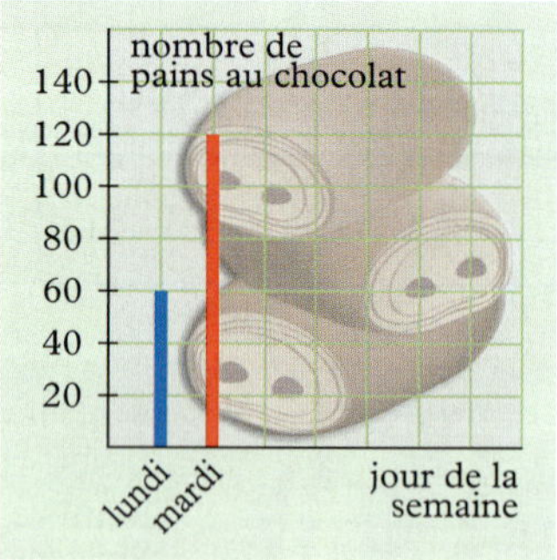

1. Reproduire le diagramme en bâtons.

2. Le compléter sachant que :
• mercredi, le nombre de pains au chocolat vendus est égal aux $\frac{2}{3}$ du nombre de pains au chocolat vendus mardi ;
• jeudi, Chloé a vendu le double de pains au chocolat par rapport à lundi ;
• durant la semaine, Chloé a vendu 480 pains au chocolat.

3 On a réalisé une enquête auprès de 80 élèves. On a obtenu, après analyse des résultats, les quatre diagrammes circulaires ci-dessous.

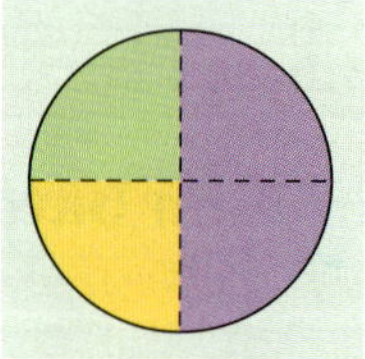

Diagramme 1

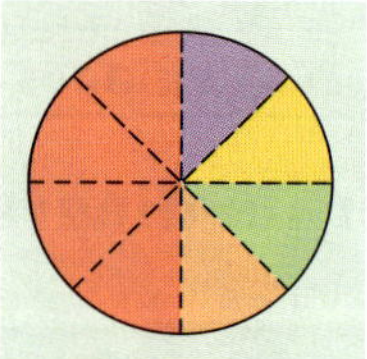

Diagramme 2

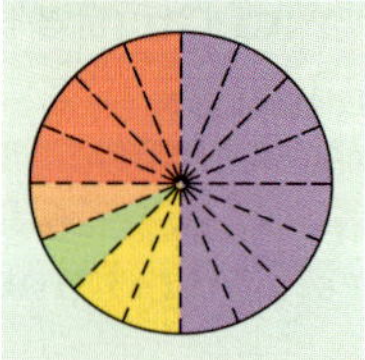

Diagramme 3

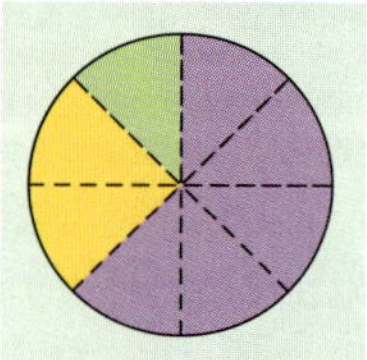

Diagramme 4

Associer chacun de ces diagrammes aux réponses des quatre questions suivantes :

• **Question 1 :** Allez-vous au cinéma ?

Pas du tout	Un peu	Parfois	Souvent	Très souvent
40	10	5	5	20

• **Question 2 :** Aimez-vous lire ?

Oui	Non	Pas de réponse
50	20	10

• **Question 3 :** Allez-vous au théâtre ?

Pas du tout	Un peu	Parfois	Souvent	Très souvent
40	10	10	10	10

• **Question 4 :** Aimez-vous dessiner ?

Oui	Non	Pas de réponse
40	20	20

4 La répartition des passagers d'un avion est donnée dans le tableau suivant :

	Femmes	**Hommes**	**Total**
Européens	50	30	....
Américains	....	50	95
Autres	....	....	....
Total	115	....	220

Recopier et compléter le tableau.

Pour démarrer

Interpréter des données

5 Le tableau ci-dessous donne la répartition des élèves de sixième d'un collège en fonction de leur régime :

	Internes	Demi-pensionnaires	Externes	Total
Filles	5	35	20	60
Garçons	10	15	40	65
Total	15	50	60	125

1. Indiquer ce que représente chacun des nombres en rouge.

2. Parmi les phrases suivantes, indiquer celles qui sont correctes et proposer une correction pour rendre justes celles qui ne le sont pas :

a. Il y a 5 filles internes.

b. Il y a 40 garçons externes.

c. Il y a en tout 35 demi-pensionnaires.

d. La proportion d'internes parmi tous les élèves est $\frac{5}{125}$.

e. Il y a la même proportion de filles parmi les internes que parmi les externes.

6 Théa a peint un tableau en utilisant trois couleurs : le rouge, le vert et le bleu. Elle a consommé la même quantité de peinture pour chacune de ces couleurs.
Quel est le tableau peint par Théa ?

Tableau 1

Tableau 2

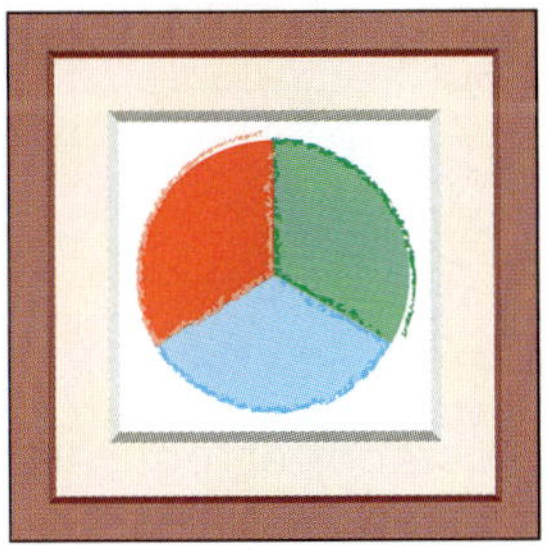

Tableau 3

Tableau 4

7 Tous les élèves de la classe de 6^{e}A ont répondu aux questions d'un sondage sur leurs loisirs.
Le tableau suivant donne les résultats de ce sondage :

	Garçons	Filles
Possèdent une console de jeux	8	3
Ne possèdent pas de console de jeux	5	10
Possèdent un VTT	3	4
Ne possèdent pas de VTT	10	9

1. Manu prétend qu'il y a (8 + 5 + 3 + 10) garçons dans la classe. Que peut-on en penser ?

2. Combien y a-t-il d'élèves dans cette classe ?

Diagrammes en bâtons

8 Visites

Souad a été hospitalisée une semaine pour une opération de l'appendicite. Elle a réalisé le diagramme en bâtons ci-contre pour savoir combien de camarades de sa classe sont venus la voir durant la semaine.

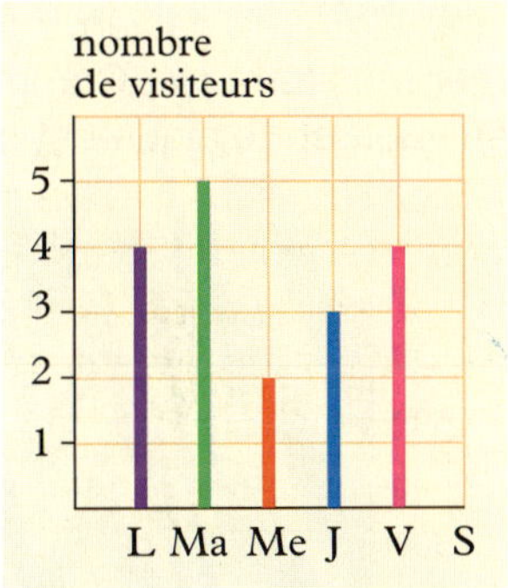

1. De combien de camarades en tout Souad a-t-elle eu la visite du lundi au vendredi ?

2. Combien de camarades sont venus voir Souad avant jeudi ?

3. Recopier et compléter le diagramme en bâtons sachant que du lundi au samedi Souad a reçu en tout 24 visites.

Voir **Retenir les méthodes, *p. 127.***

9 Énergie

Le tableau suivant indique la consommation de charbon en France (en milliers de tonnes) :

Année	1979	2000	2001	2002
Production	53	23,3	19,3	20,5

Représenter ces données par un diagramme en bâtons (choisir une unité convenable et arrondir les nombres si nécessaire).

Exercices

10 Lancers francs

Les 18 membres d'un club de basket s'entraînent à tirer des lancers francs. Ils tirent chacun quatre fois et on les répartit alors en cinq catégories :

A : 0 panier réussi ;
B : 1 panier réussi ;
C : 2 paniers réussis ;
D : 3 paniers réussis ;
E : 4 paniers réussis.

Sur le diagramme en bâtons ci-dessous, on a représenté les catégories, mais le graphique est incomplet.

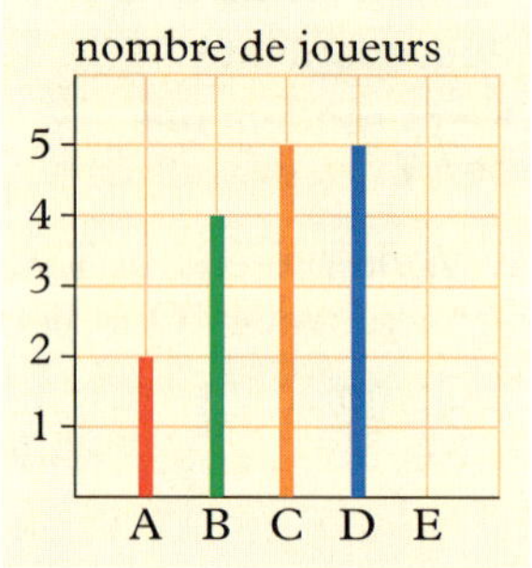

1. Quel est le nombre de joueurs par catégorie ?

2. Reproduire et compléter le graphique.

3. Combien de joueurs ont réussi au moins 3 paniers ?

11 Environnement

Une algue, la *caulerpa taxifolia*, a été rejetée en mer Méditerranée. Comme le montre le graphique suivant, cette algue est très envahissante :

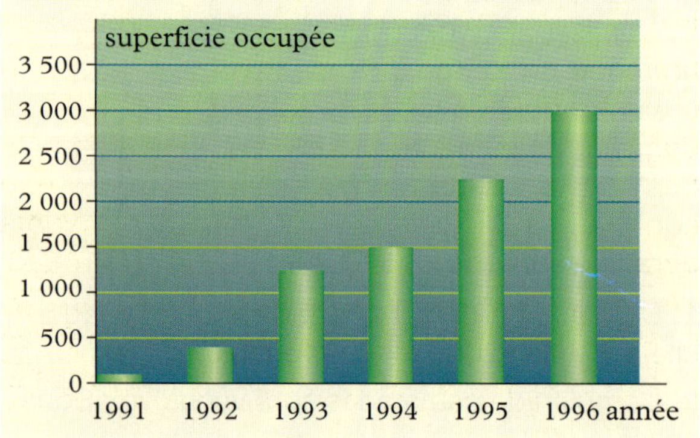

1. a. Calculer l'augmentation approximative en superficie de 1991 à 1992, puis de 1992 à 1993 et ainsi de suite.

b. Citer les deux années entre lesquelles la croissance de cette algue a été la plus importante en superficie.

2. Par quel nombre la superficie occupée en 1991 a-t-elle été multipliée pour obtenir celle occupée en 1996 (donner un ordre de grandeur du résultat) ?

3. Casse-tête : si tous les cinq ans la superficie est multipliée par le même nombre, quand la Méditerranée sera-t-elle entièrement recouverte par cette algue (superficie de la Méditerranée : 2 500 000 000 ha) ?

12 Statistiques

On dispose d'une boîte à trois compartiments plus ou moins éclairés comme le montre le dessin ci-dessous :

On introduit dans la boîte quelques cloportes, on attend un peu et on compte le nombre de cloportes dans chaque compartiment.
On procède de même avec les punaises rouges (pyrrhocores).
Voici les résultats pour 100 pyrrhocores et 100 cloportes :

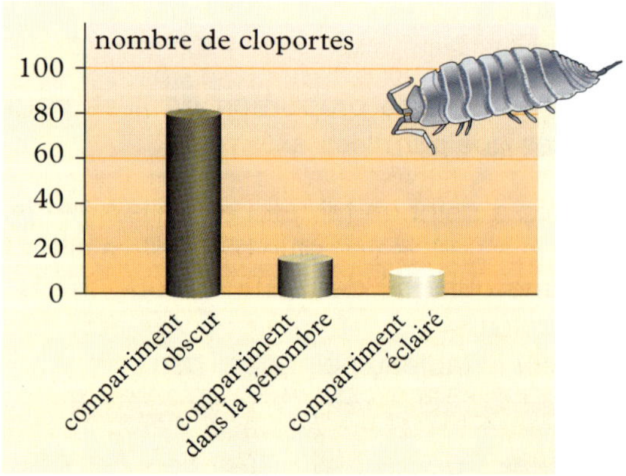

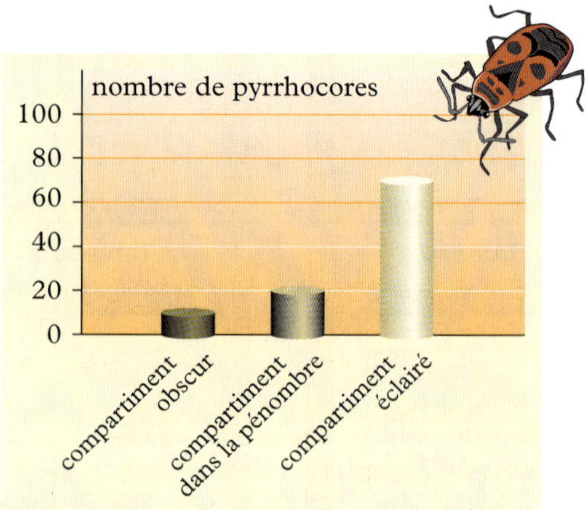

Que peut-on penser du comportement des cloportes lorsqu'ils sont éclairés ? En est-il de même pour celui des pyrrhocores ?

Tableaux et diagrammes en bâtons

13 Voici les résultats du contrôle de mathématiques de la classe de 6e C (aucun absent) :

Note	7	9	10	12	14	17	19
Nombre d'élèves ayant obtenu cette note	1	2	5	8	4	5	2

1. Léo dit que sept élèves ont eu 1 mais Léa affirme qu'un seul élève a eu 7. Qui a raison ?

2. Combien y a-t-il d'élèves dans cette classe ?

3. Combien d'élèves ont eu plus de 10 ?

4. Combien d'élèves ont eu moins de 12 ?

5. Combien d'élèves ont eu au moins 12 ?

6. Combien d'élèves ont eu au moins 13 ?

7. Construire le diagramme en bâtons correspondant à cette série (prendre 1 cm ou 1 carreau pour un élève).

14 Le tableau suivant indique la répartition du montant des chèques faits par les clients d'une grande surface dans une journée :

Montant du chèque	moins de 20 €	de 20 € à 50 €	plus de 50 €
Nombre de chèques	150	250	100

1. Tracer un diagramme en bâtons représentant ce tableau (prendre verticalement 2 cm, ou 2 carreaux, pour 50 chèques).

2. Combien y a-t-il de chèques d'au moins 20 € ?

15 Le professeur principal de la classe de 6e D a fait remplir des fiches de renseignements au début de l'année. Il a pu dresser le tableau suivant :

Nombre de frères ou de sœurs	0	1	2	3	4 ou plus
Nombre d'élèves	0	7	16	2	1

1. Tracer un diagramme en bâtons correspondant à ces données (prendre 1 cm verticalement pour 2 élèves).

2. Parmi ces questions, quelles sont celles auxquelles on peut répondre ? Donner alors la réponse :

a. Quel est le nombre d'élèves ayant exactement un frère ou une sœur ?

b. Quel est le nombre d'élèves ayant exactement quatre frères ou sœurs ?

c. Quel est le nombre d'élèves ayant exactement deux frères ou sœurs ?

d. Quel est le nombre de filles de la classe ?

e. Quel est le nombre d'élèves de la classe ?

Tableaux à compléter

16 Tee-shirts

Dans un carton, il y a 30 tee-shirts à manches courtes ou à manches longues, de couleur bleue, rouge ou jaune. On sait qu'il y a :

- 12 tee-shirts bleus ;
- 10 tee-shirts à manches courtes ;
- 5 tee-shirts jaunes à manches longues ;
- 2 tee-shirts bleus à manches courtes ;
- 8 tee-shirts jaunes.

Tee-shirt	Manches courtes	Manches longues	Total
Bleu	....	....	....
Rouge	....	....	....
Jaune	....	....	....
Total	....	....	....

1. Recopier et compléter le tableau.

2. Écrire sous forme de fraction la proportion :

a. de tee-shirts à manches courtes parmi les tee-shirts bleus ;

b. de tee-shirts bleus parmi ceux qui sont à manches courtes.

17 Au hasard…

Une boîte contient cinq boules :

- deux boules rouges numérotées 1 et 2 ;
- trois boules blanches numérotées 2, 3 et 4.

Le jeu consiste à tirer au hasard une boule, à la mettre de côté, et à tirer de nouveau une autre boule au hasard. On marque autant de points que la somme des nombres lus sur les deux boules tirées. Ainsi, si on tire la boule rouge numérotée 2, puis la boule blanche numérotée 3, on marque 5 points que l'on reporte dans le tableau ci-dessous.

1re boule / 2e boule		Rouge		Blanche		
		1	2	2	3	4
Rouge	1	impossible	....	....	....	....
	2	....	impossible	....	....	....
Blanche	2	....	....	impossible	....	....
	3	....	5	....	impossible	....
	4	....	....	....	....	impossible

1. a. Pourquoi a-t-on inscrit « impossible » dans certaines cases ?

b. Recopier et compléter le tableau.

2. Combien y a-t-il de cas qui permettent de marquer plus de 5 points ?

Exercices

Tableaux et proportion

18 Les adhérents d'un club se répartissent de la façon suivante :

	Hommes	Femmes
Pratiquent un sport	56	16
Ne pratiquent aucun sport	22	31

1. Combien y a-t-il d'adhérents dans ce club ?

2. a. Combien y a-t-il de femmes dans ce club ?
b. Combien y a-t-il d'hommes dans ce club ?

3. a. Parmi les hommes, la proportion de ceux qui pratiquent un sport est-elle :
$\frac{56}{22}$? $\frac{56}{78}$? $\frac{56}{125}$?

b. Dans ce club, la proportion des femmes est-elle :
$\frac{16}{56}$? $\frac{31}{22}$? $\frac{47}{125}$?

c. Dans ce club, la proportion d'adhérents pratiquant un sport est-elle :
$\frac{56}{78}$? $\frac{72}{125}$? $\frac{16}{31}$?

19 Statistiques
Dans ce vivarium, il n'y a que des serpents, 50 vipères et 30 couleuvres, dont l'origine est soit européenne soit africaine. On sait de plus que 10 vipères sont d'origine européenne et que 80 % des serpents sont d'origine africaine.

1. Recopier et compléter le tableau suivant :

	Couleuvre	Vipère	Total
Origine européenne	....	....	....
Origine africaine	....	....	....
Total	....	....	....

2. Parmi les vipères, quelle est la proportion de celles qui sont d'origine africaine ?

3. Parmi les serpents d'origine africaine, quelle est la proportion de vipères ?

Graphiques

20 Sécurité
Les graphiques ci-après indiquent l'influence de l'alcool sur le comportement d'un conducteur d'une voiture roulant à 50 km/h et qui rencontre un obstacle.

distance parcourue pendant le temps de réaction
distance de freinage de la voiture

• **Alcoolémie : 0 g/L**

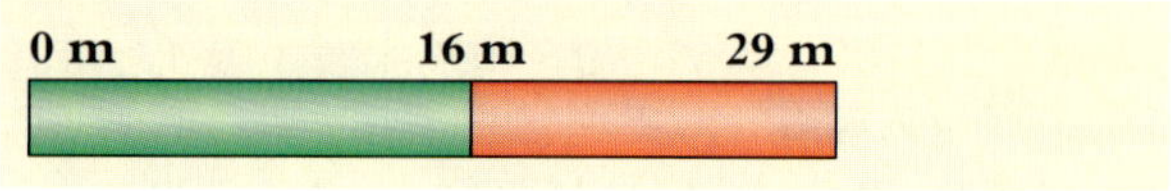

• **Alcoolémie : 0,5 g/L**

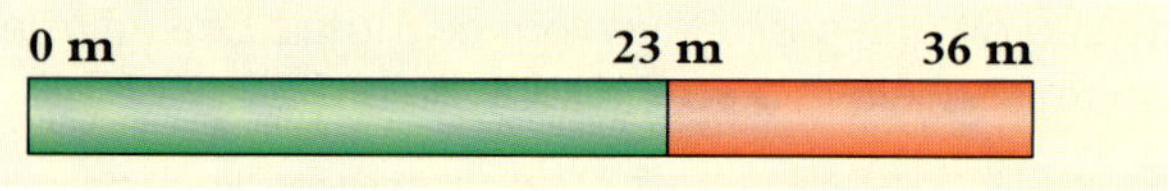

• **Alcoolémie : 0,8 g/L**

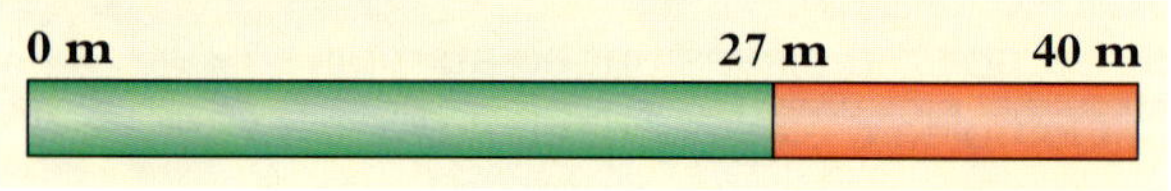

1. Expliquer ce que signifie *temps de réaction*.

2. Lorsque le chauffeur voit un obstacle, quelle distance parcourt la voiture avant son arrêt :
a. si son taux d'alcoolémie est de 0 g/L ?
b. si son taux d'alcoolémie est de 0,8 g/L ?

3. À la vue de ces schémas, Alix affirme que plus le taux d'alcoolémie augmente plus la distance de freinage augmente ? Que peut-on en penser ?

4. Léo prétend que plus le taux d'alcoolémie augmente plus la distance parcourue durant le temps de réaction augmente ? Que peut-on en penser ?

21 Le graphique suivant représente la croissance d'un veau en fonction de son âge à partir de l'âge d'un mois :

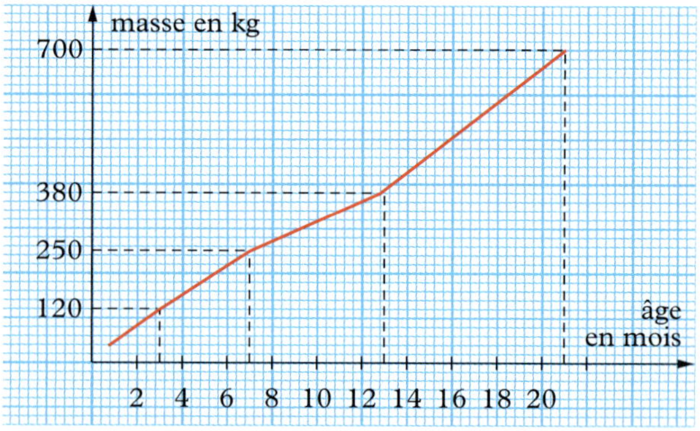

1. Quelle était la masse du veau à l'âge de 3 mois ? de 7 mois ?

2. Quel était l'âge du veau lorsqu'il pesait 380 kg ?

3. De combien a augmenté la masse du veau entre son 7e et son 13e mois ?

4. Quel était l'âge approximatif du veau lorsqu'il pesait 700 kg ?

22 Météorologie

Voici deux graphiques qui donnent les précipitations et les températures moyennes à Bordeaux :

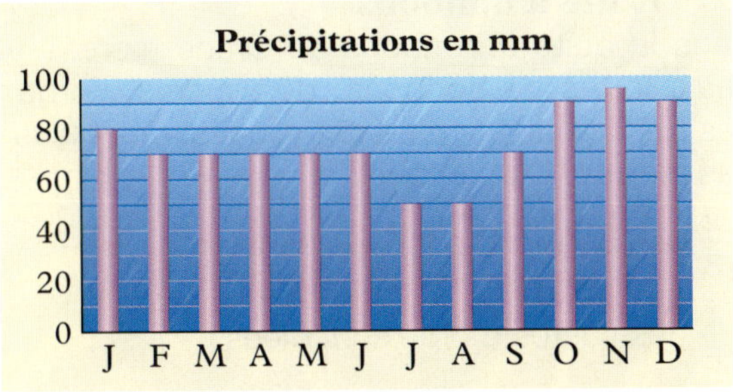

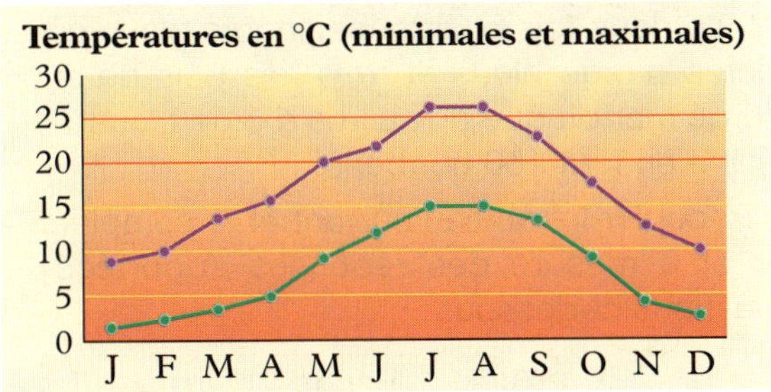

1. a. Quel est le mois le plus pluvieux ?
b. Quels sont les mois où la moyenne des températures maximales est la plus élevée ?
c. Quel est le mois où la moyenne des températures maximales est la plus basse ?
d. Quels sont les mois où les précipitations sont supérieures à 70 mm ?

2. Marie a acheté une plante tropicale et elle veut la mettre dans son jardin. Cependant, la température ne doit pas descendre trop longtemps en dessous de 10 °C. Indiquer la période durant laquelle Marie pourra sortir sa plante.

3. Sofiane possède un arbuste en pot qui vient d'un pays nordique et qui ne résiste pas à une température prolongée supérieure à 20 °C. Quand Sofiane va-t-il pouvoir sortir son arbuste ?

23 Le diagramme ci-dessous représente la répartition de l'alimentation de la grive musicienne :

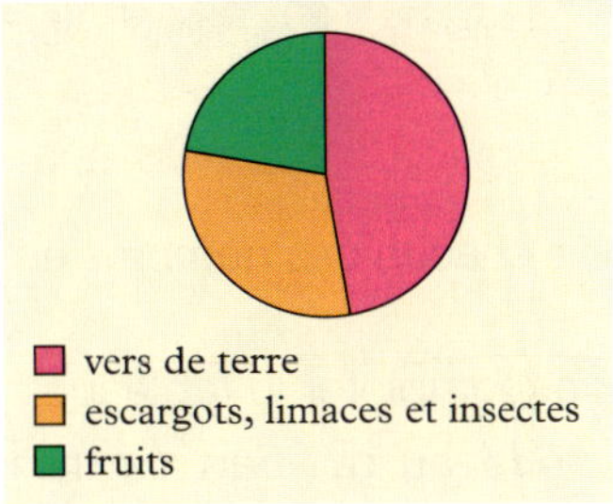

1. La proportion de son alimentation qui correspond aux fruits est-elle de l'ordre :
a. d'un quart ? **b.** de la moitié ?
c. des trois quarts ?

2. La proportion de son alimentation qui correspond aux escargots, limaces et insectes est-elle de l'ordre de :
a. 10 % ? **b.** 30 % ? **c.** 50 % ?

Qui a raison ?

Pour aller plus loin

24 Transhumance

Dans le petit village de Robion, Émile, Thierry et Arlette ont rassemblé leurs animaux en un seul un troupeau pour effectuer la transhumance. Le tableau ci-dessous donne la répartition des brebis, béliers et moutons pour chacun d'eux.

	Brebis	Bélier	Mouton	Total
Émile	160	30	....	800
Thierry	....	20	700	....
Arlette	....	....	....	700
Total	540	....	1 900	2 500

1. Que signifie chacun des nombres en rouge dans le tableau ?

2. Recopier et compléter le tableau.

3. Dans le troupeau qui part en transhumance, quelle est la proportion de brebis ?

4. Dans le troupeau, quelle est la proportion d'animaux appartenant à Émile ?

25 Statistiques

À marée basse, Sébastien ne peut ni rentrer ni sortir son bateau du port. L'horaire des marées représenté ci-dessous lui est donc très utile.

Jour du mois	Jour de semaine	AOÛT									
		MATIN					SOIR				
		PLEINES MERS			BASSES MERS		PLEINES MERS			BASSES MERS	
		Heures	Haut.	Coef.	Heures	Haut.	Heures	Haut.	Coef.	Heures	Haut.
1	V	10 29	3,70	42	4 22	1,70	23 05	3,65	41	16 54	1,75
2	S	11 45	3,70	40	5 28	1,80	....	....	....	18 04	1,85
3	D	0 24	3,70	42	6 40	1,75	13 02	3,85	45	19 18	1,60
4	L	1 36	3,85	50	7 52	1,55	14 08	4,10	56	20 23	1,30
5	M	2 36	4,15	63	8 51	1,20	15 02	4,45	70	21 17	0,95
6	M	3 26	4,45	77	9 40	0,90	15 50	4,75	84	22 04	0,65
7	J ●	4 12	4,80	91	10 25	0,55	16 34	5,05	97	22 48	0,35
8	V	4 55	5,05	102	11 10	0,35	17 17	5,30	106	23 37	0,15
9	S	5 36	5,20	109	11 54	0,20	17 59	5,40	110	....	....
10	D	6 26	5,20	109	0 16	0,10	18 41	5,30	107	12 37	0,25
11	L	7 03	5,05	103	0 59	0,20	19 24	5,10	98	13 23	0,40
12	M	7 47	4,80	91	1 45	0,50	20 12	4,75	84	14 20	0,70
13	M	8 37	4,50	76	2 35	0,85	21 05	4,35	69	15 02	1,05
14	J ◗	9 36	4,15	61	3 31	1,20	22 10	4,00	54	16 02	1,40
15	V	10 48	3,90	49	4 38	1,55	23 29	3,80	46	17 13	1,60
16	S	....	....	....	5 52	1,70	12 14	3,80	45	18 32	1,65
17	D	0 57	3,80	46	7 13	1,65	13 34	3,95	49	19 50	1,50

1. Sébastien peut-il partir en promenade en mer en début d'après-midi :
a. le lundi 11 août ? **b.** le dimanche 17 août ?

2. Ce mercredi 13 août, il emmène avec lui, au large, quelques amis à la pêche. Ils partent vers 8 h 30. Au moment d'embarquer, son copain Luc lui dit : « Tu me raccompagneras vers 15 h car j'ai un rendez-vous. » Imaginer et rédiger la réponse de Sébastien.

26 Boîte à bonbons

Dans la boîte à bonbons de Grand-mère, il y a deux sortes de bonbons : des sucres d'orge et des berlingots. Il y en a des rouges, des bleus et des marron. On sait que :

- $\frac{2}{3}$ des bonbons sont des berlingots ;
- $\frac{1}{5}$ des sucres d'orge sont bleus ;
- il y a 50 bonbons marron ;
- il y a deux fois plus de berlingots bleus que de sucres d'orge bleus et trois fois plus de sucres d'orge marron que de sucres d'orge bleus ;
- il y a en tout 150 bonbons.

1. Recopier le tableau suivant et le compléter au fur et à mesure des réponses apportées aux questions ci-dessous :

	Bleu	Rouge	Marron	Total
Berlingot	....	....	....	....
Sucre d'orge	....	....	....	....
Total	....	....	....	150

a. Combien y a-t-il de berlingots ?
b. Combien y a-t-il de sucres d'orge ?
c. Combien y a-t-il de sucres d'orge bleus ?
d. Combien y a-t-il de berlingots bleus ?
e. Combien y a-t-il de sucres d'orge marron ?
f. Combien y a-t-il de bonbons marron ?

2. Finir de compléter le tableau.

27 Tarif des lettres

Le tableau ci-contre donne le tarif des lettres à la poste en 2005.

Masse jusqu'à	Tarif net en €
20 g	0,50
50 g	0,75
100 g	1,11
250 g	1,90
500 g	2,65
1 000 g	3,48
2 000 g	4,64
3 000 g	5,47

1. Quel prix doit-on payer pour l'envoi d'une lettre de 80 g ? et pour une lettre de 600 g ?

2. Sylvie doit envoyer deux lettres à la même administration : l'une pèse 150 g et l'autre 270 g.
Sylvie a-t-elle intérêt à mettre ses deux lettres dans une même enveloppe ? Expliquer pourquoi.

3. Julien dispose de 120 € pour convoquer les adhérents d'un club dont il est le président. Combien peut-il envoyer de lettres pesant 17 g avec cette somme ?

28 Dans un camping, une enquête sur la nationalité des campeurs a donné le résultat suivant :

Nationalité \ Sexe	Féminin	Masculin
Française	200	150
Étrangère européenne	100	100
Étrangère non européenne	50	100

1. Combien y a-t-il de campeurs dans ce camping ?

2. On donne deux diagrammes circulaires. L'un représente la répartition des campeuses selon leur nationalité et l'autre la répartition des campeurs selon leur nationalité. Déterminer celui qui représente les campeuses et justifier.

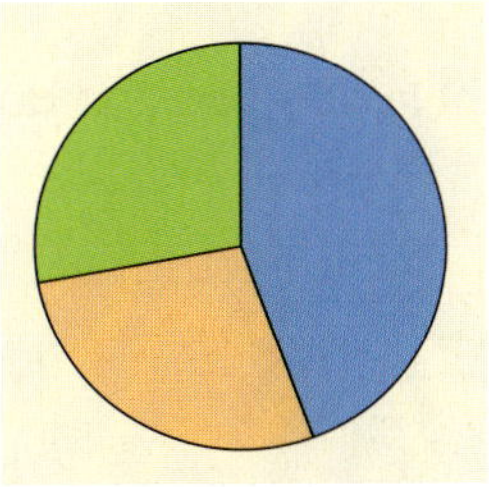

Diagramme 1

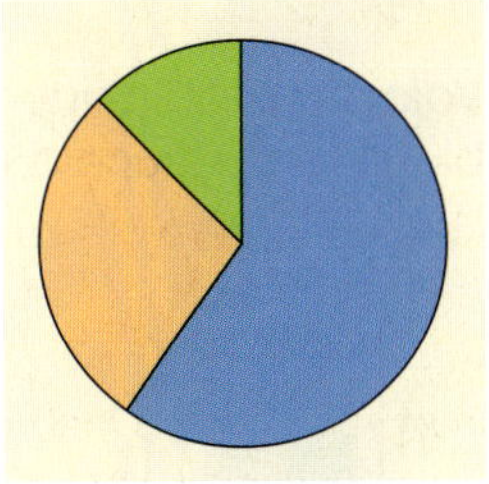

Diagramme 2

3. Que représente le diagramme en bâtons ci-contre ? Le reproduire et compléter la légende.

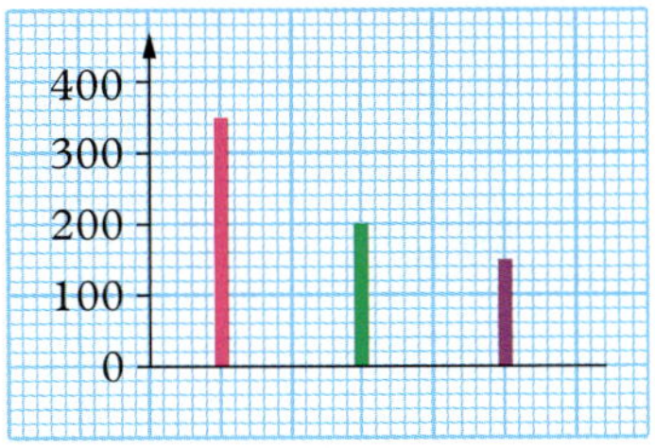

29 Météorologie

Le graphique ci-dessous représente les températures moyennes mensuelles et l'ensoleillement moyen dans une région :

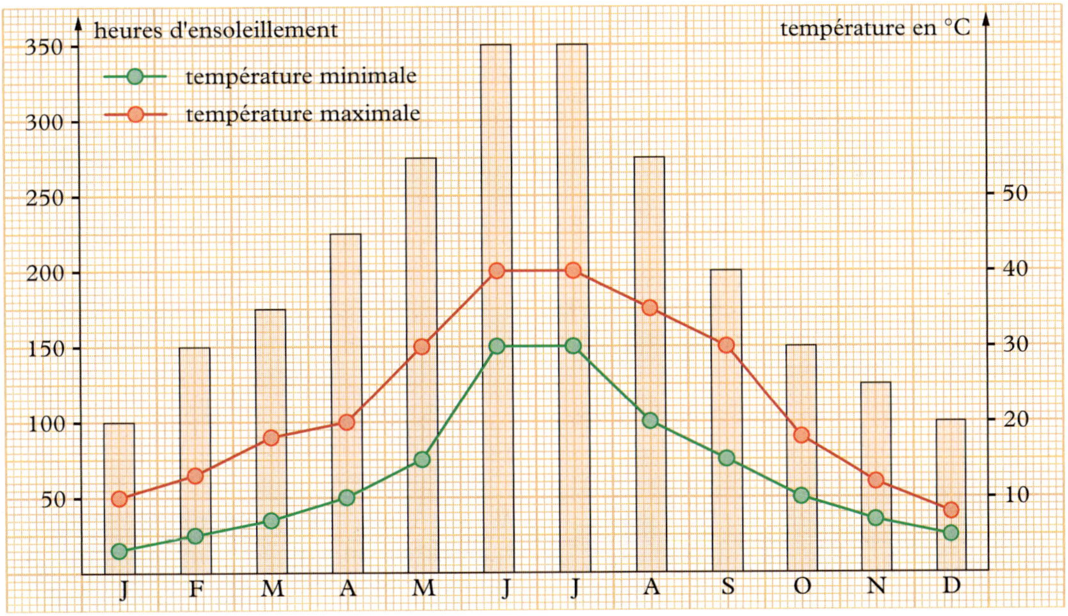

1. a. Quelle est la moyenne des températures minimales relevées en juin ? et en novembre ?
b. Même question pour la moyenne des températures maximales.

2. a. Combien y a-t-il eu d'heures d'ensoleillement en juin ? et en décembre ?
b. Quels sont les mois où le nombre d'heures d'ensoleillement est le plus petit ?
c. Quels sont les mois où le nombre d'heures d'ensoleillement est supérieur à 200 h ?
d. Calculer le nombre d'heures d'ensoleillement annuel.

3. Quels sont les mois où la différence entre la température minimale et la température maximale est la plus grande ?

4. Peut-on dire que plus le nombre d'heures d'ensoleillement augmente plus la moyenne des températures maximales est grande ?

30 Statistiques

Voici deux graphiques donnant la composition du blanc et du jaune d'un œuf de poule :

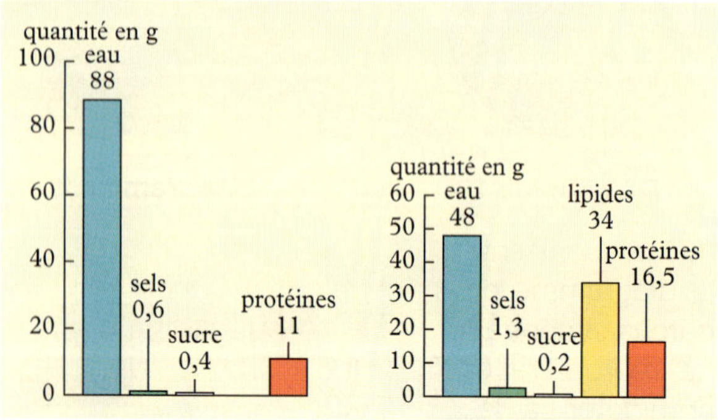

Blanc de l'œuf **Jaune de l'œuf**

1. Quelle masse (en grammes) de blanc d'œuf a-t-on analysée ?

2. Quelle masse (en grammes) de jaune d'œuf a-t-on analysée ?

3. Léa prétend que la proportion d'eau dans le blanc d'œuf est $\frac{88}{100}$.

a. Quelle est la proportion d'eau dans le jaune d'œuf ?
b. Dans quelle partie de l'œuf cette proportion est-elle la plus importante ?

4. Reprendre la question **3** pour les protéines.

31 Statistiques

Voici un extrait des horaires de train sur la ligne Paris-Bordeaux et quelques questions sur quatre voyageurs de cette ligne.

Paris-Montparnasse 1-2	06.40	06.55	07.35	10.35	12.45	13.55
Paris-Austerlitz	|	|	|	|	|	|
Massy-TGV	|	07.05	|	|	|	|
Les Aubrais-Orléans	|	|	|	|	|	|
Blois	|	|	|	|	|	|
St-Pierre-des-Corps	|	07.57	|	11.33	|	|
Châtellerault	|	08.27	|	|	|	|
Poitiers	|	08.43	|	12.14	14.12	|
St-Saviol	|	|	|	|	|	|
Ruffec (Charente)	|	|	|	|	|	|
Angoulême	|	09.26	|	12.56	14.53	15.59
Coutras	|	|	|	|	|	|
Libourne	|	10.15	|	13.41	|	|
Bordeaux-St-Jean	09.43	10.36	10.35	14.02	15.53	16.57

1. M. Archimède doit se rendre de Paris à Bordeaux. Il ne peut pas partir avant 7 h, mais souhaite arriver le plus tôt possible à Bordeaux. À quelle heure arrivera-t-il à destination ?

2. M. Thalès travaille à Poitiers de 8 h à 11 h 30. Il doit se rendre à un rendez-vous à Bordeaux pour 15 h. À quelle heure prend-il son train ? À quelle heure arrive-t-il ?

3. M. Euclide n'est pas un « lève-tôt ». Il souhaite cependant être à Bordeaux en début d'après-midi, en prenant le train au départ de Paris.
À quelle heure prend-il son train ? À quelle heure arrive-t-il à Bordeaux ?

4. M. Pythagore doit se rendre de Paris à Bordeaux. Il en profite pour aller brièvement dans la matinée chez sa sœur qui habite Angoulême. Puis il en repart dès que possible.
a. À quelle heure est-il parti de Paris ?
b. À quelle heure arrive-t-il à Angoulême ? À quelle heure en repart-il ?
c. À quelle heure arrive-t-il à Bordeaux ?

32 Statistiques

Voici un extrait des horaires de bac entre Le Verdon et Royan.

PÉRIODES	DÉPARTS LE VERDON	DÉPARTS ROYAN
Du 2 avril au 3 juin	07 h 00 - 08 h 45 - 10 h 15 11 h 45 - 13 h 15 - 14 h 50 16 h 30 - 18 h 10 - 19 h 45	08 h 00 - 09 h 30 - 11 h 00 12 h 30 - 14 h 00 - 15 h 40 17 h 20 - 19 h 00 - 20 h 30
Du 4 juin au 17 juin	07 h 00 - 08 h 50 - 09 h 40 10 h 30 - 11 h 20 - 12 h 10 13 h 00 - 13 h 45 - 14 h 40 15 h 15 - 16 h 45 - 18 h 15 19 h 45	08 h 00 - 09 h 40 - 10 h 30 11 h 20 - 12 h 10 - 13 h 00 13 h 50 - 14 h 30 - 15 h 30 16 h 00 - 17 h 30 - 19 h 00 20 h 30
Du 18 juin au 24 juin	07 h 00 - 07 h 50 - 08 h 50 09 h 40 - 10 h 30 - 11 h 20 12 h 10 - 13 h 00 - 13 h 45 14 h 30 - 15 h 15 - 16 h 00 16 h 45 - 17 h 30 - 18 h 15 19 h 00 - 19 h 45	08 h 00 - 08 h 45 - 09 h 40 10 h 30 - 11 h 20 - 12 h 10 13 h 00 - 13 h 45 - 14 h 30 15 h 15 - 16 h 00 - 16 h 45 17 h 30 - 18 h 15 - 19 h 00 19 h 45 - 20 h 30
Du 25 juin au 1er juillet	06 h 30 - 07 h 30 - 08 h 25 09 h 20 - 10 h 15 ROTATIONS CONTINUES (entre 10 h 15 et 17 h 40) 17 h 40 - 18 h 35 - 19 h 30 20 h 30	07 h 30 - 08 h 30 - 09 h 20 10 h 15 - 11 h 10 ROTATIONS CONTINUES (entre 11 h 10 et 18 h 35) 18 h 35 - 19 h 30 - 20 h 30 21 h 30

LE VERDON - ROYAN

1. Le 15 juin, Léo, qui partait en vacances vers le sud, a raté de peu le bac de 13 h et il a donc pris le suivant. À quelle heure a-t-il quitté le quai ?

2. Le 20 juin, Claudine est arrivée par la route au Verdon à 7 h 20.
Quel est le premier bac qu'elle a pu prendre pour se rendre à Royan ?

33 Environnement

Le graphique ci-dessous indique la variation de l'occupation des sols en France entre 1992 et 2000 (en hectares) :

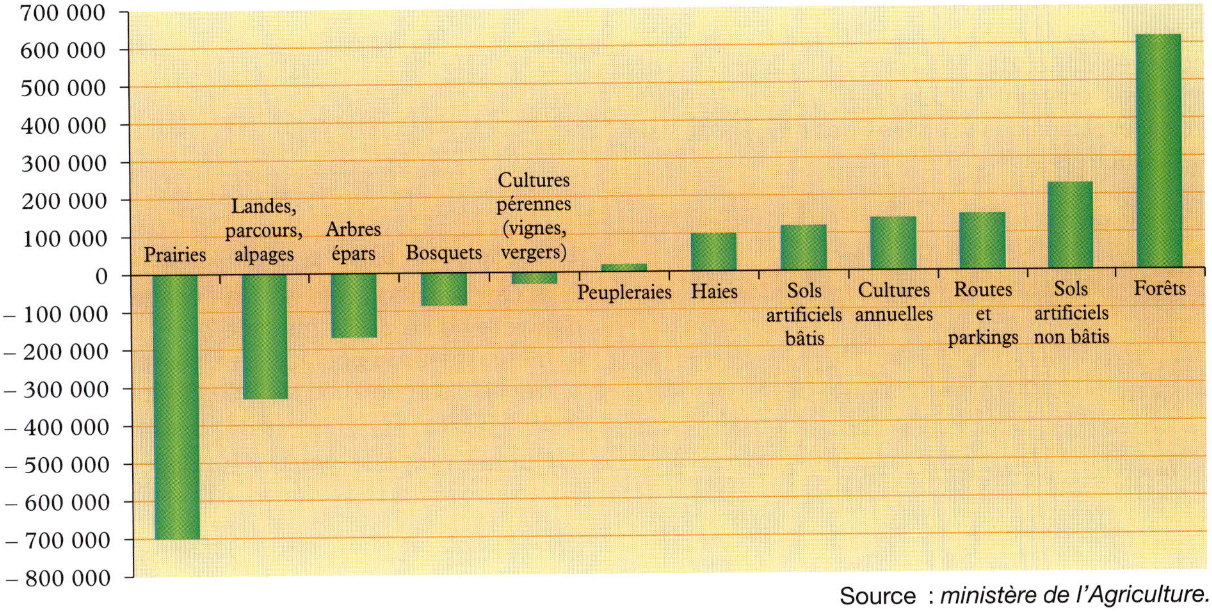

Source : *ministère de l'Agriculture.*

1. Expliquer pourquoi certains rectangles sont dirigés vers le bas et d'autres vers le haut.

2. a. Quel nombre repère la hauteur du rectangle correspondant aux haies ? En quelle unité est-il exprimé ? Que signifie-t-il ?

b. Même question pour la hauteur du rectangle correspondant aux prairies.

3. Parmi les phrases suivantes, indiquer celles qui son vraies (expliquer pourquoi) :

a. La superficie des forêts augmente.

b. La superficie des prairies augmente.

c. Il y a de plus en plus de routes et de parkings.

d. Il y a de moins en moins de vignes et de vergers.

34 Environnement

Le graphique ci-contre indique la quantité de déchets ménagers (les déchets de tous les jours, pas ceux des industries) produits chaque année selon les pays. Ces données datent de la fin des années 80, début des années 90, mais il est probable qu'aujourd'hui chaque habitant de chaque pays jette encore un peu plus…

1. a. Quels pays rejetaient plus de 600 kg de déchets par habitant chaque année ?

b. Quels pays rejetaient moins de 250 kg de déchets par habitant chaque année ?

2. a. Pour l'Autriche, la valeur exacte de déchets rejetés est 228 kg. En lisant le graphique, Line affirme que dans ce pays, un habitant rejetait en moyenne 650 g de déchets par jour. Que peut-on en penser ?

b. Calculer combien un Japonais rejetait de déchets par jour (exprimer le résultat en grammes).

3. La France a une population d'environ 60 millions d'habitants et la Finlande de 5,2 millions. Lequel de ces deux pays rejetait le plus de déchets par an ?

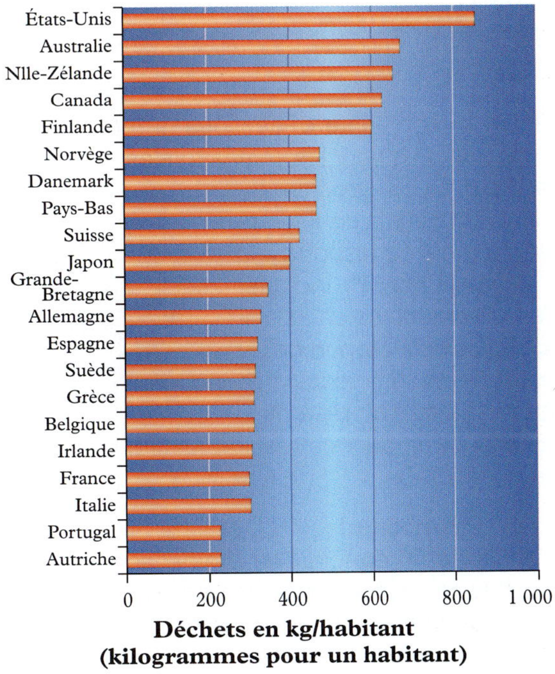

Devoirs à la maison

35 Maillots de bain

Sur l'île de la Réunion, un magasin de sport commercialise des maillots de bain de trois marques différentes (*Océan*, *Lagon* et *Embrun*). Voici l'évolution des ventes de ces maillots de bain pendant trois mois :

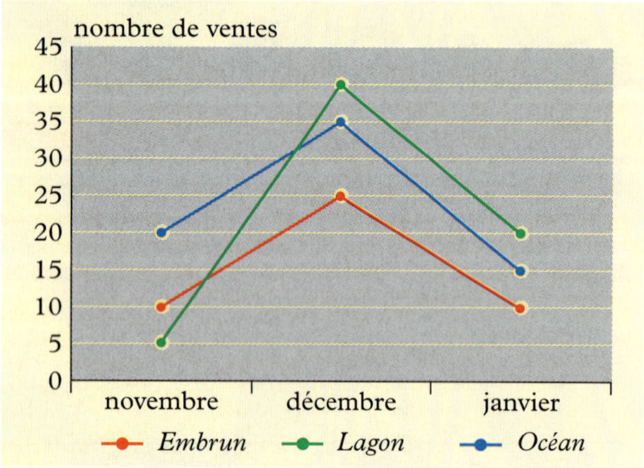

1. a. Quelle marque a vu ses ventes augmenter le plus entre deux mois consécutifs ?
b. Par combien ses ventes ont-elles été multipliées au cours de cette période ?

2. Recopier et compléter le tableau suivant :

	Novembre	Décembre	Janvier	Total
Océan	....	....	....	....
Lagon	....	....	....	....
Embrun	....	....	....	....
Total	....	....	....	....

3. On a représenté ci-dessous la répartition des trois marques pour les ventes totales du trimestre :

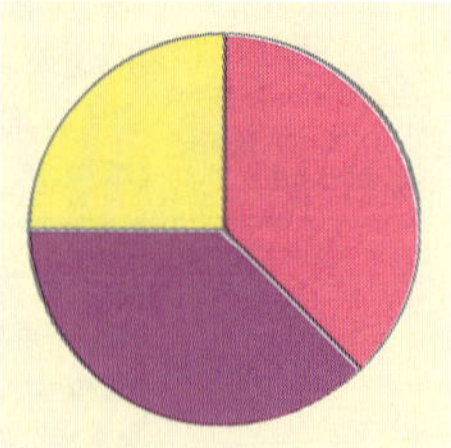

a. Sans calcul supplémentaire, indiquer la couleur du secteur qui correspond à la marque *Embrun* ? Indiquer les raisons de ce choix.
b. Calculer la proportion du total général des ventes que cette marque représente.
Expliquer en quoi ce résultat justifie la réponse à la question **3a**.

36 Promenade

Jennifer et Théo font une promenade entre deux villages en empruntant la même route. Le graphique ci-après représente leur promenade : en rouge le trajet de Jennifer et en bleu celui de Théo.

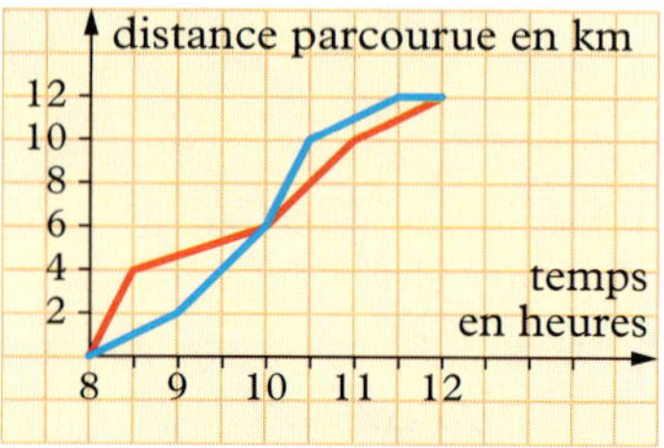

1. Quelle est la distance entre les deux villages ?

2. a. Qui a parcouru le plus de chemin durant la première heure de promenade ?
b. Même question pour les deux premières heures.
c. Quelle distance Théo a-t-il parcourue entre 10 h et 10 h 30 ?

3. Qui est arrivé le premier au second village ? Combien de temps a-t-il attendu l'arrivée de l'autre ?

37 Le diagramme ci-dessous représente la répartition des filles dans les cinq classes de sixième du collège d'Inès.

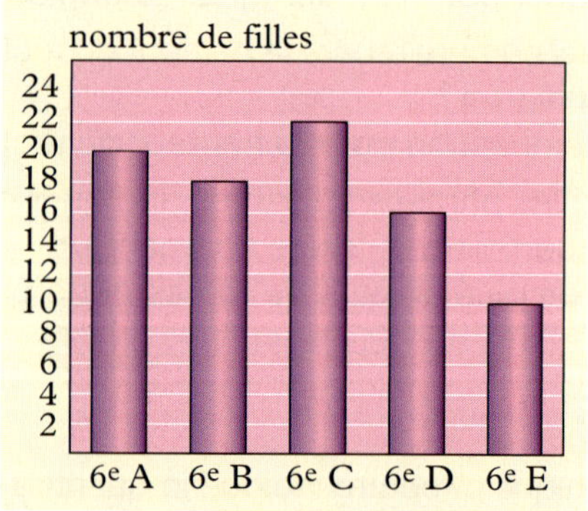

1. Recopier et compléter le tableau qui indique le nombre de filles de chaque classe de sixième :

	6e A	6e B	6e C	6e D	6e E
Nombre de filles	20	....	....	....	....

2. a. Sachant que chaque classe de ce collège comporte 30 élèves, indiquer le nombre de garçons pour chaque classe de 6e (on pourra ajouter une ligne au tableau précédent).
b. Construire un diagramme en bâtons pour les garçons.

Petits exposés

Rechercher dans la presse ou sur Internet des graphiques puis les commenter.

Marées

Chaque jour, en un même lieu, la mer monte puis redescend. Cette oscillation périodique du niveau de la mer s'appelle la **marée** et c'est un peu comme si l'océan respirait…
Ce sont les astres, principalement la Lune et le Soleil, qui provoquent les marées.
On peut ainsi observer que le niveau de la mer monte et provoque un courant qui amène l'eau vers la côte, recouvrant des étendues plus ou moins grandes du rivage. À l'inverse, il descend ensuite laissant les mêmes étendues à sec.
Le **marnage** d'une marée est la différence entre la hauteur d'eau à marée haute et celle à marée basse.

Le tableau et le graphique ci-dessous indiquent la hauteur d'eau dans un port de Bretagne aux différents moments d'une journée. On peut y observer les variations de cette hauteur au cours d'une marée entre 1 h 36 et 14 h 7.

	Heure	Hauteur en m
PM	**1 h 36**	**4,59**
BM	6 h 43	2,18
PM	**14 h 7**	**4,65**
BM	19 h 9	2,13

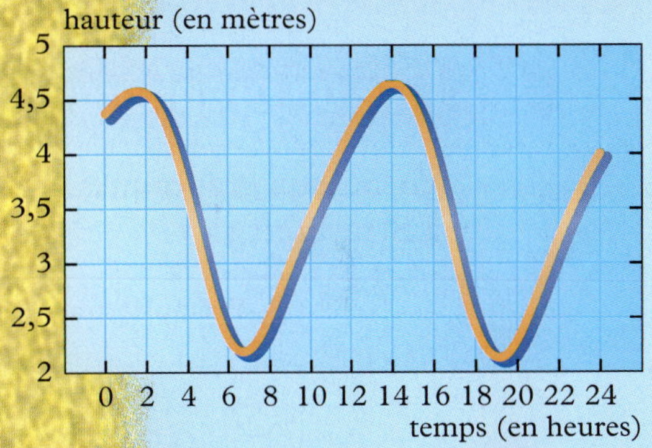

1. a. Que signifient les abréviations PM et BM ?
b. Que représentent 4,59 m, 2,18 m, 4,65 m et 2,13 m ?
2. Quel est le marnage de ces trois marées ?
3. a. Pendant les 24 heures de cette journée, indiquer les périodes durant lesquelles le niveau de l'eau monte.
b. Décalquer la courbe puis repasser en rouge les parties qui correspondent aux marées montantes et en vert celles qui correspondent aux marées descendantes.

Casse-tête...

À la bonne heure *Utiliser les documents ci-dessus pour répondre aux questions suivantes.*

1. Le célèbre chalutier *Pyfo* ne peut naviguer que si la hauteur d'eau est d'au moins 3 m. Son capitaine désire quitter le port le plus tôt possible après 6 h. À partir de quelle heure *Pyfo* pourra-t-il larguer les amarres ?

2. Il faut 1 h 30 min au chalutier pour rentrer de son lieu de pêche. Si l'équipage veut être au port à 20 h, à quelle heure au plus tard doit-il mettre le cap sur le port ?

Soutien

A Repérer des fractions sur l'horloge

On a représenté ci-contre une horloge.

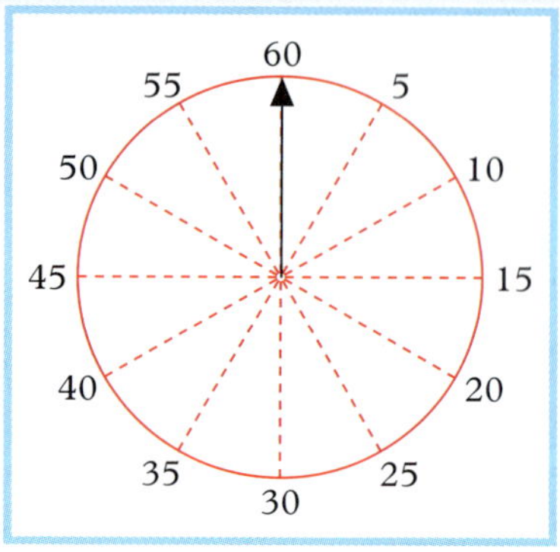

1 **a.** Reproduire ce dessin à main levée.
b. Colorier en vert la surface balayée par la flèche de la grande aiguille durant 15 minutes. Quelle fraction du disque a-t-elle parcourue ?

2 **a.** Reproduire de nouveau ce dessin à main levée.
b. Colorier en bleu la surface balayée par la flèche de la grande aiguille durant 20 minutes. Quelle fraction du disque a-t-elle parcourue ?

3 **a.** La grande aiguille parcourt un demi-disque : combien de temps a-t-elle mis pour effectuer ce trajet ?
b. La grande aiguille parcourt $\frac{3}{4}$ du disque : combien de temps a-t-elle mis pour effectuer ce trajet ?
c. La grande aiguille parcourt $\frac{1}{12}$ du disque : combien de temps a-t-elle mis pour effectuer ce trajet ?

B Lire un graphique

Voici deux graphiques qui donnent les précipitations et les températures moyennes à Strasbourg :

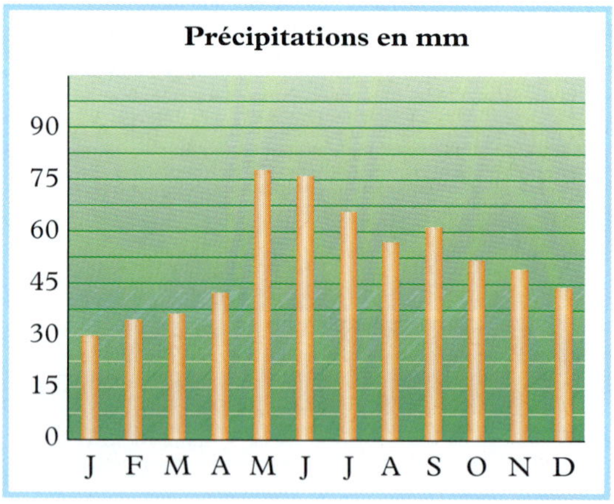

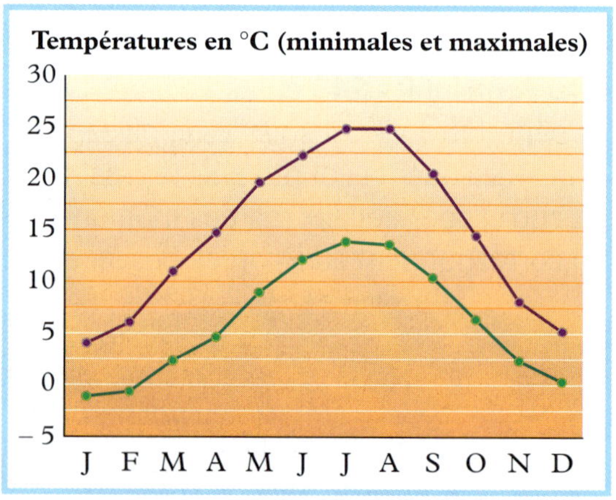

1 Quelles températures sont représentées par la courbe tracée en vert ?

2 Quel est le mois le plus pluvieux ?

3 **a.** De quelle couleur sont représentées les températures maximales ?
b. Quels sont les mois où la température maximale est la plus élevée ?

4 Quel est le mois où la température maximale est la plus faible ?

5 Quels sont les mois où les précipitations sont supérieures à 45 mm ?

Chapitre 8

Aborder la géométrie

Avant de démarrer

1 Droite, segment et demi-droite

a. Parmi les figures ci-dessous, indiquer celle qui correspond à la consigne suivante :

« Placer trois points A, B et C non alignés. Tracer le segment [AC] puis représenter la droite (AB) et la demi-droite [CB). »

b. Pour les deux autres figures, écrire une consigne du même type.

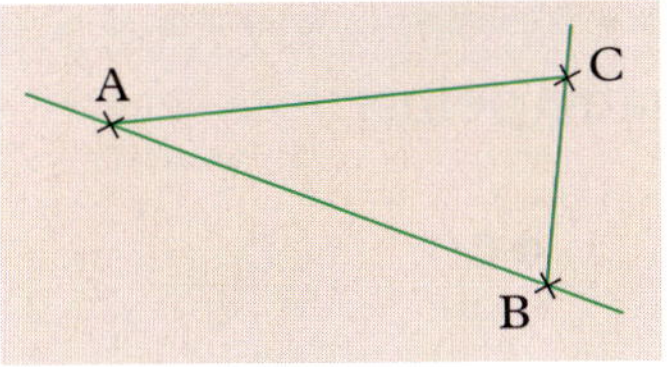

Fig. 1

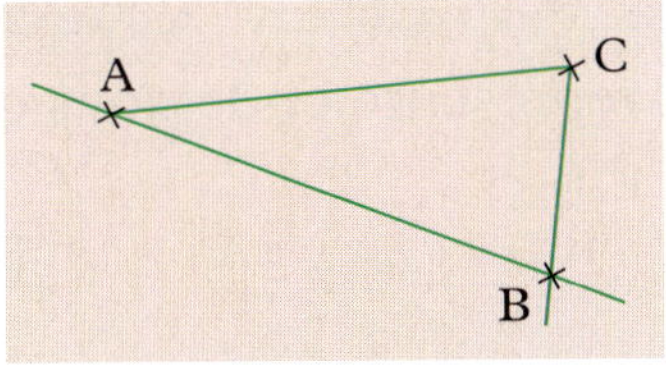

Fig. 2

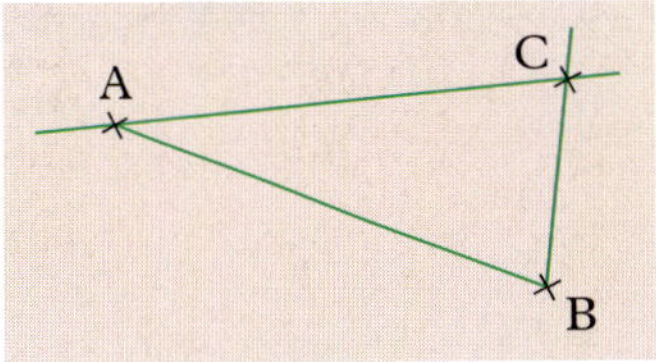

Fig. 3

2 Appartenir, point d'intersection

a. Placer deux points M et N puis placer un point P qui appartient à la droite (MN) mais qui n'appartient pas au segment [MN].

b. Tracer deux segments [AB] et [CD] qui n'ont pas de point commun mais tels que les droites (AB) et (CD) soient sécantes.

3 Reconnaître des figures clés

Sur la figure ci-contre :

• citer toutes les droites qui semblent parallèles ;

• citer toutes les droites qui semblent perpendiculaires ;

• les points A, H et G sont-ils alignés ? pourquoi ? Même question pour les points C, A et B.

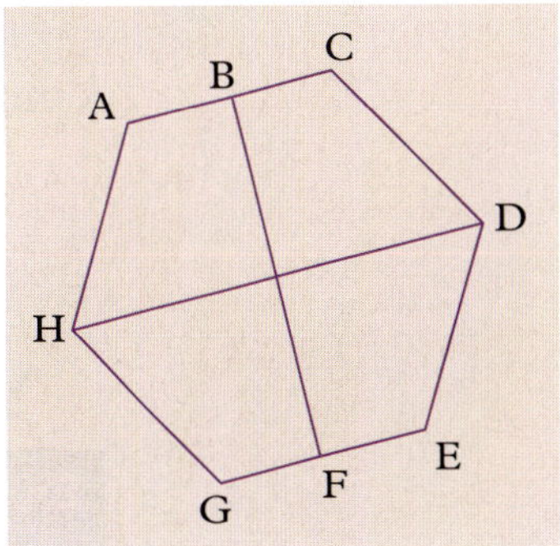

4 Tracer et observer

a. Tracer à main levée une figure contenant quatre droites (d_1), (d_2), (d_3) et (d_4) telles que (d_1) soit perpendiculaire à (d_2), (d_2) soit perpendiculaire à (d_3) et (d_4) soit parallèle à (d_2).

b. Que peut-on dire de (d_1) et de (d_4) ? de (d_3) et de (d_4) ?

c. Faire précisément la construction de la question **a** en utilisant la règle et l'équerre.

1 Qu'est-ce qu'un point ?

Sur la figure ci-contre, la ligne rouge et la ligne bleue sont sécantes.

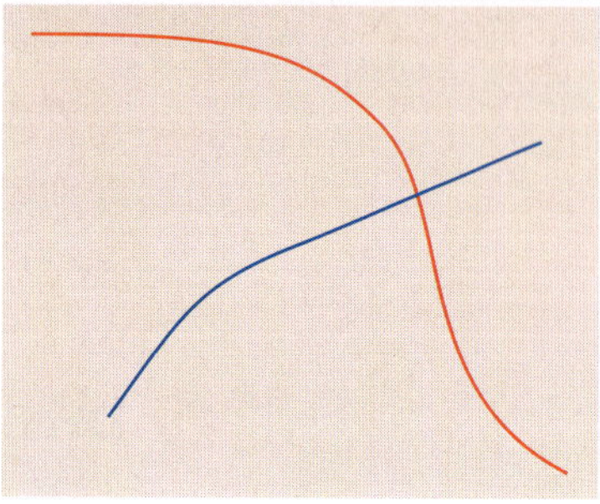

1. Donner un synonyme de l'expression *sont sécantes*.
2. Tracer une figure qui ressemble à celle ci-contre et marquer le nom du point A intersection des deux lignes.

2 Tracer des points

On a représenté ci-dessous quatre points :

1. Parmi ces quatre représentations, quelles sont celles qui sont à la fois visibles et précises ?
2. Représenter deux points et les nommer N et M.

3 Droite ou segment ? Parenthèses ou crochets ?

Vincent, Sophie et Raphaël ont réalisé les trois figures suivantes :

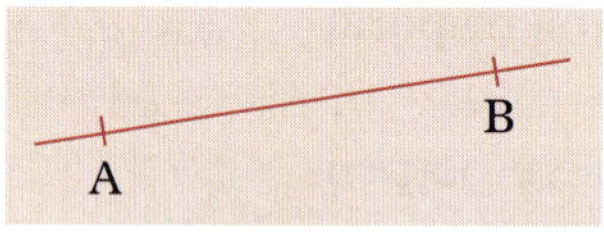

Vincent

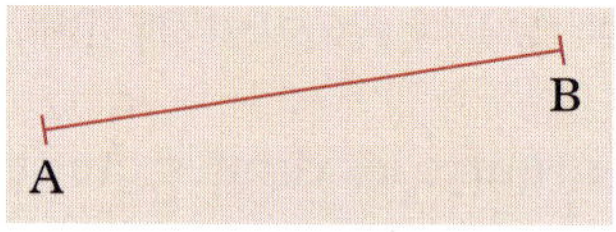

Sophie

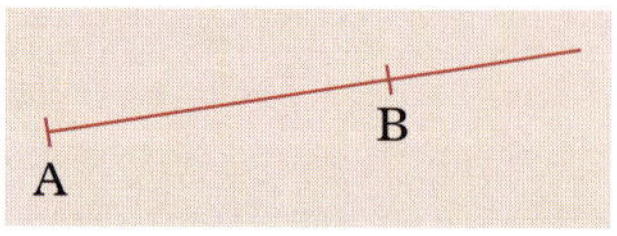

Raphaël

En géométrie, on note avec un crochet quand « ça s'arrête » et avec une parenthèse quand « ça ne s'arrête pas ».

1. En utilisant cette convention, indiquer à quelle figure correspond (AB) puis à quelle autre figure correspond [AB]. Que représente chacune de ces deux figures ?
2. Quel nom pourrait-on donner à la figure tracée par le troisième élève ? Comment peut-on la noter ?

Voir exercice 9, p. 155.

4 Tracer un segment et une droite

❶ Faire une figure qui ressemble à celle ci-contre.

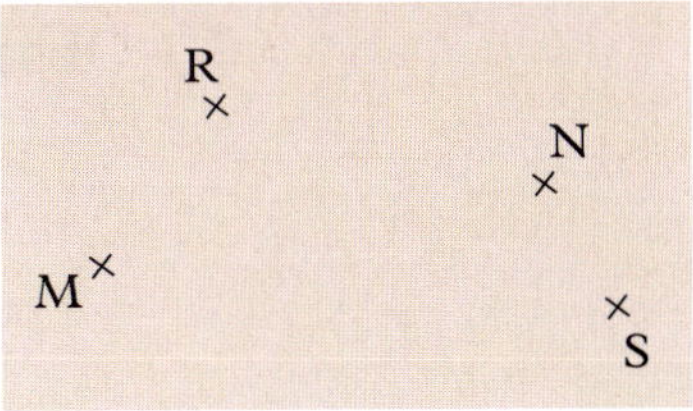

❷ **a.** Tracer en vert le segment [NM] et en bleu la droite (RS).
b. Tracer le point d'intersection K du segment [NM] et de la droite (RS).

Voir exercice 10, p. 155.

5 Distinguer un segment d'une droite

❶ Représenter en bleu une droite puis placer sur cette droite deux points A et B .

❷ Tracer en rouge le segment [AB].

Voir exercice 10, p. 155.

6 Savoir utiliser « un, le, une, la »

❶ Recopier les phrases suivantes et les compléter à l'aide des mots *un*, *le*, *une*, *la* :
a. Paris est .... capitale de la France.
b. Décembre est .... mois de l'année.
c. Décembre est .... mois de Noël.
d. Paris est .... ville de France.

❷ **Par un point…**
a. Tracer un point A puis trois droites qui passent par ce point (l'une en bleu et les deux autres en rouge).
b. Recopier et compléter par *la* ou *une* :
.... droite bleue est .... droite qui passe par A.
c. Combien peut-on tracer d'autres droites qui passent par A ?

❸ **Par deux points…**
a. Sur une autre figure, tracer deux points A et B puis tracer une droite qui passe par ces deux points.
b. Est-il possible de tracer une deuxième droite qui passe aussi par ces deux points ?
c. Quand on a placé deux points A et B, faut-il dire « **une** droite (AB) » ou « **la** droite (AB) » ?
Réécrire correctement la consigne de la question **a.**

Voir exercice 13, p. 155.

7 Reconnaître des points alignés

1 Observer les deux figures ci-dessous :

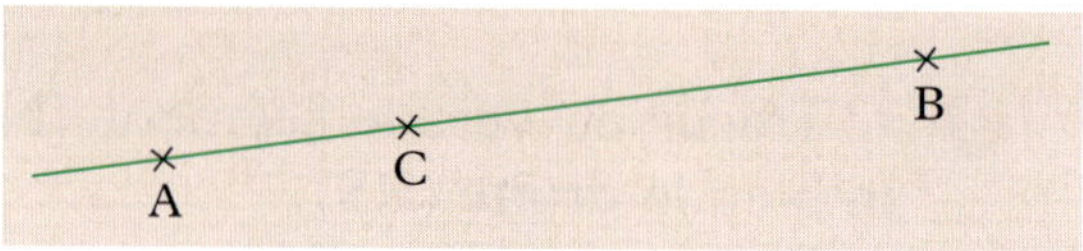

Fig. 1

Ici, on dit que les points A, B et C sont **alignés**.

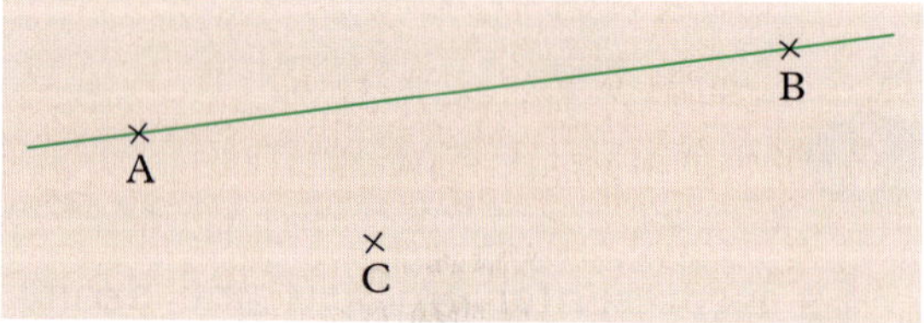

Fig. 2

Ici, on dit que les points A, B et C **ne sont pas alignés**.

2 Quand dit-on que trois points sont alignés ?

3 Tracer trois points qui ne sont pas alignés puis tracer en vert une ligne qui passe par ces trois points.

4 Peut-on dire que deux points sont toujours alignés ? Expliquer la réponse.

5 Tracer quatre points A, B, C, D tels que A, B, C sont alignés, et A, B, D sont aussi alignés. Qu'observe-t-on ?

Voir exercice 16, p. 155.

8 Appartenir ou ne pas appartenir ?

1 Observer la figure ci-dessous :

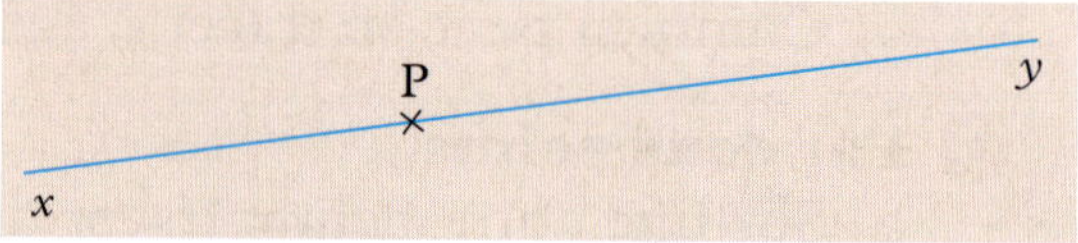

• P est un point de la droite (xy). On dit que **le point P appartient à la droite (xy)**, ce qui peut s'écrire **$P \in (xy)$**.
• $\notin$ signifie **n'appartient pas**.

2 Observer maintenant la figure suivante puis recopier les phrases ci-dessous et les compléter à l'aide des symboles $\in$ et $\notin$:

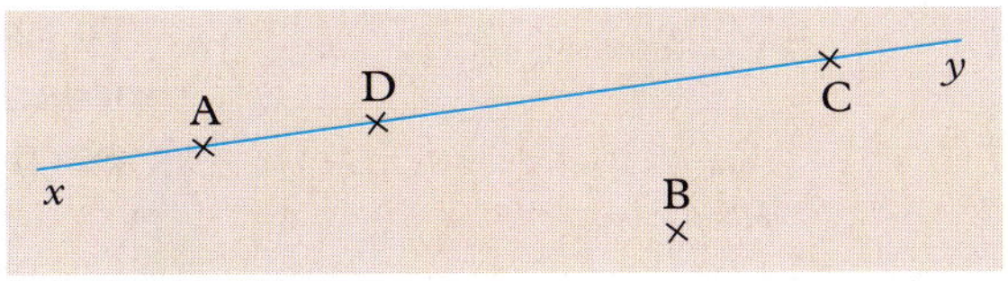

a. B .... (AC) ; **b.** D .... (AC) ; **c.** A .... [DC] ; **d.** D .... (xy) ;
e. A .... (DC) ; **f.** C .... [AD) ; **g.** C .... [DA) ; **h.** A .... [Dx).

Voir exercice 22, p. 156.

9 Avec ou sans point d'intersection ?

A - Reconnaître

1 Sans rien tracer, mais en posant deux stylos sur la figure, répondre aux questions :

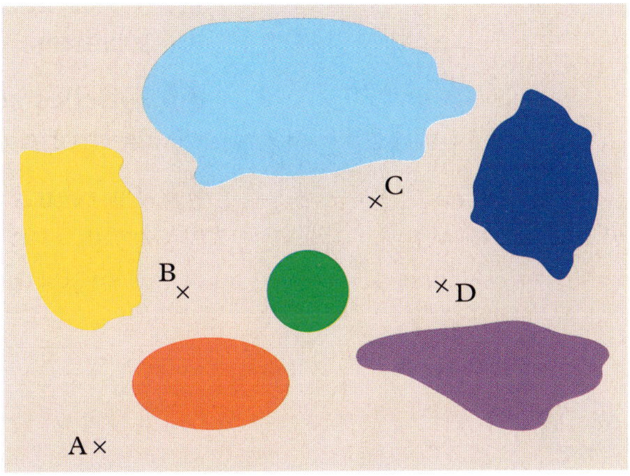

a. Préciser si possible la couleur de la zone où se trouve le point d'intersection des droites (AB) et (CD).
b. Même question pour les droites (BD) et (AC) puis (BC) et (AD).

2 Recopier et compléter les phrases suivantes :
a. Deux droites qui ont un point d'intersection sont ....
b. Deux droites qui n'ont pas de point d'intersection sont ....

B - Représenter

Notation On nomme parfois une droite en utilisant une seule lettre minuscule, généralement (d). Si on veut nommer une autre droite, on écrira (d'), qu'on lira *d prime*, ou (d_1), etc.

1 Représenter deux droites (d) et (d') sécantes en un point I.

2 Représenter deux droites (d_1) et (d_2) qui sont parallèles.

Voir exercice 24, p. 156.

10 Parallèles, sécantes, perpendiculaires ?

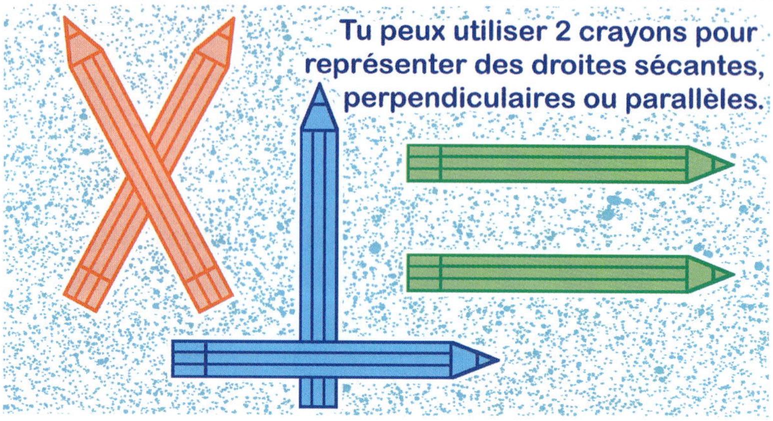

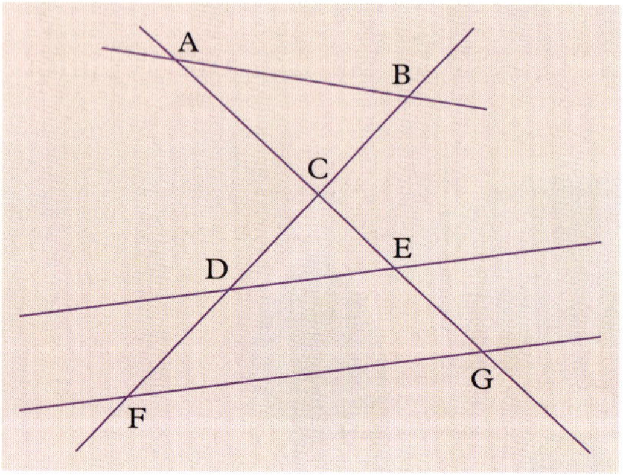

On considère la figure ci-contre.

1. Citer deux droites qui semblent parallèles.
2. Citer deux droites qui semblent perpendiculaires.
3. Quelles sont les droites qui sont sécantes à la droite (AG) ?
4. Parcourir la droite (GF) avec le doigt et imaginer son prolongement mentalement, puis indiquer les droites qui lui sont sécantes.

Voir exercice 24, p. 156.

11 Droites perpendiculaires à une même droite

1. **a.** Reproduire la figure ci-dessous :

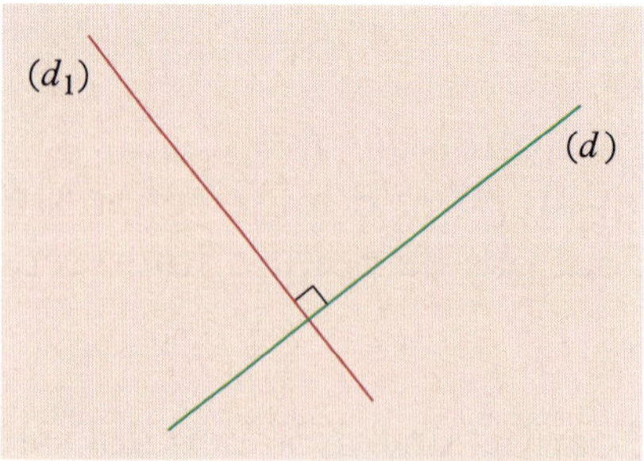

b. Recopier et compléter à l'aide des symboles // ou $\perp$: (d_1) .... (d).

2. Compléter la figure en traçant une droite (d_2) telle que $(d_2) \perp (d)$.
3. Que peut-on dire des droites (d_1) et (d_2) ?

Voir exercice 27, p. 157.

12 Droite perpendiculaire à des parallèles

On considère la figure ci-dessous dans laquelle $(d_1) // (d_2)$:

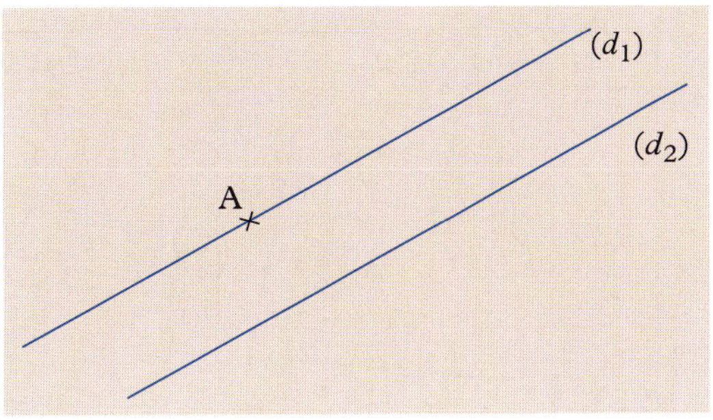

1. Placer un crayon afin d'imaginer (d_3), la perpendiculaire à (d_1) passant par A.
2. Que constate-t-on pour les droites (d_2) et (d_3) ?
3. Refaire de manière précise une construction qui correspond aux données du problème.

Voir exercice 27, p. 157.

13 Droites parallèles

On considère la figure ci-dessous dans laquelle $(d_1) // (d_2)$:

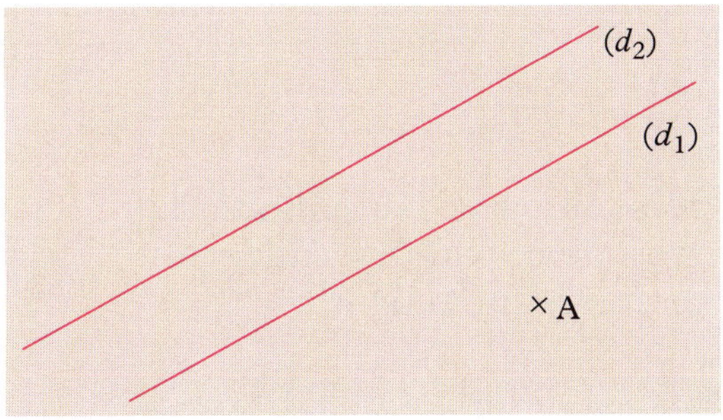

1. Placer un crayon afin d'imaginer (d_3), la parallèle à (d_1) passant par A.
2. Que constate-t-on pour les droites (d_2) et (d_3) ?
3. Refaire de manière précise une construction qui correspond aux données du problème.

Voir exercice 27, p. 157.

Retenir le cours

1 Droite, segment et demi-droite

A - Représentation et notation

	Droite	Segment	Demi-droite
Représentation	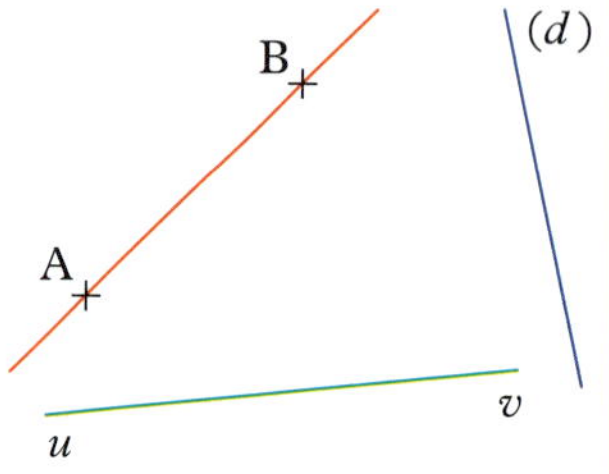	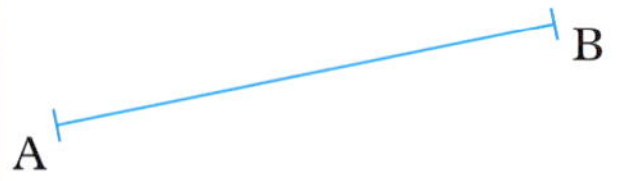	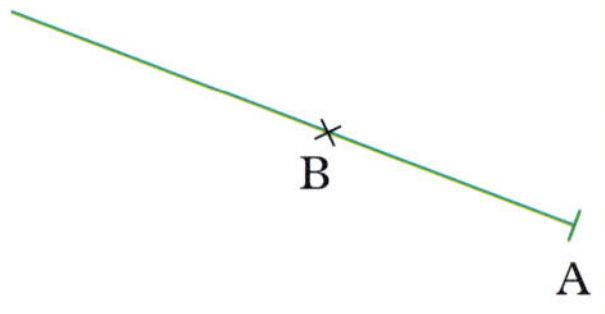
Notation	**(AB)** ou **(*d*)** ou **(*uv*)** Le nom d'une droite est toujours entouré de parenthèses.	**[AB]** Le nom d'un segment est toujours entouré de crochets.	**[AB)** Le nom d'une demi-droite commence par un crochet et finit par une parenthèse qui indique le côté illimité.
Extrémités ?	Pas d'extrémités.	A et B sont les extrémités du segment.	Une seule extrémité : A, origine de la demi-droite.
Mesurable ?	Une droite est illimitée des deux côtés : on ne peut pas la mesurer.	Un segment est limité des deux côtés, il a une longueur : on peut le mesurer.	Une demi-droite est illimitée d'un côté : on ne peut pas la mesurer.

B - Propriétés

Par un point, il passe une infinité de droites (trois de ces droites seulement sont représentées sur la figure).

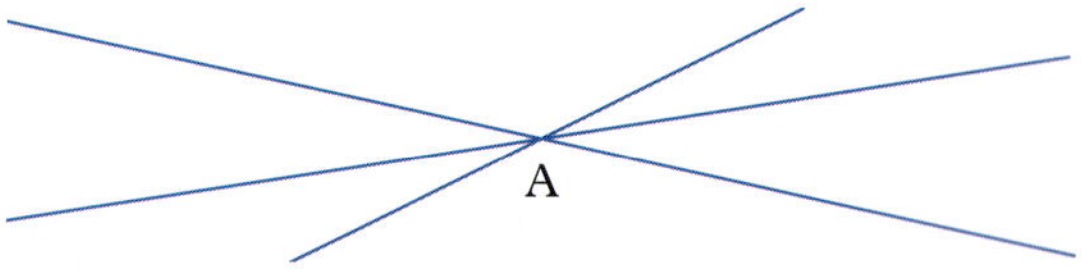

Par deux points, il passe une seule droite.

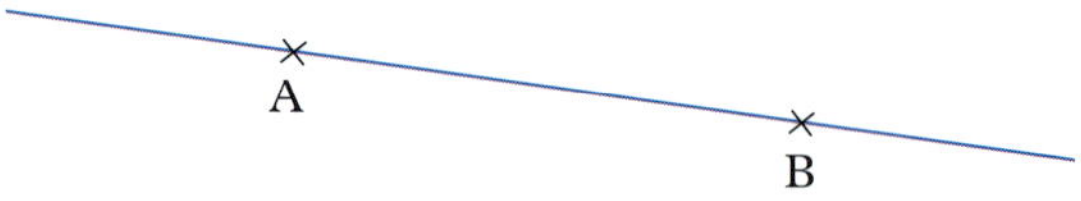

2 Points alignés

Des points sont alignés s'ils sont sur une même droite.

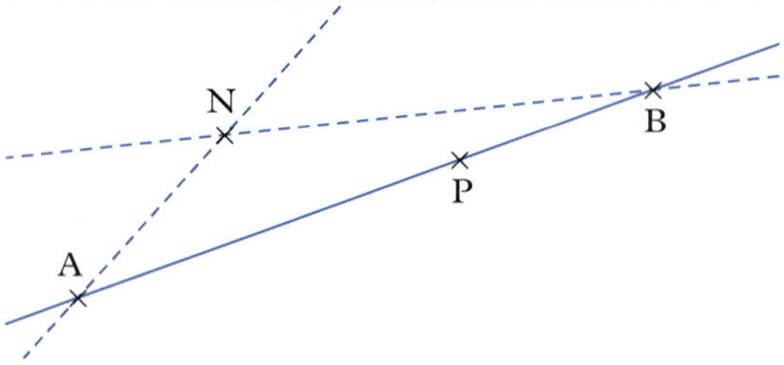

Les points A, B et P sont alignés.
Les points A, B et N ne sont pas alignés.

Remarque Deux points sont toujours alignés.

3 Le symbole ∈

Le point C appartient à la droite (AB).
On note **C ∈ (AB)**.
Le point D n'appartient pas à la droite (AB). On note **D ∉ (AB)**.
De même, B ∈ [AC] et C ∉ [AB].

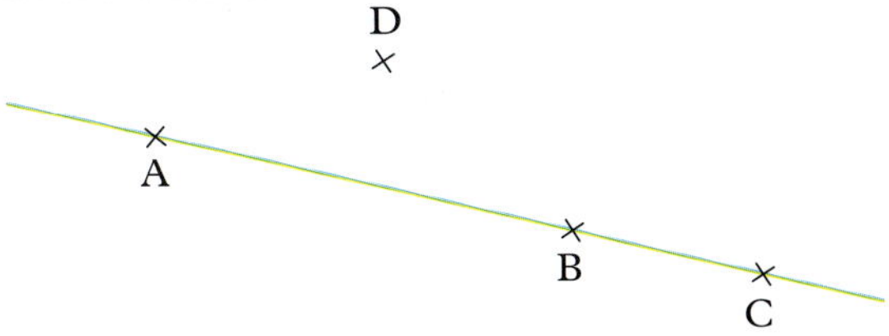

4 Droites sécantes et droites parallèles

Imaginons que l'on puisse prolonger deux droites autant que l'on veut. On peut alors obtenir deux cas :

1er cas

Les droites sont **sécantes**.

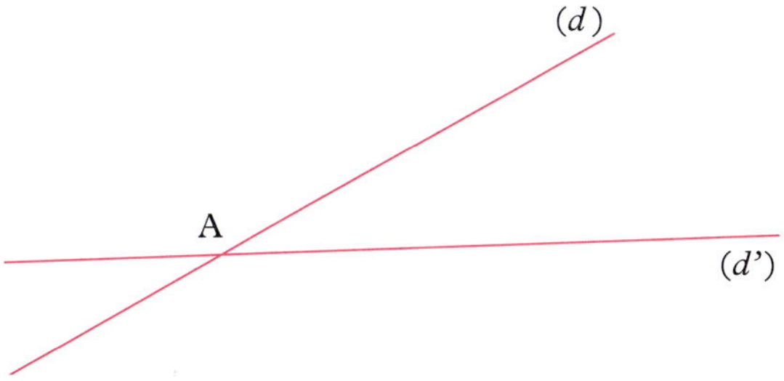

Les droites (*d*) et (*d'*) se coupent au point A. On dit que A est **le point d'intersection de (*d*) et de (*d'*)**.

2e cas

Les droites sont **parallèles**.

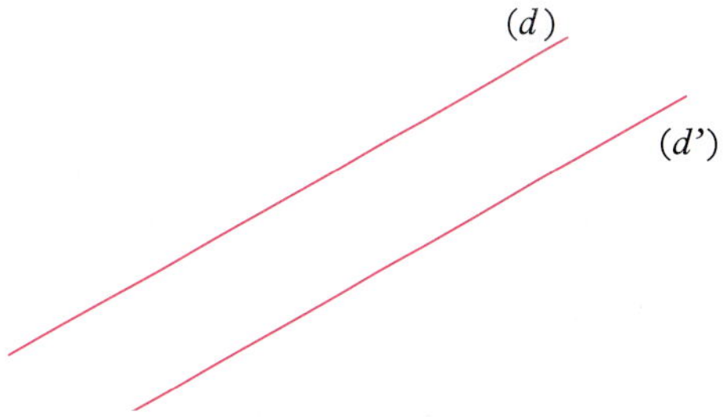

Les droites (*d*) et (*d'*) n'ont pas de point d'intersection.
On note **(*d*) // (*d'*)**.

5 Droites perpendiculaires

Si on trace deux droites sécantes, on peut obtenir deux cas :

1er cas

Les droites sont **perpendiculaires**.

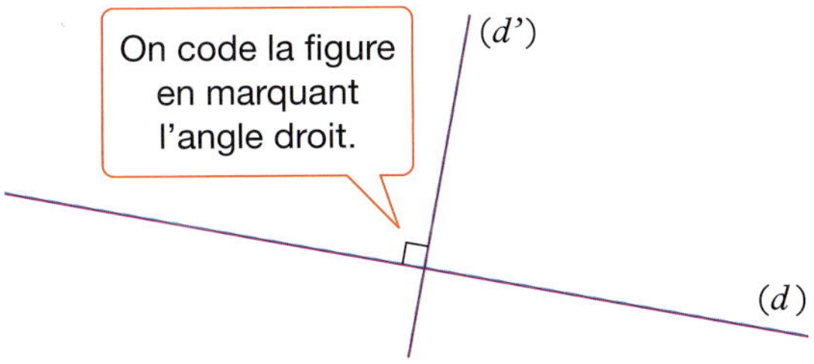

Les droites (*d*) et (*d'*) se coupent en formant quatre angles égaux qui sont droits. On note **(*d*) ⊥ (*d'*)**.

2e cas

Les droites ne sont pas perpendiculaires.

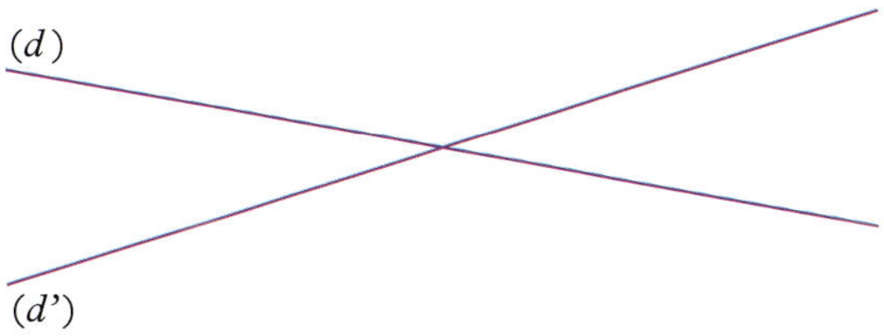

Les droites (*d*) et (*d'*) ne forment pas d'angle droit.

Retenir le cours

6 Droites parallèles et droites perpendiculaires

Propriété 1

Deux droites perpendiculaires à une même droite sont parallèles.

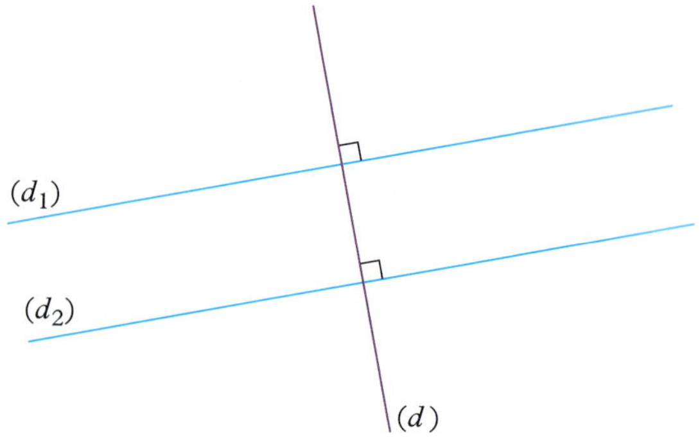

Données

$(d_1) \perp (d)$ et $(d_2) \perp (d)$.

Conclusion

$(d_1) \mathbin{/\!/} (d_2)$.

Remarque

C'est cette propriété qui est utilisée pour construire des parallèles en utilisant l'équerre (voir *Retenir les méthodes 2*, p. 152).

Propriété 2

Deux droites parallèles à une même droite sont parallèles.

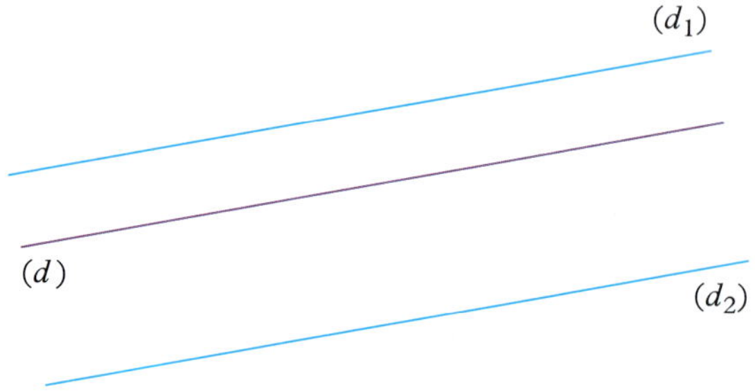

Données

$(d_1) \mathbin{/\!/} (d)$ et $(d_2) \mathbin{/\!/} (d)$.

Conclusion

$(d_1) \mathbin{/\!/} (d_2)$.

Propriété 3

Si deux droites sont parallèles, alors chaque droite perpendiculaire à l'une est aussi perpendiculaire à l'autre.

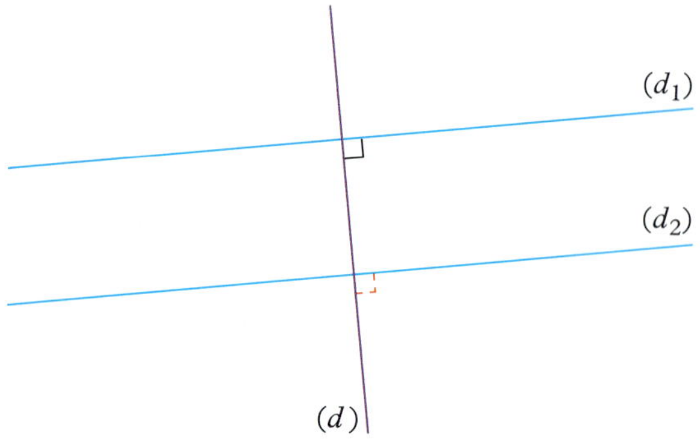

Données

$(d_1) \mathbin{/\!/} (d_2)$ et $(d) \perp (d_1)$.

Conclusion

$(d) \perp (d_2)$.

Remarque

Ne pas confondre la propriété 1 avec la propriété 3 :
- dans la propriété 1, on **sait** qu'il y a **deux angles droits** et on obtient deux parallèles ;
- dans la propriété 3, on **sait** qu'il y a **un angle droit**, **deux parallèles** et on obtient un deuxième angle droit.

Utiliser une propriété

Énoncé

Sur la figure ci-dessous, on a tracé les droites (AB), (AC) et (BD) telles que :
- **la droite (AB) est perpendiculaire à la droite (AC) ;**
- **la droite (BD) est perpendiculaire à la droite (AB).**

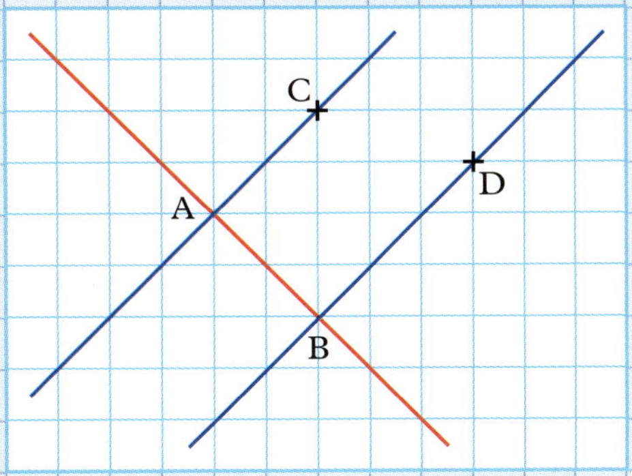

1. À l'aide d'un quadrillage, reproduire cette figure puis la coder.

2. Que peut-on dire des droites (AC) et (BD) ?
Quelle propriété du cours permet d'en être sûr ?

Solution

1. En cas de difficulté, se reporter à la méthode proposée pour reproduire une figure, p. 153.

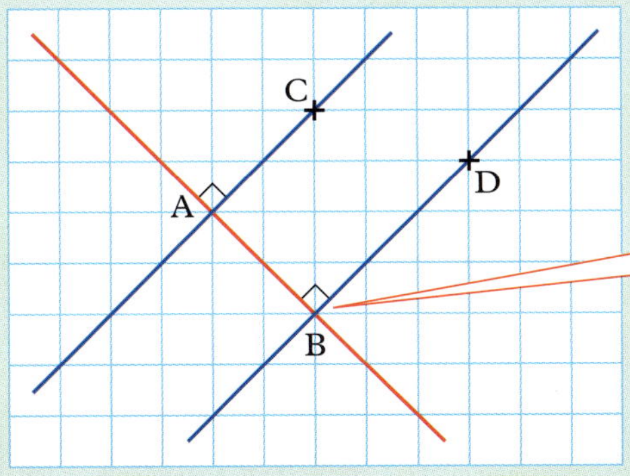

2. On peut d'abord schématiser le raisonnement de la manière suivante :

$$\left.\begin{array}{l}(AC) \perp \mathbf{(AB)} \\ \text{et} \\ (BD) \perp \mathbf{(AB)}\end{array}\right\} \text{ donc } (AC) \,//\, (BD)$$

On écrit ensuite la phrase en citant la **propriété** du cours utilisée :
Deux droites perpendiculaires à une même droite sont parallèles. Donc les droites (AC) et (BD) sont parallèles.

Retenir les méthodes

1 Tracer la perpendiculaire à une droite passant par un point

1re étape

On repère la position de la droite mentalement ou en posant un crayon.

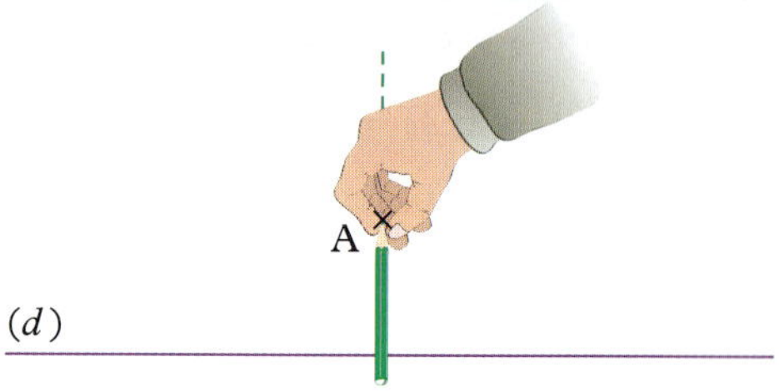

2e étape

On place correctement l'équerre (un des côtés de l'angle droit sur la droite) et on commence à tracer.

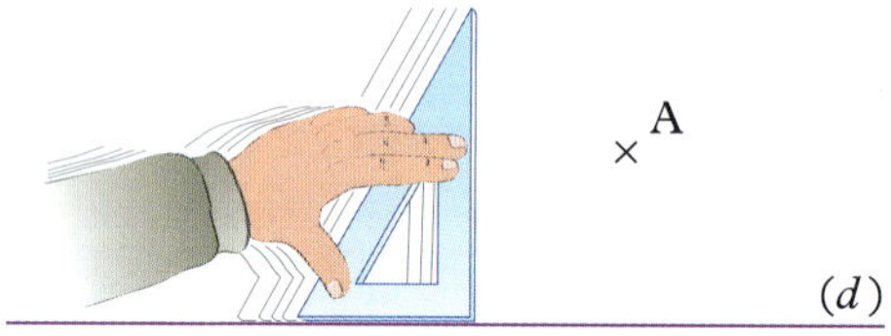

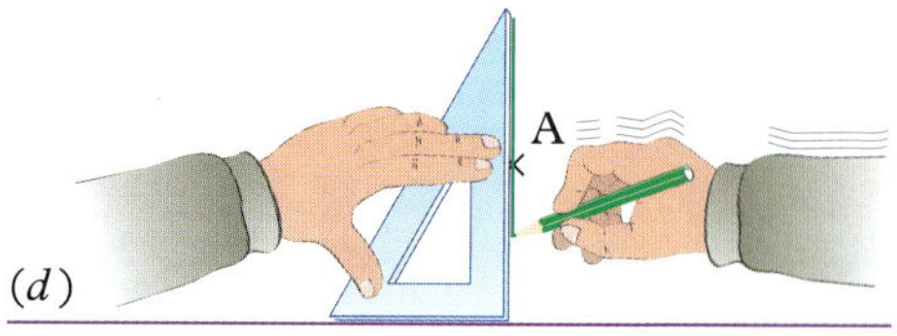

3e étape

On prolonge le tracé et on code la figure.

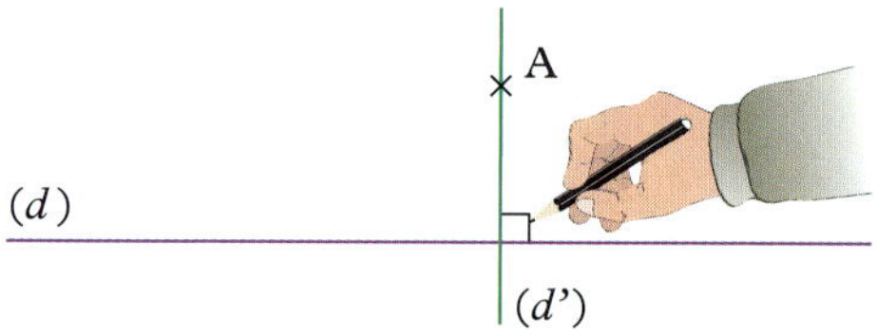

Voir exercice 36, p. 158.

2 Tracer la parallèle à une droite passant par un point

1re étape

On repère la position de la droite mentalement ou en posant un crayon.

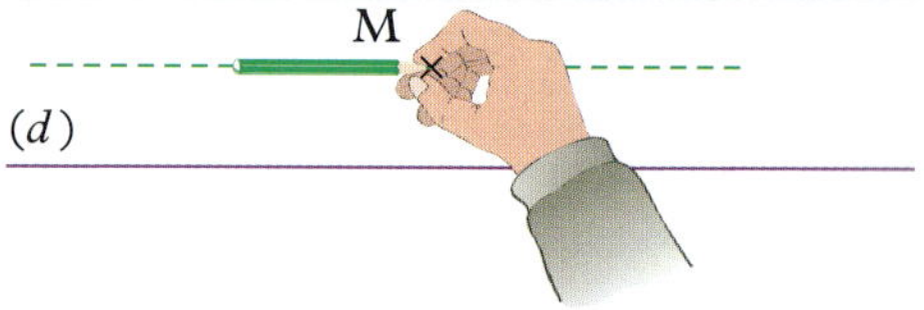

2e étape

On utilise l'équerre et la règle.

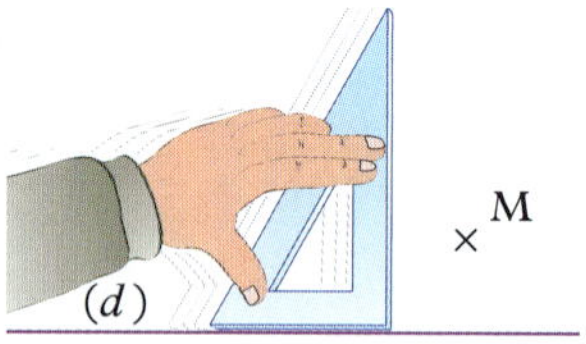

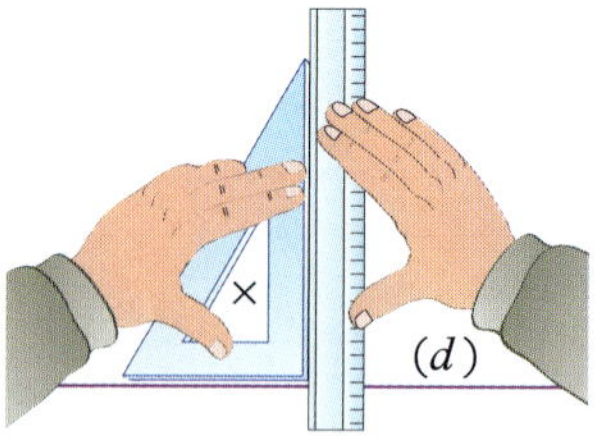

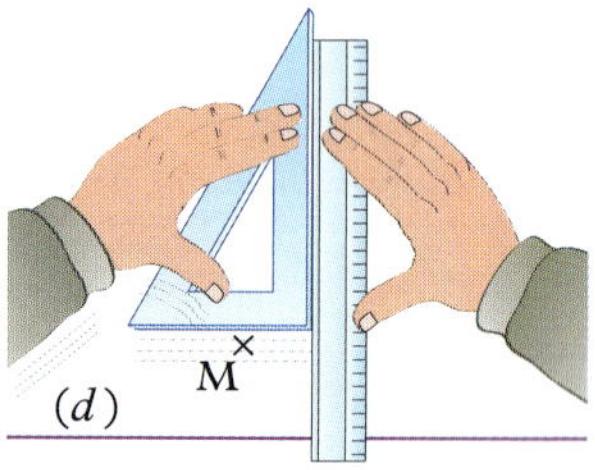

3e étape

On trace la parallèle.

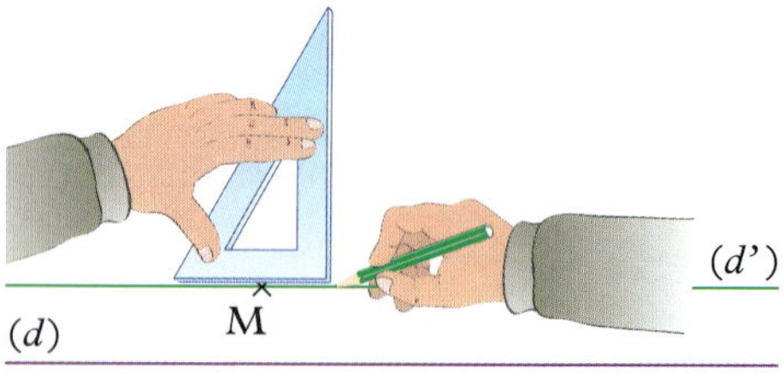

Voir exercice 36, p. 158.

3 Savoir tracer des parallèles sur un quadrillage

Reproduire la figure ci-contre et tracer la parallèle à (*d*) qui passe par P.

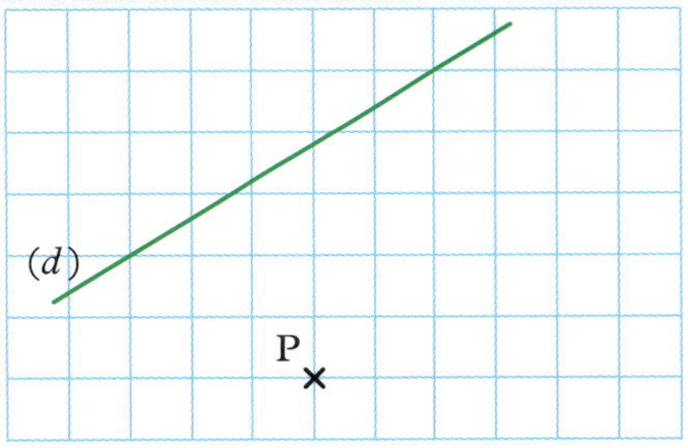

1re étape

On cherche deux points de (*d*) qui sont sur des nœuds du quadrillage puis un chemin à suivre pour aller de l'un à l'autre.

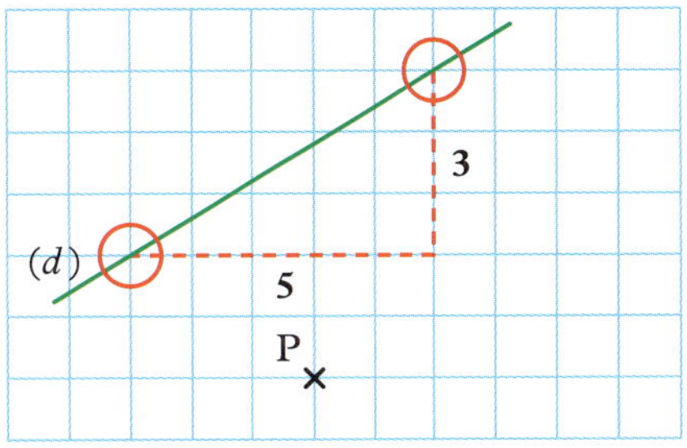

2e étape

En partant de P, on se déplace de 5 carreaux vers la droite et de 3 carreaux vers le haut, puis on marque un point de la parallèle à (*d*) qui passe par P.

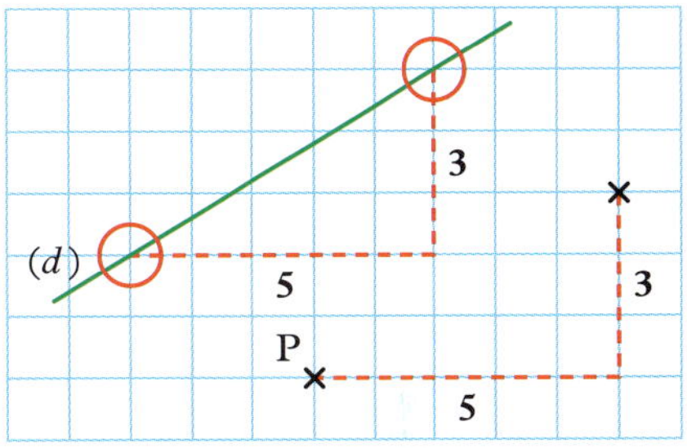

3e étape

On trace alors la parallèle à (*d*) qui passe par P.

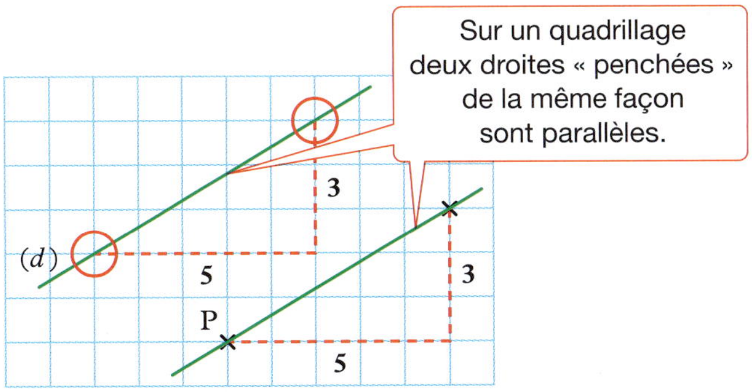

Remarque

Pour tracer une autre parallèle à (*d*), il suffit de refaire la construction à partir d'un autre point.

Voir exercice 37, p. 158.

Coup d'œil sur le chapitre

1 **1.** Citer tous les segments que l'on peut nommer en utilisant les lettres de la figure ci-contre.

2. Même question pour les demi-droites.

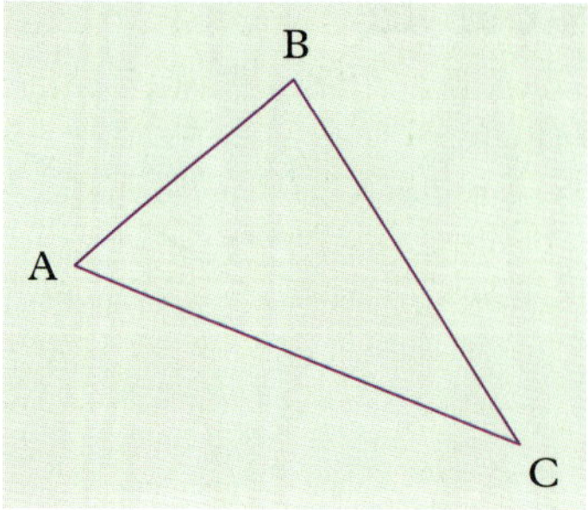

2 Soit [EF] un segment. Construire quatre points J, K, L et M tels que les deux conditions suivantes soient réalisées :

- les segments [JL] et [KM] se coupent en F ;
- les droites (JK) et (ML) se coupent en E.

3 Rédiger un texte qui permette de construire, sans la voir, une figure du même type que celle ci-dessous.

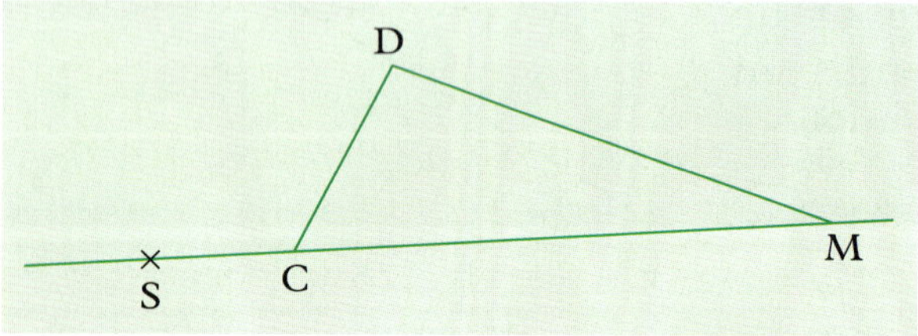

4 **1.** Tracer deux droites (AB) et (AC) sécantes et non perpendiculaires puis placer un point M à l'intérieur du triangle ABC.

2. Compléter la figure à l'aide des renseignements suivants :

- (d_1) est la perpendiculaire à (AC) passant par M et elle coupe (AC) en H ;
- (d_2) est la parallèle à (AB) passant par M et elle coupe [AC] en R et [BC] en S.

5 **1.** À l'aide d'un quadrillage, reproduire la figure ci-dessous.

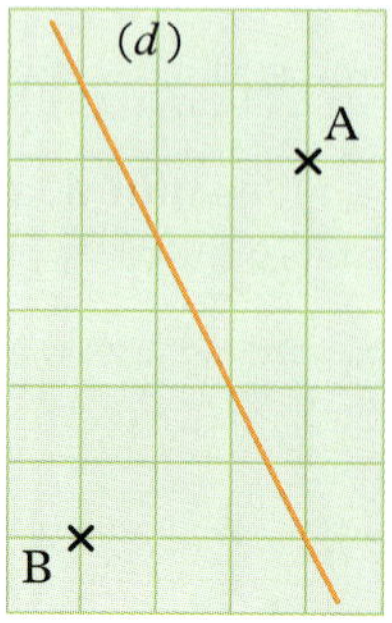

2. À l'aide d'une équerre, tracer (d_1) la perpendiculaire à (d) passant par A.

3. À l'aide d'une règle et d'une équerre, tracer (d_2) la parallèle à (d) passant par B.

4. Que peut-on dire de (d_1) et de (d_2) ? Justifier avec une propriété du cours.

6 **1.** Recopier et compléter le texte suivant pour qu'il corresponde à la figure ci-dessous :

Alice a tracé deux droites (d_1) et (d_2) .... en O. Elle a marqué un point .... sur (d_1) et un point .... sur (d_2). Ensuite, elle a construit la droite (d_3) .... à la droite (d_1) passant par A et la droite (d_4) .... à la droite (d_1) passant par B. Les droites (d_2) et (d_4) se coupent en ....

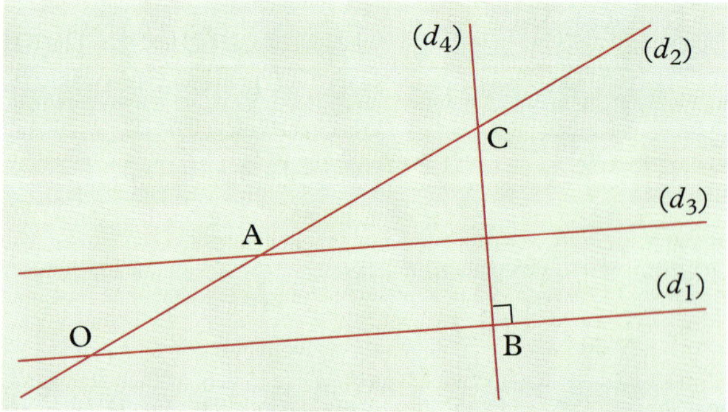

2. Que peut-on dire des droites (d_3) et (d_4) ? Justifier par une propriété du cours.

7 Recopier les affirmations ci-dessous et les compléter, sans les justifier, à l'aide des symboles $\in$, $\notin$, // ou $\perp$.

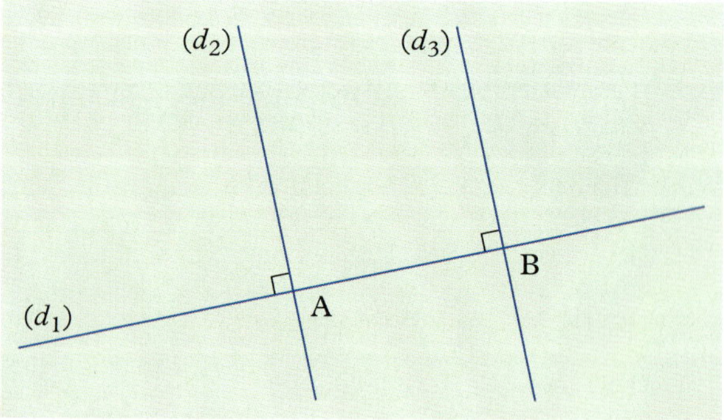

a. (d_2) .... (d_1) ;
b. (d_3) .... (d_1) ;
c. (d_2) .... (d_3) ;
d. A .... (d_1) ;
e. A .... (d_2) ;
f. B .... (d_2).

8 On considère la figure de l'exercice **7**.

1. Recopier et compléter par // ou $\perp$:

Puisque (d_2) .... (d_1)
et (d_3) .... (d_1) } alors (d_2) .... (d_3).

2. Citer la propriété du cours correspondante.

Pour démarrer

Reconnaître, nommer et noter

9 **1.** Parmi les trois figures ci-dessous, quelle est celle qui représente avec le plus de précision la droite (AB) ?

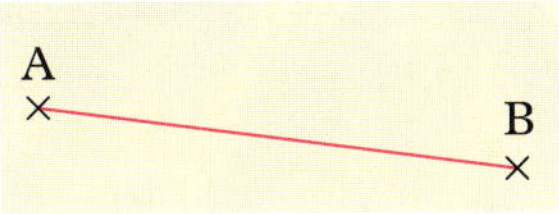

Fig. 1

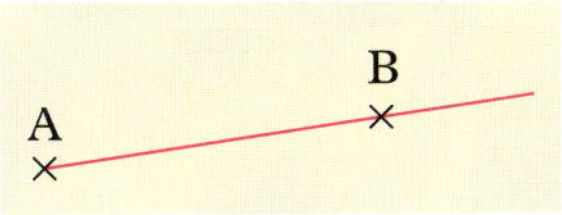

Fig. 2

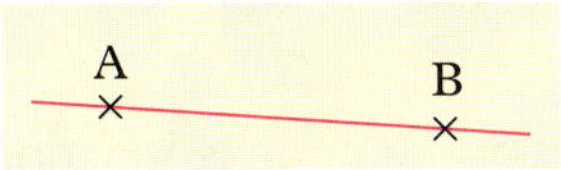

Fig. 3

2. Que représente chacune des autres figures ?

10 **1.** Reproduire une figure du même type que celle ci-contre.

2. Sur la figure obtenue, représenter [AB] en bleu ; (AC) en vert et [CB] en rouge.

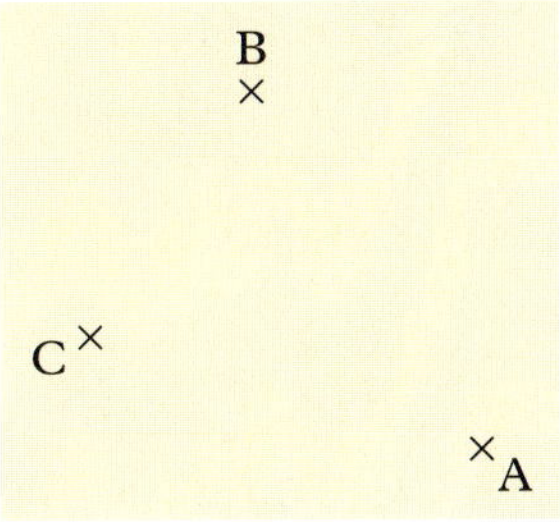

11 Stéphane a représenté la droite (*xy*) et trois de ses points A, B et C.
En utilisant les lettres de la figure, il prétend avoir trouvé sept autres noms pour désigner cette droite.

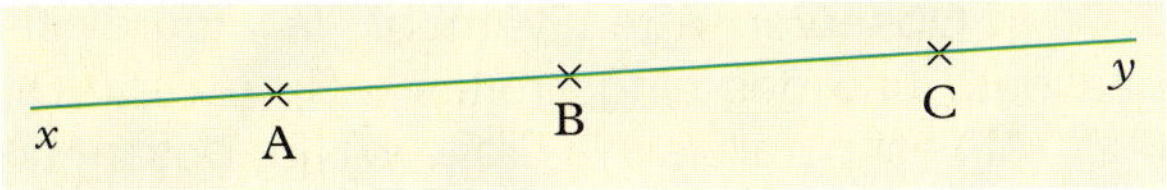

Quels sont ces sept autres noms ?

12 **1.** « La droite (AB), c'est pareil que la droite (BA) » affirme Grégoire. Est-ce exact ?

2. « Le segment [AB], c'est pareil que le segment [BA] » déclare Carole. Est-ce exact ?

3. « La demi-droite [AB), c'est pareil que la demi-droite [BA) » prétend Juliette. Est-ce exact ?

13 **Pareil ou pas ?**

1. a. Soit E et F deux points. Construire sur une même figure la droite (EF) et la droite (FE).
b. Que constate-t-on ? Dans ce cas, on dit que les droites sont confondues.
c. Sur la droite (EF), placer deux autres points B et C. Que peut-on dire des droites (EF) et (BC) ?

2. a. Sur une autre figure, tracer un segment [MN] puis placer R et S deux autres points de ce segment.
b. Les segments [MN] et [NM] sont-ils confondus ? et les segments [RS] et [MN] ?

3. Sur une nouvelle figure, placer deux points K et L et dire si les demi-droites [KL) et [LK) sont confondues.

14 **Du français aux maths**

1. Écrire en langage mathématique les phrases suivantes :
a. La droite (AB) est parallèle à la droite (MN).
b. La droite (DE) est perpendiculaire à la droite (FG).

2. Faire un schéma à main levée correspondant à chaque situation.

15 **Des maths au français**

1. Écrire les phrases suivantes sans utiliser les symboles $\perp$ et //:
a. (TI) $\perp$ (RU) ;
b. (*uv*) // (*xy*) ;
c. (d_1) // (d_2) et $(d_2) \perp (d_3)$.

2. Faire un schéma à main levée correspondant à chaque situation.

Alignement

16 **1.** Dans chacune des figures ci-dessous, les points M, N et P sont-ils sur une même ligne ?

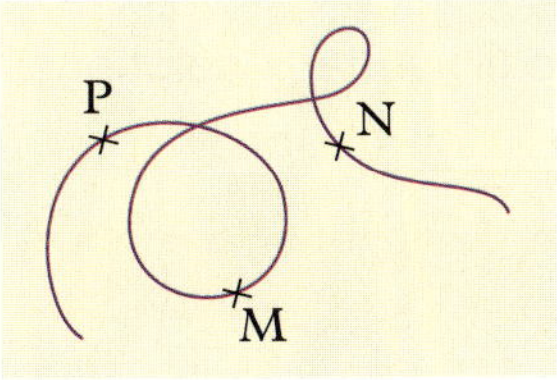

Fig. 1

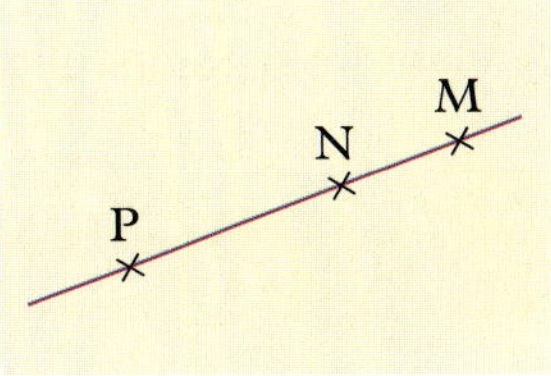

Fig. 2

2. M, N et P sont-ils alignés ? Pourquoi ?

17 **1.** Représenter trois points A, B et C qui ne sont pas alignés.

2. Refaire une figure et représenter trois points M, N et P qui sont alignés.

18 Pourquoi deux points sont-ils toujours alignés ?

19 Combien sont-ils ?
Lilian a représenté deux points L et M puis il a tracé le segment [LM]. Il prétend alors que le segment obtenu ne contient que deux points L et M. Nelly n'est pas du tout d'accord et lui dit :
« Place un point A sur [LM], distinct de L et de M, puis place un point B sur [AL] distinct de A et de L. Place ensuite un point C sur [BL] distinct de B et de L. » Amusée, elle ajoute : « Alors, combien de points obtiens-tu ? Si tu ne le sais pas, continue le procédé ! »
Que peut-on dire du nombre de points d'un segment ?

20 On considère la figure ci-dessous sur laquelle quatre droites sont représentées :

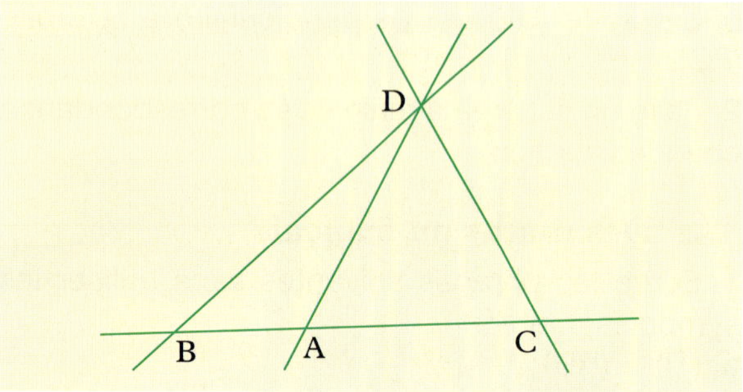

1. Nommer toutes les droites de la figure (chaque droite ne sera nommée qu'une seule fois).

2. Les points A, B et C sont-ils alignés ? Justifier la réponse.

3. Nommer tous les segments de la figure (chaque segment ne sera nommé qu'une seule fois).

21 **1.** Construire deux droites (AB) et (CD) sécantes en M.

2. Quel point se trouve à la fois sur (AB) et sur (CD) ?

3. Citer trois points alignés (il y a deux solutions).

Les symboles $\in$ et $\notin$

22 On considère la figure ci-dessous :

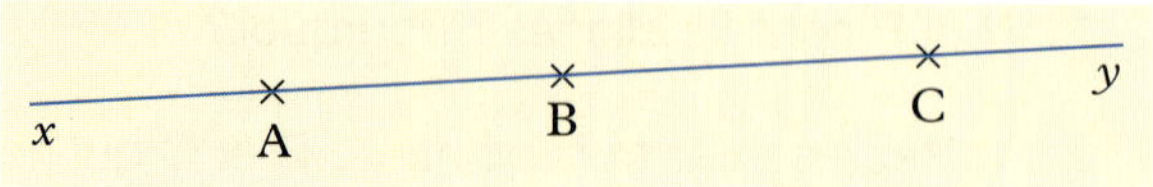

Recopier les affirmations suivantes et les compléter par $\in$ ou par $\notin$:

a. A .... (xy) ; **b.** B .... (AC) ;

c. C .... (AB) ; **d.** C .... [AB] ;

e. A .... [By) ; **f.** C .... [AB).

Observer

23 Dans la figure ci-dessous, est-il vrai que :
a. [AB] coupe (d) ? **b.** (AB) coupe (d) ?
c. [AB) coupe (d) ? **d.** [BA) coupe (d) ?

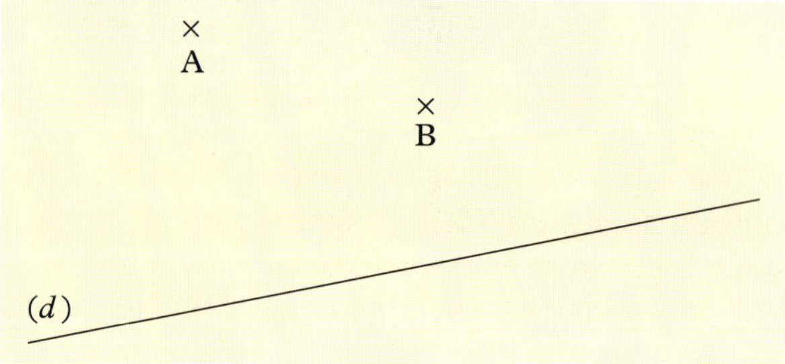

24 **1.** Sur la figure ci-dessous, on sait que :
a. Deux droites sont perpendiculaires. Lesquelles ?
b. Deux droites sont parallèles. Lesquelles ?

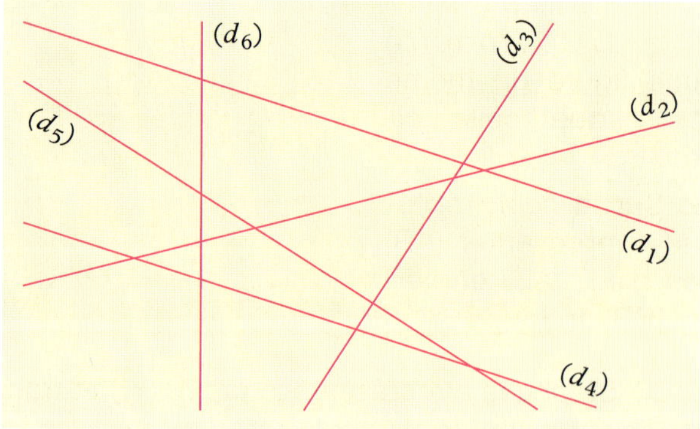

2. Citer les droites sécantes à (d_4).

25 **1.** Observer attentivement la figure ci-dessous : une des cinq droites (AB), (AC), (AD), (AE), (AF) est parallèle à la droite (d). En posant un crayon sur la figure, dire quelle est cette droite parallèle à (d).

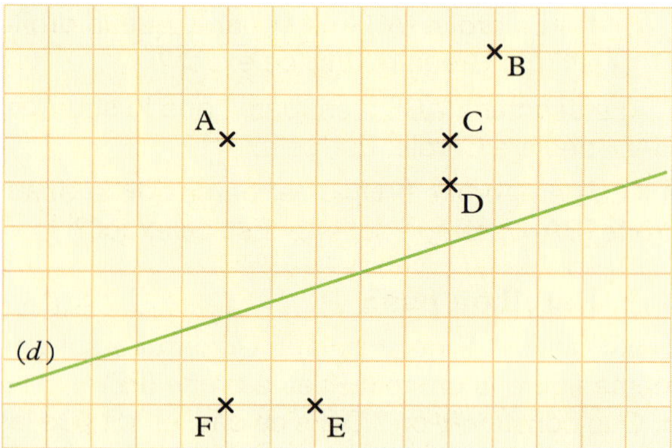

2. Une des droites citées à la question **1** est perpendiculaire à (d). De quelle droite s'agit-il ?

Lire et comprendre

26 Recopier les phrases suivantes et les compléter par *une* ou par *la* :
a. Tracer .... perpendiculaire à la droite (CE).
b. On trace .... droite passant par A et parallèle à la droite (*d*).
c. On trace trois points A, B et C puis on trace .... perpendiculaire à (AB) passant par C.
d. On trace trois points A, B et C puis on trace .... parallèle à (AB) passant par C.

27 Illustrer chacune des situations suivantes par un dessin à main levée, puis recopier l'affirmation et la compléter. Citer la propriété du cours correspondante.

a. Si $(d) \perp (d')$ et $(d') // (d'')$ } alors (d) .... (d'').

b. Si $(d) // (d')$ et $(d') // (d'')$ } alors (d) .... (d'').

c. Si $(d) \perp (d')$ et $(d') \perp (d'')$ } alors (d) .... (d'').

Tracer à main levée

28 Représenter à main levée une droite (*xy*) et une droite (*d*) qui se coupent en un point I.

29 Représenter un segment [MN] et une droite (*d*) sécants en S.

30 **1.** Placer un point A.
2. Construire une droite (*xy*) qui passe par A.
3. Placer sur [A*y*) un point B distinct de A.
4. Placer un point C tel que A, B et C ne soient pas alignés puis colorier en rouge [AC], en vert [CB) et en bleu (AB).

31 **1. a.** Placer trois points R, S et T qui ne soient pas alignés. Tracer les segments [RS], [TR] et [ST].
b. Quel nom porte la figure obtenue ?
2. Que peut-on dire des droites (RS) et (ST) si les points R, S et T sont alignés ?

32 **1.** Tracer quatre points A, B, C et D alignés tels que $C \in [AB]$ et $B \in [CD]$.
2. Reprendre la question **1** avec :
$C \in [AB]$ et $B \notin [CD]$.

Constructions

33 **1.** Construire une figure du même type que celle ci-dessous :

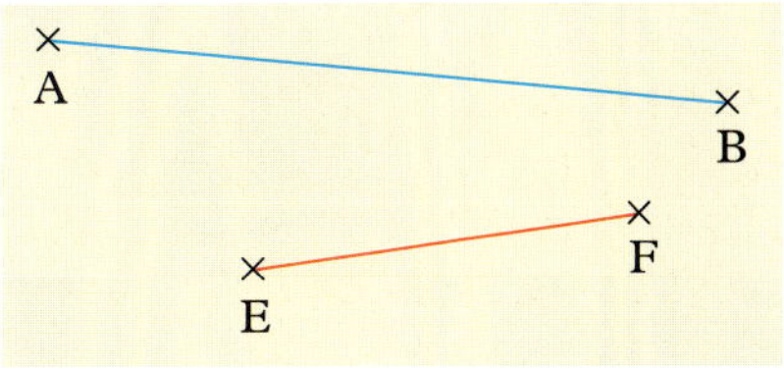

2. Les segments [AB] et [EF] sont-ils sécants ? Les droites (AB) et (EF) sont-elles sécantes ?
3. On donne les informations suivantes : (AB) et (EF) se coupent en M, et [AF] et [BE] se coupent en N. Tracer M et N.
4. Construire le point d'intersection K de la droite (MN) et du segment [AE], et le point d'intersection L de (MN) avec [BF].

34 **Bien positionner l'équerre**
Trois élèves ont réalisé les tracés suivants :

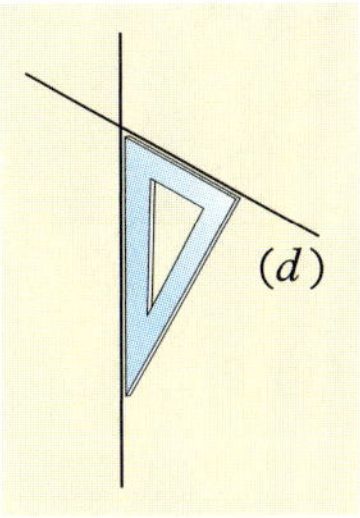

Tracé de Laure

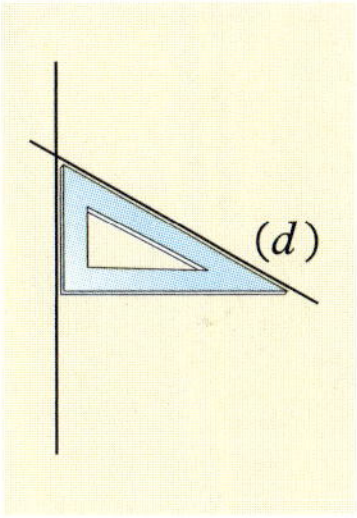

Tracé de Kim

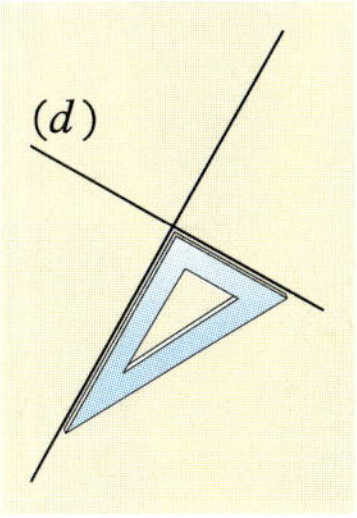

Tracé de Suzanne

Laquelle a construit avec son équerre une perpendiculaire à la droite (*d*) ?

35 **1.** Reproduire les figures ci-dessous sur un quadrillage puis, pour chacune d'elles, tracer en bleu à l'aide d'une équerre la perpendiculaire à (*d*) passant par A.

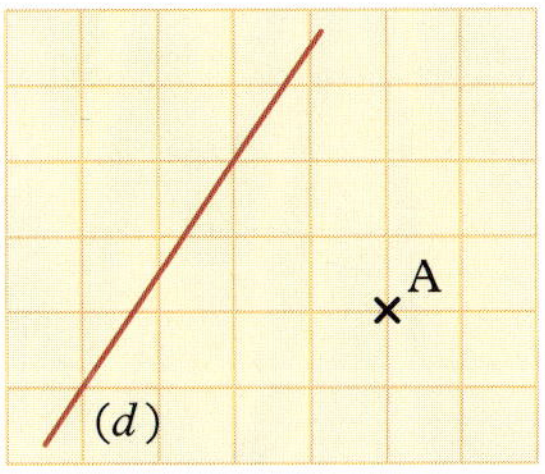

Fig. 1

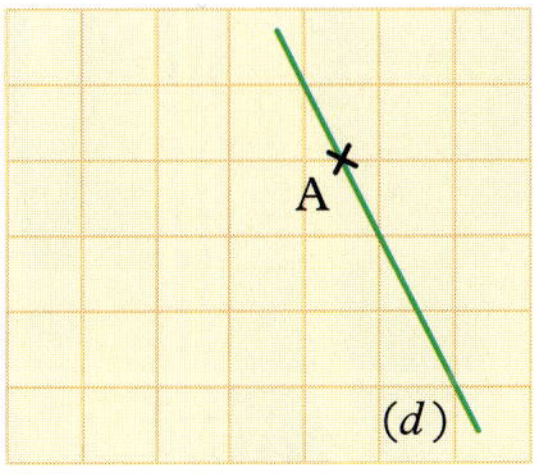

Fig. 2

2. a. Pour la figure 1 : tracer en vert, à l'aide d'une règle et d'une équerre, la parallèle à (*d*) passant par A.
b. Pour la figure 2 : de quel instrument a-t-on besoin pour construire la parallèle à (*d*) passant par A ?

Exercices

36 **1.** Reproduire précisément la figure ci-dessous sur un quadrillage :

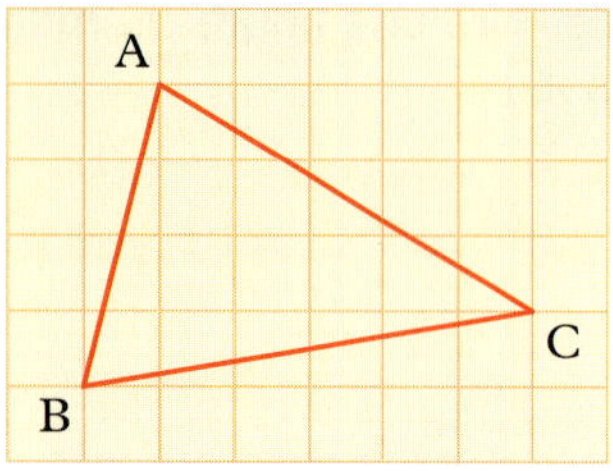

2. Construire à la règle et à l'équerre :
a. en bleu, la perpendiculaire à (BC) passant par A ;
b. en vert, la parallèle à (BC) passant par A.

***Voir* Retenir les méthodes 1 *et* 2, *p.* 152.**

37 **Rien qu'avec le quadrillage !**
Reproduire précisément les figures ci-dessous puis, pour chacune d'elles, utiliser le quadrillage pour tracer la parallèle à (*d*) passant par P.

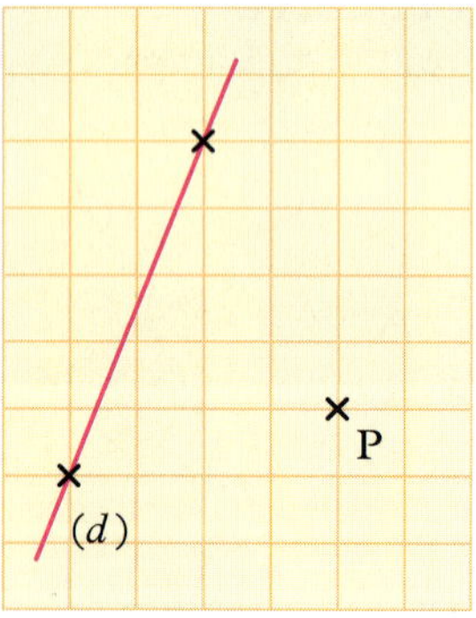

Fig.1

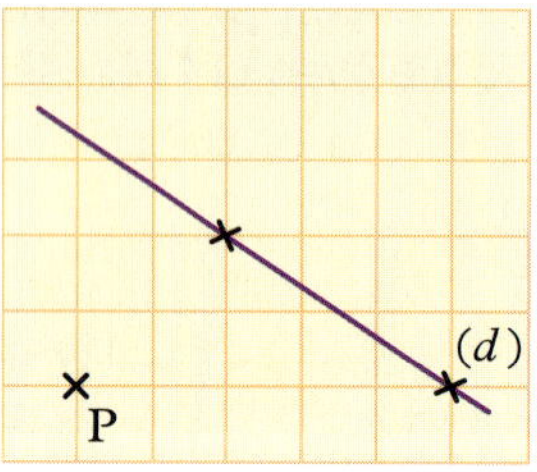

Fig. 2

***Voir* Retenir les méthodes 3, *p.* 153.**

Retrouver le texte

38 Recopier et compléter le texte ci-dessous afin qu'il corresponde à la figure suivante :

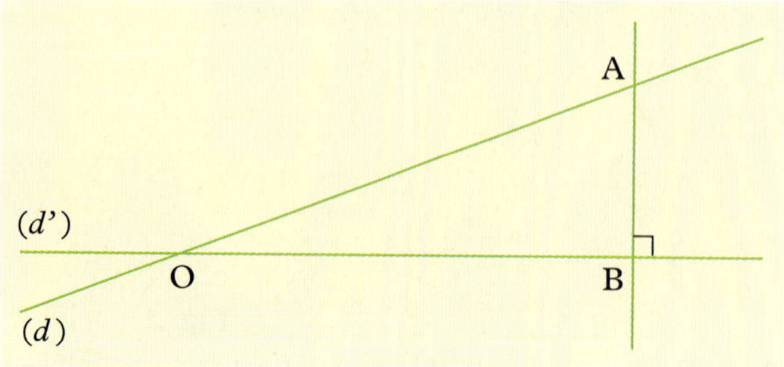

Arthur a tracé deux droites (*d*) et (*d'*) .... en O. Il a marqué un point .... sur (*d*) puis il a construit la droite qui est .... à .... et qui passe par A. Cette droite coupe (*d'*) en ....

39 Reprendre l'exercice **38** avec :

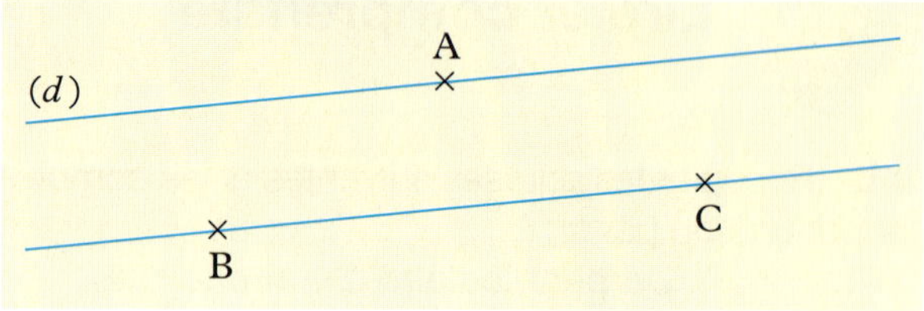

Véronique a tracé trois points A, B et C non .... puis elle a représenté la droite (*d*) .... à (BC) passant par le point ....

40 Bruno a tracé les deux figures ci-dessous :

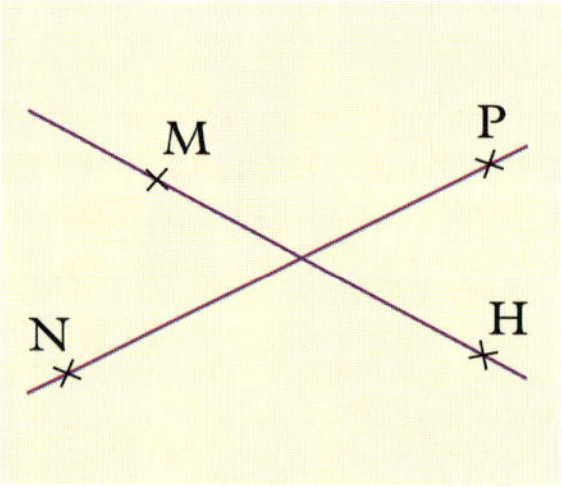

Fig. 1

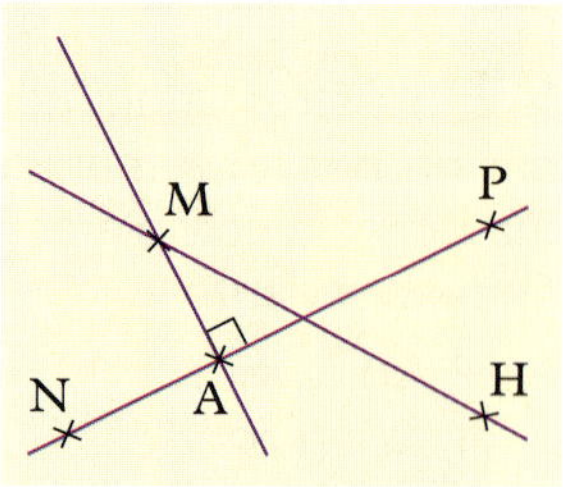

Fig. 2

Écrire la consigne que Bruno a scrupuleusement suivie pour passer de la figure 1 à la figure 2.

Lire et compléter une figure

41 **1.** Reproduire une figure du même type que celle ci-dessous :

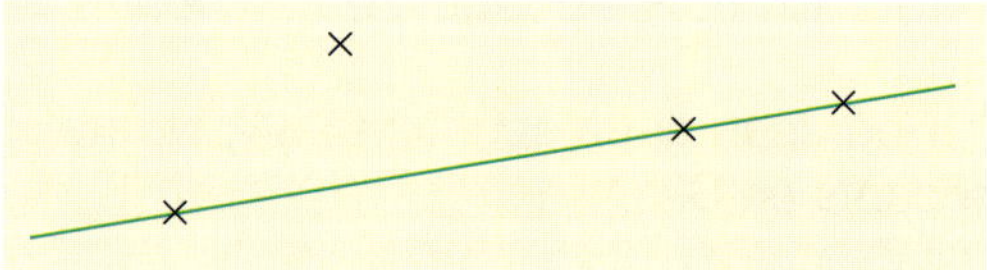

2. Sur cette figure, indiquer le nom des quatre points marqués à l'aide des renseignements suivants : E, F et R sont alignés, mais E, F et G ne sont pas alignés. Proposer deux solutions (faire deux figures).

42 **1.** Construire une figure du même type que celle ci-dessous :

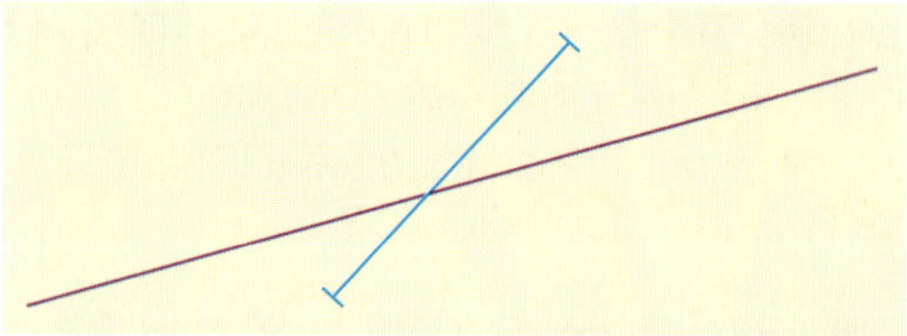

2. Compléter cette figure pour qu'elle corresponde au texte suivant : « La droite (*xy*) coupe le segment [AB] en M. »

43 On considère la figure suivante :

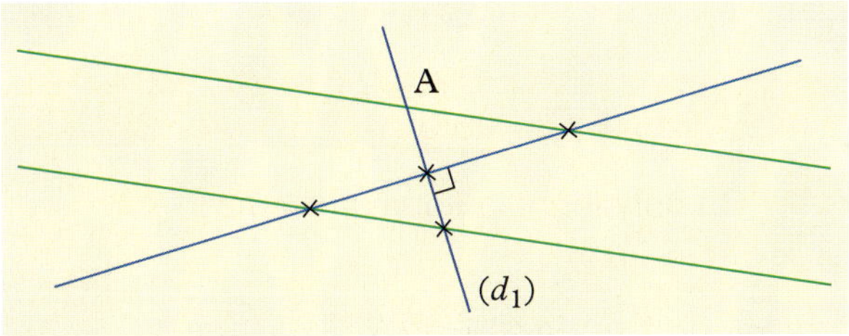

La droite (d_1) est perpendiculaire en O à la droite (d_2). On a placé un point A sur (d_1) et un point B sur (d_2) puis on a tracé une parallèle (d_3) à (AB). Cette parallèle coupe (d_1) en C et (d_2) en D.
Refaire une figure à main levée et y placer les noms des points repérés par une croix.

Décrire précisément une figure

44 Hier, Pierre était absent du cours de mathématiques. Sa camarade Julie lui décrit donc au téléphone la figure ci-dessous afin qu'il puisse en construire une du même type.

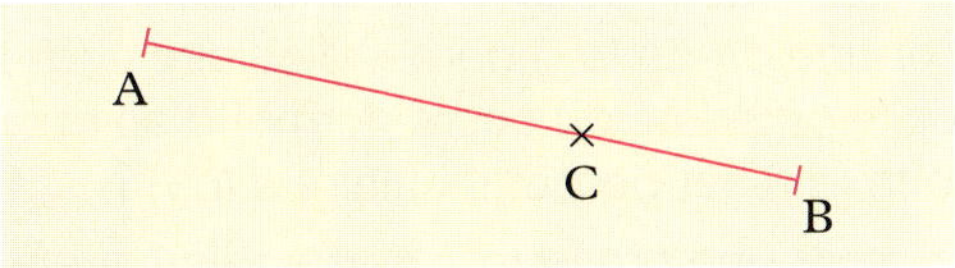

Écrire la consigne donnée par Julie.

45 Reprendre l'exercice **44** avec :

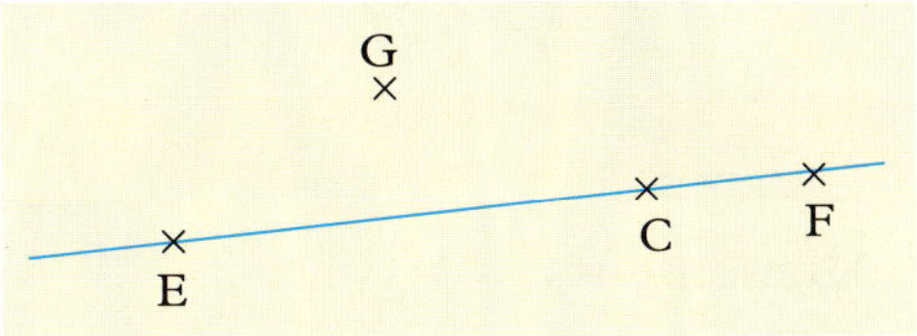

46 Une webcam a pris des photos du tableau au fur et à mesure de la construction d'une figure. Mais le micro n'a pas fonctionné et on ne peut donc pas entendre les consignes.

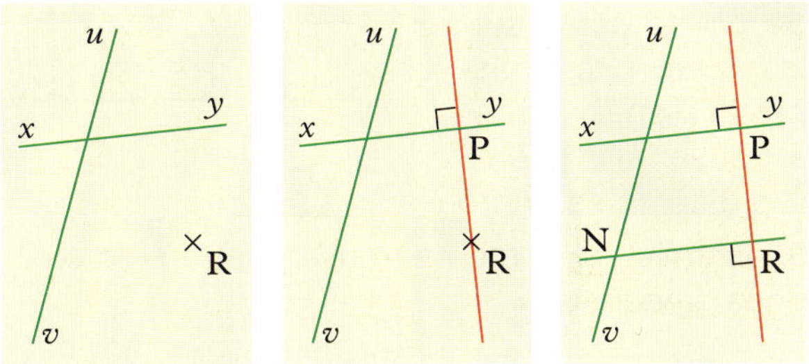

Photo 1 **Photo 2** **Photo 3**

1. Quelle était la consigne correspondant à la photo 1 ?

2. Quelle consigne permet de passer de la photo 1 à la photo 2 puis de la photo 2 à la photo 3 ?

3. Quelles consignes doit-on donner pour obtenir la même figure, mais cette fois en commençant par tracer la droite rouge ?

Qui a raison ?

Pour aller plus loin

Constructions

47 **Alignements**

1. En utilisant un quadrillage, reproduire les trois carrés de la figure ci-contre.

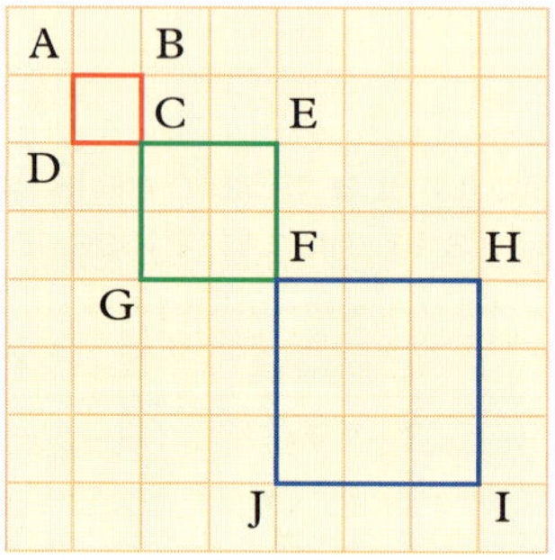

2. À la question « En utilisant des noms de points écrits sur la figure, citer trois points alignés », Driss a trouvé huit réponses différentes. Retrouver ces huit réponses.

3. Jérémie, lui, a même trouvé quatre points alignés ! Lesquels ?

48 **Un texte, deux figures**

1. a. Représenter deux droites (AB) et (xy) qui se coupent en S.
b. Sur la figure obtenue, la droite (xy) coupe-t-elle le segment [AB] ?

2. Sophie et Fred ont répondu correctement à la question **1** pourtant leurs réponses à la question **1b** sont différentes. Expliquer cette différence en réalisant une autre figure pour la question **1**.

49 Pour cet exercice, faire une figure de grande taille.

1. Dessiner un triangle ABC puis construire à l'équerre :
a. la perpendiculaire à (BC) passant par A ;
b. la perpendiculaire à (CA) passant par B ;
c. la perpendiculaire à (AB) passant par C.

2. Quelle remarque peut-on faire concernant les trois perpendiculaires tracées ?

50 On considère la figure ci-dessous :

1. Reproduire une figure du même type.

2. Citer les droites parallèles de cette figure.
Quelle propriété du cours permet de justifier ces affirmations ?

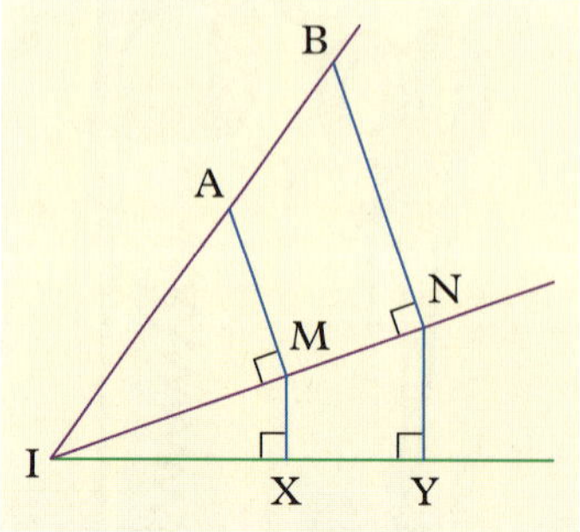

Tracer, observer, justifier

51 On considère la figure suivante :

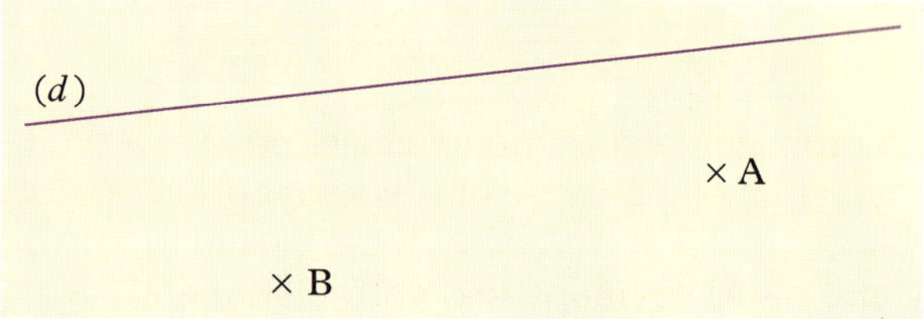

1. Reproduire une figure du même type.

2. Tracer :
a. en rouge, la droite (d_1) perpendiculaire à (d) passant par A ;
b. en bleu, la droite (d_2) perpendiculaire à (d) passant par B.

3. Quelle propriété du cours permet d'affirmer que la droite (d_1) est parallèle à (d_2) ?

52 **1. a.** Tracer deux droites (d_1) et (d_2) parallèles et une droite (d_3) perpendiculaire à (d_1).
b. Quelle propriété du cours permet d'affirmer que la droite (d_3) est perpendiculaire à (d_2) ?

2. a. Tracer une droite (d_4) perpendiculaire à (d_3).
b. Quelle propriété du cours permet d'affirmer que la droite (d_4) est parallèle à (d_2) ?

53 Dans le quadrilatère suivant, on sait qu'il y a trois angles droits :

1. a. Recopier et compléter avec // ou ⊥ :

Puisque (AD) .... (AB)
et (BC) .... (AB) } alors (AD) .... (BC).

b. Citer la propriété du cours correspondante.

2. a. Recopier et compléter avec // ou ⊥ :

Puisque (AD) .... (BC)
et (AD) .... (DC) } alors (DC) .... (BC).

b. Citer la propriété du cours correspondante.

54 **1.** Construire un triangle comme celui de la figure ci-dessous où les droites (AB) et (BC) sont perpendiculaires.

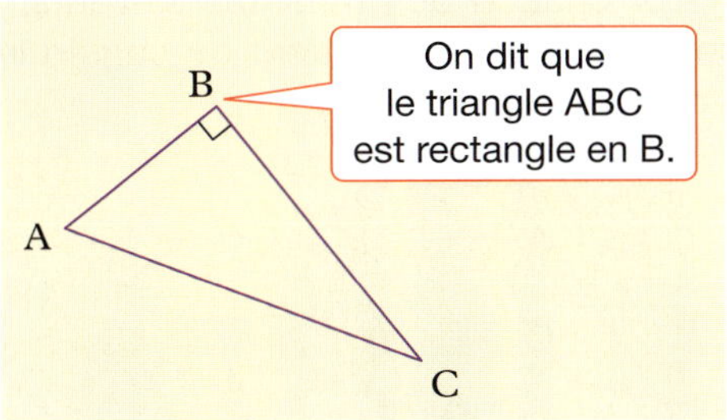

2. Construire la perpendiculaire à (AC) passant par B. Elle coupe (AC) en H.

3. Construire la droite (*d*) perpendiculaire à (AB) passant par H. Elle coupe (AB) en M.

4. Construire de même la droite (*d'*) perpendiculaire à (BC) passant par H. Elle coupe (BC) en N.

5. a. À l'aide des propriétés du cours, expliquer pourquoi les droites (HN) et (AB) sont parallèles.
b. Citer d'autres droites parallèles de cette figure.

55 **1.** Représenter une droite (CD).

2. Placer sur cette droite un point E qui soit sur le segment [DC] et un point G tel que D soit sur le segment [GE].

3. Que peut-on dire des points C, E et G ?

56 **1.** Construire une figure du même type que celle ci-dessous en respectant le codage :

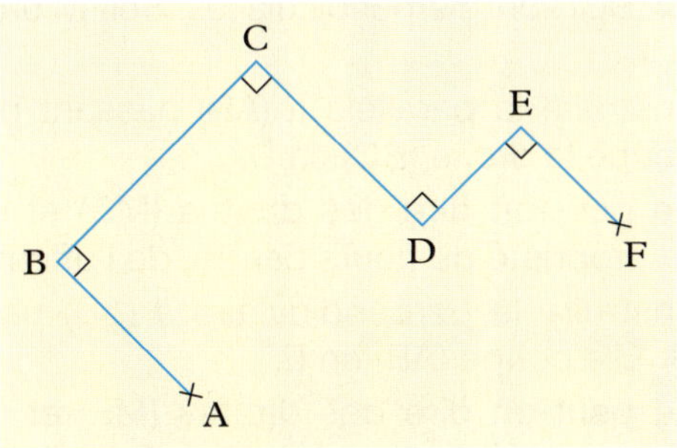

2. a. En utilisant le codage, citer toutes les droites perpendiculaires de la figure.
b. Indiquer une droite, autre que (ED), qui semble perpendiculaire à (EF).
c. Recopier et compléter :
On sait que (BC) .... (CD)
et (DE) .... (CD) } alors (BC) .... (DE).
On sait que (BC) .... (DE)
et (EF) .... (DE) } alors (EF) .... (BC).
Comparer ce résultat avec la réponse à la question **b**.

57 On considère la figure suivante :

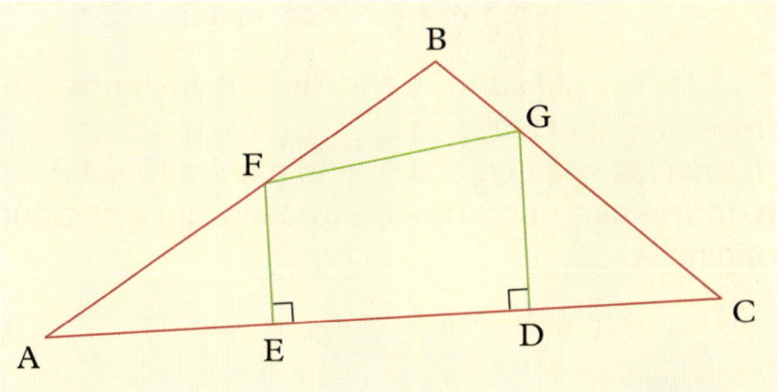

1. D'après le codage, citer toutes les droites de la figure dont on est sûr qu'elles sont perpendiculaires.

2. a. D'après la figure, certaines droites semblent parallèles. Lesquelles ?
b. À l'aide d'une propriété du cours, justifier que ces deux droites sont parallèles.

3. a. Réaliser une telle figure puis tracer la droite (*d*) parallèle à (AC) passant par B.
b. Que peut-on dire de (*d*) et de (EF) ?
c. En utilisant une propriété du cours, prouver que la réponse à la question **b** est juste.

Des constructions utiles

58 **Des parallèles au compas**
Voici le film d'une construction au compas de la parallèle à la droite (*d*) passant par A :

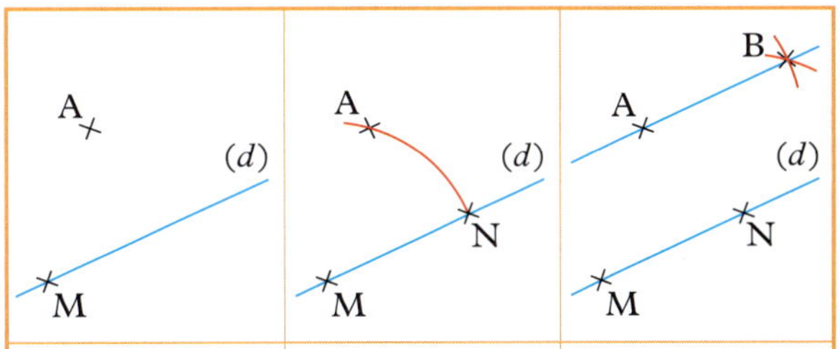

Étape 1 : on prend un point M sur (*d*).	**Étape 2 :** on trace l'arc de cercle de centre M et passant par A. Il coupe (*d*) en N.	**Étape 3 :** avec la même ouverture de compas, on trace les arcs de centres N et A. Ils se coupent en B. On trace (AB).

1. Représenter une droite (*xy*) et un point B qui n'appartient pas à (*xy*).

2. En utilisant la méthode décrite ci-dessus, tracer au compas (*d'*) la parallèle à (*xy*) qui passe par B.

Exercices

Devoirs à la maison

59 **1.** En utilisant les lettres de la figure ci-dessous, citer :
a. tous les segments dont une extrémité est A ;
b. toutes les demi-droites tracées qui ont pour origine A.

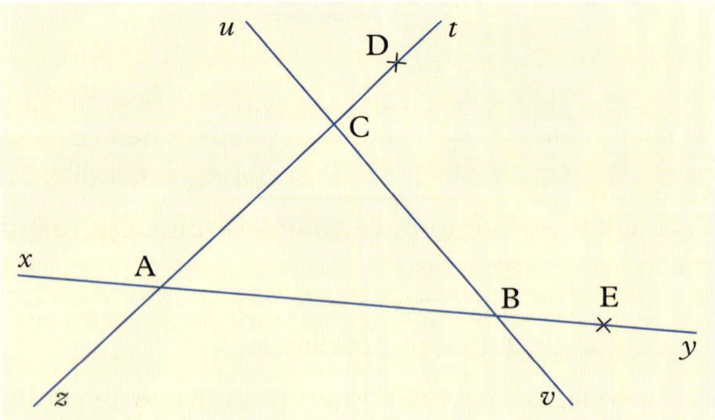

2. Recopier et compléter en utilisant $\in$ ou $\notin$:

a. E .... (AB) ; **b.** E .... [AB] ;
c. D .... [CA) ; **d.** D .... [AC) ;
e. B .... (AC) ; **f.** B .... [AC].

60 **L'équerre cassée**
Comme le montre le dessin ci-dessous, on ne dispose que d'un petit morceau d'équerre pour réaliser la figure.

1. Prendre une feuille non quadrillée (format 21 × 29,7 cm) puis représenter une droite (*d*) (en bas à droite).
Placer un point A (en haut à gauche) de telle façon que le morceau d'équerre soit trop court pour tracer directement la perpendiculaire à (*d*) passant par A.

2. Tracer la perpendiculaire à (*d*) passant par A en utilisant uniquement ce morceau d'équerre.

61 Pour chacun des trois cas suivants, écrire des consignes qui permettent de construire une figure du même type.

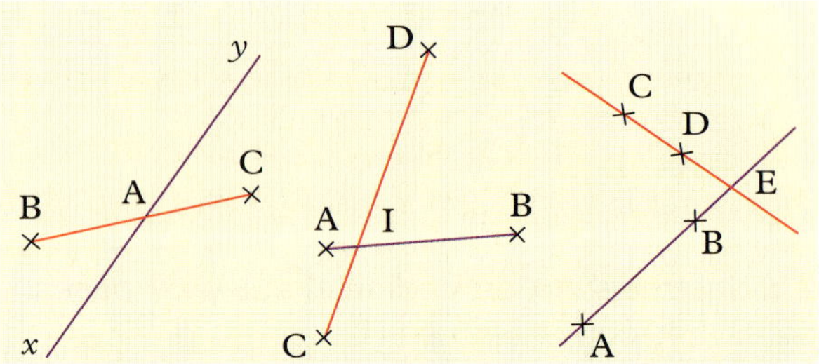

Fig. 1 **Fig. 2** **Fig. 3**

62 **1.** Tracer un cercle puis tracer un triangle ABC dont les trois sommets sont sur le cercle.

2. Prendre un 4e point M sur le cercle et tracer à l'équerre les droites (d_1), (d_2) et (d_3) telles que :
- M $\in (d_1)$ et $(d_1) \perp$ (AB) ;
- M $\in (d_2)$ et $(d_2) \perp$ (BC) ;
- M $\in (d_3)$ et $(d_3) \perp$ (CA).

3. On note :
- H le point d'intersection de (d_1) et de (AB) ;
- K le point d'intersection de (d_2) et de (BC) ;
- L le point d'intersection de (d_3) et de (CA).

À la vue du dessin, que peut-on penser des points H, K et L ?

63 **1.** Construire un triangle ABC où les droites (AB) et (BC) sont perpendiculaires. Soit M un point de [AC).

2. Construire la parallèle à (AB) passant par M. Elle coupe la droite (BC) en D.

3. Que peut-on dire des droites (MD) et (BC) ? Quelle propriété du cours permet de l'affirmer ?

4. Construire la perpendiculaire à (AB) passant par M. Elle coupe (AB) en E.

5. Que peut-on dire des droites (ME) et (BC) ? Quelle propriété du cours permet de l'affirmer ?

6. Que peut-on dire des droites (EM) et (MD) ? Quelle propriété du cours permet de l'affirmer ?

Petits exposés

1. Rechercher des noms de géomètres illustres. Que leur doit-on ?
2. Comment construire des perpendiculaires à l'aide d'un quadrillage (sans suivre les lignes) ?

L'équerre du débrouillard

En suivant les indications ci-dessous, tu pourras facilement fabriquer une équerre en papier.

Casse-tête…

Jeu de piste À bord de son chasse-neige, Claudio doit se rendre du point D au point A, mais malheureusement la direction du véhicule est quasiment bloquée par le froid !
Ainsi, le chasse-neige ne parvient à se déplacer qu'en ligne droite ou bien tourner et se retrouver sur une perpendiculaire à la droite qu'il suivait. Il peut avancer de n'importe quelle distance mais ne doit tourner que quand il se trouve sur un nœud du quadrillage.

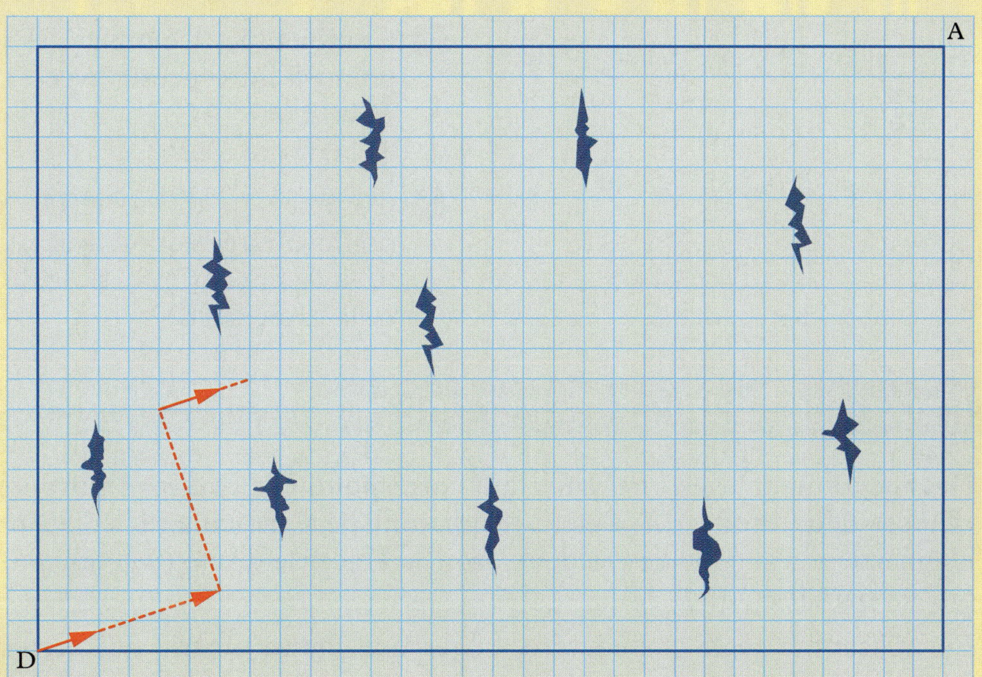

1. Sans tenir compte des zones bleues, tracer sur une feuille de papier calque un chemin possible pour aller de D à A si Claudio démarre en suivant le tracé en pointillés rouges.

2. En fait, les zones bleues sont des crevasses infranchissables que le chasse-neige de Claudio doit absolument contourner.
Reprendre la question **1** en tenant compte de cette nouvelle contrainte.

Soutien

A Distinguer segment, droite et demi-droite

Pierre a écrit dans le tableau ci-dessous tout ce qu'il faut savoir, afin que son ami Yann sache distinguer un segment d'une droite ou d'une demi-droite.

<table>
<tr><th>Avec le nom</th><th>Avec les notations</th><th>Exemple : la demi-droite [BA].</th></tr>
<tr>
<td>• Un segment s'arrête aux deux extrémités.
• Une demi-droite ne s'arrête que d'un côté.
• Une droite ne s'arrête ni d'un côté ni de l'autre.</td>
<td>• Un crochet [ou un crochet] indique que cela s'arrête.
• Une parenthèse (ou une parenthèse) indique que cela ne s'arrête pas.</td>
<td>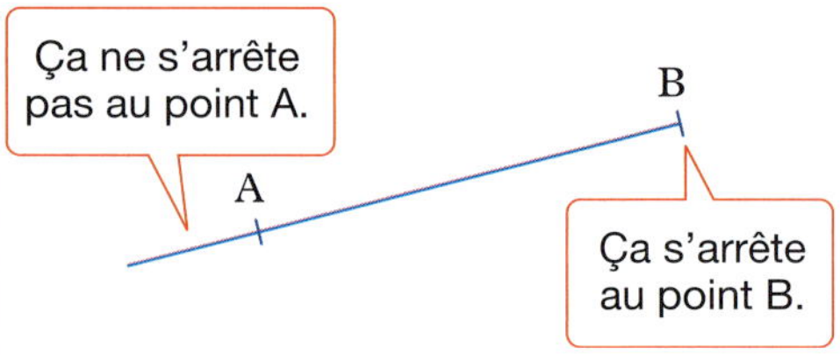
</td>
</tr>
</table>

Reproduire chaque figure ci-dessous puis indiquer quel objet est représenté. Écrire son nom en utilisant des parenthèses ou des crochets.

1.

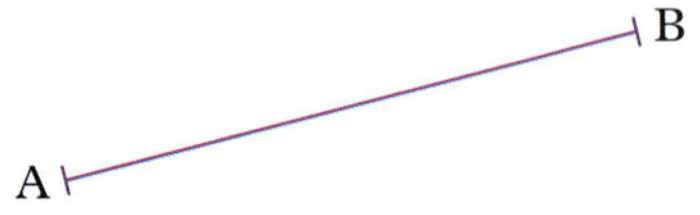

2.

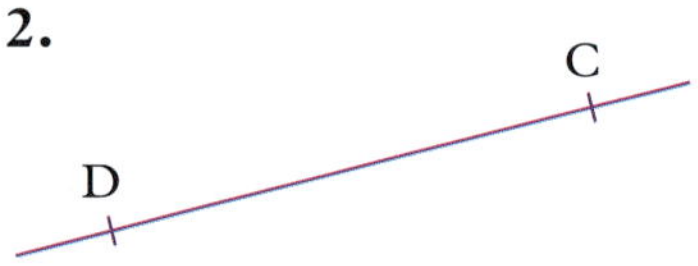

3.

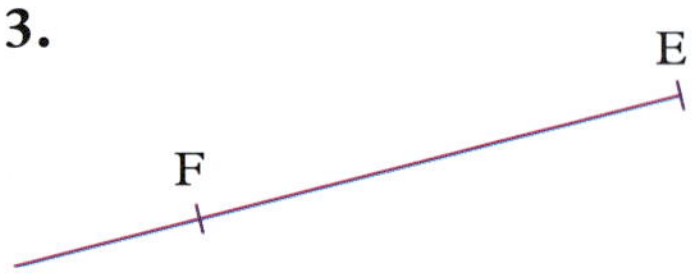

B Trouver des points d'intersection

Dans cette figure, on sait que (AB) // (DE).

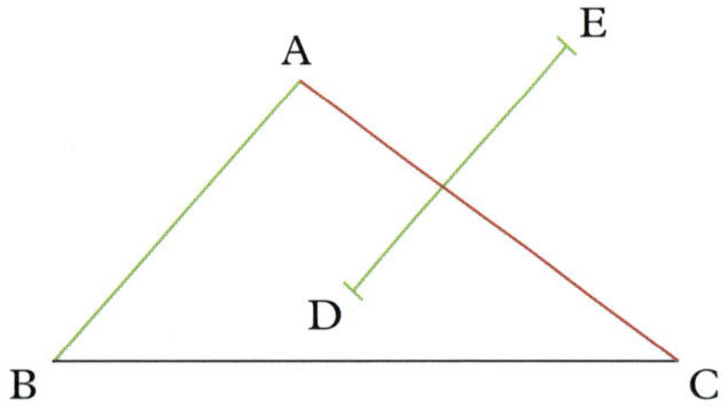

1 Combien le segment [ED] a-t-il de points d'intersection avec :
a. la droite (AC) ? **b.** la droite (BC) ?
c. la droite (AB) ?

2 Combien la droite (ED) a-t-elle de points d'intersection avec :
a. la droite (AC) ? **b.** la droite (BC) ?
c. la droite (AB) ?

C Tracer une figure et utiliser une propriété du cours

1 Dessiner à main levée une figure qui correspond à la consigne suivante : « Tracer deux droites (d_1) et (d_2) qui sont perpendiculaires et un point A qui n'appartient à aucune de ces deux droites. Tracer la droite (d_3) qui passe par A et qui est parallèle à (d_1). »

2 En utilisant la règle et l'équerre, tracer une figure précise qui correspond à la question précédente.
Indication : (d_1) perpendiculaire à (d_2), donc toute droite perpendiculaire à (d_2) est parallèle à (d_1).

3 Citer la propriété du cours (p. 150) qui a permis d'écrire l'indication de la ligne précédente.

Chapitre 9

Problèmes de distance

Avant de démarrer

1 Changement d'unités

Un escargot en balade a parcouru d'abord 3,4 m puis 456 mm puis 0,0245 km.
Exprimer la distance totale de son trajet en cm.

2 À égale distance sur le segment

a. Tracer un segment [AB].

b. Placer un point de ce segment qui soit à égale distance de A et de B.
Combien trouve-t-on d'emplacements possibles ?

3 Tous à 3 cm de A

a. Placer un point A.

b. Tracer au moins 1 000 points de la feuille qui soient à 3 cm de A.

4 À égale distance sur la feuille

a. Tracer un segment [AB].

b. Placer au moins 1 000 points de la feuille qui soient chacun à égale distance de A et de B.

5 De la plus longue à la moins longue

Voici trois lignes : une verte, une rouge et une bleue.

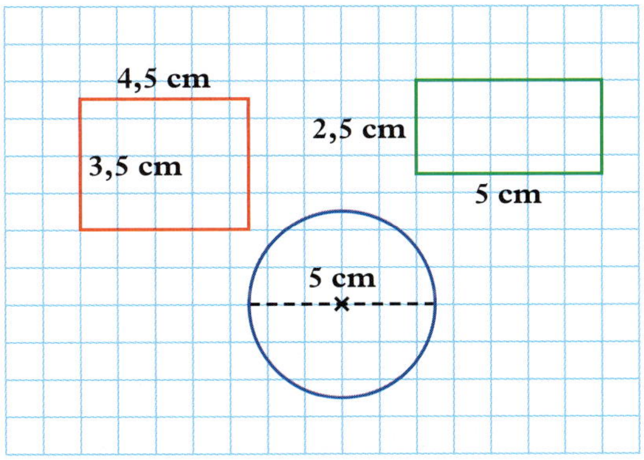

Classer ces trois lignes de la plus longue à la moins longue.

Activités

1 Convertir des longueurs

1 Dans le tableau ci-contre, on a écrit la longueur 0,45 m.
La convertir en mm, puis en km.

km	hm	dam	m	dm	cm	mm
			0	4	5	

2 Convertir 2,73 km en m.

3 Trois baguettes de bois ont pour longueur 23 cm, 540 mm et 1,85 dm.
En les mettant bout à bout, obtient-on une longueur de 1 m ?

Voir exercice 15, p. 176.

2 Trouver le milieu

1 **a.** Reproduire ce segment en vraie grandeur.

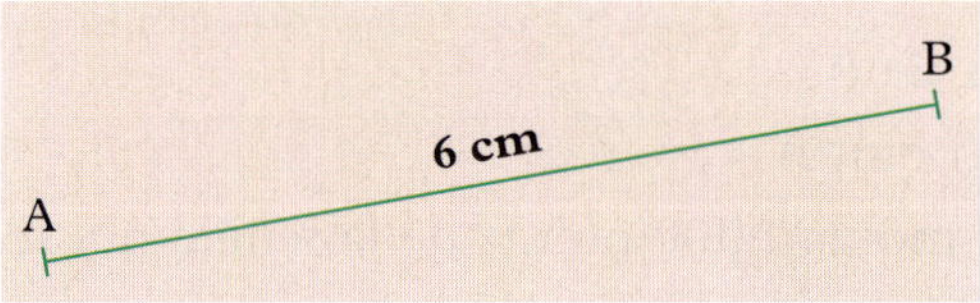

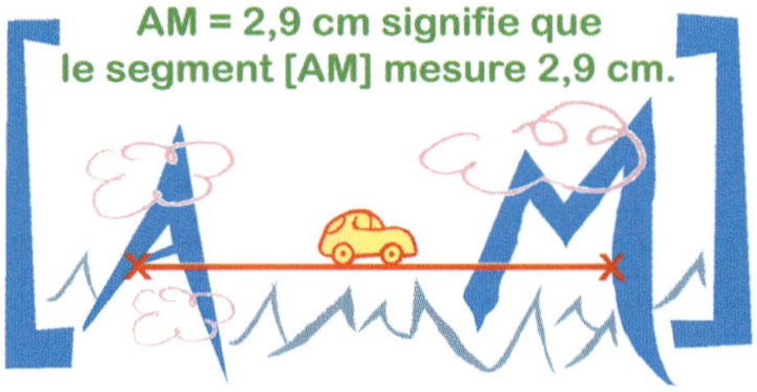

b. Sur ce segment, placer les points M, N et P tels que :
AM = 2,9 cm , AN = 3 cm et AP = 3,1 cm .
c. Vérifier que l'un des trois points M, N ou P est à égale distance de A et de B. Quel est ce point ?
d. Quel mot désigne ce point ?

2 On a demandé à Vincent de tracer le milieu L du segment [RS].
Voici ce qu'il a dessiné :

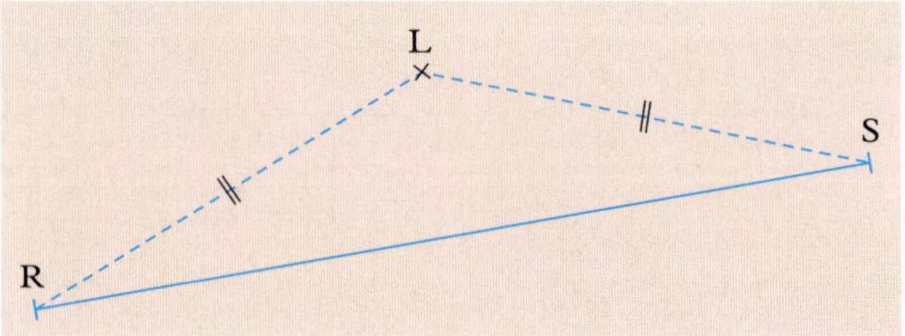

a. Que signifient les petits traits noirs sur les segments [LR] et [LS] ?
b. La figure de Vincent répond-elle correctement à la consigne ? Expliquer pourquoi.

3 **a.** Tracer un segment [EF] qui mesure 6,8 cm.
b. Placer le milieu D de ce segment.

Voir exercice 18, p. 176.

3 Le cercle et le compas

1 Émile le jardinier doit disposer une bordure de grillage autour d'un arroseur (représenté sur le dessin par la croix rouge). Cette bordure doit être située à 3 m de l'arroseur et Émile dispose d'un cordeau pour repérer l'emplacement du grillage.
Comment va-t-il s'y prendre pour repérer cet emplacement ?

2 En prenant 1 cm pour 1 m, on souhaite représenter sur une feuille l'emplacement du grillage autour de celui de l'arroseur.
a. Placer sur une feuille un point L puis à l'aide d'un double décimètre, placer quelques points situés à 3 cm de L.
b. Quel instrument peut-on utiliser pour représenter rapidement l'emplacement du grillage ? Effectuer cette représentation à l'aide de cet instrument.

Voir exercice 27, p. 177.

Point info

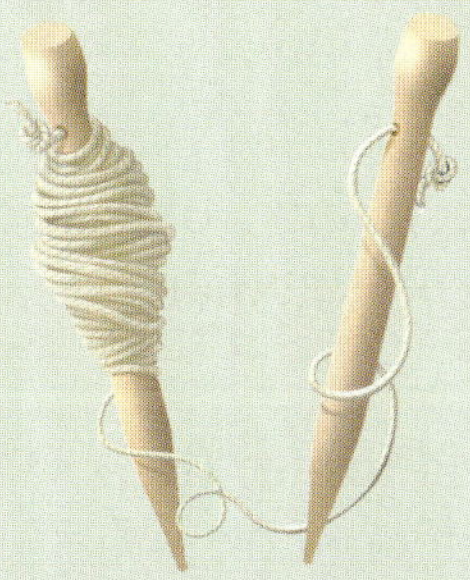

Le compas du jardinier (ou cordeau)
Il peut servir à tracer des cercles de grands rayons.

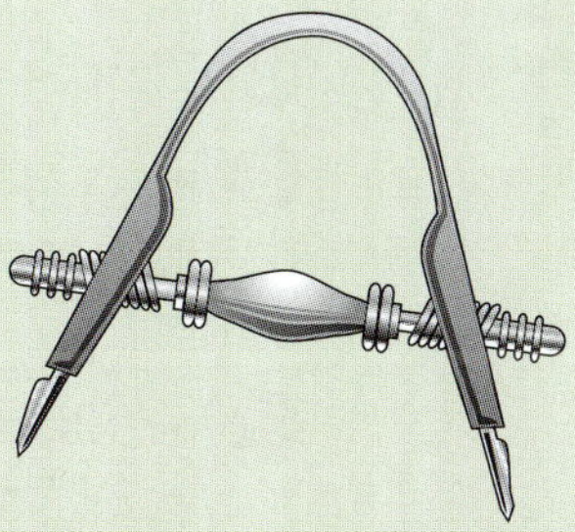

Le compas du tonnelier
Portant à ses extrémités 2 pointes d'acier, il sert à tracer les fonds des tonneaux.

4 Vers la notion de médiatrice

1 La figure ci-dessous n'est pas dessinée en vraie grandeur. On a représenté le segment [AB] qui a pour longueur 5 cm ainsi que les cercles qui ont pour rayon 3 cm et pour centres A et B.

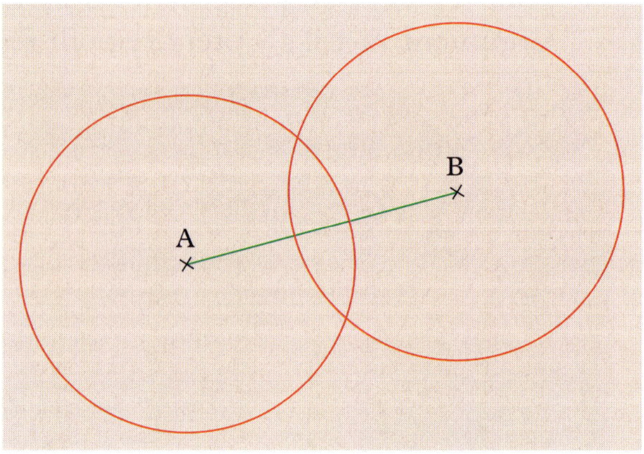

a. Reproduire une telle figure avec les dimensions réelles.
b. Les deux cercles se coupent aux points M et N. Comparer les distances MA et MB.
Que peut-on dire des distances NA et NB ?
c. Sur la même figure, construire au compas deux points P et Q qui soient chacun à 3,5 cm de A et de B. Construire ensuite deux points R et S qui soient chacun à 4 cm de A et de B.
d. Colorier en rouge les points M, N, P, Q, R et S.
Que constate-t-on ?

2 **a.** Par quel point particulier du segment [AB] passe la droite (MN) ?
b. Que peut-on dire des droites (MN) et (AB) ?

Voir exercice 33, p. 178.

5 Propriété des points de la médiatrice

1 Tracer un segment [TR].

2 **a.** À l'aide d'un double décimètre, placer le milieu E de ce segment.
b. Tracer la droite (d) perpendiculaire à la droite (TR) et qui passe par E.

3 **a.** Placer un point M sur la droite (d).
b. À l'aide d'un double décimètre ou d'un compas, comparer les longueurs des segments [MT] et [MR].

4 Placer un point A de la feuille qui ne soit pas sur (d).
Les longueurs AT et AR sont-elles égales ?

Voir exercice 32, p. 177.

6 Périmètre du cercle

A - Expérience

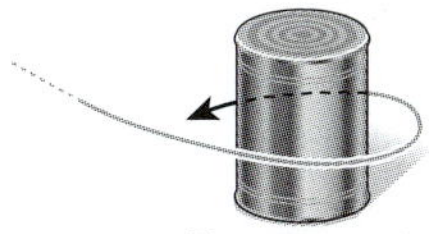
Image 1

On enroule le fil à rôti autour de la boîte de manière à effectuer un tour.

Image 2

Avec un stylo, on fait une marque sur les deux bouts du fil à un endroit où ils se superposent.

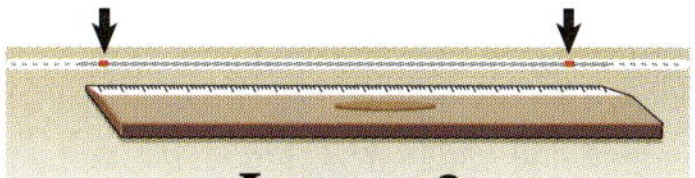
Image 3

On déroule le fil et on mesure précisément la distance qui sépare les deux marques de couleur.

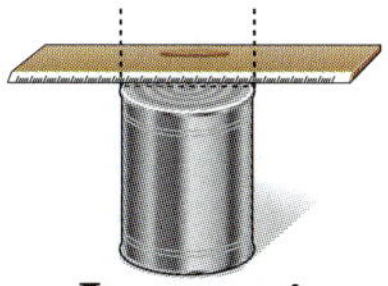
Image 4

À l'aide d'une règle graduée, on mesure le diamètre de la boîte avec le plus de précision possible.

B - Interprétation

On appelle L la longueur obtenue à la fin de l'expérience et D le diamètre mesuré.

1 **a.** Reproduire le schéma suivant en remplaçant L et D par les valeurs trouvées dans la partie A.

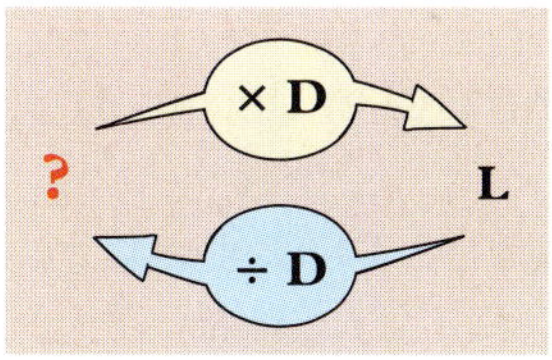

b. Calculer le nombre inconnu représenté par le point d'interrogation.
c. Comparer le résultat à ceux des autres élèves de la classe. Que constate-t-on ?

2 Proposer une méthode pour calculer le périmètre d'un cercle à partir de son diamètre. Comment s'y prendre à partir du rayon ?

Voir exercice 52, p. 180.

Retenir le cours

1 Unités de longueur

Conversion des unités de longueur : km, hm, dam, **m**, dm, cm, mm.

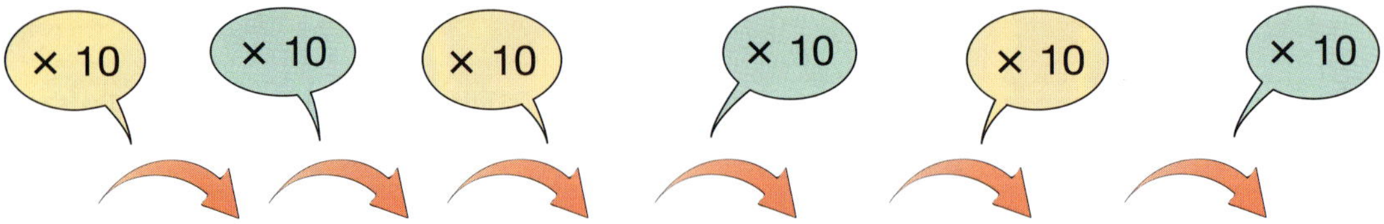

1 km = 10 hm = 100 dam = 1 000 **m** = 10 000 dm = 100 000 cm = 1 000 000 mm

2 Milieu

M est le milieu de [AB] signifie :
- M est un point du segment [AB] ;
- MA = MB.

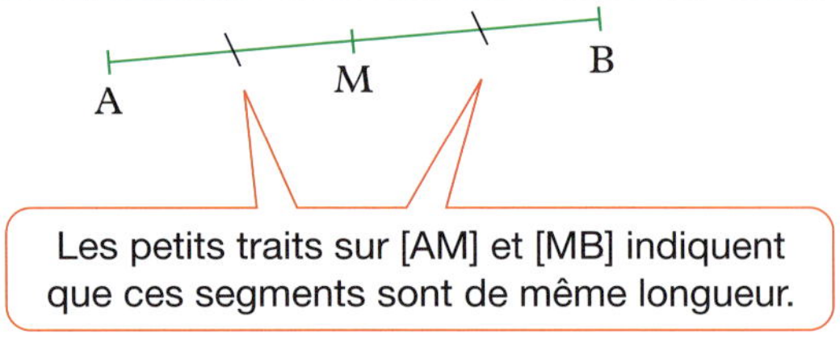

Remarque $AM = \frac{1}{2}AB$.

3 Cercle

Définition

Un **cercle** est constitué de tous les points situés à une même distance d'un point appelé **centre** du cercle.

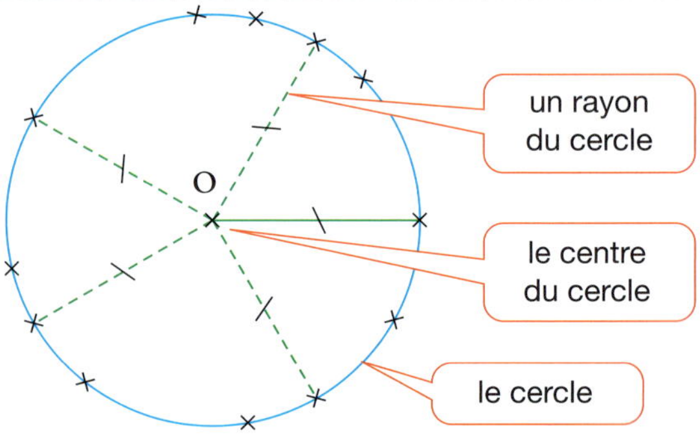

Attention

Le centre n'est pas un point du cercle.

Vocabulaire et propriétés

- On dit :

– le cercle de centre O et de rayon 3 cm,
ou
– le cercle de centre O passant par A,
ou
– le cercle de centre O et de rayon [OA].

- OA = OD = OE : tous les **rayons** ont la même longueur.
- B et C sont deux points du cercle : [BC] est une **corde** de ce cercle.
- La corde [DE] passe par le centre O : [DE] est un **diamètre** de ce cercle et O est le milieu de [DE].
- DE = 2 × OE.

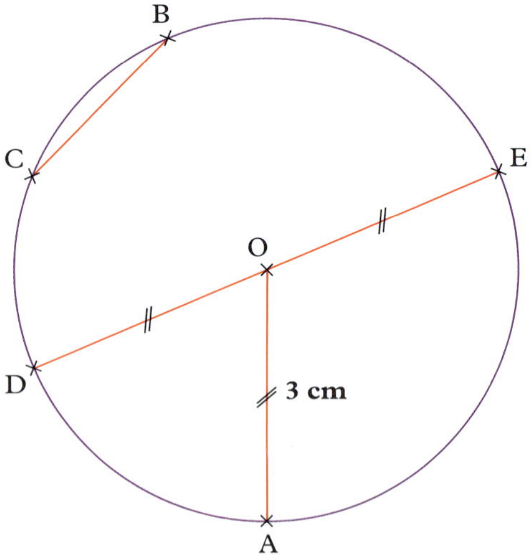

4 Cercle et disque

Cercle de centre A et de rayon AB.

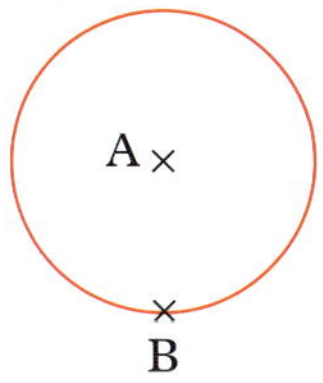

Les points à l'intérieur du cercle forment le **disque** de centre A et de rayon AB.

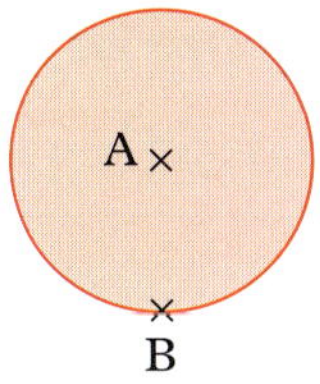

5 Périmètre d'un cercle

Le périmètre (ou longueur) d'un cercle de rayon r est :
$\mathcal{P} = 2 \times \pi \times$ rayon.

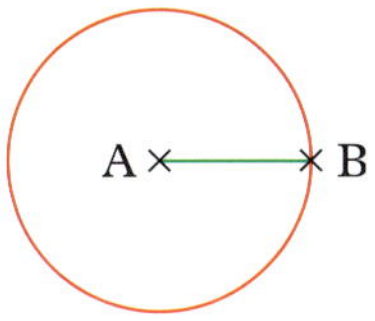

Le périmètre de ce cercle est :
$\mathcal{P} = 2 \times \pi \times AB$.

Exemple

Calculer l'arrondi au mm du périmètre $\mathcal{P}$ d'un cercle de 3 cm de rayon.

• **Avec la calculatrice** : on utilise la touche π . On effectue $2 \times \pi \times 3$.
Le résultat affiché est 18,84955592. On arrondit à 18,8 cm.

• **À la main** : on prend en général **3,14** pour valeur approchée de π.
On obtient alors 18,84 pour valeur approchée de $\mathcal{P}$, ce qui permet d'arrondir à 18,8 cm.

6 Médiatrice

Définition

La **médiatrice** d'un segment est la droite qui passe par le milieu de ce segment et qui est perpendiculaire à ce segment.

Propriété

La médiatrice d'un segment est constituée de **tous les points** situés **à égale distance** des extrémités de ce segment.

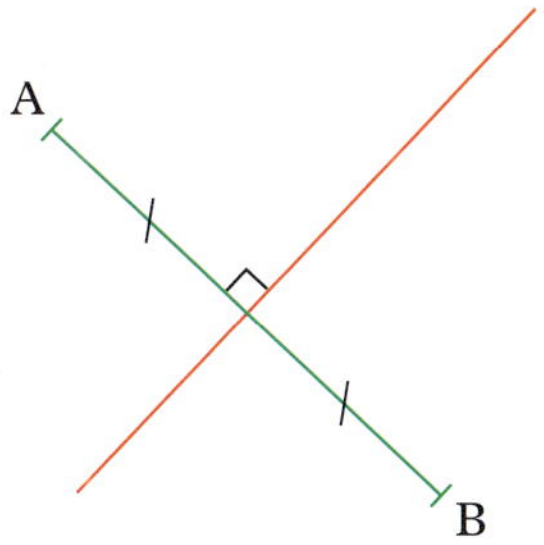

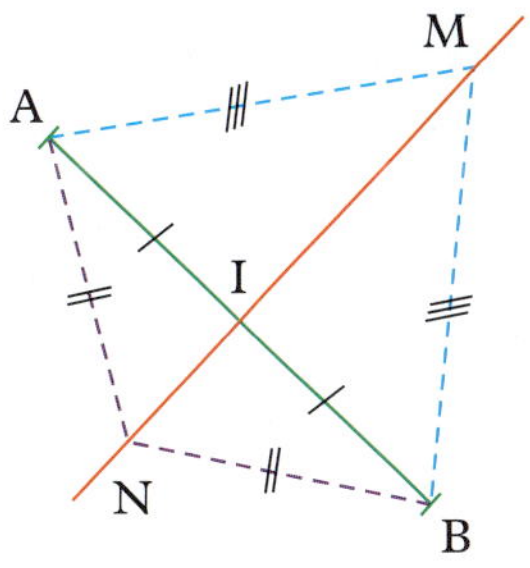

Retenir les méthodes

1 Tracer une médiatrice

Première méthode

À la règle graduée et à l'équerre. On donne un segment [AB]. Construire sa médiatrice (*d*) à l'aide d'une règle graduée et d'une équerre.

1re étape

On mesure [AB]. Ici on obtient AB = 5 cm.

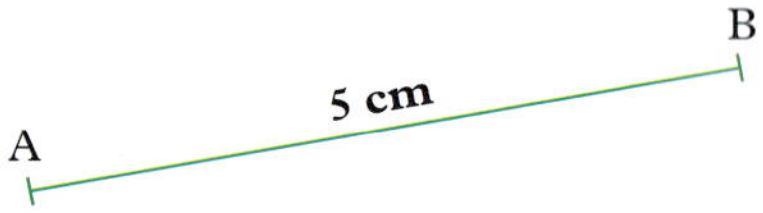

2e étape

On divise la longueur de [AB] par 2, puis on utilise la règle graduée pour tracer le milieu I du segment [AB].

$\frac{5}{2} = 2{,}5$ donc AI = 2,5 cm.

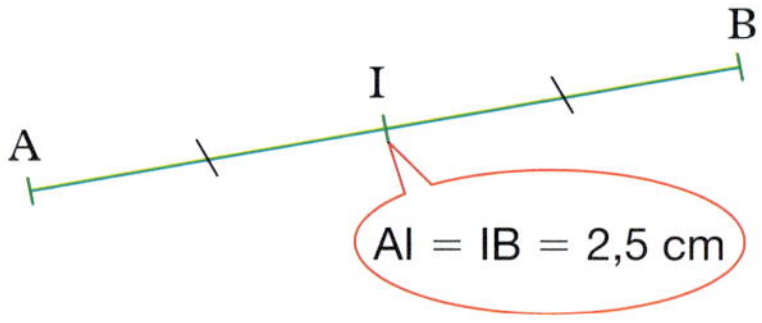

3e étape

On utilise l'équerre pour tracer la perpendiculaire (*d*) au segment [AB] passant par I.

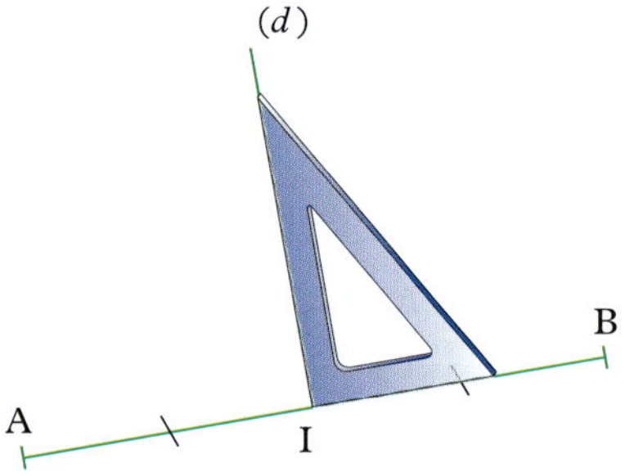

4e étape

On prolonge la droite (*d*) et on code.

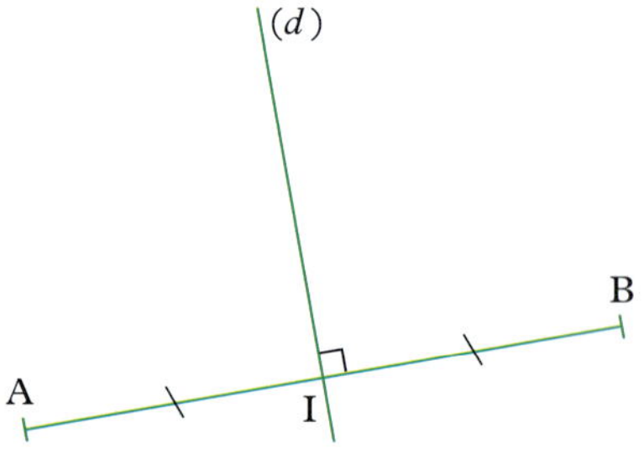

Voir exercice 32, p. 177.

Deuxième méthode

Au compas et à la règle non graduée. On donne un segment [MP]. Construire sa médiatrice à l'aide d'un compas et d'une règle non graduée.

1re étape

On trace un cercle de centre M et de rayon plus grand que la moitié de MP.
On trace ensuite le cercle de centre P et de **même rayon** que le précédent.
Les deux cercles se coupent en L et K.

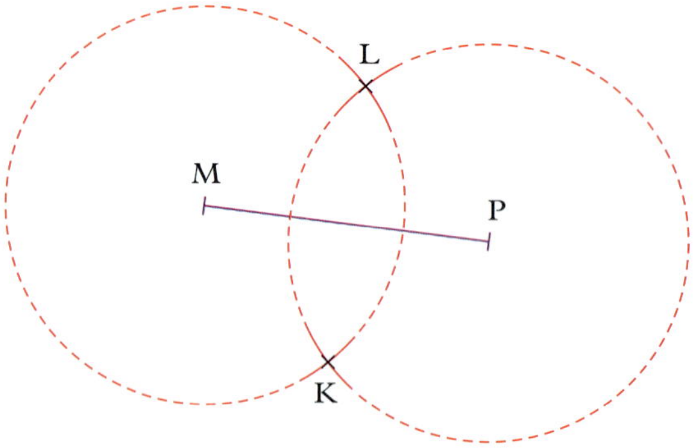

2e étape

On trace la droite (LK) qui est la médiatrice du segment [MP] et on code.

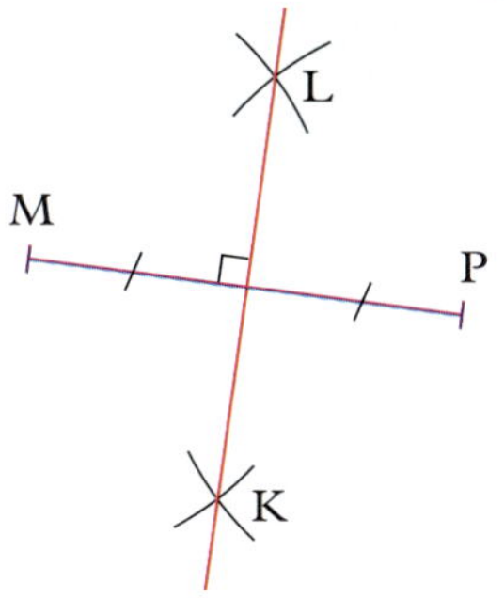

Remarque
Cette méthode permet de construire le milieu d'un segment sans avoir à mesurer ce segment.

Voir exercice 33, p. 178.

2 Reproduire une figure

Reproduire la figure suivante à l'aide d'un compas.

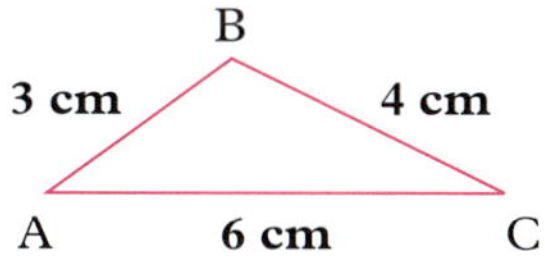

1re étape

On trace un des côtés (on commence souvent par le plus long).

2e étape

On trace le cercle de centre A et de rayon 3 cm, puis le cercle de centre C et de rayon 4 cm.

Remarque
On se contente souvent de tracer les arcs de cercle utiles.

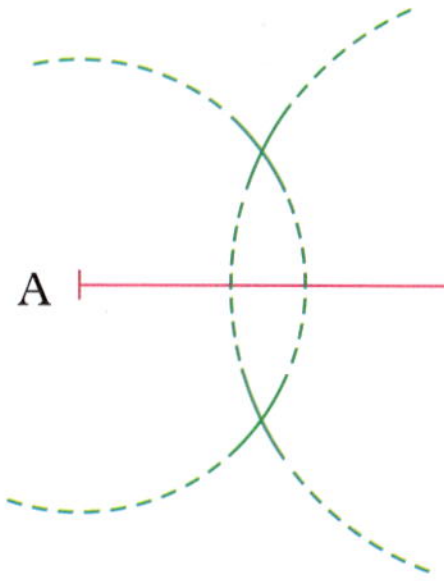

3e étape

On choisit comme point B le point d'intersection des deux cercles tracés, situé dans la zone correspondant à la figure à reproduire. On trace ensuite le triangle ABC.

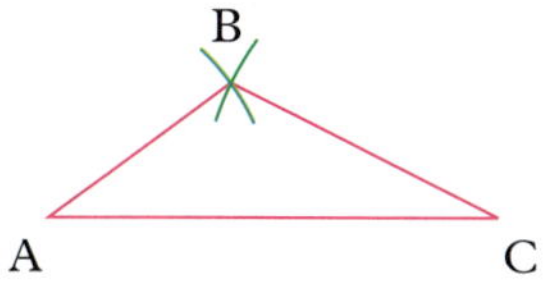

Voir exercice 45, p. 179.

Page conseil

Utiliser des unités appropriées

Il est vrai que :
0,009 km = 0,9 dam = 9 000 mm = 9 m, mais pour exprimer la longueur de la salle de classe, on choisira plutôt 9 m.
De même, pour exprimer la distance Paris-Marseille, on préfère dire 670 km plutôt que 670 000 m ou même 67 000 000 cm.
Quant à la longueur de ma feuille de classeur, vaut-il mieux dire 29,7 cm ou 0,297 m?

Reconnaître la médiatrice d'un segment

Pour être la médiatrice d'un segment, une droite doit posséder à la fois deux propriétés : être perpendiculaire au segment **et** aussi passer par son milieu.

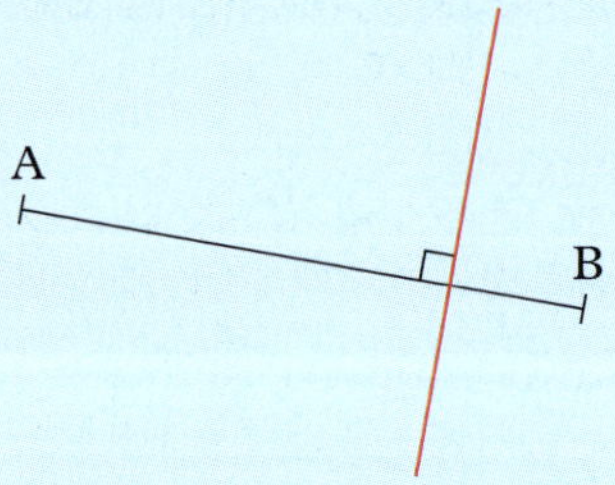

La droite rouge est **une** perpendiculaire au segment [AB].

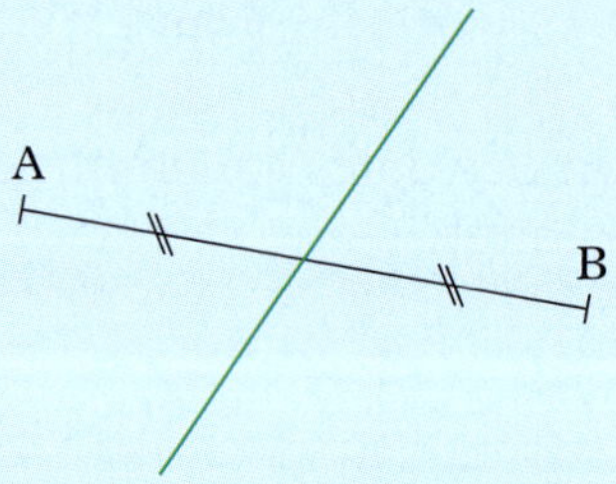

La droite verte est **une** droite qui passe par le milieu du segment [AB].

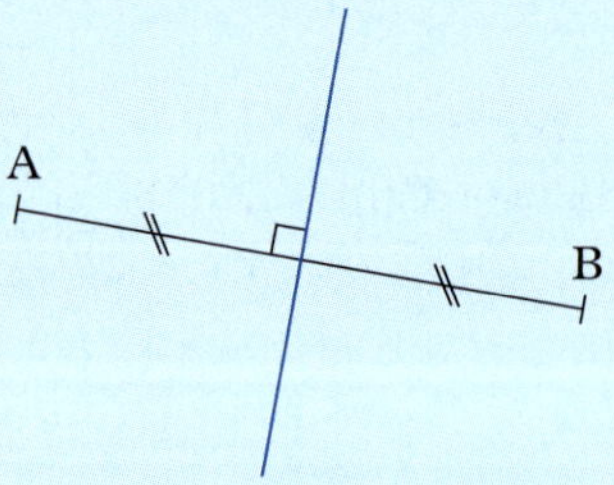

La droite bleue est **la** médiatrice du segment [AB].

Savoir interpréter l'égalité MA = MB

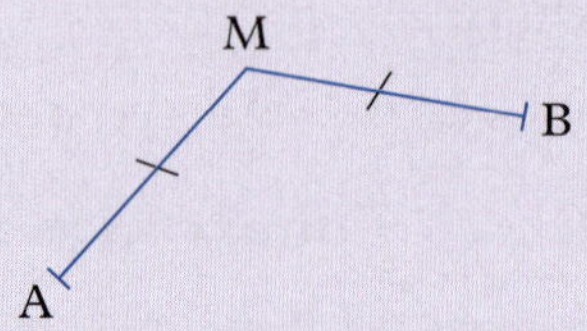

L'égalité MA = MB peut se traduire de deux manières selon les circonstances :

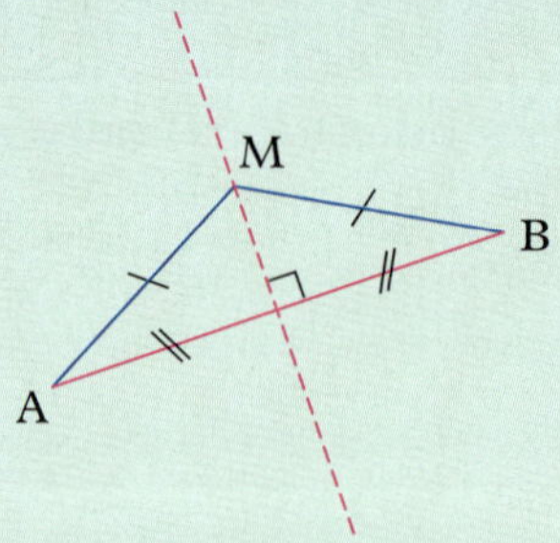

1. M est sur la médiatrice du segment [AB].

ou

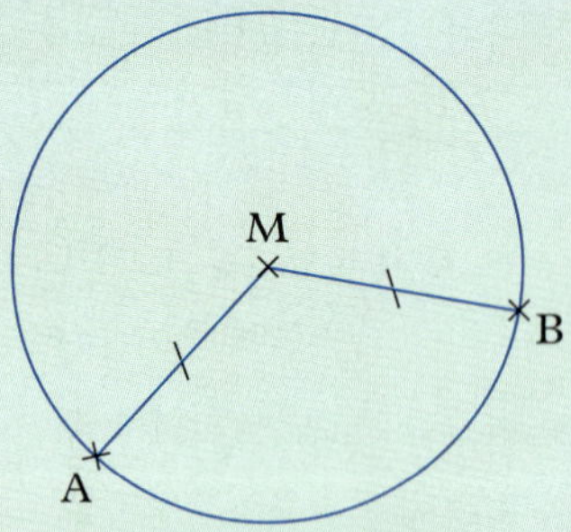

2. B est sur le cercle de centre M qui passe par A.

Coup d'œil sur le chapitre

1 Voici quelques performances réalisées au championnat du monde d'athlétisme de 2003 :

Hauteur	Perche	Longueur	Triple saut
235 cm	0,0059 km	0,832 dam	177,2 dm

Écrire ces performances en mètres.

2 À l'aide d'une règle graduée, déterminer le périmètre du triangle ci-dessous :
a. en cm ;
b. en mm.

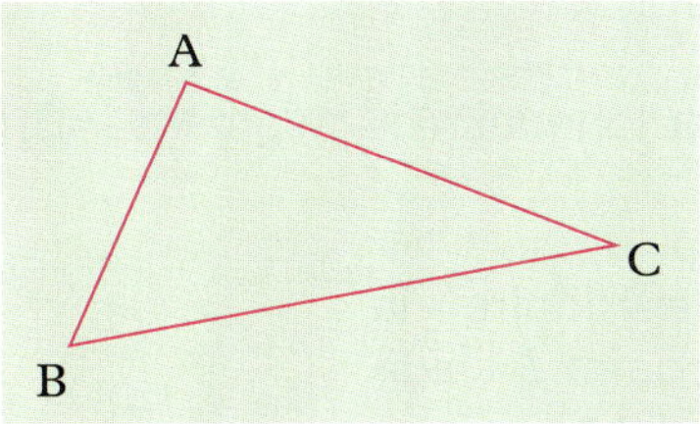

3 Mesurer le segment [RT] puis le reproduire. Placer ensuite son milieu K (coder la figure).

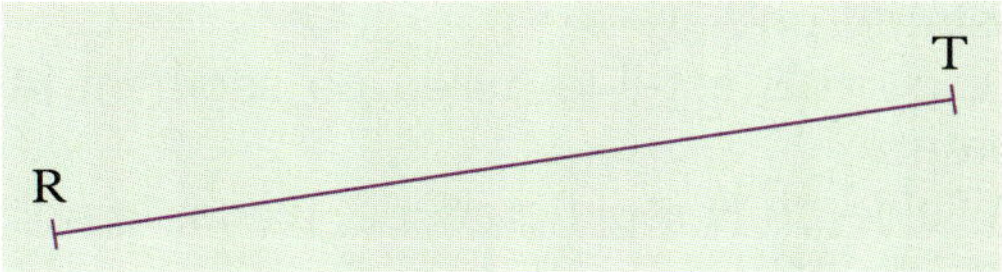

4 Quelles phrases utilisant le mot *milieu* peut-on faire au sujet de la figure suivante (donner le plus de solutions possibles) ?

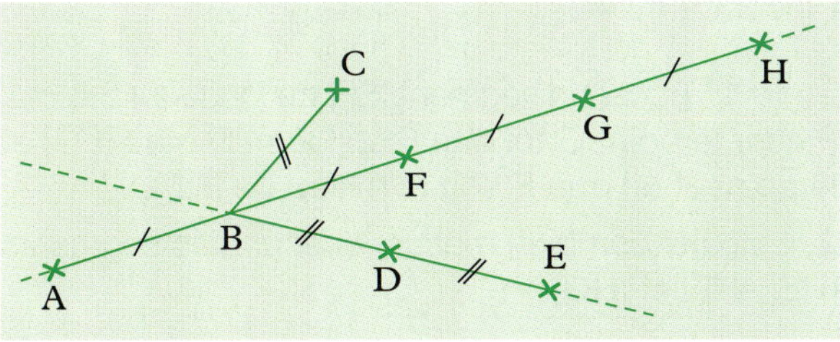

5 **1.** Dans la figure ci-contre, de quelle couleur est représenté le cercle de centre B qui passe par L ?

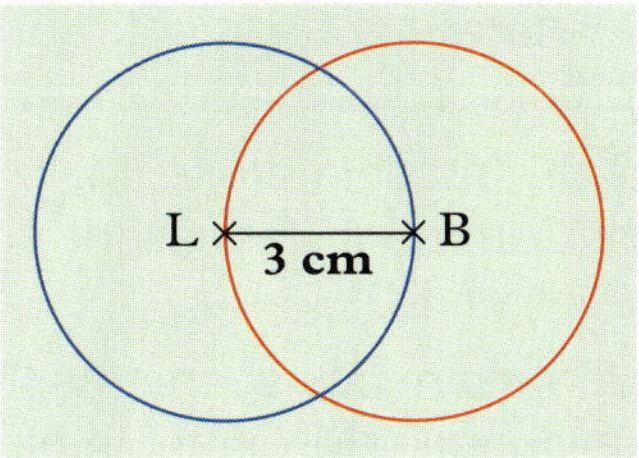

2. En utilisant les indications de la figure, comment désigner le cercle représenté en bleu (donner deux solutions) ?

6 **1.** Dans la figure ci-contre, que peut-on dire du point M pour le segment [AB] ?

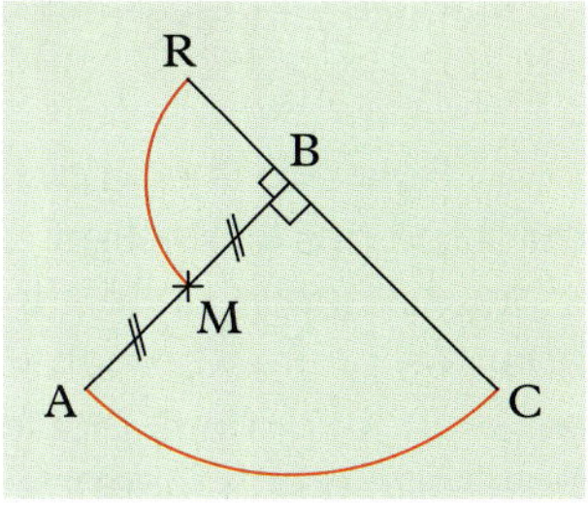

2. a. Construire cette figure en prenant AB = 6 cm.
b. Calculer la longueur du segment [RC].
Vérifier le résultat en le mesurant.

7 **1.** Tracer un segment [SR] de longueur 5 cm.

2. Tracer le cercle de centre R qui passe par S.

3. Tracer le cercle de diamètre [SR].

8 **1.** Tracer un segment [SD] de longueur 8 cm.

2. Sans utiliser de compas, construire sa médiatrice (*d*). Coder la figure.

3. a. Placer un point A sur (*d*).
b. Que peut-on dire des longueurs AS et AD ? Quelle règle du cours justifie ce résultat ?

9 Tracer un segment [FG]. Construire sa médiatrice (*d*) sans utiliser d'équerre.
Nommer M le milieu de [FG] et coder la figure.

10 Gaëlle prétend que dans la figure ci-contre, la droite (*xy*) est la médiatrice des quatre segments [AH], [BG], [CF] et [DE].
Indiquer les erreurs qu'elle a faites.

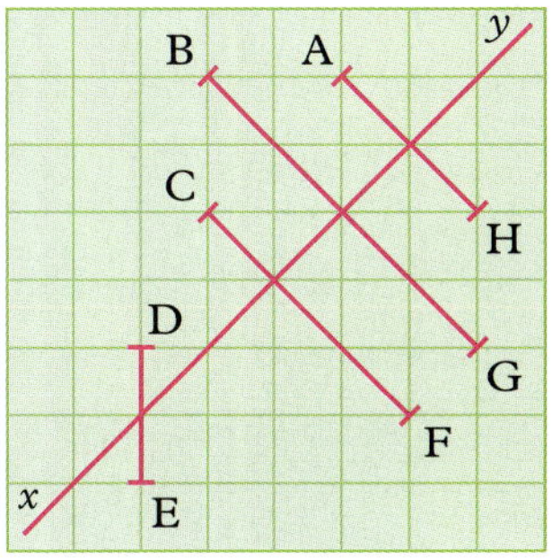

11 Reproduire à la règle et au compas le triangle de l'exercice **2**.

12 **1.** Tracer un cercle de rayon 5 cm et un carré de côté 7,5 cm.

2. Calculer le périmètre de chacune de ces deux figures (on arrondira celui du cercle au mm).

3. Laquelle des deux figures a le plus grand périmètre ?

Exercices

Pour démarrer

Mesures et unités de longueur

13 Pour exprimer la distance de Lille à Perpignan, on utilise des kilomètres.
Indiquer quelle unité de longueur paraît la plus adaptée pour exprimer :
a. la longueur de la piscine municipale ;
b. la taille d'une fourmi ;
c. les dimensions d'une carte postale ;
d. la longueur d'un fleuve ;
e. la largeur d'une rivière.

14 Mesurer la longueur de la ligne rouge :
a. en cm ; **b.** en mm.

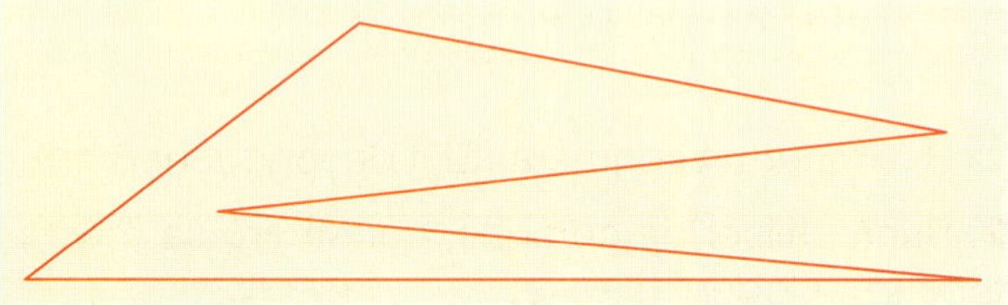

15 On dit que le format de certains cahiers est $21 \times 29{,}7$.
1. Que signifient ces nombres ?
2. Calculer le périmètre d'une feuille d'un tel cahier :
a. en cm ; **b.** en mm ; **c.** en m.

16 Sabrina ne dispose que d'un vieux bout de règle cassée pour mesurer les segments [AB] et [CD].

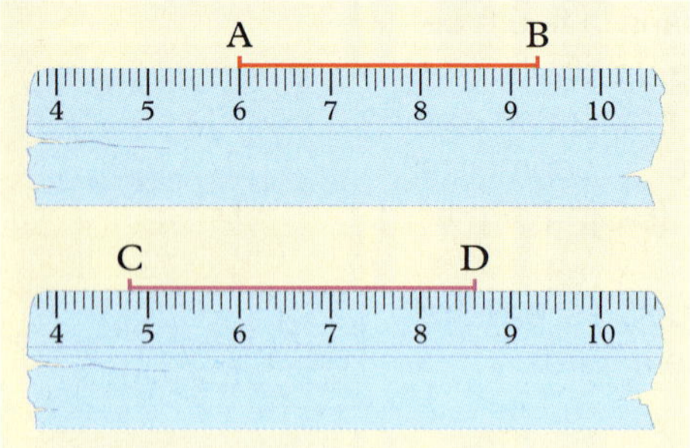

Sans autre instrument, déterminer la longueur de chacun d'eux en cm puis en mm.

17 Calculer :
a. en kilomètres :
12 500 m + 45,6 hm + 78,5 dam ;
b. en centimètres :
4,5 m + 276 mm + 7,45 dm ;
c. en mètres :
4 800 mm + 0,0489 km + 75 dm.

Milieu

18 Dans la figure ci-dessous, C est le milieu de [AB] et E est le milieu de [CB].
On suppose de plus que EC = 2,4 cm.

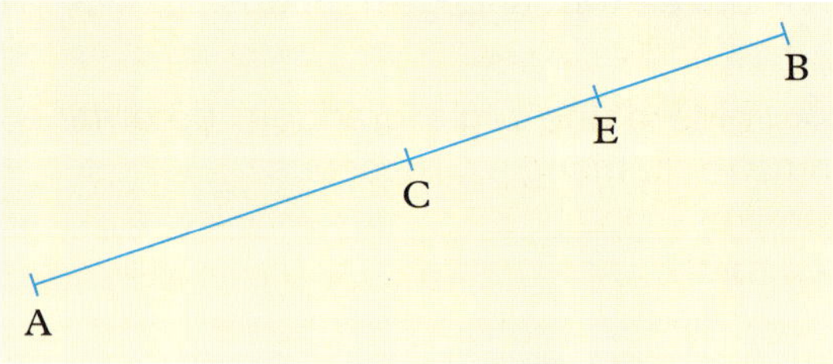

Calculer la longueur du segment [AB] puis faire la figure.

19 **1.** Reproduire la figure ci-contre à l'aide d'un quadrillage.

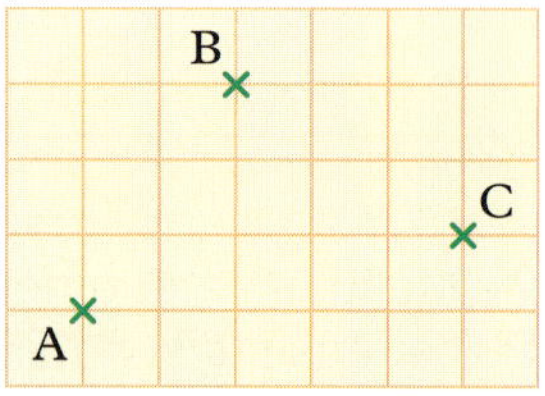

2. a. Mesurer les segments [AB] et [BC] à la règle graduée. Que constate-t-on ?
b. Le point B est-il le milieu du segment [AC] ? Pourquoi ?
c. À l'aide de la règle graduée, placer le point N milieu de [AC].

20 **1.** Tracer un segment [AB] de longueur 5,6 cm.
2. Comment obtient-on son milieu M ?
Placer ce milieu.

21 **1.** Tracer un segment [EF] de longueur 3,8 cm. Placer le point G tel que F soit le milieu de [EG] et le point H tel que E soit le milieu de [HF].
2. Calculer combien mesure chacun des segments [HE], [HF] et [HG].

22 **1.** Tracer un triangle EFG (assez grand). Mesurer les segments [EF] et [EG]. Placer avec précision les milieux M de [EF] et N de [EG].
2. a. Tracer la droite (MN).
b. Comment paraissent sur la figure les droites (MN) et (FG) ?
3. Mesurer les segments [MN] et [FG]. Indiquer si la longueur MN semble être :
a. le triple de FG ; **b.** le tiers de FG ;
c. la moitié de FG ; **d.** le double de FG.

Lire et comprendre

23 On donne la figure ci-contre.
Recopier et compléter les phrases suivantes en utilisant les mots *rayon*, *diamètre*, *corde*, *milieu*, *centre* :

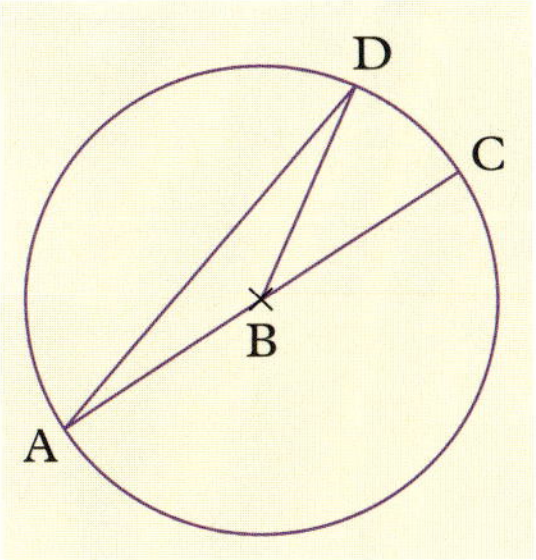

a. Le point B est le .... du cercle. C'est aussi le .... du .... [AC].
b. [BA], [BC] et [BD] sont des .... du cercle.
c. [AD] et [AC] sont des .... du cercle.

24 On donne la figure ci-contre.
Recopier et compléter la phrase suivante par *le* ou *un* :

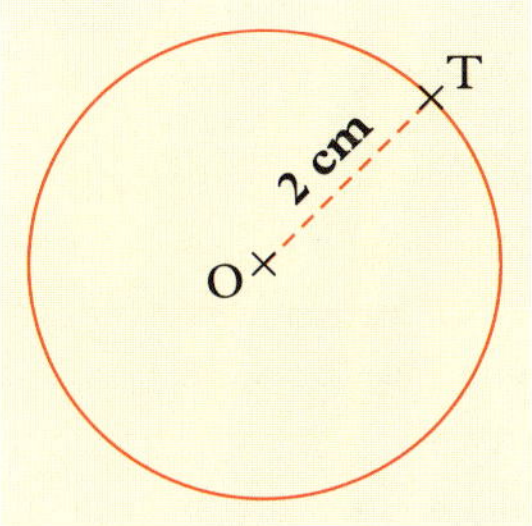

Le segment [OT] est .... rayon du cercle. 2 cm est .... rayon du cercle. La longueur OT est .... rayon du cercle.

25 Parmi les phrases suivantes, indiquer celle qui correspond à la définition de la médiatrice du segment [AB] :
a. la droite qui passe par le milieu de [AB] ;
b. la droite perpendiculaire au segment [AB] ;
c. la droite passant par A ;
d. la droite qui passe par le milieu de [AB] et qui est perpendiculaire à (AB).

26 Mélanie affirme que la médiatrice du segment [MN] qu'elle vient de tracer passe par le point M. « C'est faux, affirme son copain Greg, elle devrait passer par N ! » Que peut-on en penser ?

Cercle

27 **1.** Reproduire la figure ci-contre avec $AB = 3$ cm.

2. Sur la même figure, tracer le cercle de centre B et de rayon 3,5 cm.

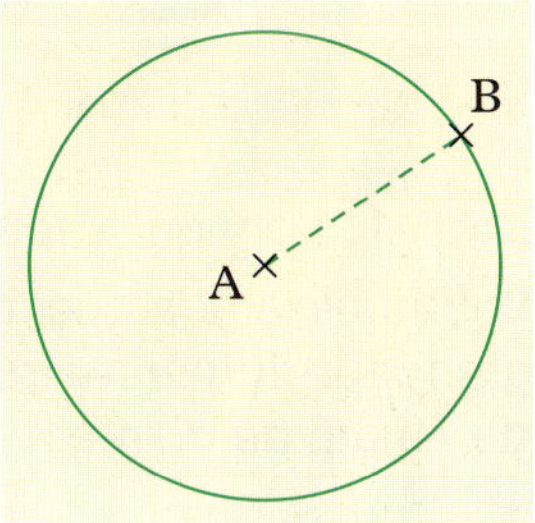

28 **1.** Tracer trois points A, B et C de telle manière que $AB = 3{,}5$ cm et $AC = 4{,}5$ cm.

2. Tracer le cercle de centre A qui passe par B.

3. a. Le cercle obtenu passe-t-il par C ? Expliquer pourquoi.
b. Modifier les données du texte pour que le cercle passe à la fois par B et par C (donner deux possibilités).

29 **1.** Tracer un segment [JL] de longueur 6 cm.

2. a. Tracer le cercle de centre J et de rayon 4 cm.
b. Tracer le cercle de centre L et de rayon 3 cm.

3. a. Les deux cercles se coupent en deux points. Nommer A et B ces deux points.
b. Comment paraissent sur la figure les droites (AB) et (LJ) ?

30 **1.** Tracer un cercle de centre O et de rayon 4,5 cm.

2. a. Tracer une droite (*d*) qui passe par O.
b. Placer sur (*d*) un point M tel que $OM = 3$ cm.

3. a. Tracer la perpendiculaire à (*d*) passant par M.
b. Cette droite coupe le cercle en deux points. Nommer ces points A et B.
c. Quelle position semble occuper le point M sur le segment [AB] ?

Médiatrice

31 **1.** Sur la figure ci-contre, placer approximativement un crayon dans la position de la médiatrice du segment [AB].
Quelle est la couleur de l'arc, ou des arcs, coupé(s) par cette médiatrice ?

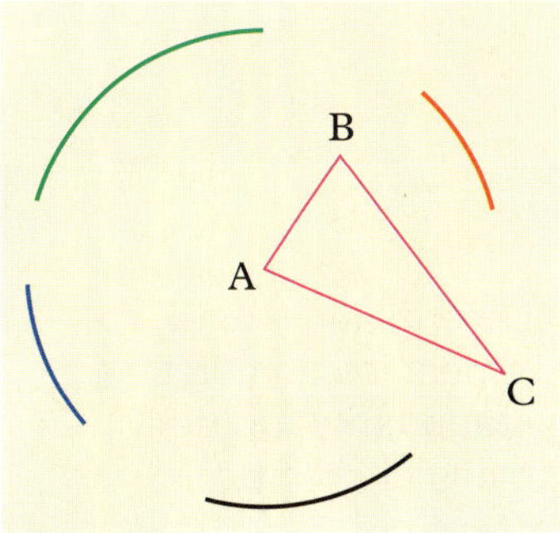

2. Même question pour la médiatrice :
a. de [BC] ;
b. de [AC].

32 Tracer un segment [RT] de longueur 6,4 cm.
Construire à l'équerre sa médiatrice (*d*).
Coder la figure.

Voir* Retenir les méthodes 1, première méthode, *p. 172.

33 Reprendre l'exercice précédent sans utiliser d'équerre.

Voir **Retenir les méthodes 1, deuxième méthode, *p. 173.***

34 Dans chacun des cas suivants, expliquer pourquoi la droite (*d*) n'est pas la médiatrice du segment [AB] (on citera la règle du cours qui n'est pas vérifiée).

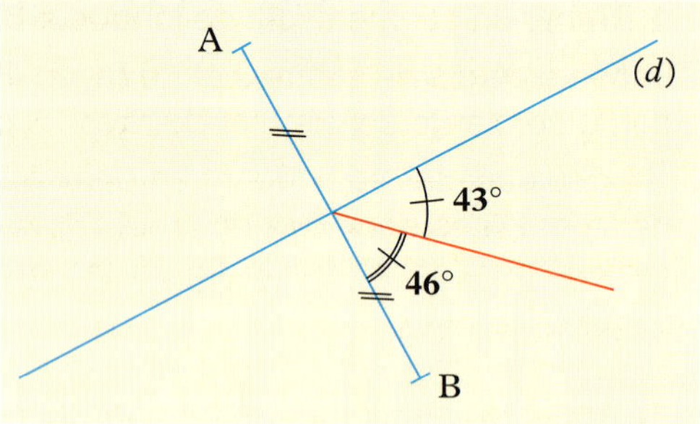

Fig. 1

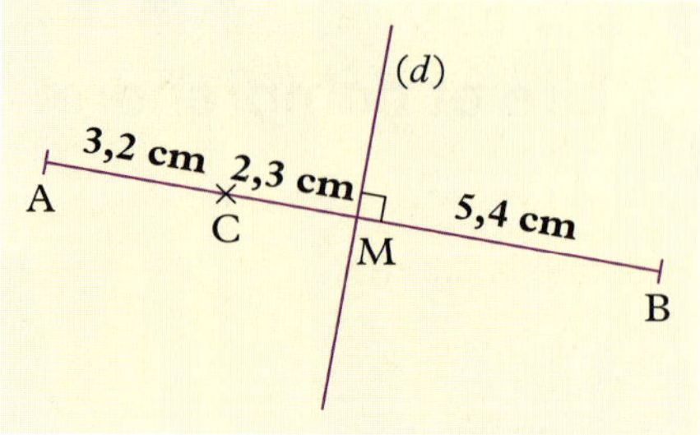

Fig. 2

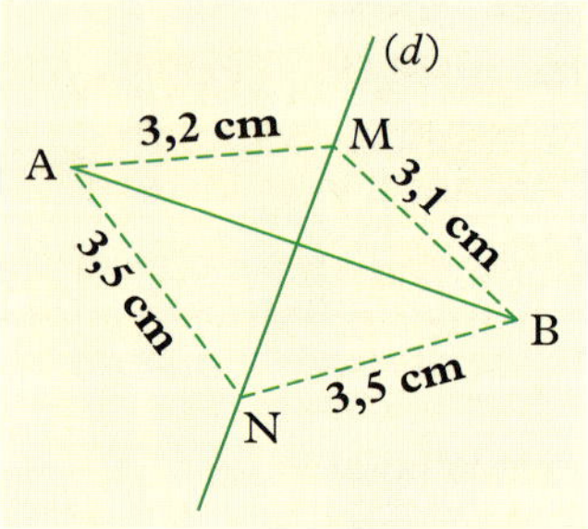

Fig. 3

Calcul mental

35 Dans la figure ci-dessous, M est le milieu de [AB].

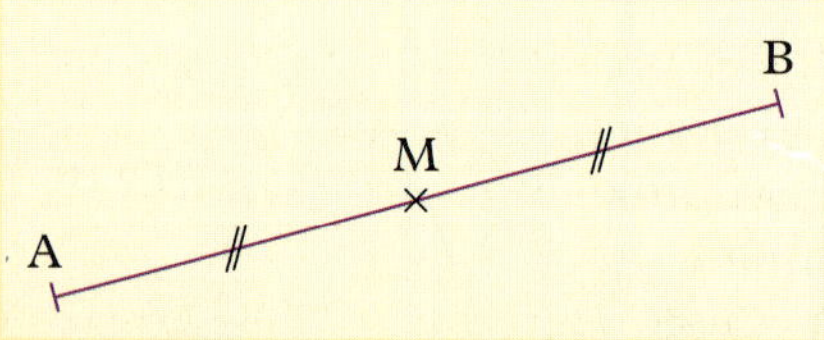

Déterminer mentalement les nombres manquants du tableau ci-contre.

AM	MB	AB
2,4 cm	....	....
....	....	8,4 cm
....	3,7 cm	....
....	....	9,6 cm

36 Dans la figure ci-dessous, M est un point du segment [AB].

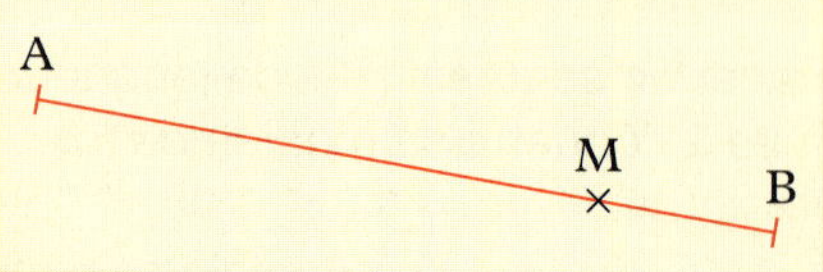

Déterminer mentalement les nombres manquants du tableau ci-contre.

AM	MB	AB
3,8 cm	....	7,9 cm
4,5 cm	2,3 cm	....
2,5 cm	....	10 cm
4,7 cm	3,6 cm	....

37 On rappelle que le périmètre d'un cercle s'obtient en multipliant par π son diamètre (on prendra 3,14 à la place de π).
Déterminer mentalement les nombres manquants dans le tableau ci-dessous.

Diamètre en cm	Périmètre en cm
2	....
3	....
....	314

38 **1.** Donner l'arrondi à l'unité de π.

2. En utilisant la question **1**, donner un ordre de grandeur du périmètre d'une roue de bicyclette de 70 cm de diamètre.

39 **1.** Tracer un segment [DF]. Construire son milieu M sans utiliser de règle graduée.
Quelle droite (*d*) utilise-t-on pour cela ?

2. a. Placer deux points distincts P et Q sur (*d*) de telle manière que M soit le milieu du segment [PQ].
b. Que peut-on dire de la droite (DF) pour le segment [PQ] ? Citer la règle du cours utilisée.
c. Quel est le nom du polygone PFQD ?

40 **1.** Tracer un segment [AB] de longueur 6 cm.

2. Placer à l'aide d'une règle graduée le milieu E de [AB].

3. Tracer à l'équerre la médiatrice (*d*) de [AB].

4. À l'aide d'un compas, placer un point M sur (*d*) tel que AM = 7 cm.

5. Déterminer la longueur BM sans utiliser d'instrument de mesure. Expliquer.

41 **1.** Tracer un cercle de centre O et de rayon 4 cm.

2. a. Placer deux points M et N sur ce cercle.
b. Comparer les longueurs OM et ON. Justifier.

3. Citer la règle du cours qui permet d'affirmer que la médiatrice du segment [MN] passe par O.

42 **1.** Tracer une droite (*d*) et placer un point A qui n'est pas sur (*d*).

2. La perpendiculaire à la droite (*d*) qui passe par A coupe (*d*) en M. Construire M.

3. a. Construire le point B tel que (*d*) soit la médiatrice du segment [AB].
b. Que peut-on dire du point M pour [AB] ?

43 Julie prétend avoir placé trois points A, B et C non alignés tels que AB = BC.
Est-ce possible ? Que peut-on dire de B ?

44 Trois points A, B et K vérifient :
AK = BK = 5 cm.

« Je suis donc certain que K est le milieu de [AB] et que AB = 10 cm » déclare Patrick.

« Je suis sûre que K est sur la perpendiculaire au segment [AB] qui passe par son milieu » dit Marine.

« J'en déduis que le cercle de centre K qui passe par A passe aussi par B » affirme Gilles.
Qui a raison ? Expliquer la réponse.

Indication : on peut faire une figure à main levée.

Construction de figures

Pour les exercices 45 et 46, on demande de reproduire la figure proposée en tenant compte des dimensions indiquées.

45

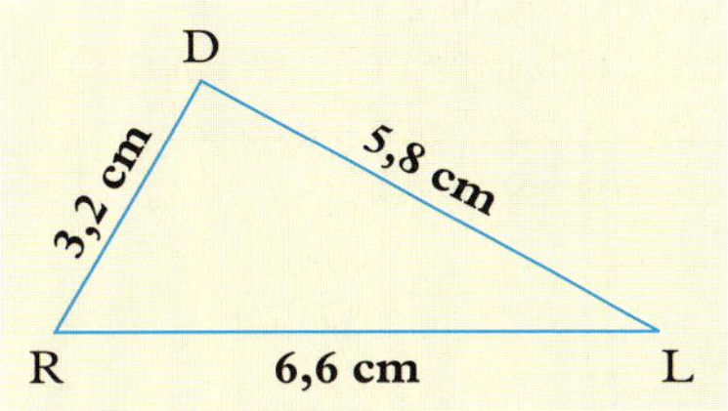

Voir **Retenir les méthodes 2, *p. 173.***

46 Avec AB = 6 cm.

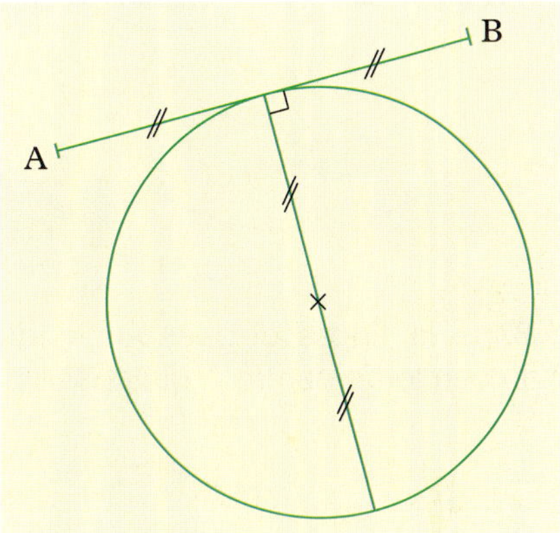

47 Fabien veut représenter le triangle RDL de l'exercice **45** en l'agrandissant.
Pour cela, il a tracé un segment [RD] qui mesure 6,4 cm.

1. a. Par quel nombre faut-il multiplier 3,2 pour obtenir 6,4 ?
b. Quelles seront les longueurs des segments [RL] et [LD] sur la figure de Fabien ?

2. Tracer le triangle RDL aux dimensions souhaitées par Fabien.

48 **1.** Construire un triangle MNP tel que :
MN = 4,5 cm ; MP = 3,5 cm et NP = 5 cm.

2. Hervé veut représenter le triangle MNP en l'agrandissant. Sur sa figure, NP = 15 cm.
Réaliser la figure d'Hervé.

3. Joël trouve que la figure d'Hervé est trop grande et la refait en la diminuant. Sur sa figure, NP = 7,5 cm.
Réaliser la figure de Joël.

Exercices

Description de figures

49 Parmi les phrases suivantes, quelles sont celles qui désignent avec précision le cercle rouge dans la figure ci-dessous ?

a. Le cercle de centre O.
b. Le cercle de rayon 2 cm.
c. Le cercle de centre O et de rayon 2 cm.
d. Le cercle de diamètre [AB].
e. Le cercle de rayon [OC].

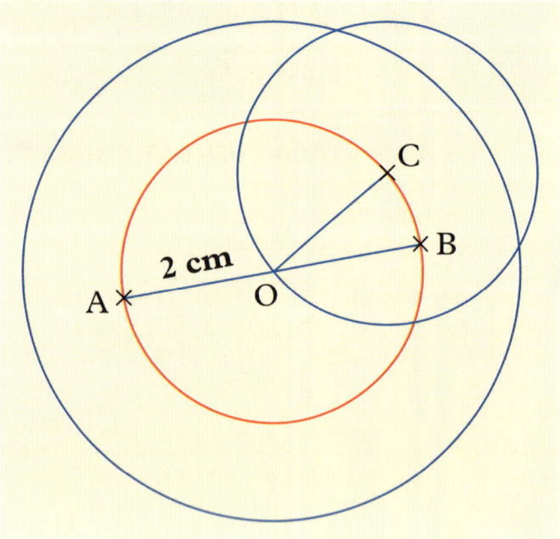

50 **1.** Dans la figure ci-dessous, indiquer la couleur du cercle de centre A qui passe par B.

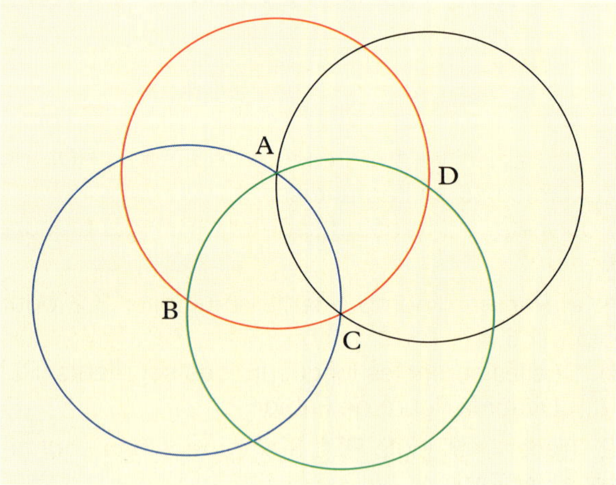

2. Donner deux manières de désigner le cercle noir.

3. a. L'un des quatre cercles dessinés passe-t-il à la fois par les quatre points A, B, C et D ? Si oui, indiquer sa couleur.
b. Quelle est la couleur du cercle qui passe à la fois par A, B et D ? Comment peut-on le désigner (donner plusieurs possibilités) ?

4. Pour deux des cercles, le segment [AB] est un rayon. Indiquer leur couleur.

51 Observer la figure ci-dessous et énoncer le plus possible d'affirmations justes la concernant et comprenant le mot *médiatrice*.

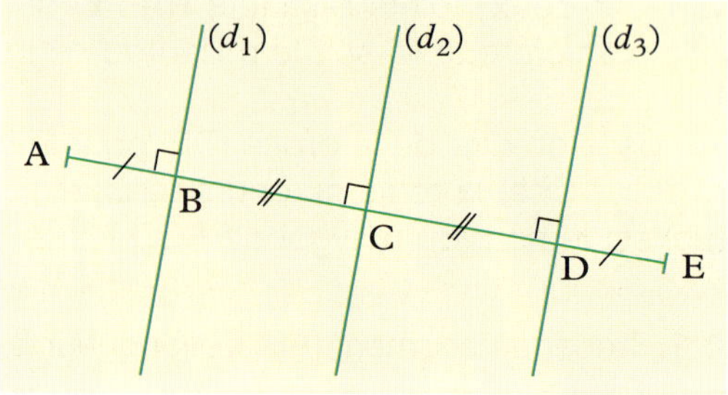

Calculs de périmètres

52 **1.** Calculer le périmètre d'un cercle de rayon 4 cm (arrondir au mm).

2. Calculer le périmètre d'un cercle de diamètre 7 cm (arrondir au mm).

53 Calculer le périmètre des trois figures suivantes (arrondir au cm pour le cercle).

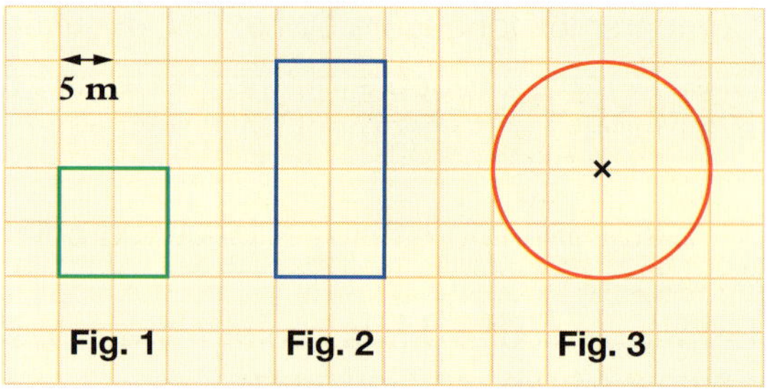

54 Dans la figure ci-dessous, le cercle bleu a pour rayon 30 cm et le carré rouge a pour côté 45 cm.

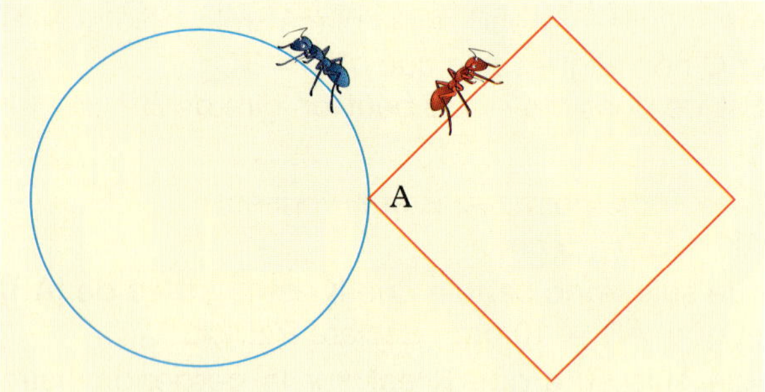

Deux fourmis partent en même temps du point A, l'une pour faire le tour du cercle et l'autre pour faire le tour du carré. Elles vont à la même vitesse. Quelle est celle qui revient la première au point A ? Écrire tous les calculs qui permettent de justifier la réponse.

55 La calculatrice de Samira possède une touche portant la lettre π.
Recopier ce qu'affiche sa calculatrice quand on utilise cette touche pour calculer :

a. $\pi - 3{,}14$; **b.** $\frac{22}{7} - \pi$.

56 **1.** Tracer un cercle de rayon 4,4 cm.

2. Jérémie prétend que ce cercle a le même périmètre qu'un carré de côté 7 cm. Que peut-on en penser ?

57 Les deux surfaces dessinées ci-dessous sont délimitées par trois côtés d'un carré ABCD et par un demi-cercle centré au milieu de [AB].

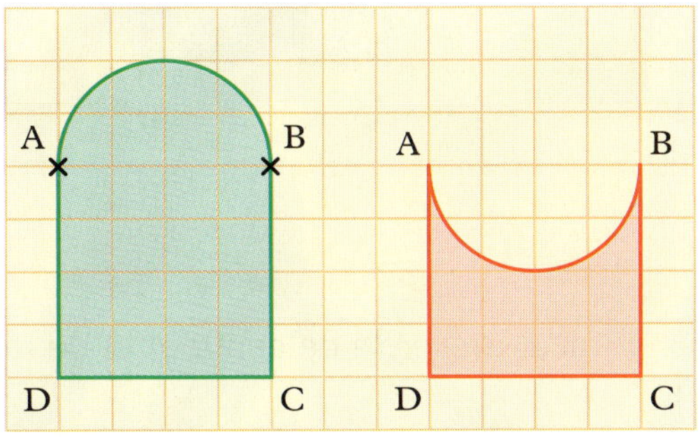

1. Les reproduire avec $AB = 4$ cm.

2. Calculer le périmètre de chacune d'elles lorsque $AB = 4$ cm (arrondir les résultats au mm).

58 « Quand on connaît le périmètre d'un cercle, pour retrouver le rayon, il suffit de diviser par 6,28 » déclare Pascal.

1. Que peut-on en penser ? Justifier la réponse.

2. Déterminer à l'aide de la calculatrice le rayon d'un cercle dont le périmètre est égal à 94,2 cm (arrondir au mm).

3. Déterminer à l'aide de la calculatrice le diamètre d'un cercle dont le périmètre est égal à 125,6 cm (arrondir au mm).

59 Le plateau d'une table a la forme et les dimensions indiquées ci-dessous.

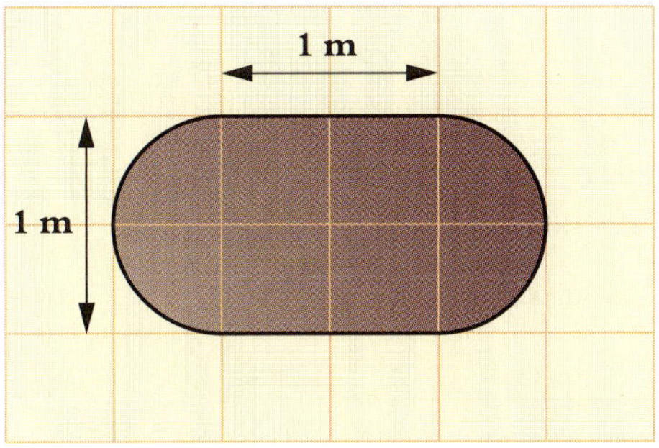

1. Calculer le périmètre du plateau de cette table.

2. À combien peut-on s'installer autour de cette table sachant que l'on compte environ 60 cm pour chaque convive (rechercher ce mot dans le dictionnaire) ?

Qui a raison ?

a

b

Exercices

Pour aller plus loin

Expliquer pourquoi

60 **1.** Tracer un segment [AB] de longueur 6 cm.

2. Tracer le cercle de centre A et de rayon 4 cm. Il coupe la médiatrice (*d*) du segment [AB] en M et P.

3. Déterminer AM et MB en précisant chaque fois la règle du cours utilisée.

61 **1.** Reproduire la figure ci-dessous à l'aide d'un quadrillage.

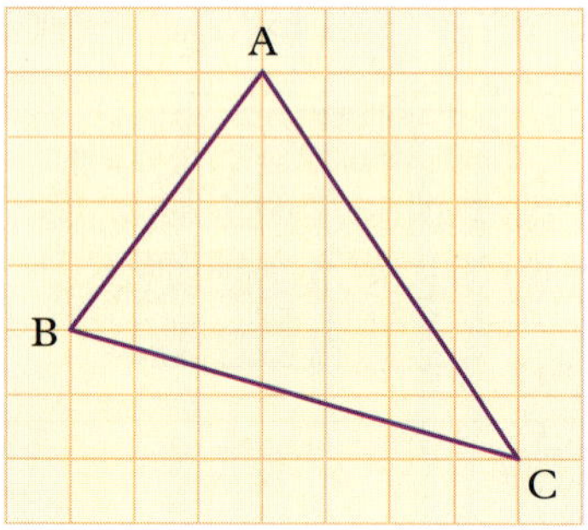

2. À l'aide d'une équerre, construire la droite (*d*) qui est perpendiculaire à la droite (BC) et qui passe par A.

3. a. Construire à l'aide d'un compas la médiatrice (*d'*) du segment [BC].
b. Que peut-on dire des droites (*d'*) et (BC) ? Citer la règle qui permet de l'affirmer.
c. Que peut-on dire des droites (*d*) et (*d'*) ? Citer la règle qui permet de l'affirmer.

Calculs de longueurs

62 Dans les deux figures suivantes, le carré a pour côté 8 cm. Les figures vertes sont constituées de demi-cercles dont on pourra déterminer le rayon en s'aidant du quadrillage.

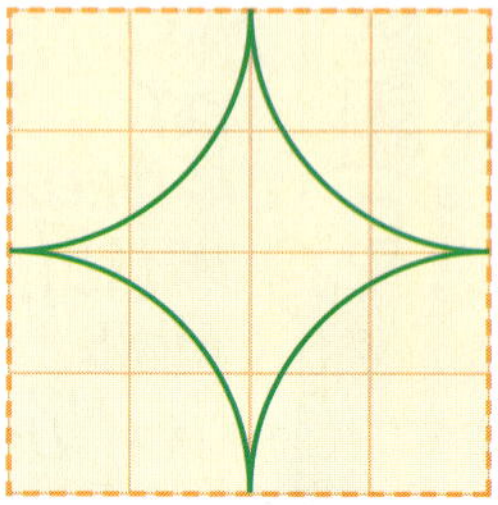

Fig. 1

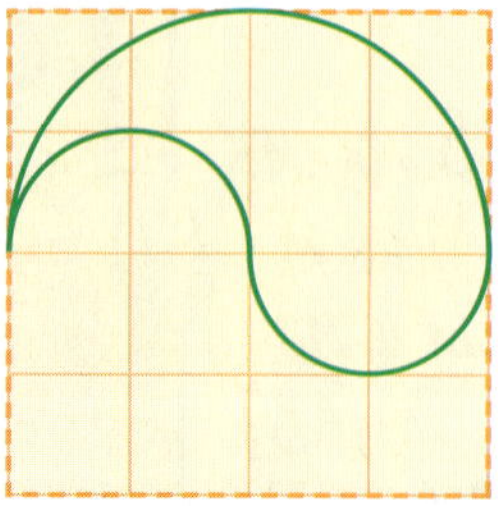

Fig. 2

Calculer le périmètre de chacune des figures vertes. Que constate-t-on ?

63 Calculer le périmètre de la piscine représentée ci-dessous (arrondir au cm).

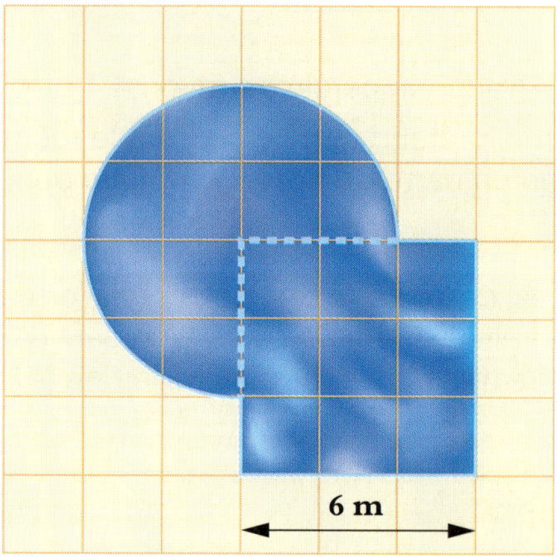

Régionnement

64 **1.** Tracer un cercle de centre A et de rayon 5 cm.

2. Sur la même figure, placer trois points M, N et P tels que :
AM $>$ 5 cm ; AN $<$ 5 cm ; AP $=$ 5 cm.

3. a. Colorier en rouge les points situés à plus de 5 cm de A.
b. Colorier en vert les points situés à moins de 5 cm de A.

65 Un émetteur situé en un point O a une portée de 2,5 km.
Comment représenter sur une carte qui est à l'échelle 1/100 000e tous les points où les émissions peuvent être captées ?

Indication : « une carte qui est à l'échelle 1/100 000e » signifie que 1 cm sur la carte représente 100 000 cm en réalité.

66 **1. a.** Tracer un segment [AB].
b. Indiquer où sont situés les points qui se trouvent à égale distance de A et de B.

2. Colorier :
a. en rouge les points situés à la même distance de A et de B ;
b. en vert les points situés plus près de A que de B ;
c. en bleu les points situés plus près de B que de A.

3. Soit M un point colorié en rouge mais qui n'est pas sur [AB]. Placer un point T qui soit à la fois plus près de M que de B et plus près de B que de A.

Programmes de construction

67 **1.** Remettre de l'ordre dans les consignes ci-dessous qui permettent de reconstituer la figure suivante :

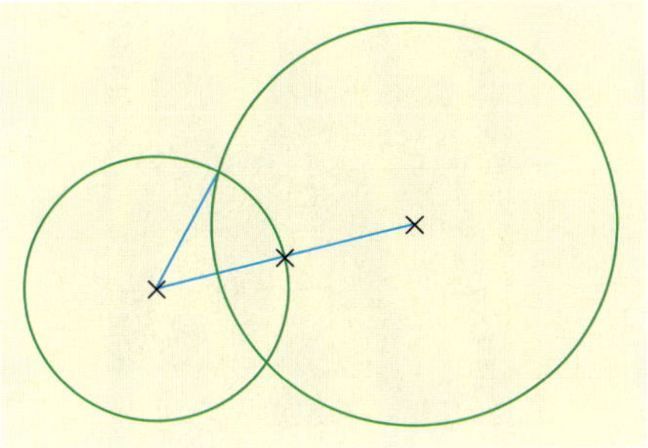

a. Placer son milieu A.
b. Tracer un rayon [EB] de ce cercle.
c. Tracer un segment [EF].
d. Tracer le cercle de centre F qui coupe le premier cercle en B.
e. Tracer le cercle de centre E qui passe par A.

2. Effectuer la construction en respectant les consignes obtenues à la question **1** sans oublier de nommer les points sur la figure.

68 Pour chacun des cas suivants, rédiger un programme de construction permettant de reconstituer une figure du même type.

Indication : A, B, P et T sont les centres des quatre cercles tracés.

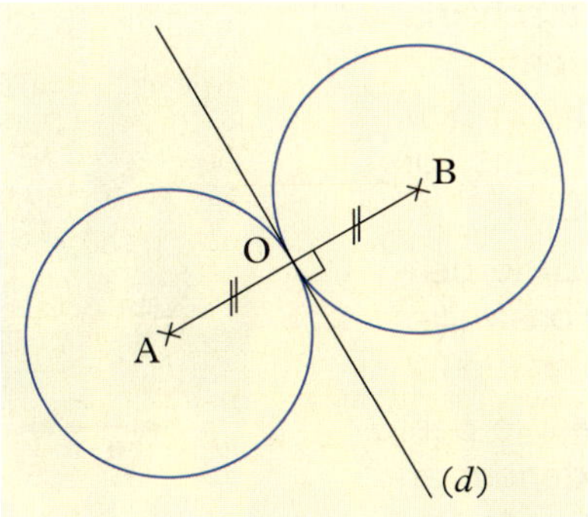

Fig. 1

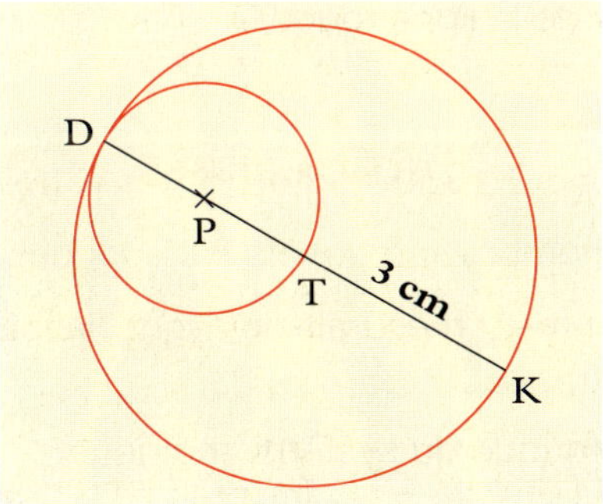

Fig. 2

Défis

69 « J'ai d'abord placé deux points A et B. Ensuite, j'ai tracé quatre cercles de centres M, N, P et Q qui passent chacun à la fois par A et par B » explique Hervé.

1. Sur quelle droite sont les quatre centres ?

2. Effectuer la construction d'Hervé.

70 **1.** Dessiner un cercle dont on ne connaît pas le centre (par exemple, en suivant avec le crayon le contour circulaire d'un verre renversé).

2. Comment obtenir de manière précise son centre avec un compas et une règle non graduée ?

71 Tracer un segment [AB] sur une feuille de papier rectangulaire comme le montre le dessin ci-contre. Sans aucun instrument, comment faire apparaître la médiatrice du segment [AB] ?

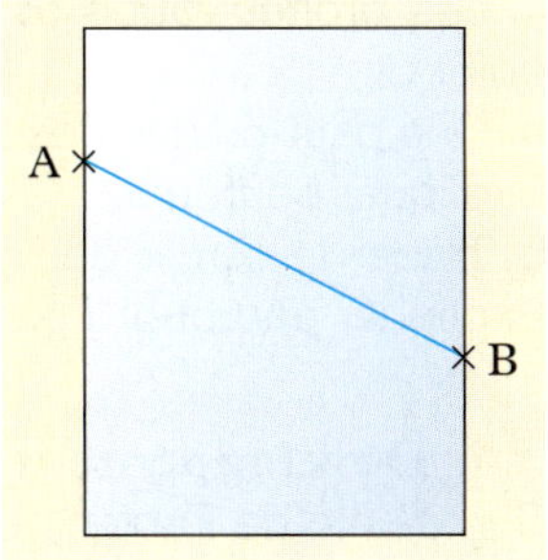

72 « Je te parie que tu n'arriveras pas à déterminer le périmètre de ce triangle en une seule mesure au double décimètre et sans aucun calcul » dit Laurie à Benoît.
« Pari tenu ! » répond Benoît. Puis il commence la construction reproduite ci-dessous.

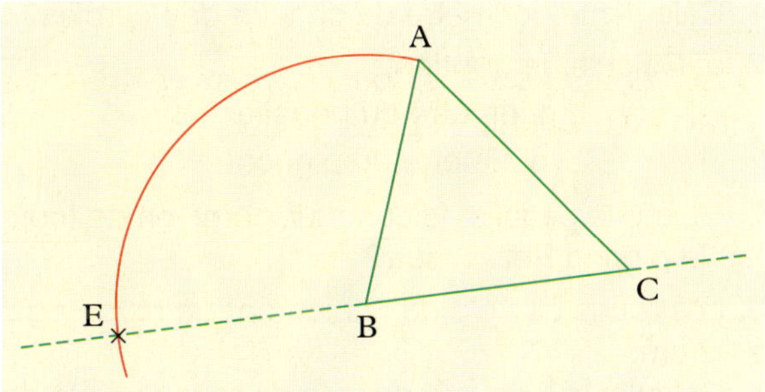

1. Tracer un triangle RST puis en s'inspirant de l'idée de Benoît, relever le pari de Laurie pour RST.

2. Tracer un segment [MN]. Sans utiliser de règle graduée, construire un triangle ABC ayant pour périmètre la longueur MN.

Exercices

Devoirs à la maison

73 Cercle circonscrit

1. Construire à la règle et au compas un triangle ABC tel que :
AB = 6 cm ; AC = 5 cm et BC = 7 cm.

2. a. Construire en rouge la médiatrice du côté [AB].
b. Quelle règle du cours permet d'affirmer que chaque point rouge est à égale distance de A et de B ?

3. a. Tracer en bleu la médiatrice du côté [AC].
b. Que peut-on dire de tous les points bleus ?

4. Les droites rouge et bleue se coupent en un point O.
a. Que peut-on dire des longueurs OA, OB et OC ? Expliquer pourquoi.
b. Tracer le cercle de centre O qui passe par A. Expliquer pourquoi il passe aussi par B et par C.

74 Développement

Sur le vélo de Fabien, le pédalier, représenté par le cercle de gauche, a 12 cm de rayon. Le pignon arrière, représenté par le cercle de droite, a 4 cm de rayon.

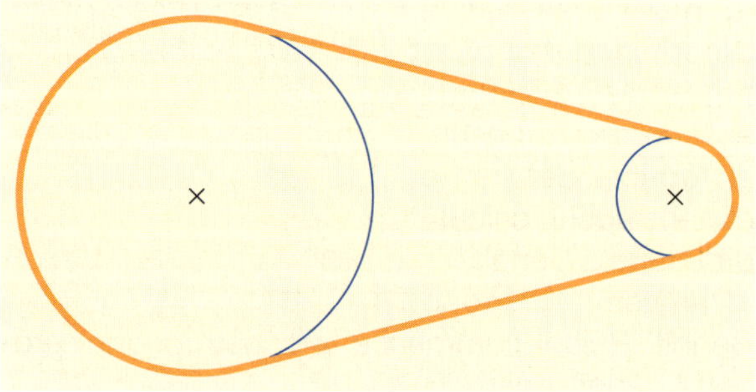

1. Calculer le périmètre de chacun des cercles.

2. a. Calculer le quotient :

$$\frac{\text{périmètre du pédalier}}{\text{périmètre du pignon}}.$$

b. Quand le pédalier fait un tour, combien de tours fait le pignon ? et la roue ?

3. Les roues du vélo de Fabien ont un rayon égal à 32 cm.
a. Calculer la longueur du *tour de roue* du vélo de Fabien (arrondir au mm).
b. De quelle distance, arrondie au cm, avance le vélo lorsque Fabien effectue un tour de pédalier ?

Indication : en jargon cycliste, ce résultat s'appelle le *développement*.

75 **1.** Reproduire à l'aide d'un quadrillage le jardin d'Ali représenté ci-dessous.

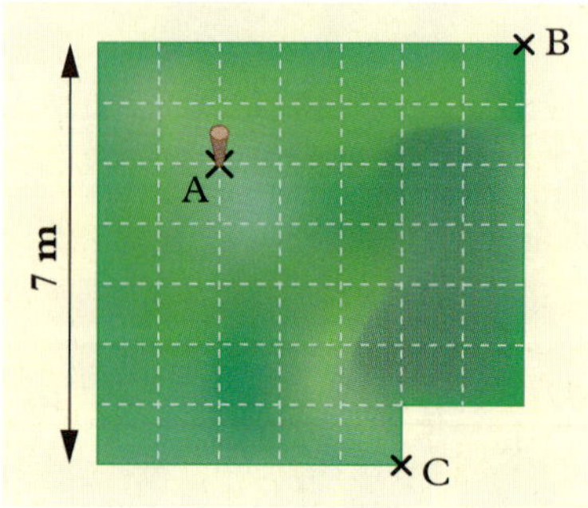

2. À l'aide d'une corde de longueur 2 m, Ali attache sa chèvre à un piquet planté en A. Colorier en rouge la zone que peut brouter la chèvre.

3. Colorier la zone en bleu avec le piquet en B.

4. Colorier la zone en vert avec le piquet en C.

76 **1.** Tracer un segment [AB] qui mesure 10 cm. Tracer ensuite les 12 cercles de centre A et de rayons 1 cm, 2 cm et ainsi de suite jusqu'à 12 cm. Procéder de même en prenant comme centre B.

2. À l'aide de points d'intersection des cercles, colorier en rouge 20 positions possibles du point C tel que le triangle ABC (aplati ou non) ait pour périmètre 24 cm.

77 Voici schématisé ci-contre un massif qu'on peut admirer dans un jardin public.

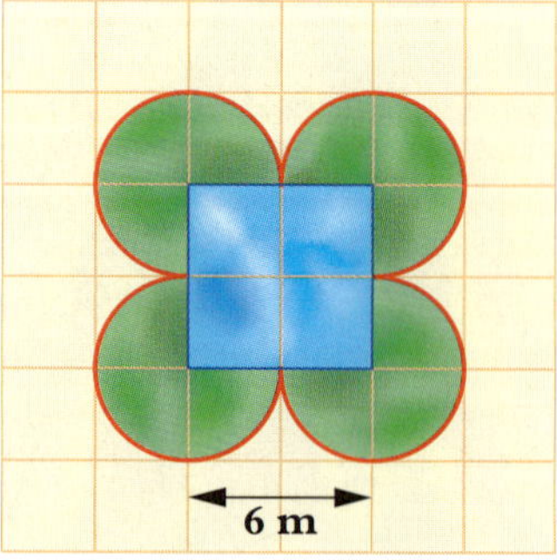

1. Quel est le périmètre du bassin (représenté en bleu) ?

2. Quel est le périmètre extérieur arrondi au m de tout cet ensemble (c'est-à-dire la longueur de la ligne rouge) ?

Petits exposés

1. Le nombre π à travers les époques.
2. Comment mesurait-on avant l'invention du mètre ?
3. Historique du système métrique.

Du très grand au très petit...

Histoire du mètre étalon C'est en 1791 que l'Assemblée nationale décrète la création d'une unité de mesure des longueurs qui fera par la suite son chemin : le mètre. Auparavant, chaque ville, chaque profession mesurait avec son propre système et ses propres unités. Difficile dans ces conditions d'envisager des échanges commerciaux commodes !
C'est pourquoi, dans le but d'uniformiser les mesures, le mètre voit le jour.

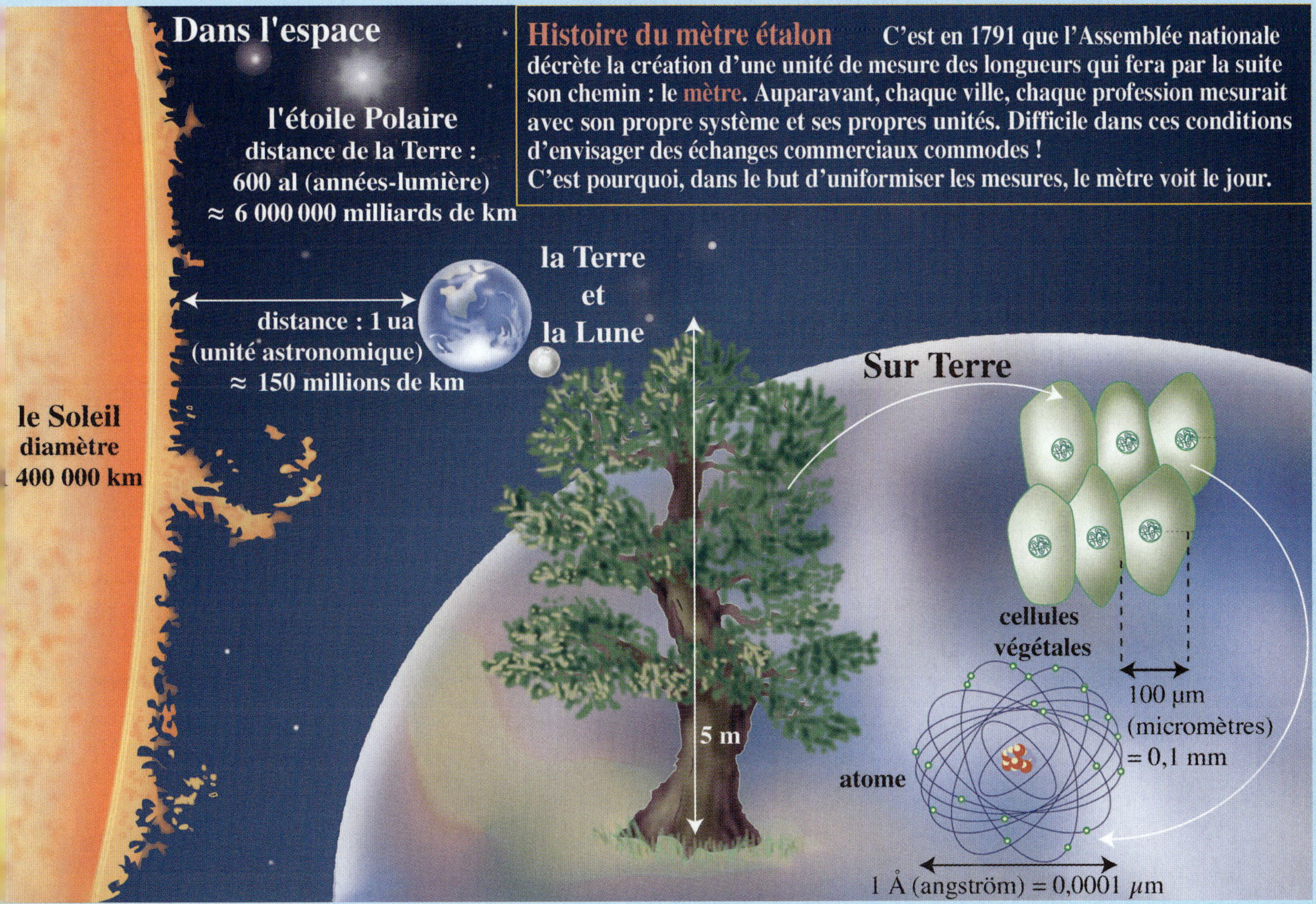

Casse-tête...

Le bayou En Louisiane, aux États-Unis, on appelle *bayou* un marécage.
Audrey voudrait bien traverser de D en M le bayou rectangulaire représenté ci-contre. Mais pour cela, elle doit échapper aux alligators postés en chaque croix rouge ! Un alligator s'attaque à une proie dès qu'elle s'approche à moins de 20 m.
Reproduire le schéma sur quadrillage et colorier la zone dans laquelle Audrey peut se déplacer.
Lui est-il possible d'aller de D à M à travers le bayou ?

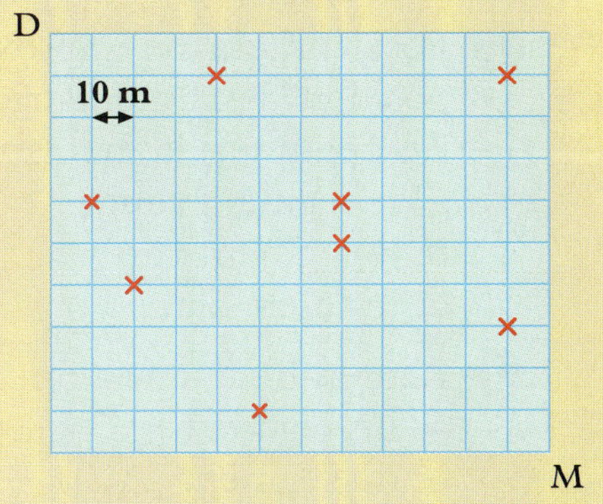

Soutien

A Conversion d'unités

Julien est souvent ennuyé pour changer d'unité : où mettre cette fameuse virgule ? Stéphanie décide de l'aider : « Utilise donc un tableau de conversion automatique ! »

1 « Quand j'écris dans ce tableau la longueur 523,0570 dam, le chiffre qui est juste à gauche de la virgule se place dans la rangée des décamètres » explique-t-elle.
Où doit-on placer la virgule pour exprimer cette même longueur :
a. en km ? **b.** en m ? **c.** en mm ?

km	hm	dam	m	dm	cm	mm
5	2	3	0	5	7	0

2 Utiliser un tel tableau pour transformer :
a. 21,68 m en cm ; **b.** 1 245,14 m en km ; **c.** 0,7319 km en m ; **d.** 203 000 mm en m.

3 **a.** À l'aide d'un tel tableau, convertir les trois longueurs suivantes en mètres puis les additionner : $x = 0{,}0184$ km ; $y = 4\,500$ mm ; $z = 789{,}5$ cm .
b. Le résultat obtenu serait-il le même si on effectuait $0{,}0184 + 4\,500 + 789{,}5$? Pourquoi ?

B Médiatrice au compas

Denis veut construire la médiatrice du segment [AB]. Voici le film de sa construction, mais dans le désordre. Rétablir le bon ordre des images puis réaliser une telle construction.

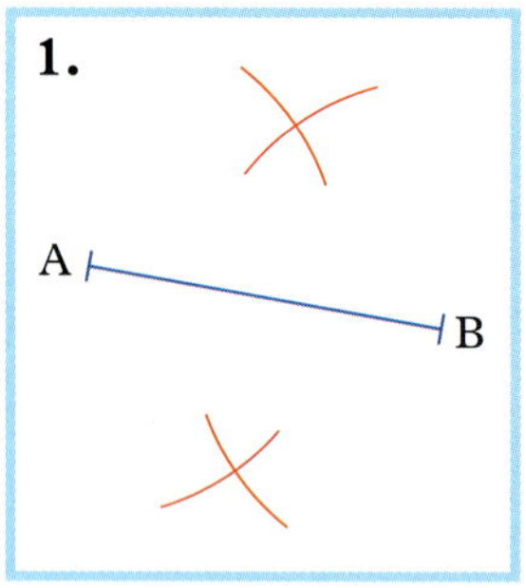

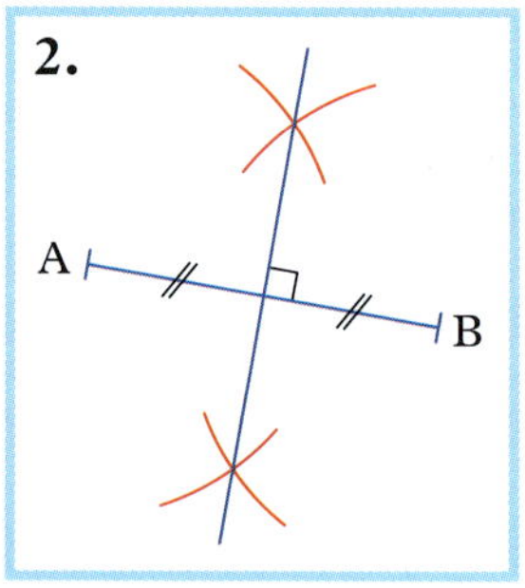

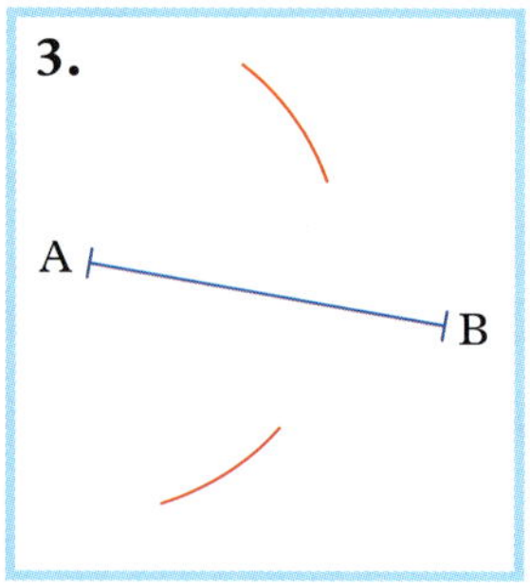

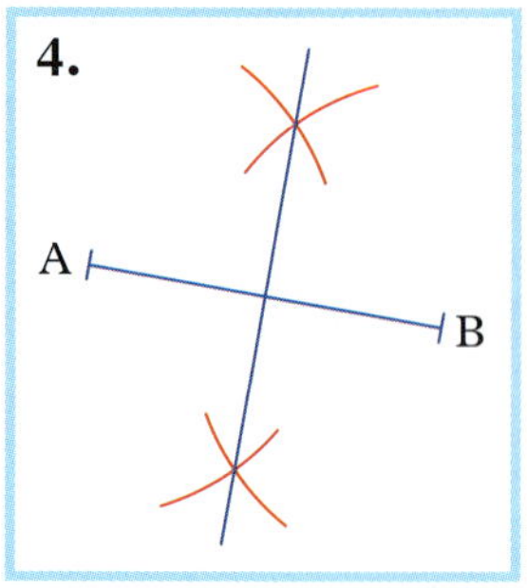

C À l'œil

1 Poser un crayon approximativement dans la position de la médiatrice du segment [BC]. En déduire si la médiatrice de [BC] coupe :
a. le segment rouge ;
b. le segment vert ;
c. le cercle bleu.

2 Reprendre la question **1** pour la médiatrice :
a. du segment [AB] ;
b. du segment [AC].

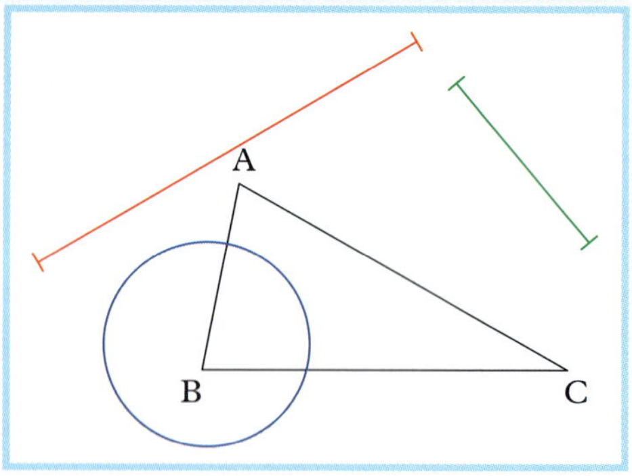

Chapitre

10 Angles

Avant de démarrer

1 Des angles et des couleurs

Dans la figure ci-contre, l'angle bleu se nomme $\widehat{EAD}$. Donner les noms des autres angles coloriés.

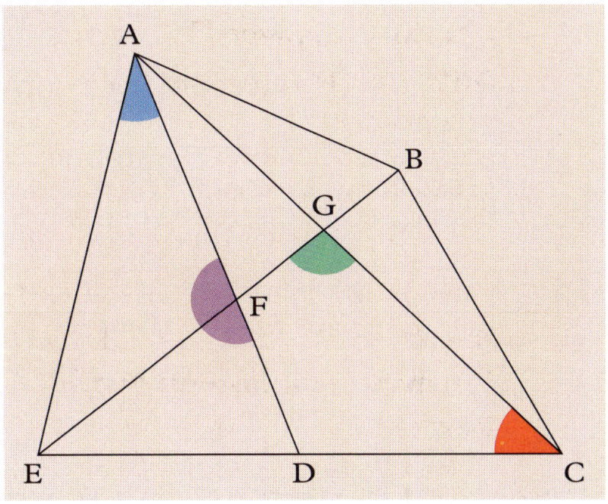

2 Comparer

À l'aide de papier calque, de superpositions ou de découpages, ranger les angles $\widehat{ABE}$, $\widehat{ADC}$, $\widehat{AEB}$ et $\widehat{ACB}$ ci-dessus du plus petit au plus grand.

3 À l'œil nu… ou presque !

Parmi les angles suivants, trouver l'angle droit, ceux qui sont plus petits que l'angle droit et ceux qui sont plus grands que l'angle droit.

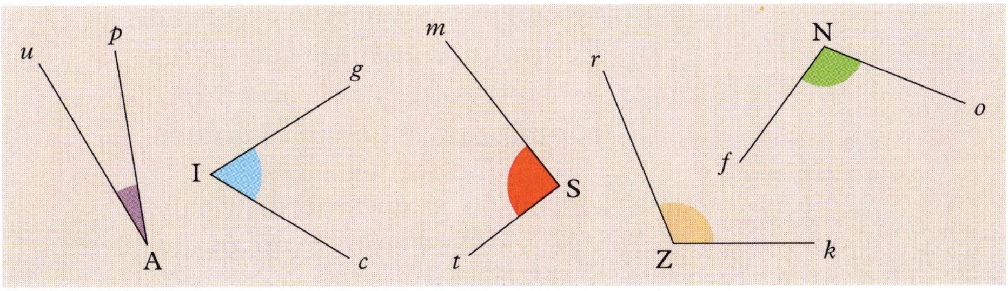

4 Moitié d'angle

Reconnaître ci-dessous les angles qu'on a partagés en deux angles égaux.

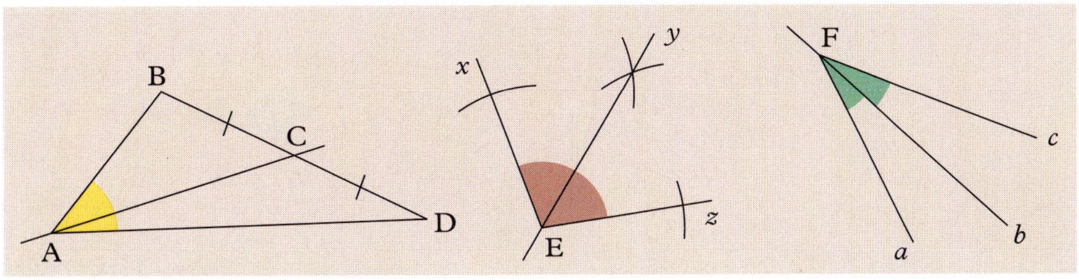

Activités

1 Nommer des angles

Voici quatre angles :

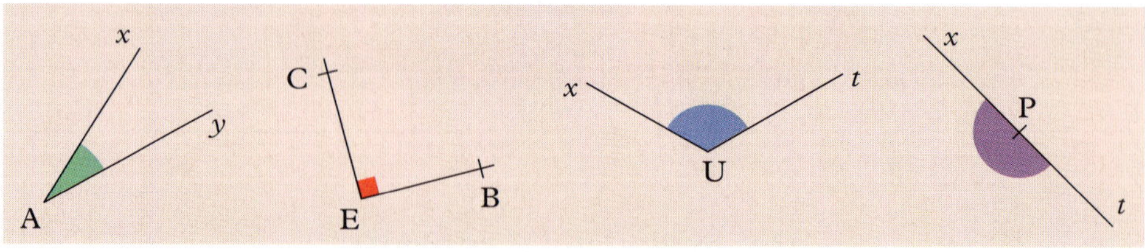

Recopier et compléter le tableau suivant :

Couleur	Sommet	Côtés	Nom
Vert	A	[Ax) et [Ay)	$\widehat{xAy}$
Rouge	………	………	………
Bleu	………	………	………
Violet	………	………	………

Voir exercices 12 à 14, p. 197.

2 Classer les angles

1 On souhaite réaliser un rapporteur simplifié comme celui représenté ci-contre.
Dans une feuille de **papier calque**, découper un rectangle de 8 cm sur 4 cm. Reproduire ensuite sur ce rectangle les traits rouges et les chiffres 1, 2, 3, 4 comme sur le dessin ci-contre.

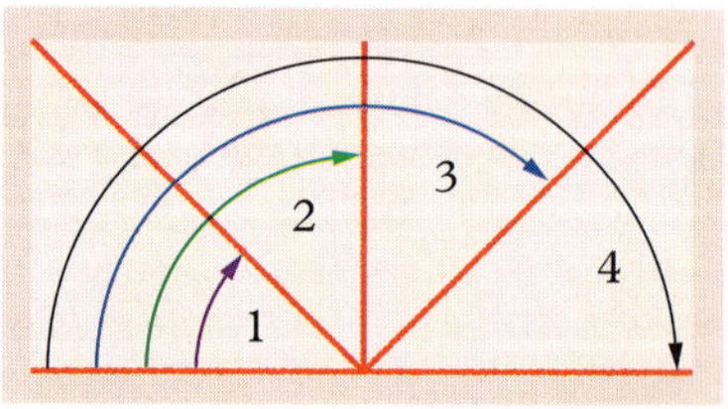

2 En se servant de ce rapporteur, vérifier que l'angle $\widehat{ABC}$ ci-contre a une mesure comprise dans la zone 3.

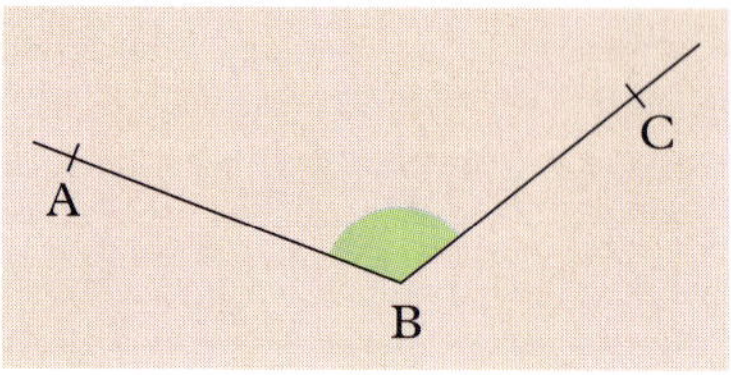

3 Indiquer dans quelles zones se situent les trois autres angles suivants :

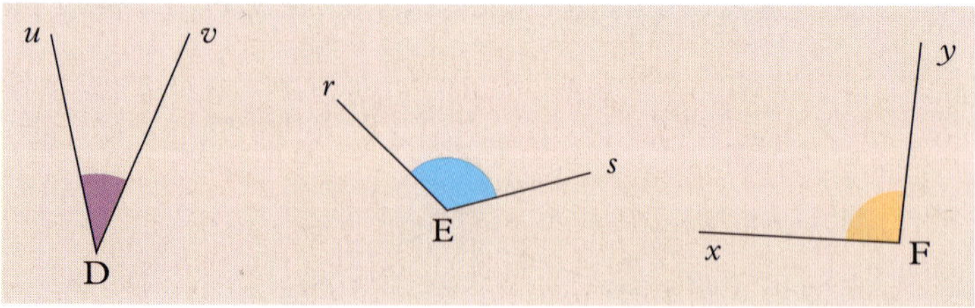

Voir exercices 15 à 19, p. 197.

3 Mesurer des angles

A - En comptant les degrés

Le cercle ci-contre comporte 360 graduations appelées **degrés (360°)**.

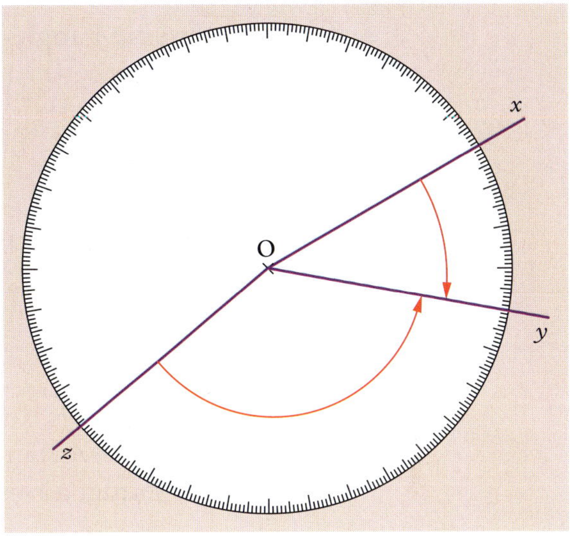

1 Combien y a-t-il de degrés entre les côtés de l'angle $\widehat{xOy}$?

2 Même question pour l'angle $\widehat{zOy}$.

B - Avec un rapporteur gradué

Avec un rapporteur gradué comme celui représenté ci-dessous, on peut **mesurer** des angles. Tous les rapporteurs du collège sont gradués en **degrés** et les angles courants sont mesurés de **0°** à **180°**.

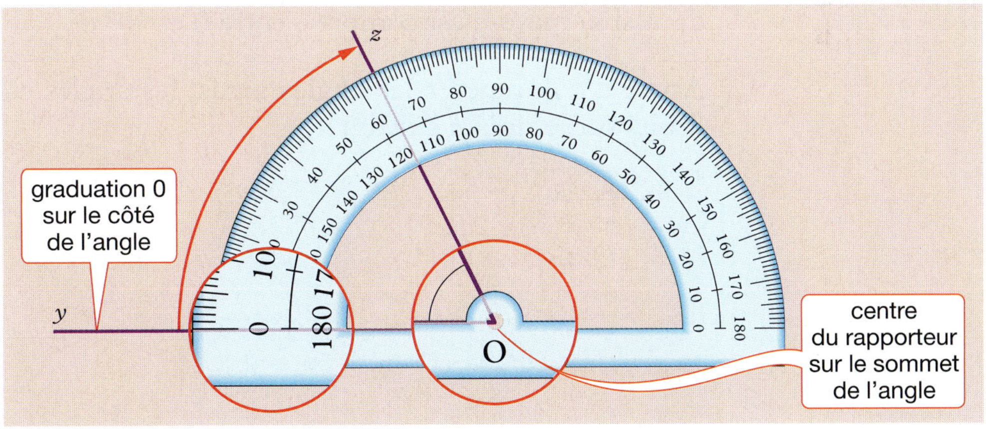

1 **a.** Combien de degrés peut-on mesurer au maximum sur la graduation extérieure ?
b. Vérifier si votre rapporteur possède une ou deux graduations en degrés. Si oui, quelle(s) remarque(s) peut-on alors faire ?

2 **a.** Observer le rapporteur dessiné ci-dessus.
Combien y a-t-il de degrés entre les deux côtés de l'angle $\widehat{yOz}$?
b. Quelle est la mesure de l'angle $\widehat{yOz}$?

C - On mesure

1 Sur le cahier, dessiner un angle plat puis un angle droit. Quelle est la mesure de chacun d'eux?

2 On a dessiné l'angle suivant:

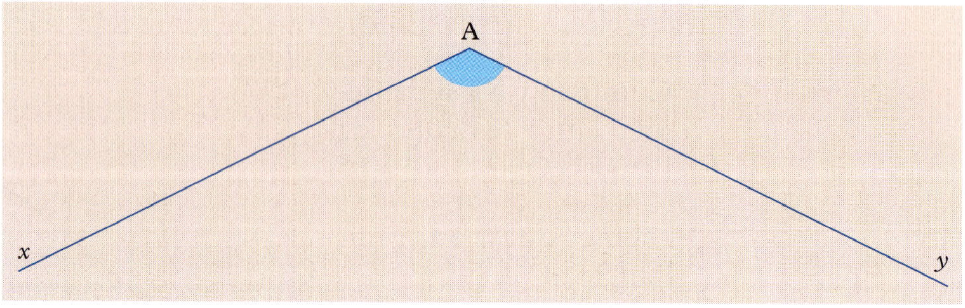

Voici les réponses de quatre élèves:
Paul: 133°; Doriane: 127°; Dylan: 53°; Marie: 67°.
Indiquer lequel a raison.

Voir exercices 15 à 19, p. 197.

4 D'un coup d'œil!

Un angle est dit **obtus** si sa mesure est comprise entre 90° et 180°; **aigu** si sa mesure est comprise entre 0 et 90° et **droit** s'il mesure 90°.

1 À vue d'œil, repérer les angles aigus, les angles obtus et les angles droits sur le dessin suivant:

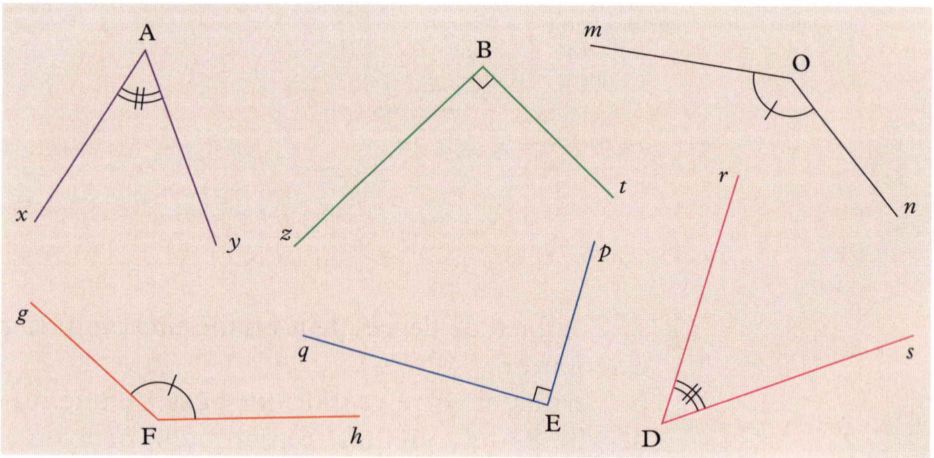

2 Repérer les angles égaux à l'aide du codage des figures. Vérifier en décalquant les angles.

Voir exercices 13 à 15, p. 197.

5 Bissectrice

1 **a.** Reproduire, à l'aide d'un quadrillage, la figure ci-dessous :

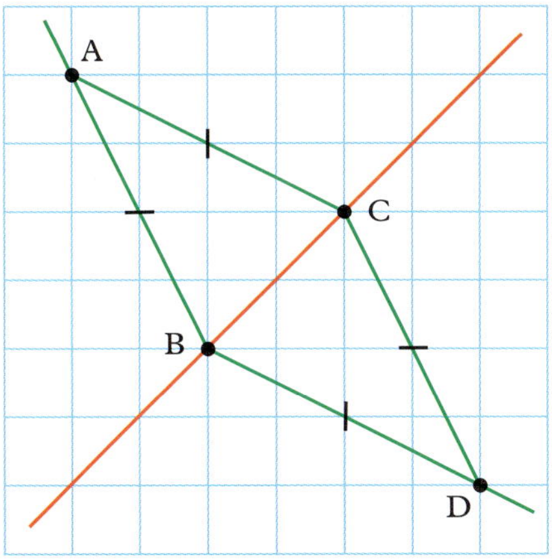

b. Mesurer les angles $\widehat{ABC}$ et $\widehat{CBD}$. Que constate-t-on ?
La droite (BC) est appelée la **bissectrice** de l'angle $\widehat{ABD}$.

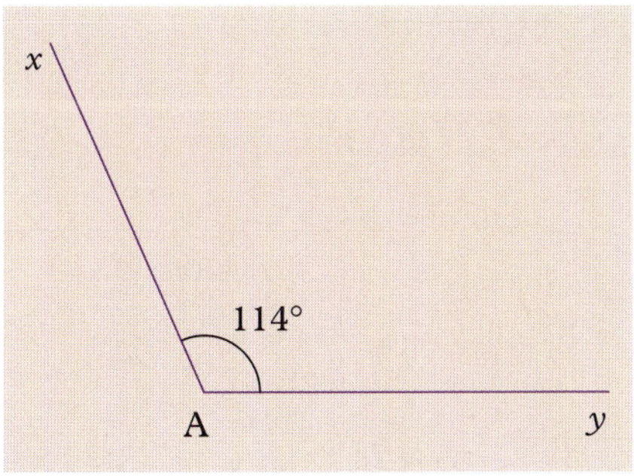

2 **a.** Reproduire une figure du même type que celle ci-contre.

b. Tracer à l'aide du rapporteur la bissectrice de l'angle $\widehat{xAy}$.

3 Tracer à main levée un angle $\widehat{uBt}$ de mesure 90°, puis sa bissectrice.

Voir exercices 45 à 49, p. 201.

Retenir le cours

1 Notation et mesure d'un angle

L'angle $\widehat{xBy}$ représenté ci-dessous mesure 115°. On note $\widehat{xBy} = 115°$.

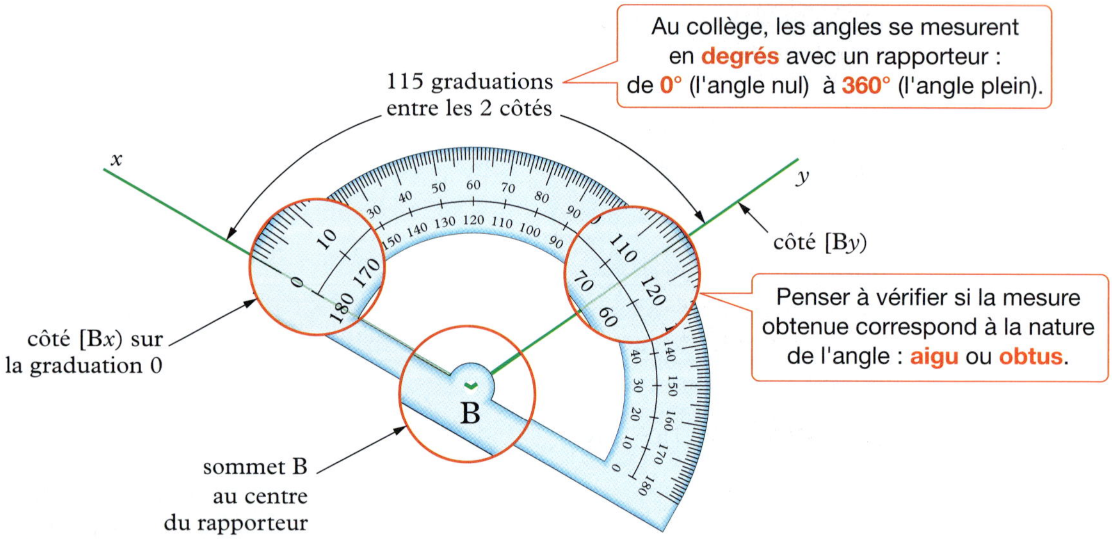

2 Classification des angles

On classe les angles par catégories selon leur mesure :

Angle	aigu	droit	obtus	plat	rentrant
Mesure	entre 0° et 90°	90°	de 90° à 180°	180°	supérieur à 180°
Représentation	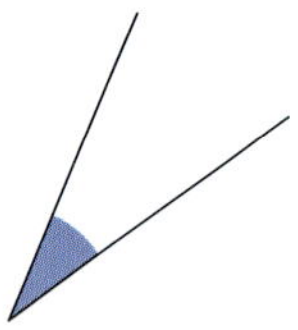	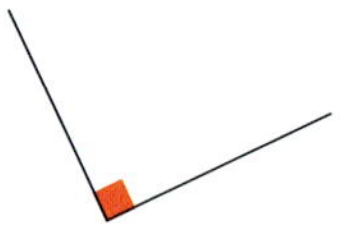	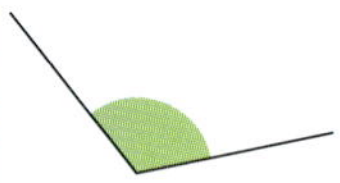	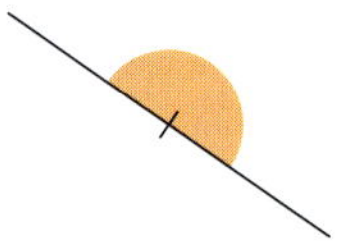	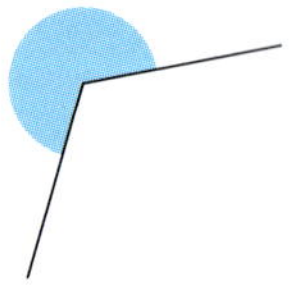

3 Bissectrice

Définition

La **bissectrice** d'un angle est la droite qui passe par son sommet et qui le partage en deux angles égaux.

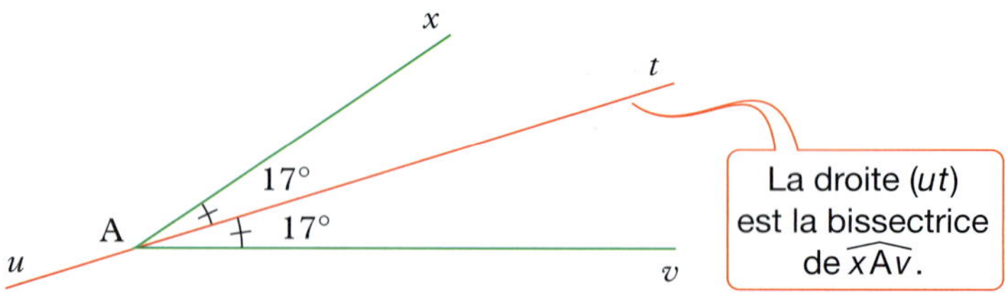

$\widehat{xAt} = \widehat{tAv} = 17°$

Écrire le nom d'un angle

Le sommet B est la lettre au milieu.

L'angle vert se nomme : $\widehat{ABC}$ ou $\widehat{CBA}$.
Il a pour **sommet** B.

Le sommet A est la lettre au milieu.

L'angle rouge se nomme : $\widehat{xAy}$ ou $\widehat{yAx}$.
Il a pour **sommet** A.

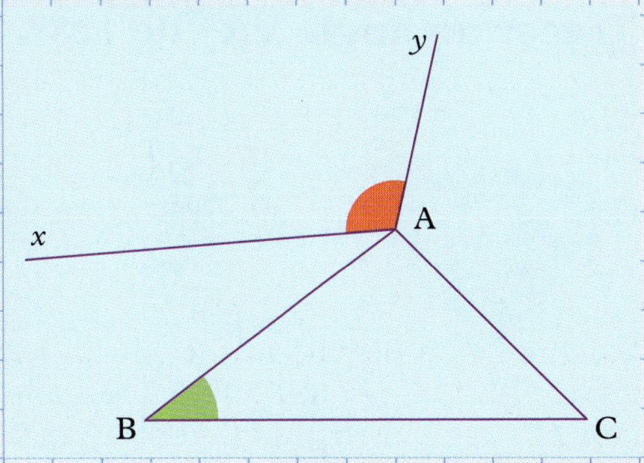

Reconnaître les angles égaux sur une figure

Les angles $\widehat{xBy}$ et $\widehat{ABC}$ sont codés de la même façon.
Cela nous indique qu'ils sont égaux.

Savoir lire une figure géométrique, c'est un peu comme déchiffrer un code secret.

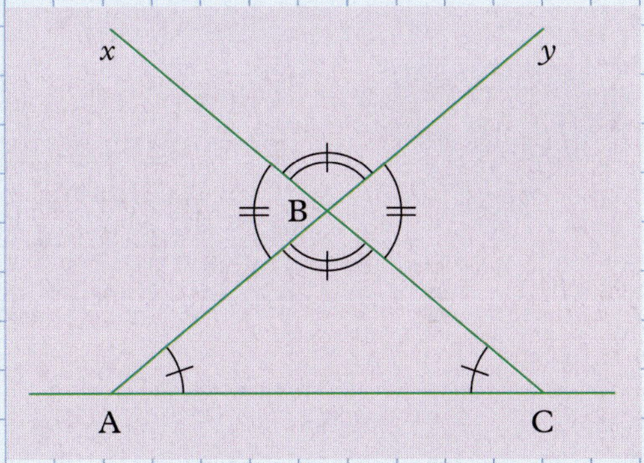

Coder une bissectrice

Sur la figure ci-contre, on veut indiquer que (uv) est la bissectrice de l'angle $\widehat{xBy}$.
Pour cela, on code de la même manière les angles égaux $\widehat{xBu}$ et $\widehat{uBy}$.

On code la figure pour visualiser les données du texte.

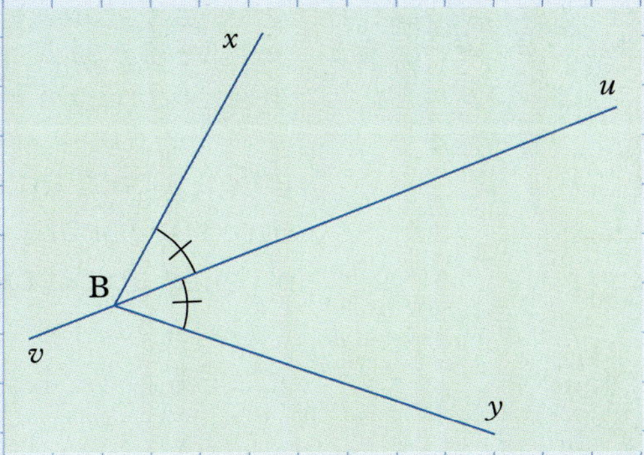

Retenir les méthodes

1 Tracer un angle quand on connaît sa mesure

Tracer un angle $\widehat{xAy}$ de 128°.

1re étape

On trace une demi-droite [Ax).

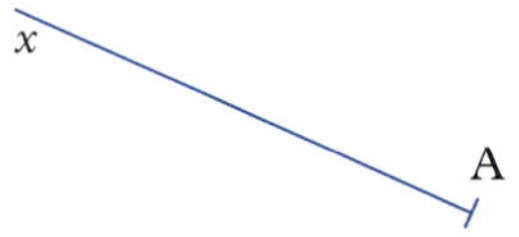

2e étape

On place le rapporteur dans la bonne position.

Le centre est bien sur le point A et le 0 de l'une des graduations est sur la demi-droite.

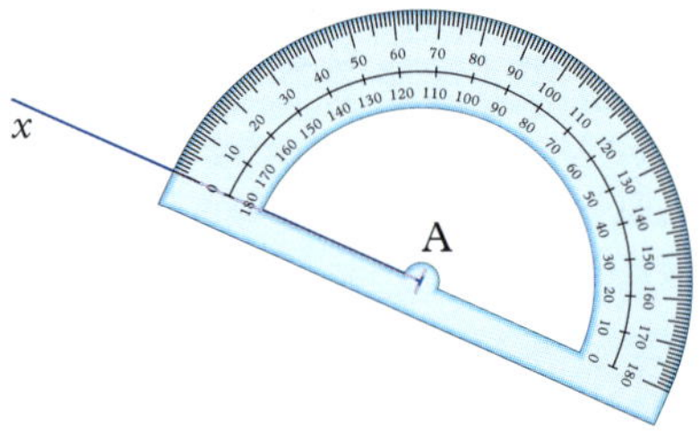

3e étape

On repère la graduation 128° en partant de la graduation 0° que l'on a utilisée.
On trace une marque en face de 128°.

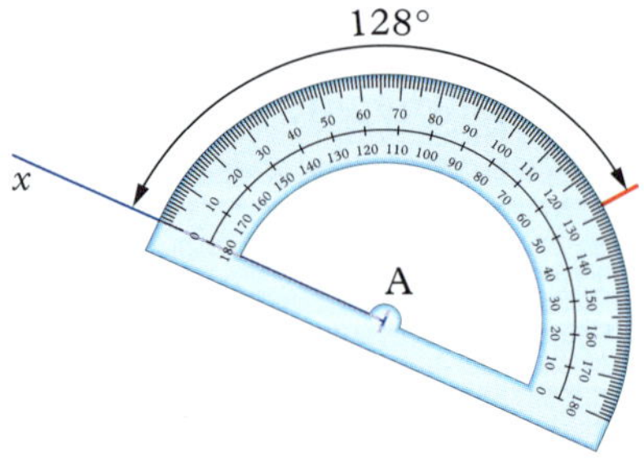

4e étape

On termine la figure en traçant la demi-droite [Ay).

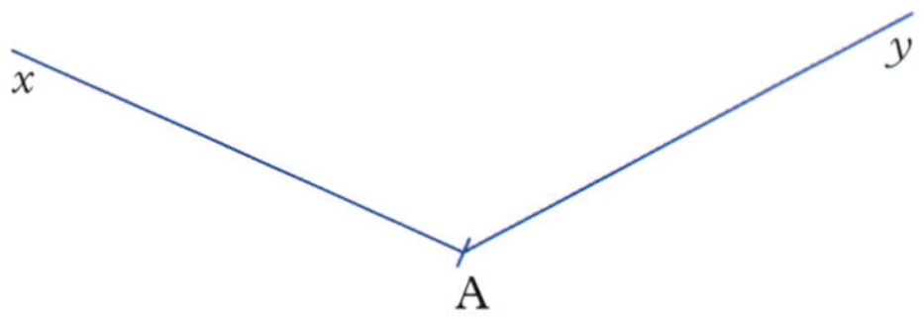

5e étape

On vérifie si le type d'angle correspond bien à la mesure donnée.

Ici on a bien un angle obtus (mesure supérieure à 90°) car l'angle est plus grand qu'un angle droit.

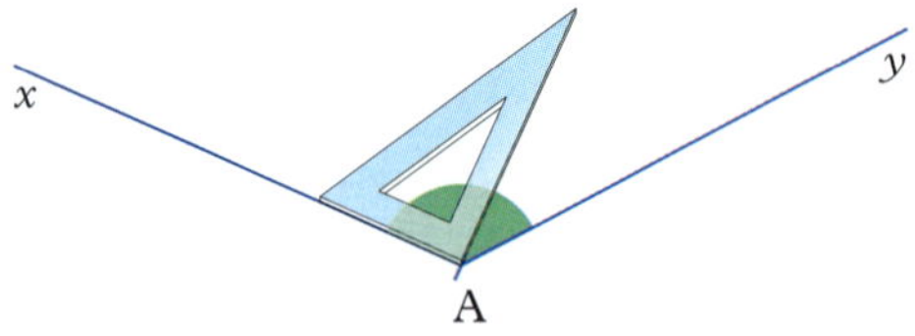

Voir exercice 16, p. 197.

2 Tracer une bissectrice à l'aide du compas

Tracer à l'aide du compas la bissectrice de l'angle $\widehat{xOy}$.

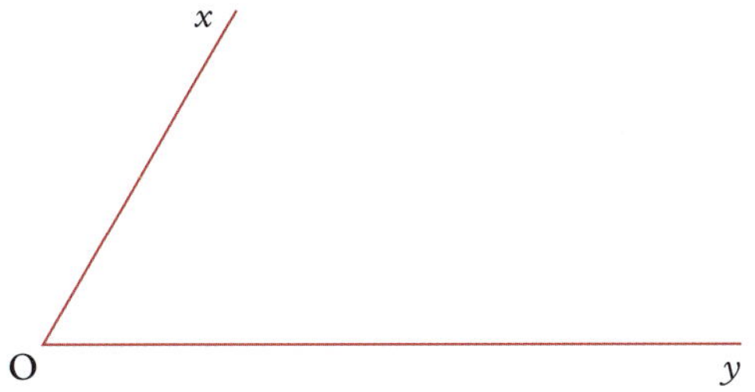

1re étape

On trace un arc de cercle de centre O qui coupe les côtés de l'angle en I et J.

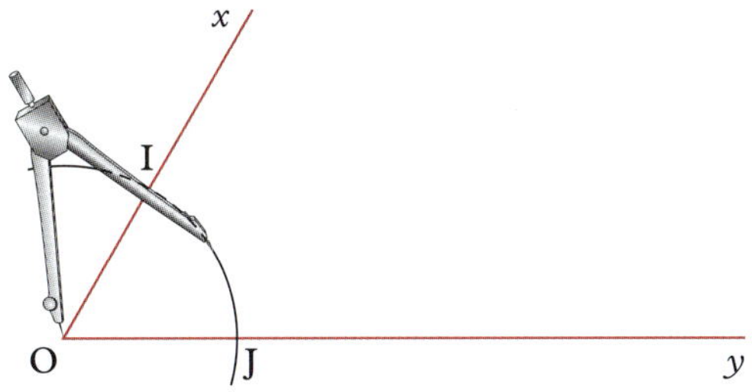

2e étape

On garde le même écartement de compas et on trace deux arcs de cercle sécants de centres I et J.

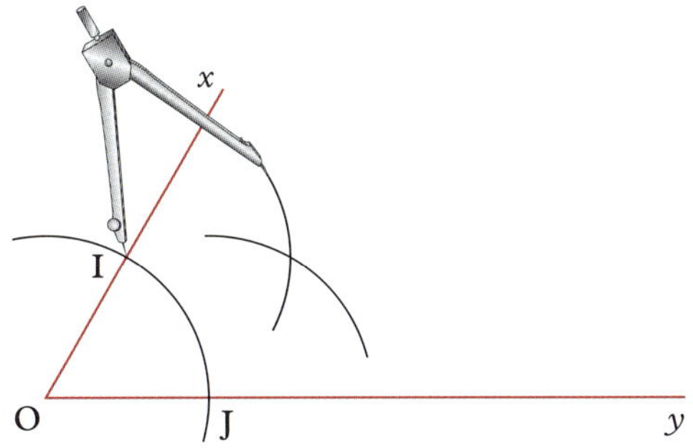

3e étape

On trace la droite passant par le sommet de l'angle et le point d'intersection des deux arcs de cercle, puis on code.

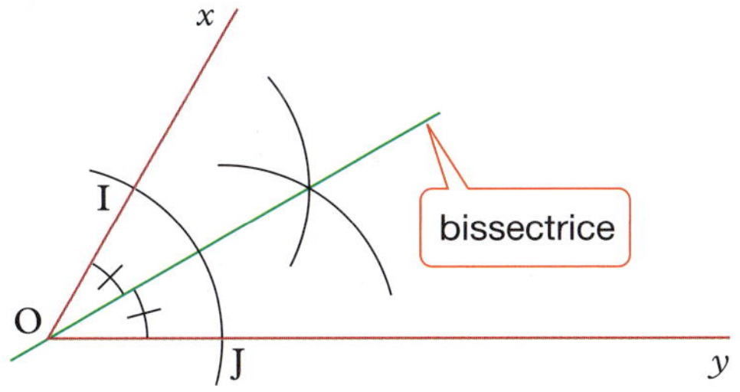

Voir exercice 46, p. 201.

Exercices

Coup d'œil sur le chapitre

1 Recopier et compléter le tableau ci-dessous en observant les angles de la figure (pour la 3e colonne du tableau, on utilisera les mots *aigu*, *plat*, *droit* et *obtus*).

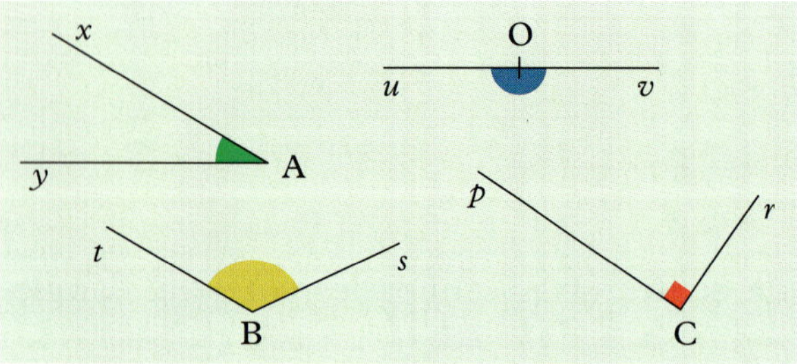

Couleur	Nom de l'angle	Je suis un angle
vert	....	....
jaune	....	....
....	....	droit
....	$\widehat{uOv}$	....

2 Donner deux noms pour chacun des angles coloriés sur les figures ci-dessous.

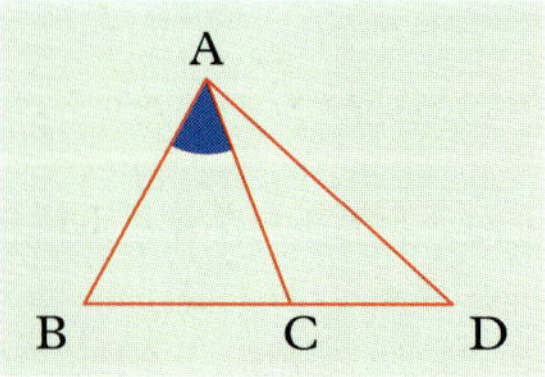

Fig. 1

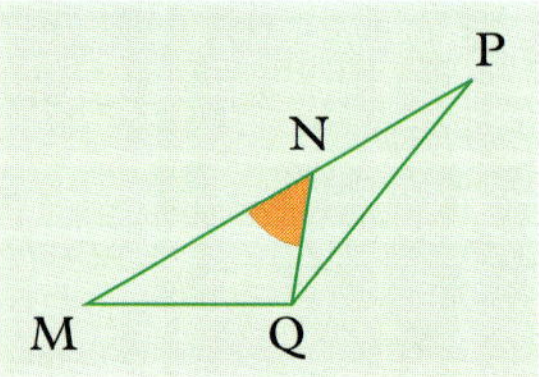

Fig. 2

3 On donne le dessin suivant :

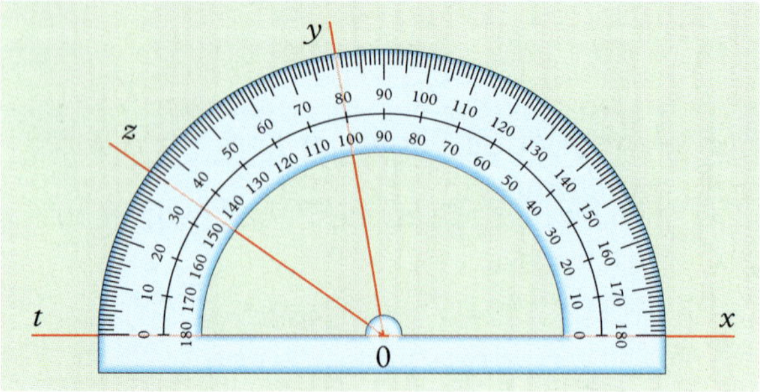

Recopier et compléter les égalités :

a. $\widehat{xOy}$ = ... ;

b. $\widehat{tOz}$ = ... ;

c. $\widehat{xOz}$ = ... ;

d. $\widehat{yOt}$ = ...

4 Pour chacun des angles de l'exercice **1** :

1. Décalquer la figure.

2. Prolonger les côtés de l'angle.

3. Mesurer l'angle.

5 **1.** Tracer un triangle ABC tel que AB = 6 cm, AC = 8 cm et BC = 10 cm.

2. Mesurer les angles $\widehat{ABC}$, $\widehat{BAC}$ et $\widehat{ACB}$.

3. Quelle remarque peut-on faire au sujet de l'angle $\widehat{BAC}$?

6 **1.** Tracer un triangle équilatéral de côté 8 cm.

2. Que peut-on dire de ses trois angles ?

7 **1.** Construire un angle $\widehat{xAy}$ de 65°.

2. Construire un angle $\widehat{tBs}$ de 105°.

8 **1.** Tracer le rectangle IJKL tel que IJ = 6 cm et JK = 10 cm.
Soit O le point d'intersection des diagonales.

2. Mesurer les angles $\widehat{IOJ}$, $\widehat{JIK}$ et $\widehat{IOL}$.

9 **1.** Parmi les deux angles ci-dessous, indiquer à l'œil nu lequel est le plus grand :

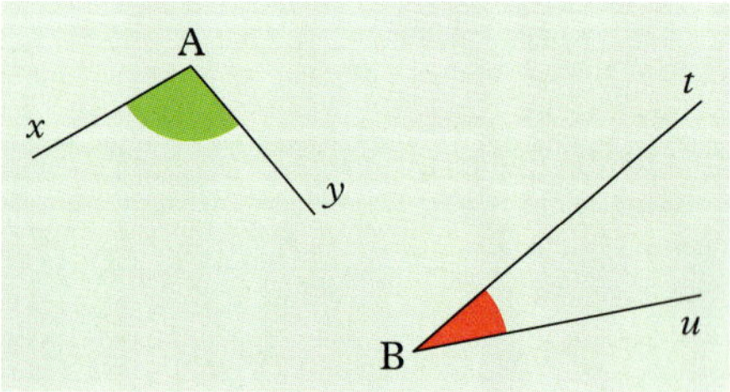

2. Décalquer la figure et vérifier à l'aide du rapporteur (penser à prolonger les côtés).

10 Construire un angle $\widehat{xOy}$ de 124° puis construire sa bissectrice en se servant du rapporteur.

11 **1.** Tracer une droite (*xy*).

2. Placer O sur (*xy*) puis tracer une demi-droite [O*z*).

3. Tracer sans rapporteur les bissectrices (*d*) et (*d'*) des angles $\widehat{xOz}$ et $\widehat{zOy}$.

4. Que constate-t-on ?

Pour démarrer

Nommer des angles

12 **1.** Reproduire une figure du même type que celle ci-dessous.

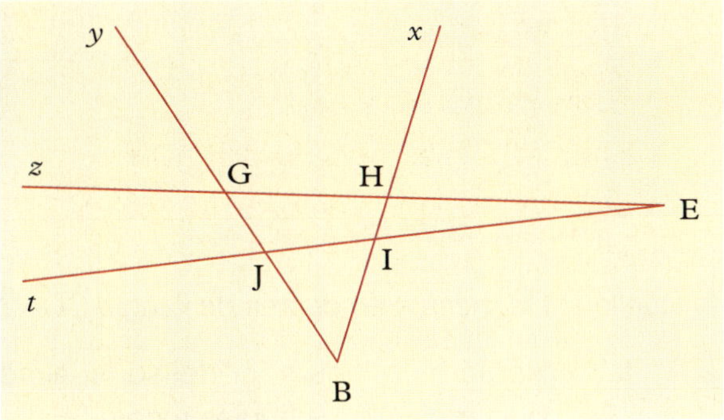

2. Colorier les angles :

a. $\widehat{zHx}$ en rouge ;

b. $\widehat{BGH}$ en vert ;

c. $\widehat{JEH}$ en bleu.

3. Quels autres noms peut-on donner à l'angle $\widehat{GBH}$? (Donner quatre solutions.)

13 Sur la figure ci-dessous, A et B sont deux points de la droite (xt).

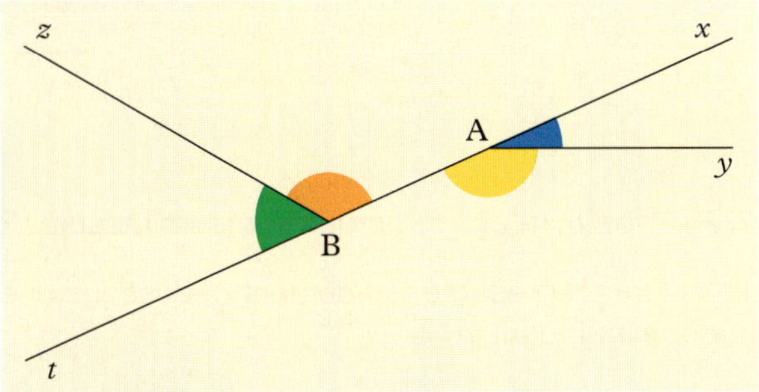

1. Nommer les angles coloriés.

2. Citer les angles coloriés qui sont aigus, puis ceux qui sont obtus.

3. Citer deux angles plats de cette figure.

14 **1.** À l'aide d'un quadrillage, tracer un rectangle ABCD tel que AB est plus grande que BC.

2. Marquer les angles $\widehat{ABD}$ en rouge, $\widehat{BDC}$ en vert et $\widehat{BDA}$ en bleu.

3. Les diagonales du rectangle ABCD se coupent en O.
Les angles $\widehat{ABO}$, $\widehat{AOB}$ et $\widehat{BOC}$ sont-ils aigus ? obtus ?

Construction d'angles

15 **1.** Sur la figure suivante, quels sont à vue d'œil les angles aigus ? et les angles obtus ?

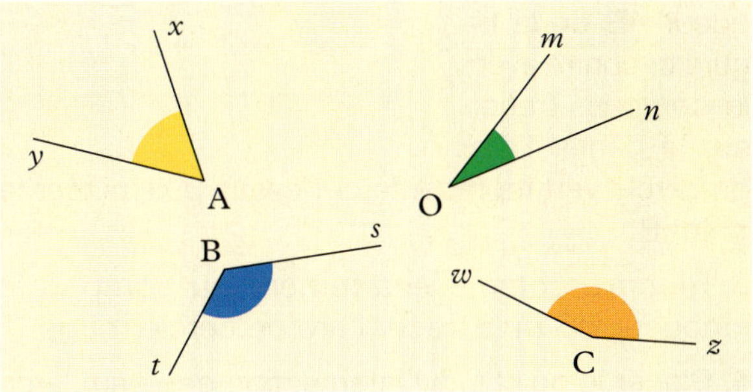

2. Décalquer la figure.

3. Mesurer avec le rapporteur les angles de la figure puis vérifier avec le rapporteur les réponses faites à la question **1**.

16 **1.** Tracer à l'aide du rapporteur deux demi-droites [Ax) et [Ay) telles que $\widehat{xAy} = 115°$.

2. Tracer à l'aide du rapporteur, sur une autre figure, deux demi-droites [Bt) et [Bs) telles que : $\widehat{tBs} = 65°$.

Voir* Retenir les méthodes 1, *p. 194.

17 **1.** Reproduire une figure semblable à celle ci-dessous.

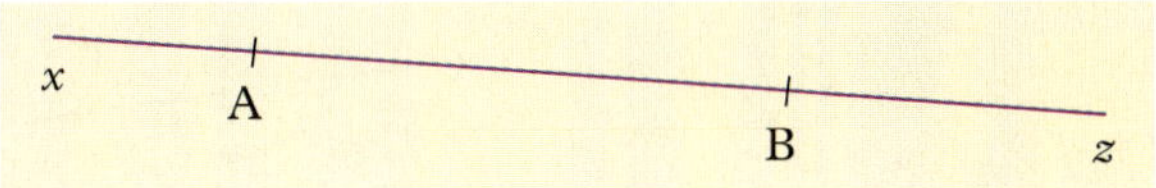

2. Tracer deux demi-droites [Bt) et [Av) telles que $\widehat{tBz} = 45°$ et $\widehat{xAv} = 120°$.

18 **1.** Placer trois points A, O et B tels que : $\widehat{AOB} = 40°$.

2. Placer un point C sur la droite (AO) tel que O soit sur le segment [AC].

3. Quelle est la mesure de l'angle $\widehat{BOC}$?

19 On donne la figure ci-contre réalisée à main levée.

1. Faire précisément la construction.

2. Que constate-t-on ? Expliquer.

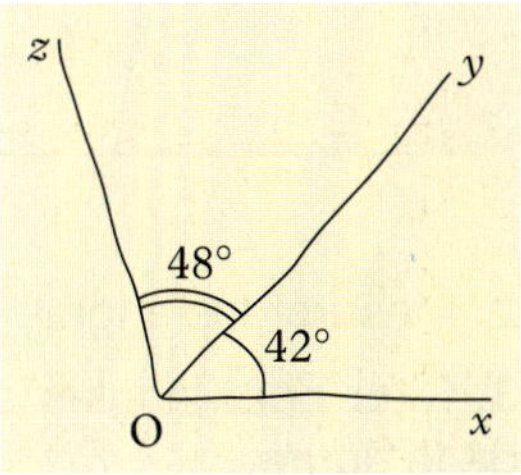

Reproduction de figures

20 **Arrêtez de recopier !**

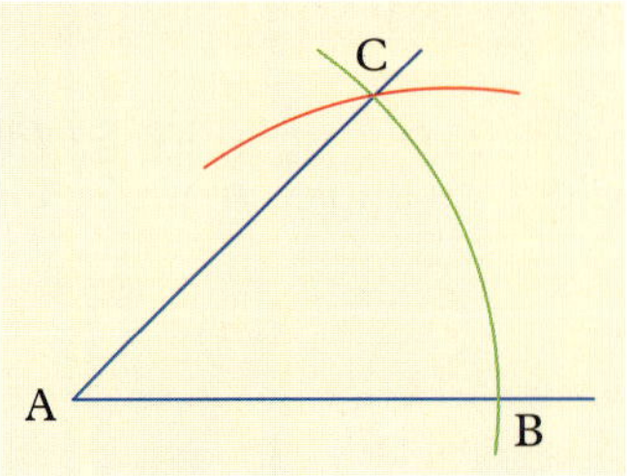

1. Tracer une demi-droite [A*x*).

2. Prendre comme écartement la longueur AB de la figure ci-contre avec le compas. Tracer sur le cahier l'arc de cercle vert représenté ci-dessus puis placer le point B.

3. Prendre comme écartement au compas la longueur BC puis tracer l'arc de cercle rouge.

4. Placer le point C à l'intersection des deux arcs de cercle.

5. Tracer la demi-droite [AC).

6. Décalquer la figure du livre et comparer les deux angles.

21 **1.** Reproduire exactement la figure suivante à l'aide du rapporteur et de la règle graduée.

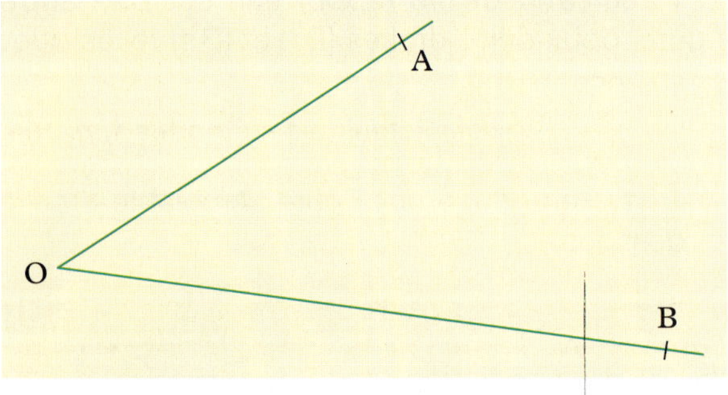

2. Reproduire exactement cette même figure avec le compas et la règle non graduée.

22 **1.** Reproduire exactement la figure suivante avec le compas et la règle non graduée.

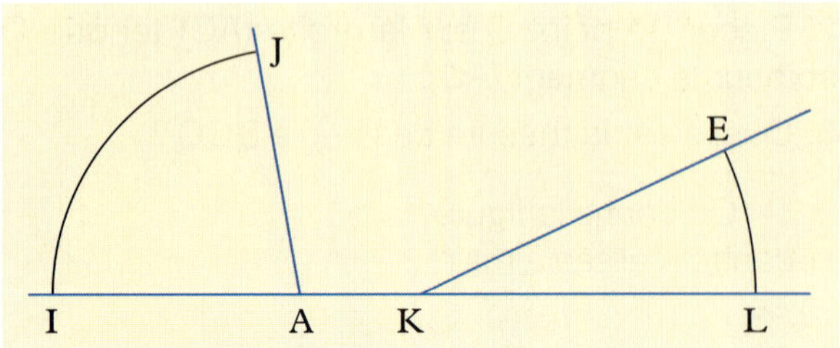

2. Mesurer les angles $\widehat{EKL}$, $\widehat{LAJ}$ et $\widehat{IKE}$.

3. Citer deux angles obtus et deux angles aigus de la figure.

23 **1.** Reproduire exactement la figure suivante à l'aide du rapporteur et de la règle graduée.

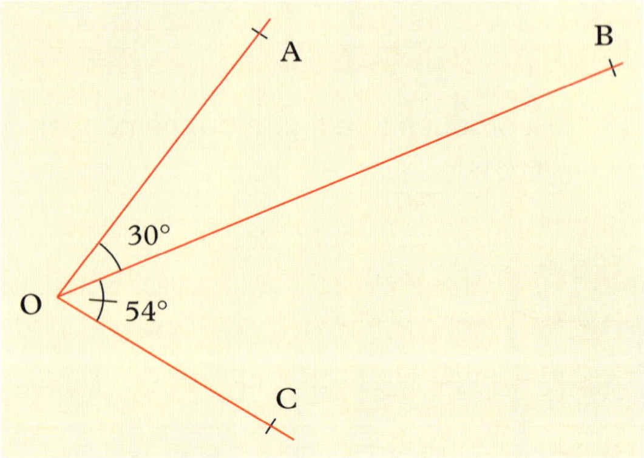

2. Quelle est la mesure en degrés de l'angle $\widehat{COA}$?

24 **1.** Reproduire la figure ci-dessous avec $\widehat{xOy} = 30°$ puis mesurer les angles roses.

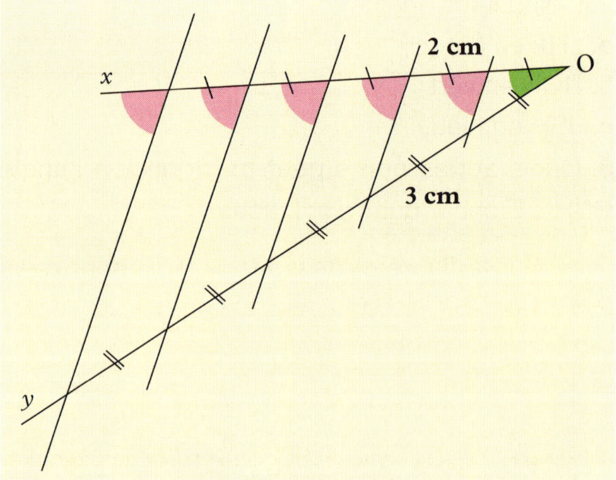

2. Peut-on faire une remarque sur leurs mesures ?

25 On a représenté rapidement ci-dessous une horloge indiquant 16 h.

1. Quel est l'angle entre la petite et la grande aiguille ?

2. Pour chacune des heures suivantes, calculer l'angle entre les deux aiguilles puis représenter l'horloge comme ci-dessus à :
a. 18 h ; **b.** 11 h ; **c.** 2 h.

Lire et comprendre

26 Calculer la mesure en degrés des angles suivants :
a. la moitié de l'angle droit ;
b. le tiers de l'angle plat ;
c. un cinquième de l'angle plat ;
d. deux tiers de l'angle droit ;
e. un dixième de l'angle plat.

27 Écrire sous forme de fraction de l'angle plat :
a. 45° ; **b.** 60° ; **c.** 90° ;
d. 120° ; **e.** 135° ; **f.** 18°.

28 On donne ci-dessous des mesures en pourcentage de l'angle plat :
a. 100 % ; **b.** 50 % ; **c.** 25 % ; **d.** 20 %.
Exprimer ces mesures en degrés.

29 On donne ci-dessous 6 mesures et 6 angles.
Mesures : 30° ; 126° ; 90° ; 58° ; 180° ; 158°.

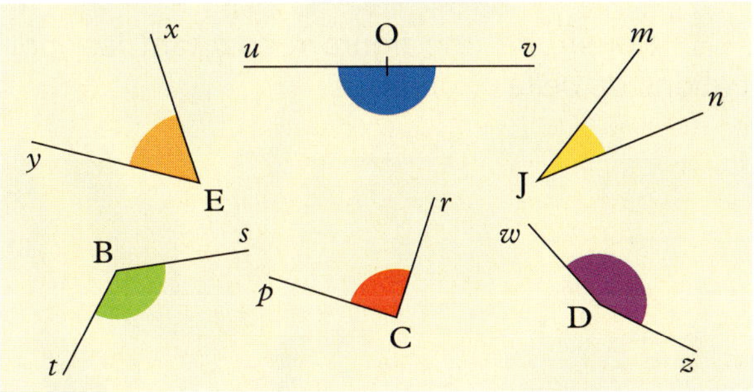

Associer, à vue d'œil, chaque angle à sa mesure.

30 On donne la figure ci-contre. Préciser la couleur des points A, B et C sachant que l'angle $\widehat{BAC}$ est obtus et que la mesure de l'angle $\widehat{ACB}$ est supérieure à celle de l'angle $\widehat{CBA}$.

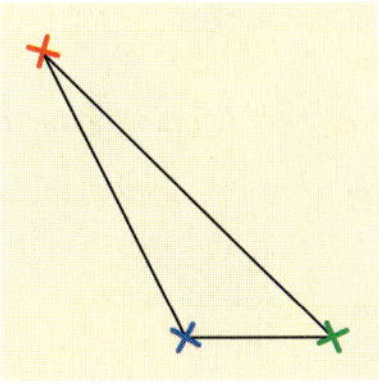

31 On donne la figure ci-dessous.
Préciser la couleur des points A, D, B, E, C sachant que les angles $\widehat{BOD}$ et $\widehat{EOC}$ sont plats, que l'angle $\widehat{COD}$ est aigu, et que l'angle $\widehat{AOC}$ est droit.

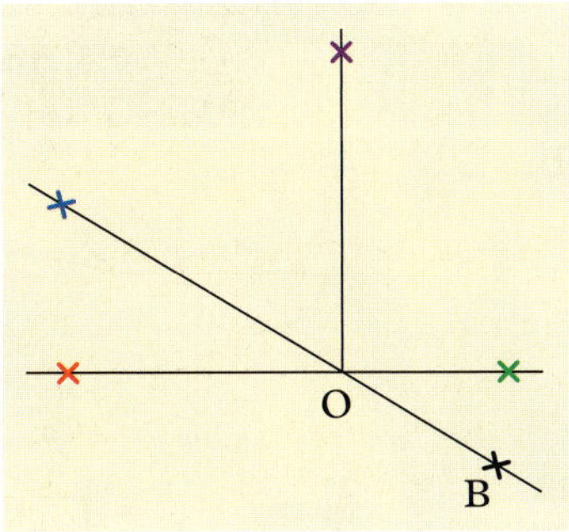

Calculs d'angles

32 **1.** Reproduire la figure ci-dessous puis calculer la mesure de l'angle $\widehat{xOy}$.

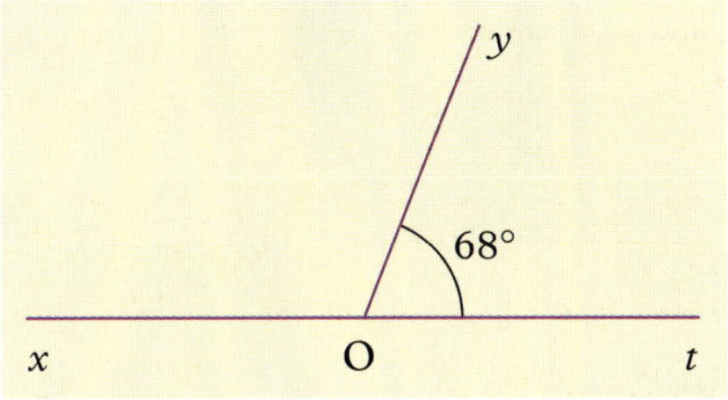

2. Reproduire la figure ci-dessous puis calculer la mesure de l'angle $\widehat{tOz}$.

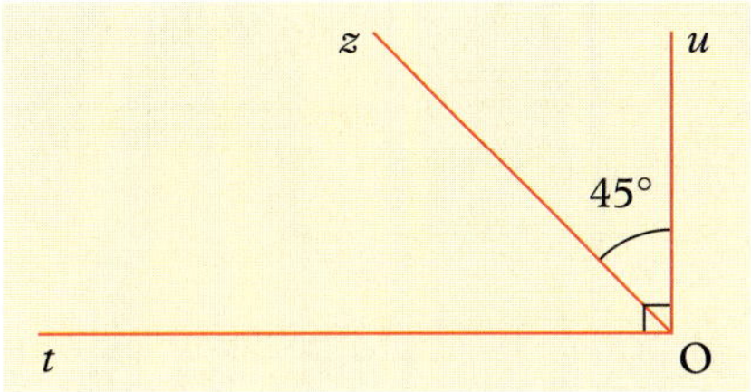

33 On donne la figure ci-dessous où les points A, O et C sont alignés.

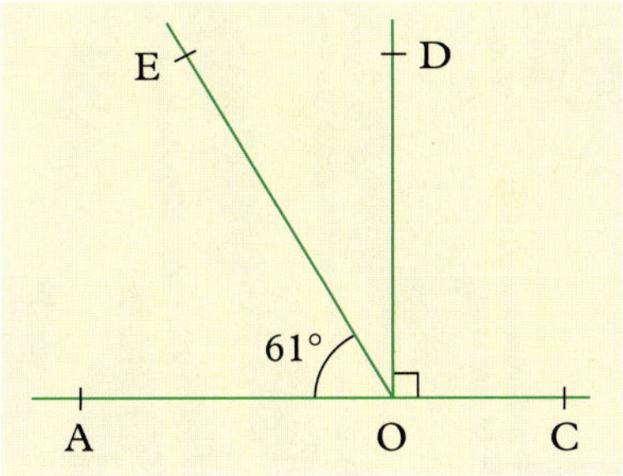

Recopier et compléter les égalités :
a. $\widehat{AOC}$ = ... ; **b.** $\widehat{COD}$ = ... ; **c.** $\widehat{DOA}$ = ... ;
d. $\widehat{EOD}$ = ... − 61° = ... ;
e. $\widehat{EOC}$ = ... − .... = ... ;
f. $\widehat{EOC}$ = ... + ... = ...

34 Reproduire la figure ci-dessous puis calculer la mesure de l'angle $\widehat{xOy}$.

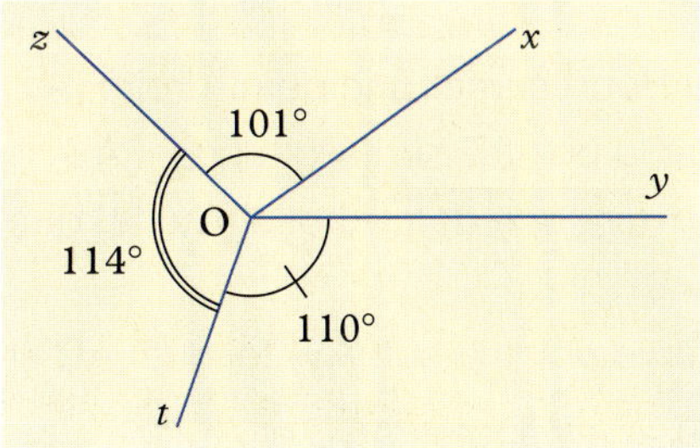

Exercices

Codage de figures

35 Calculer $\widehat{ABC}$ à l'aide des renseignements donnés sur la figure ci-contre.

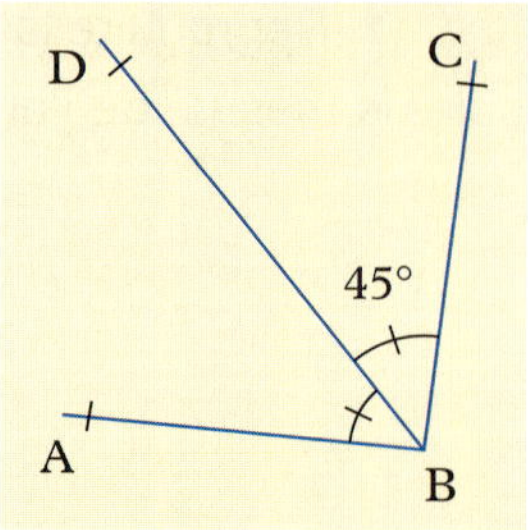

36 Calculer $\widehat{xAy}$ à l'aide des renseignements donnés sur la figure ci-contre.

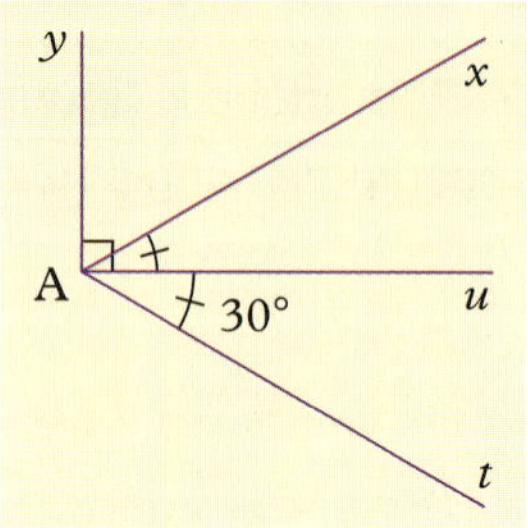

37 Reproduire la figure ci-dessous et la coder correctement sans utiliser de couleurs.

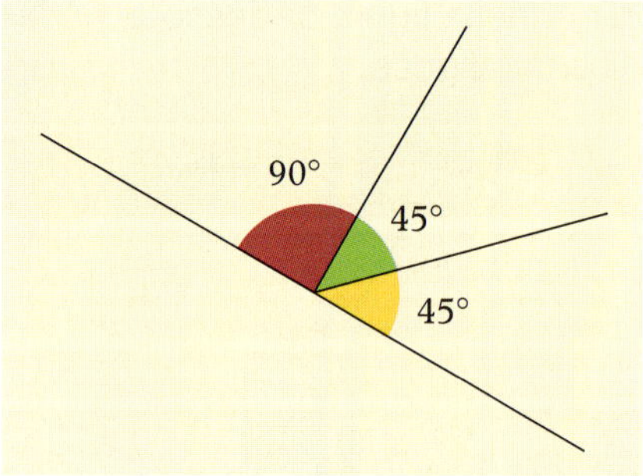

38 Même énoncé que l'exercice **37** avec la figure ci-contre.

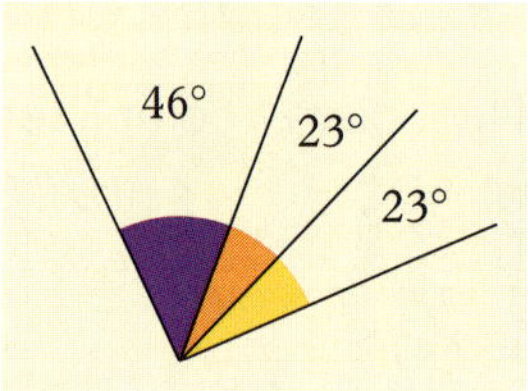

Construction de figures

39 **1.** Représenter une demi-droite [Ax).

2. Placer le point B sur [Ax) tel que AB = 10 cm.

3. Construire une demi-droite [Ay) tel que : $\widehat{xAy} = 40°$.

4. Placer le point C sur [Ay) tel que AC = 7 cm.

5. Mesurer les angles $\widehat{ACB}$ et $\widehat{ABC}$.

40 Construire le triangle ABC tel que : AB = 12 cm, BC = 8 cm et $\widehat{ABC} = 55°$.

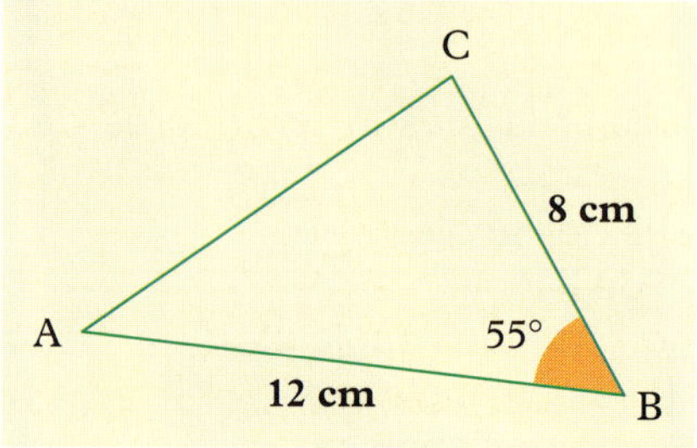

41 Construire le triangle IJK tel que : IJ = 8 cm, $\widehat{IJK} = 30°$ et $\widehat{KIJ} = 110°$.

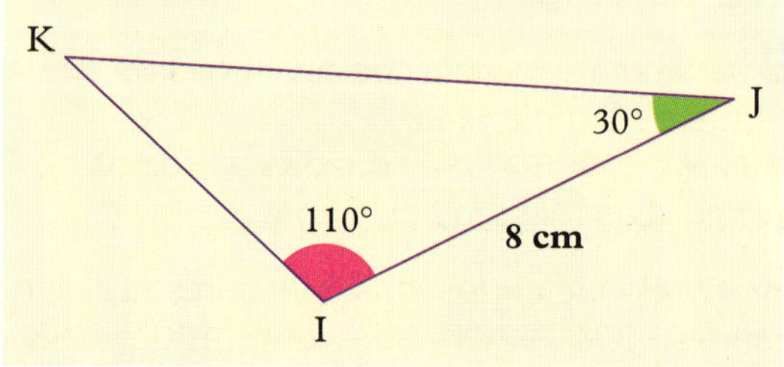

42 Construire une figure respectant les indications de celle ci-dessous.

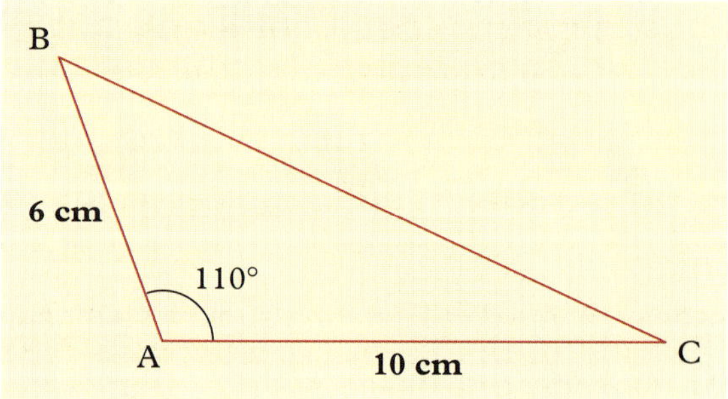

43 Même énoncé que l'exercice **42** avec :

a.

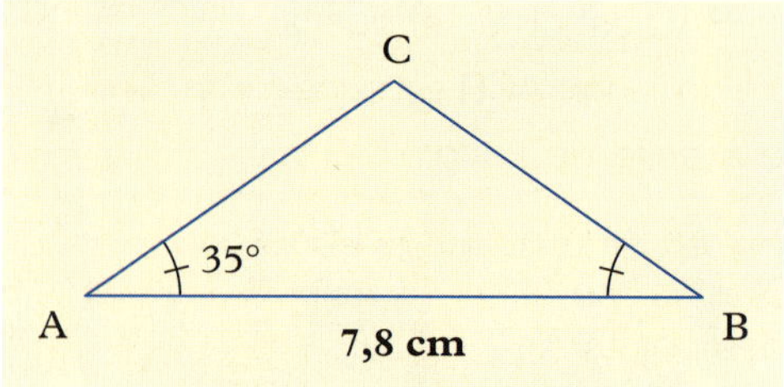

b.

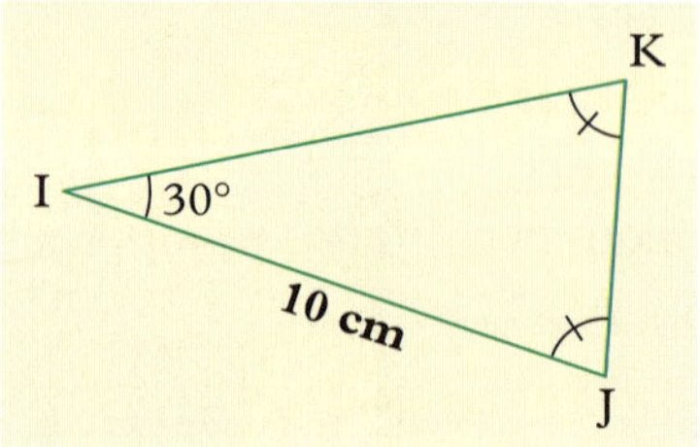

44 Voici une figure et dans le désordre un programme de construction de cette figure.
Remettre le programme dans l'ordre, puis dessiner la figure.

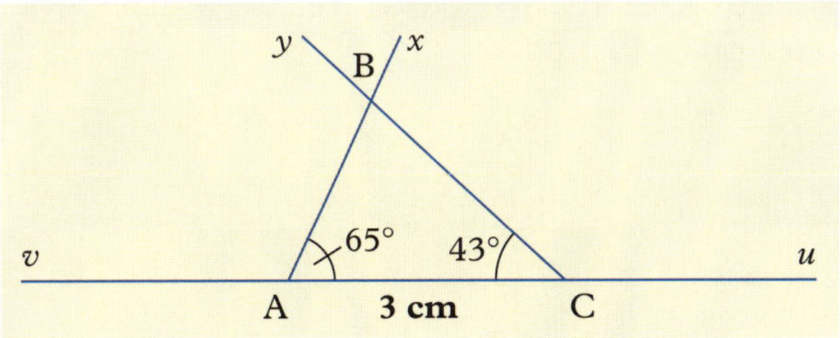

1. Placer le point B intersection des demi-droites [Ax) et [Cy).
2. Placer un point A sur une droite (uv).
3. Tracer une demi-droite [Ax) telle que : $\widehat{uAx} = 65°$.
4. Tracer une demi-droite [Cy) qui coupe [Ax) et telle que $\widehat{vCy} = 43°$.
5. Placer le point C de la demi-droite [Au), tel que AC = 3 cm.

Bissectrice

45 **1.** Tracer un angle $\widehat{xOy}$ de mesure 114°.
2. Tracer en rouge à l'aide du rapporteur la bissectrice (uv) de $\widehat{xOy}$.

46 **1.** Tracer un angle $\widehat{uOv}$ de mesure 84°.
2. Tracer en vert à l'aide du compas la bissectrice (xy) de $\widehat{uOv}$.

Voir* Retenir les méthodes 2, *p. 195.

47 **1.** Tracer un angle aigu $\widehat{AOB}$.
2. Tracer à l'aide du compas la droite (OC) telle que (OA) soit la bissectrice de $\widehat{BOC}$.

48 On donne la figure suivante :

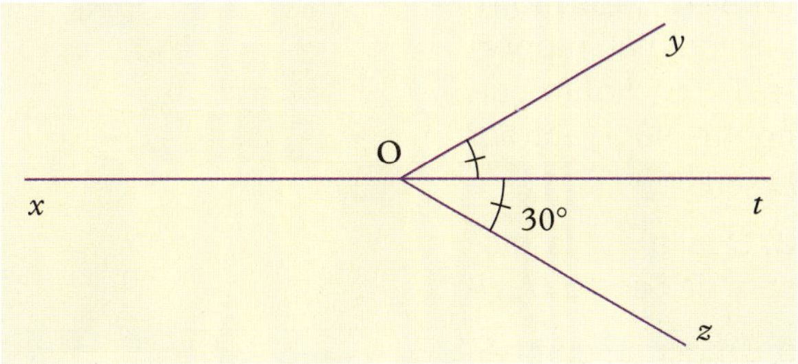

1. Que représente la droite (xt) pour l'angle $\widehat{zOy}$?
2. Quelle est la mesure de $\widehat{yOz}$? et de $\widehat{xOy}$?

49 Léo prétend qu'il a tracé en rouge la bissectrice de $\widehat{ABC}$ mais Zoé affirme que ce n'est pas vrai.

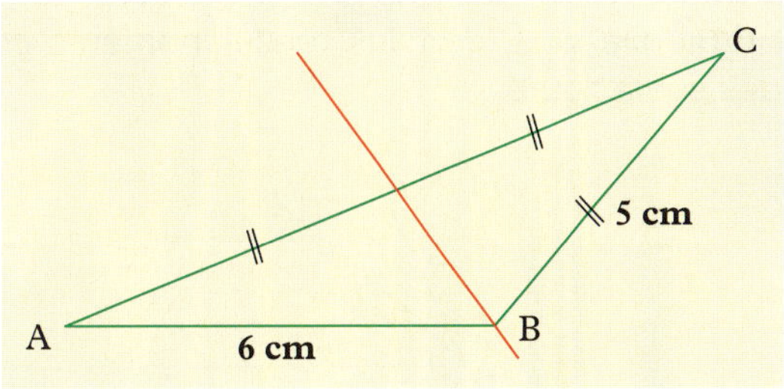

1. Qui a raison ?
2. Si vous pensez que c'est Zoé qui a raison, décalquer le triangle ABC et tracer la « bonne » bissectrice de $\widehat{ABC}$.

Qui a raison ?

a

b

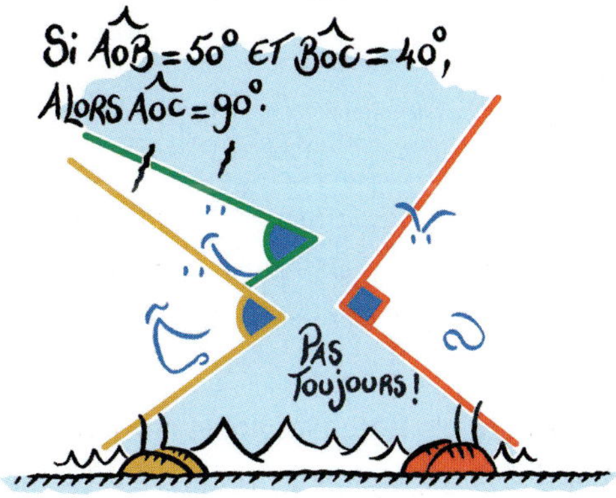

Pour aller plus loin

Calculs d'angles

50 **1.** Reproduire à l'aide d'un rapporteur la figure ci-contre où A est sur la droite (zy).

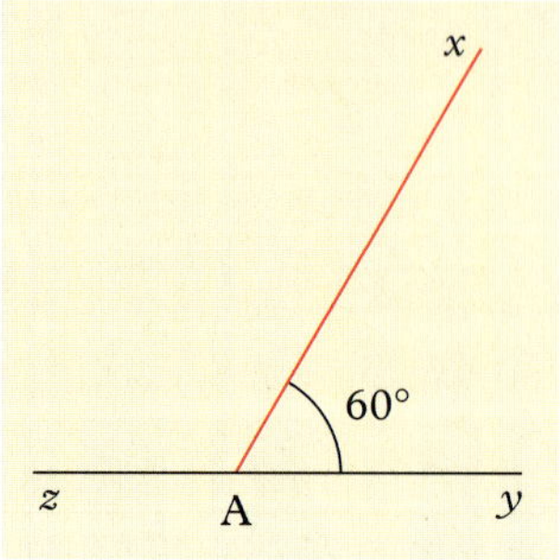

2. Quelle est la mesure de l'angle $\widehat{zAx}$?

3. Tracer au compas la bissectrice (uv) de l'angle $\widehat{yAx}$ et la bissectrice (ts) de l'angle $\widehat{xAz}$.

4. Qu'observe-t-on pour les droites (uv) et (ts) ?

5. Prouver que l'on peut être sûr de ce résultat.

51 On donne la figure ci-dessous et les mesures suivantes : $\widehat{yAu} = 20°$, $\widehat{tAu} = 45°$ et l'angle $\widehat{yAs}$ est droit. De plus, certains renseignements sont codés sur la figure.

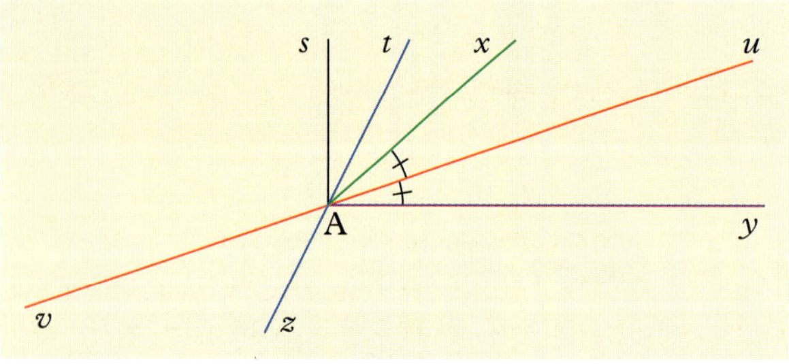

1. Déterminer la mesure de l'angle $\widehat{xAy}$.

2. Quelle est la mesure de l'angle $\widehat{xAt}$?

3. Quelle est la mesure de l'angle $\widehat{tAs}$?

4. Que représente la droite (zt) pour l'angle $\widehat{xAs}$?

52 Les indications portées sur la figure suivante sont exactes mais le dessin réalisé à main levée n'est pas très précis.

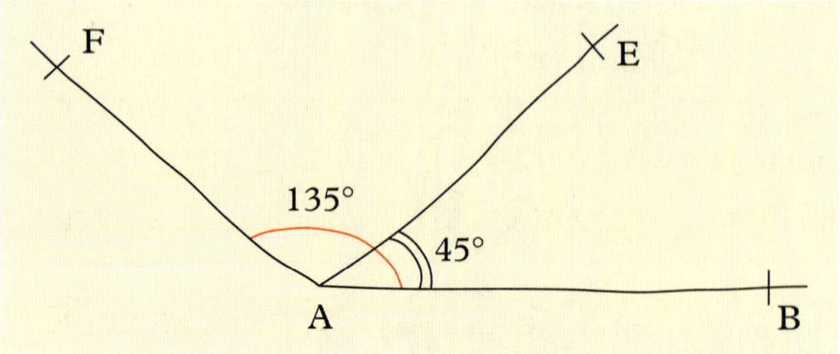

1. Calculer l'angle $\widehat{FAE}$. Cet angle est-il particulier ?

2. Vérifier en reproduisant précisément la figure.

53 Les indications portées sur la figure suivante sont exactes mais le dessin réalisé à main levée n'est pas très précis.

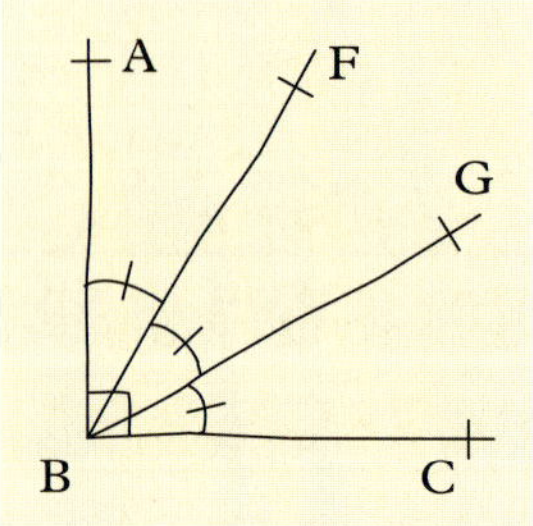

1. Calculer les angles $\widehat{CBG}$, $\widehat{GBF}$ et $\widehat{FBA}$.

2. À l'aide d'un rapporteur, faire une figure précise.

3. Tracer la bissectrice (uv) de l'angle $\widehat{FBG}$.

4. Marc prétend que la droite (uv) est aussi la bissectrice de l'angle $\widehat{ABC}$.
Justifier cette affirmation par des calculs d'angles.

Tracés

54 **1.** Tracer un triangle ABC.

2. Tracer (uv) la bissectrice de l'angle $\widehat{ABC}$.

3. Tracer (xy) la bissectrice de l'angle $\widehat{CAB}$.

4. Les droites (xy) et (uv) se coupent en un point appelé O. Placer O.

5. a. Mesurer les angles $\widehat{OCB}$ et $\widehat{OCA}$.
b. Que constate-t-on ?
Que suggère cette constatation ?

55 **1.** Tracer un angle aigu $\widehat{xAy}$.

2. Tracer la bissectrice (uv) de l'angle $\widehat{xAy}$ (la demi-droite $[Au)$ est telle que l'angle $\widehat{uAy}$ est aigu).

3. Placer un point M sur la demi-droite $[Au)$.

4. La droite perpendiculaire à $[Ay)$ passant par M coupe $[Ay)$ en P.
La droite perpendiculaire à $[Ax)$ passant par M coupe $[Ax)$ en N. Placer P et N.

5. a. Mesurer les angles $\widehat{AMP}$ et $\widehat{AMN}$.
b. Que constate-t-on ?
Que suggère cette constatation ?

6. a. Mesurer avec précision les longueurs MN et MP ?
b. Que constate-t-on ?

56 **1.** Tracer un segment [BC] mesurant 6 cm puis, à l'aide du rapporteur, construire un triangle superposable au triangle ci-dessous.

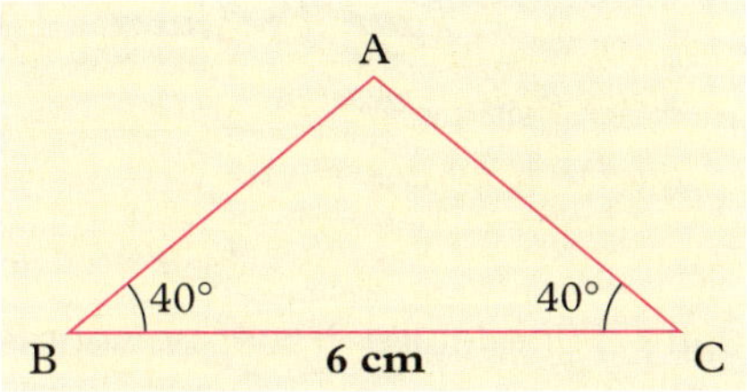

2. Construire la bissectrice (*uv*) de l'angle $\widehat{BAC}$.

3. Que constate-t-on pour la droite (*uv*) et le segment [BC] ?

57 **1.** Tracer un segment [AC] de longueur 6 cm et le milieu I de [AC].

2. Placer deux points B et D sur la médiatrice (*uv*) de [AC].

3. Mesurer les angles $\widehat{ABI}$, $\widehat{CBI}$, $\widehat{ADI}$ et $\widehat{CDI}$.

4. Que constate-t-on ?

58 **1.** Construire un quadrilatère ABCD tel que : AB = 10 cm ; $\widehat{ABC}$ = 100° ; BC = 6 cm ; $\widehat{BCD}$ = 80° et CD = 8 cm.

2. Mesurer $\widehat{BAD}$, $\widehat{ADC}$ et AD.

59 **Pentagone régulier**

Construire avec le compas et le rapporteur les figures suivantes.

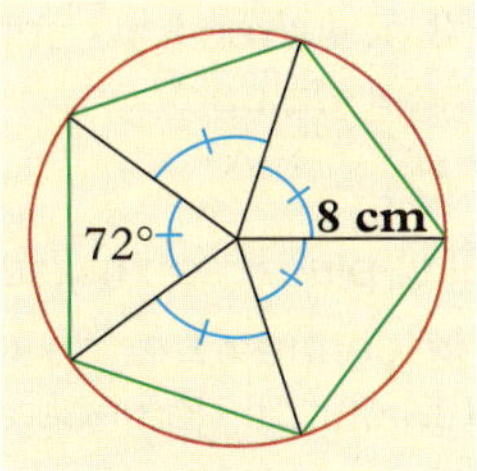

Fig. 1

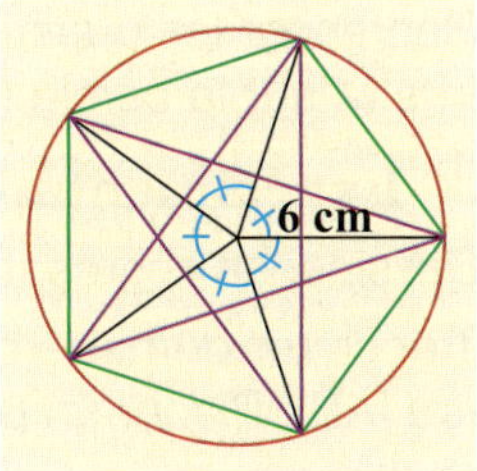

Fig. 2

60 **Hexagone régulier**

Construire avec le compas et le rapporteur les figures suivantes.

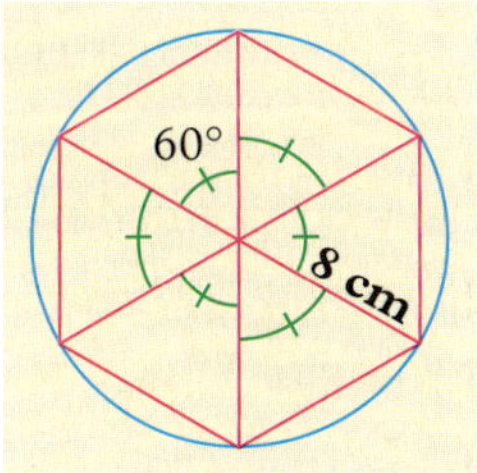

Fig. 1

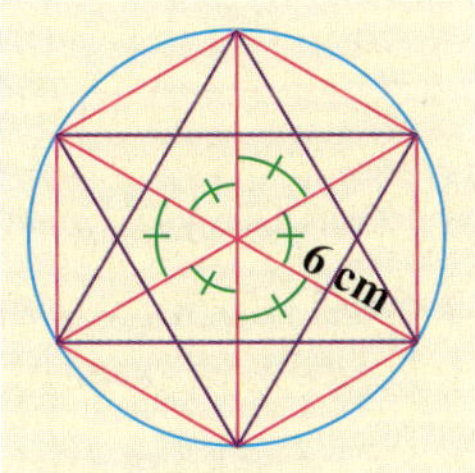

Fig. 2

Angles rentrants

Point info

- **Angle plein**

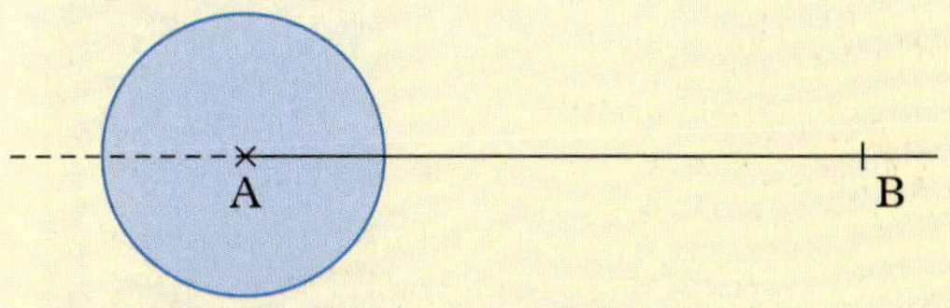

L'angle bleu est égal à deux angles plats.
Sa mesure est 360°.

- **Angle rentrant et angle saillant**

À chaque angle saillant correspond un angle rentrant.

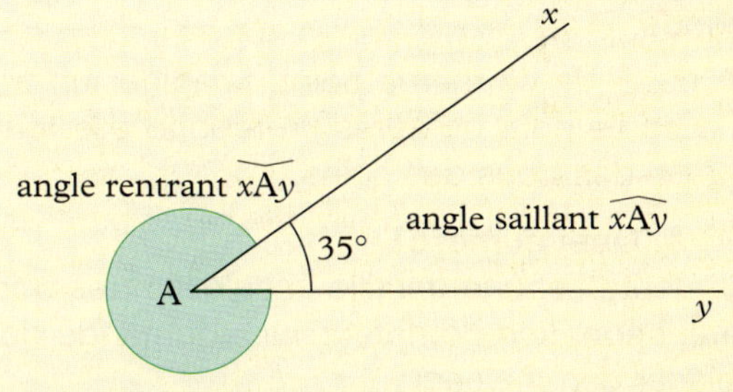

La mesure de l'angle vert est :
360° − 35° = 325°.

61 **Mesure d'angles rentrants**

Reproduire la figure suivante, puis indiquer les mesures de l'angle rose et de l'angle vert.

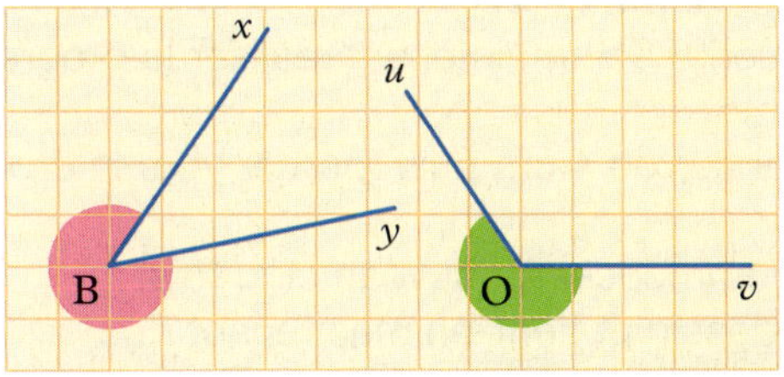

62 **1.** Placer trois points A, O et B tels que : $\widehat{AOB}$ = 50°. Marquer en rouge l'angle rentrant associé. Quelle est sa mesure ?

2. Placer un point D sur la bissectrice de l'angle saillant $\widehat{AOB}$.

3. Placer un point E sur (OD) tel que O soit sur le segment [ED].

4. Quelle est la mesure des angles saillants $\widehat{DOA}$, $\widehat{DOB}$, $\widehat{EOA}$ et $\widehat{EOB}$?
Que représente la droite (DE) pour l'angle rentrant $\widehat{AOB}$?

Devoirs à la maison

63 Au billard, la boule rebondit généralement sur le côté en suivant une règle très précise.

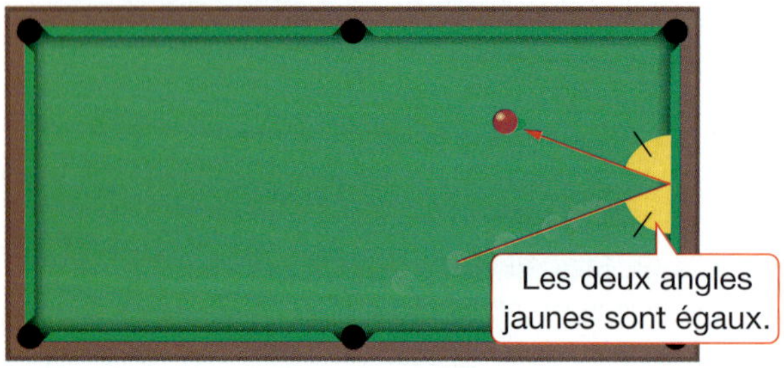

1. Tracer un rectangle de 12 cm sur 8 cm.

2. Choisir un point sur un des côtés et tracer à partir de ce point le trajet d'une boule avec deux rebonds.

3. À partir de ce même point, imaginer un trajet de la boule pour qu'après un rebond elle tombe dans un des trous des coins.

64 **1. Quel numéro !**

Marguerite est une gentille coccinelle très obéissante. Léon, son dompteur, lui a demandé de se déplacer comme ceci :

a. avancer de 5 cm puis tourner vers la gauche de 90° (elle sait reconnaître sa gauche !) ;

b. recommencer à nouveau trois fois.

Les pattes de Marguerite étaient mouillées et elle a ainsi laissé une trace sur le plateau où elle se déplace. Représenter le dessin que Marguerite a tracé.

2. Encore plus fort !

Marguerite doit maintenant réaliser le programme suivant :

a. avancer de 4 cm puis tourner vers la droite de 60° ;

b. recommencer à nouveau cinq fois.

Quel dessin obtient-on maintenant ?

3. Toujours plus fort !

Léon ne recule devant rien ! En effet, il veut maintenant que Marguerite fasse ce mouvement :

a. avancer de 4 cm puis tourner vers la droite de 135° ;

b. avancer de 4 cm puis tourner vers la gauche de 90° ;

c. recommencer à nouveau tout ceci sept fois !

Tracer le parcours de Marguerite.

65 Construire tous les triangles qui ont un angle de 40°, un côté de 7 cm et un côté de 10 cm.

Indication : commencer par tracer l'angle de 40° et essayer de trouver huit triangles différents !

66

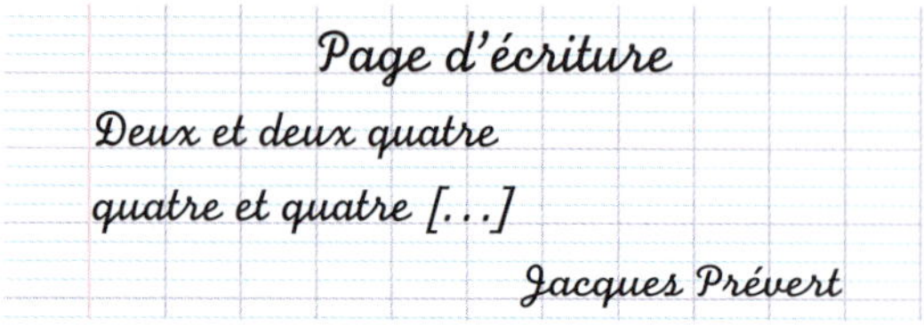

1. Au centre d'une feuille, tracer un segment [AB] de longueur 8 cm.

2. Dans une feuille de papier calque, découper un triangle TRI tel que $\widehat{TRI} = 50°$, TR = 12 cm et IR = 12 cm.

3. a. Placer le triangle sur le segment de telle sorte que le point A soit sur le côté [TR] et le point B sur le côté [IR].

b. Marquer d'une croix la position du point R sur la feuille.

4. Reprendre la question **3** pour obtenir 20 croix.

5. Quelle figure voit-on apparaître ?

67 **Expérimentation (1)**

1. Dessiner un segment [AB] de 10 cm et son milieu O.

2. Tracer le cercle de diamètre [AB].

3. Prendre un point M sur le cercle. Tracer les segments [AM] et [BM].

4. Mesurer l'angle $\widehat{AMB}$. Quelle remarque peut-on faire sur cet angle ?

5. Reprendre les questions **3** et **4** avec trois autres points M sur le cercle (changer de couleur).

68 **Expérimentation (2)**

1. Dessiner un segment [AB] et placer son milieu O.

2. Tracer un demi-cercle de centre O et de diamètre [AB]. Placer un point M sur ce demi-cercle.

3. Mesurer les angles $\widehat{AOM}$ et $\widehat{ABM}$.

4. Refaire les mesures en changeant la position du point M sur le demi-cercle.

5. Quelle relation semble-t-il y avoir entre les mesures des angles $\widehat{AOM}$ et $\widehat{ABM}$?

Petits exposés

1. Pourquoi y a-t-il 360° dans un tour complet ?
2. Quel rapport existe-t-il entre le noroît, l'autan, le ponant et les angles ?
3. La boussole : historique et utilisation.

Vive les Maths !!!

LA FAUSSE ÉQUERRE

Dans leur profession, de nombreux artisans ont besoin de reproduire précisément des angles. Pour cela, ils pourraient les mesurer et les retracer mais ils utilisent plutôt un ***gabarit d'angle****:*
la ***fausse équerre****.*

La fausse équerre est composée de deux parties droites reliées par une de leur extrémité et qui forment ainsi un angle (sur la photo, l'une des parties est en bois et l'autre en métal). En la posant dans un coin de mur et en bloquant son ouverture, on peut « transporter » n'importe quel angle sans avoir besoin de le mesurer.

Les professionnels du bâtiment se servent souvent de cet instrument en ayant certainement oublié qu'ils avaient déjà utilisé des gabarits dès l'école primaire !

Casse-tête...

En voir de toutes les couleurs !

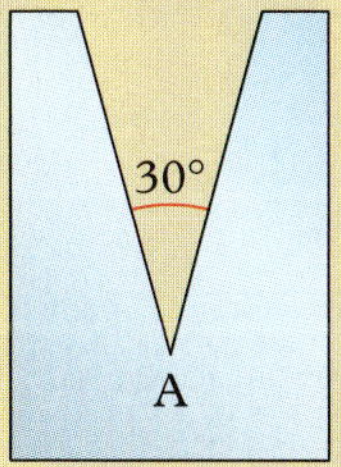

Dans une feuille de papier ou de calque, tracer puis découper un angle de 30° comme le montre la figure ci-contre.

En plaçant le point A de ce découpage sur des points du dessin ci-contre, on peut voir d'autres points de couleur.

1. On peut voir exactement sept points rouges en plaçant A sur un autre point rouge. Lequel ?

2. On peut voir exactement trois points verts en plaçant A sur un autre point vert. Lequel ?

3. En plaçant l'angle sur un point jaune, combien peut-on voir au maximum d'autres points jaunes ?

4. Y a-t-il un point bleu sur lequel on peut voir toutes les couleurs sauf le marron ?

Soutien

A Nommer et mesurer des angles

1 Recopier et compléter :
Sur la figure **1**, le sommet de l'angle colorié en orange est ...., ses côtés sont .... et .... ; on le note donc ....

2 Observer la figure **2** et associer une couleur aux angles suivants : $\widehat{BCD}$, $\widehat{ACD}$, $\widehat{CDB}$ et $\widehat{CBD}$.

3 Dans la figure **2**, classer à vue d'œil les mesures des angles $\widehat{BCD}$, $\widehat{ACD}$, $\widehat{CDB}$ et $\widehat{CBD}$ par ordre croissant. Vérifier à l'aide de papier calque.

4 Reproduire la figure **2** à l'aide d'un quadrillage et mesurer ses angles.

Fig. 1

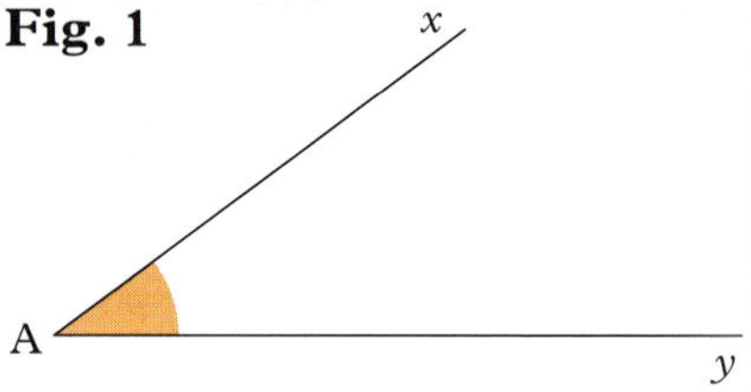

Fig. 2

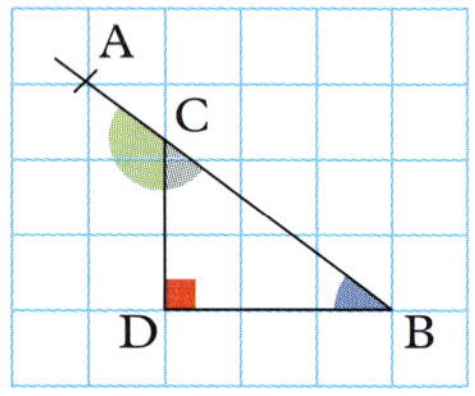

B Lire des mesures d'angles à l'aide d'un rapporteur

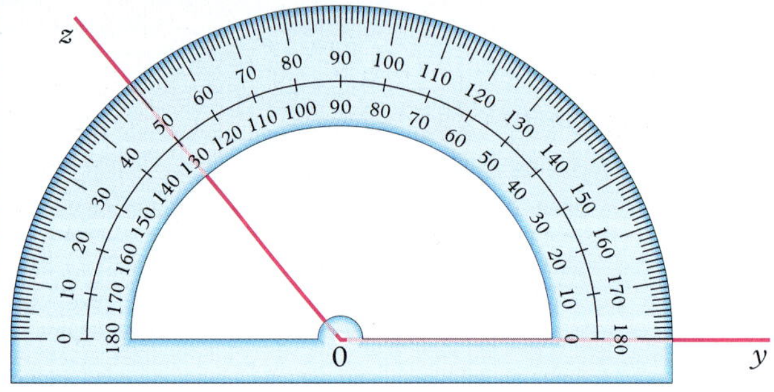

Lisa veut mesurer l'angle $\widehat{yOz}$. Elle a placé le rapporteur comme l'indique la figure ci-contre.
« Je trouve 50° » dit-elle.
« Ce n'est pas possible ! L'angle $\widehat{yOz}$ est obtus ! » affirme Loïc.
Qui a raison ? Quelle est la bonne mesure de l'angle $\widehat{yOz}$?
Expliquer l'erreur de Lisa.

Exercice 1

1. Tracer avec le rapporteur un angle $\widehat{xOy}$ de mesure 70°.

2. Tracer un angle $\widehat{yOz}$ de mesure 25° tel que la mesure de $\widehat{xOz}$ soit supérieure à la mesure de $\widehat{xOy}$.

3. L'angle $\widehat{xOz}$ semble droit. Est-ce exact ? Peut-on calculer sa mesure avec les données du texte ?

Exercice 2

1. Reproduire le dessin ci-dessous à l'aide d'un quadrillage.

2. Tracer au compas, en rouge, la bissectrice de l'angle $\widehat{CBD}$.

3. Tracer au compas, en vert, la bissectrice de l'angle $\widehat{CDB}$.

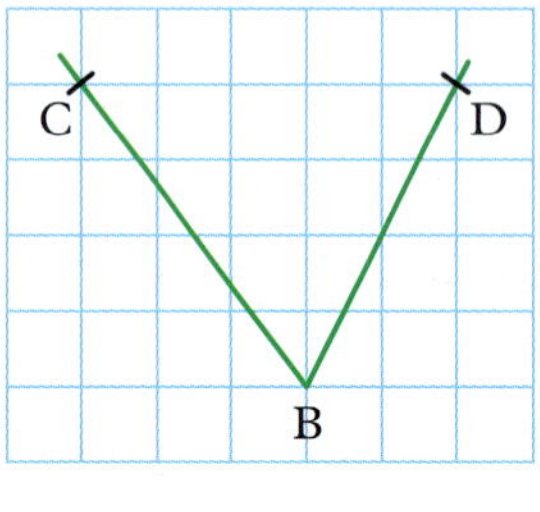

Exercice 3

On donne la figure suivante où les points A, O et C sont alignés :

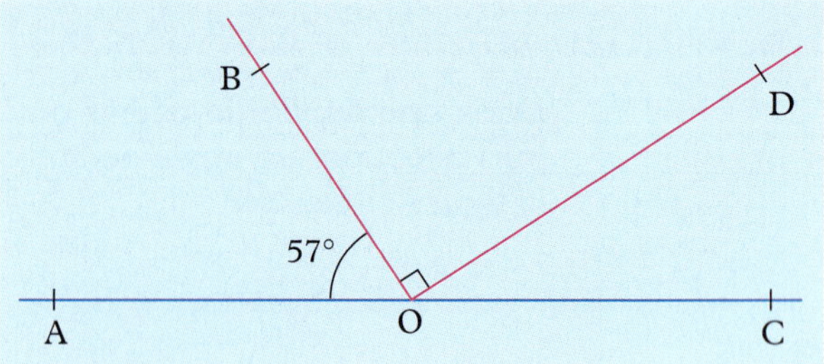

1. Recopier et compléter les égalités :

a. $\widehat{BOD}$ = ... ;

b. $\widehat{AOD}$ = ... + ... = ... ;

c. $\widehat{COD}$ = ... − $\widehat{AOD}$ = ...

2. Calculer la mesure de l'angle $\widehat{COB}$.

Chapitre 11

Polygones Aires

Avant de démarrer

1 Des triangles particuliers

Tracer à main levée puis coder :
- un triangle ABC rectangle en C ;
- un triangle DEF isocèle en E ;
- un triangle HIJ équilatéral.

2 Des quadrilatères particuliers

a. Parmi les polygones représentés ci-dessous, citer :
- tous les cerfs-volants ;
- tous les rectangles ;
- tous les losanges ;
- tous les carrés.

b. Établir la liste des propriétés que semble présenter chacune de ces figures : côtés, angles, diagonales (pour les diagonales, s'aider de figures faites à main levée).

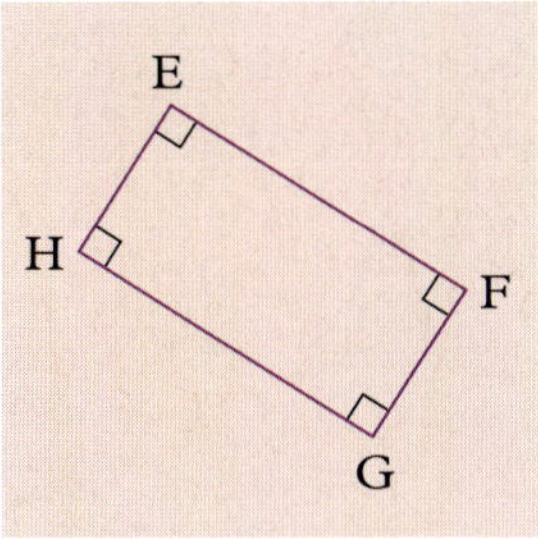

Fig. 1

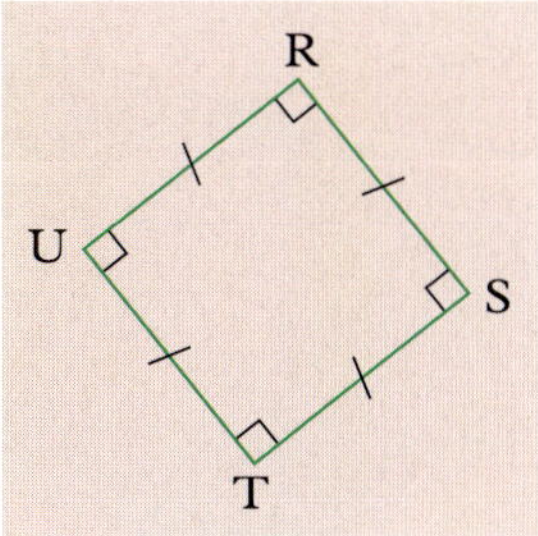

Fig. 2

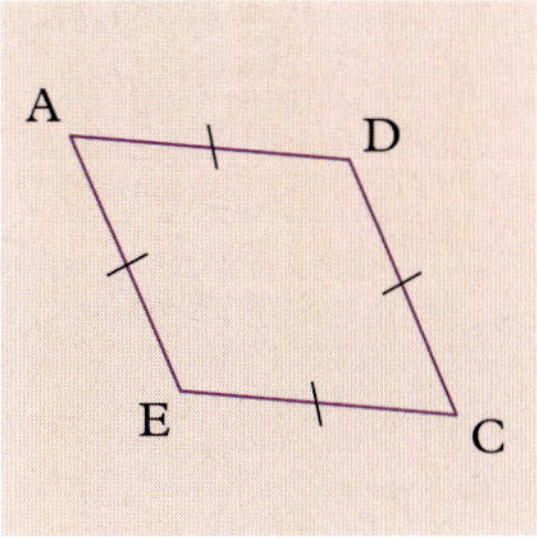

Fig. 3

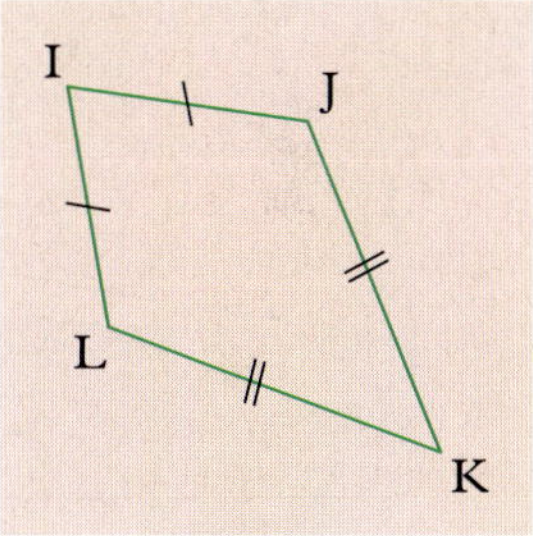

Fig. 4

3 Rectangle, carré : tracés et calculs

a. Tracer un carré ABCD de côté 7 cm, et un rectangle RSTU de longueur 11 cm et de largeur 4 cm.

b. Calculer le périmètre et l'aire de chacune de ces figures.

c. Laquelle des deux figures tracées a le plus grand périmètre ? laquelle a la plus grande aire ?

4 Triangles : tracés et calculs

a. Tracer ABC un triangle équilatéral de côté 7 cm, puis KLM un triangle rectangle en K dont les côtés de l'angle droit mesurent 6 cm et 9 cm.

b. Pour chacun des triangles, calculer si possible l'aire et le périmètre.

5 Convertir

Classer par ordre croissant : $95\ \text{cm}^2$; $1{,}2\ \text{dm}^2$; $1\,100\ \text{mm}^2$.

Activités

1 Reconnaître des figures géométriques

1 Recopier chaque *mini-dico* ci-dessous et le compléter. Pour chaque définition, tracer une figure et coder ses côtés.
Mini-dico des triangles :

Triangle rectangle :	**Triangle isocèle :**	**Triangle équilatéral :**
triangle qui a deux côtés perpendiculaires.	triangle qui a deux	triangle qui a les trois ....

Mini-dico des quadrilatères :

Cerf-volant :	**Rectangle :**
quadrilatère dont une diagonale est médiatrice de l'autre.	quadrilatère qui a quatre ....
Losange : quadrilatère qui a quatre	**Carré :** quadrilatère qui ....

2 La figure ci-dessous représente le plan d'une mosaïque constituée de dix morceaux différents :

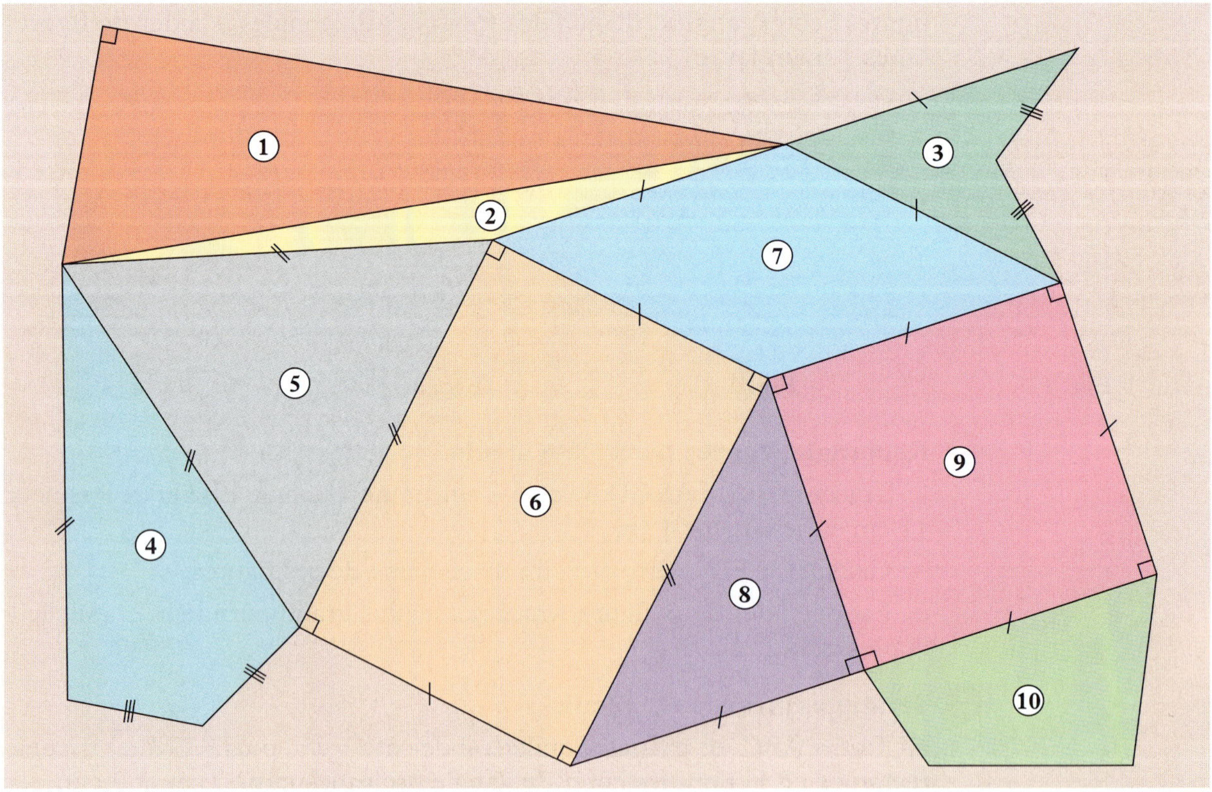

À l'aide des *mini-dicos*, trouver **tous** les noms que l'on peut donner à chacun des dix morceaux.

Voir exercices 10 à 12, p. 218.

2 Des quadrilatères et leurs diagonales

A - Des quadrilatères vers les diagonales

1 Que constate-t-on pour les diagonales du cerf-volant représenté ci-dessous à gauche ?

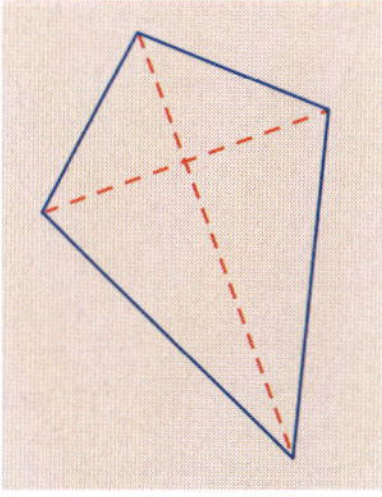

Cerf-volant

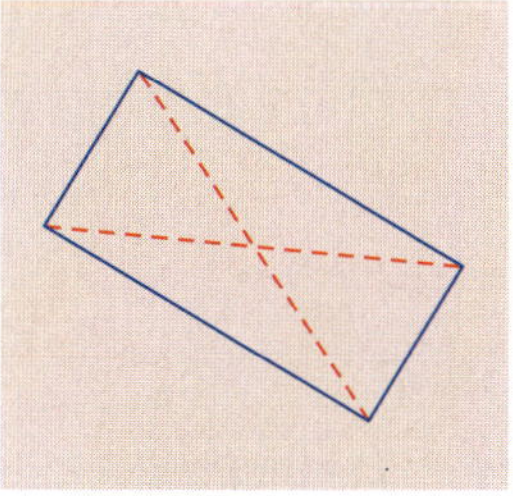

Rectangle

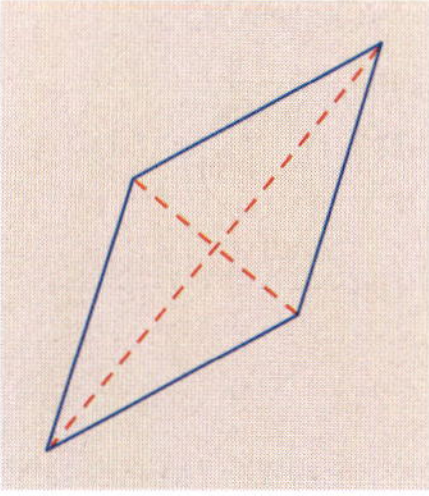

Losange

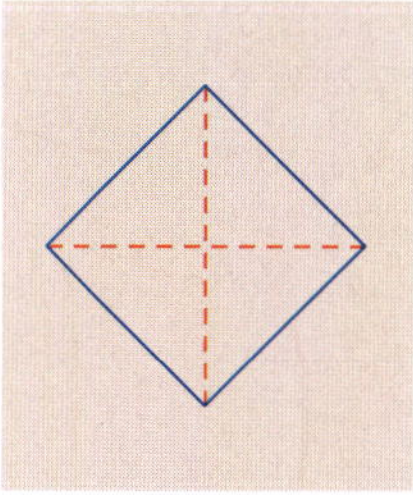

Carré

2 Reprendre la question **1** pour le rectangle puis pour le losange et enfin le carré.

B - Des diagonales vers les quadrilatères

1 Pour chacune des figures ci-dessous, vérifier si les affirmations suivantes sont vraies :
a. AC = BD ;
b. I est à la fois le milieu de [AC] et de [BD] ;
c. (AC) est perpendiculaire à (BD) ;
d. (AC) est la médiatrice de [BD] ;
e. (BD) est la médiatrice de [AC].

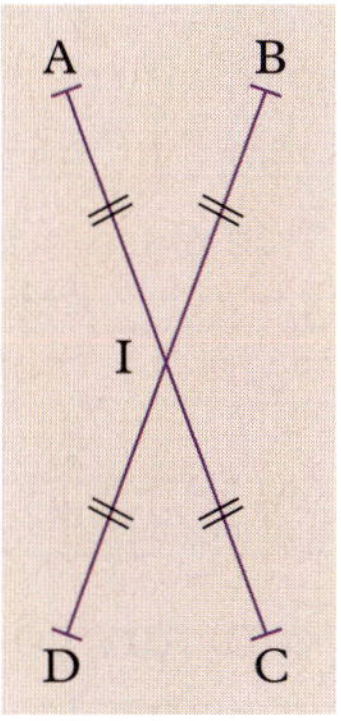

Fig. 1

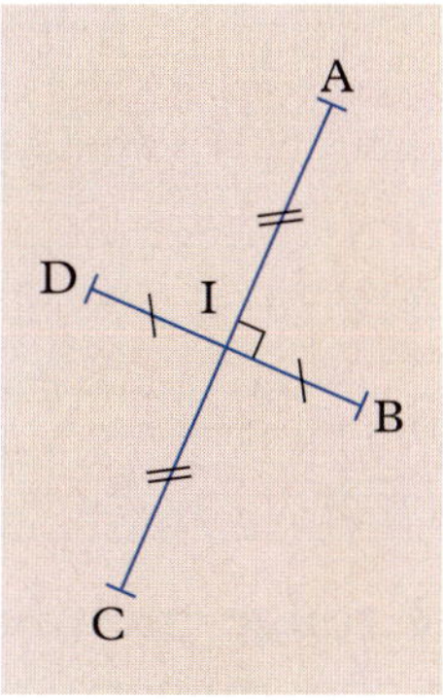

Fig. 2

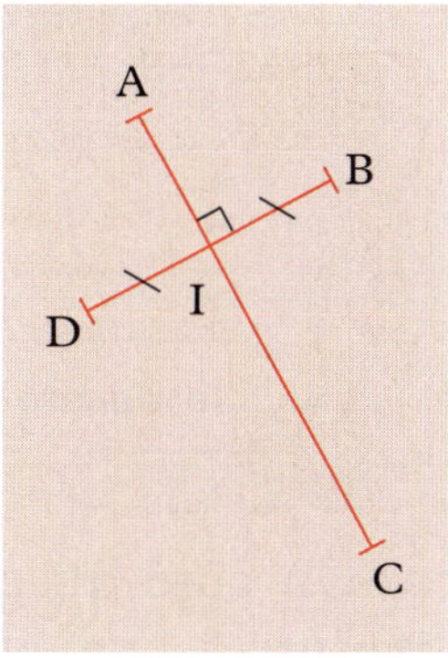

Fig. 3

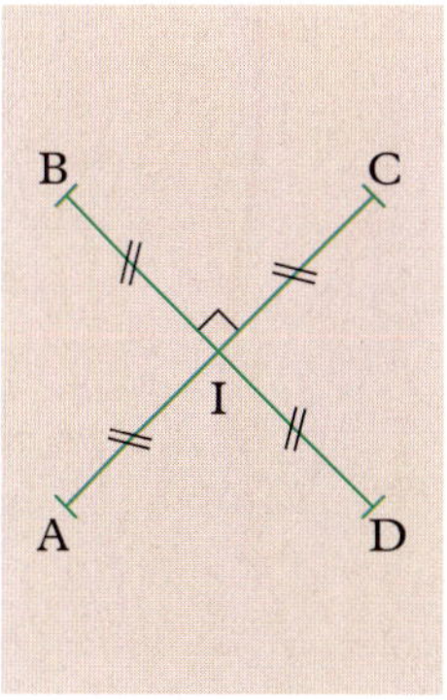

Fig. 4

2 **a.** Tracer une figure du même type que la figure 1.
b. Parmi les mots *cerf-volant*, *losange*, *rectangle* ou *carré*, choisir celui qui décrit le plus précisément le quadrilatère ABCD.
c. Reprendre la question **a** pour chacune des figures 2, 3 et 4.

Voir exercices 15 à 18, pp. 218 et 219.

Activités

3 Unités d'aire

1 Le **mètre carré (m^2)** est **l'aire d'un carré de 1 m de côté**.
Qu'appelle-t-on 1 dm^2 ?

2 Observer la figure suivante puis recopier et compléter les phrases ci-dessous :

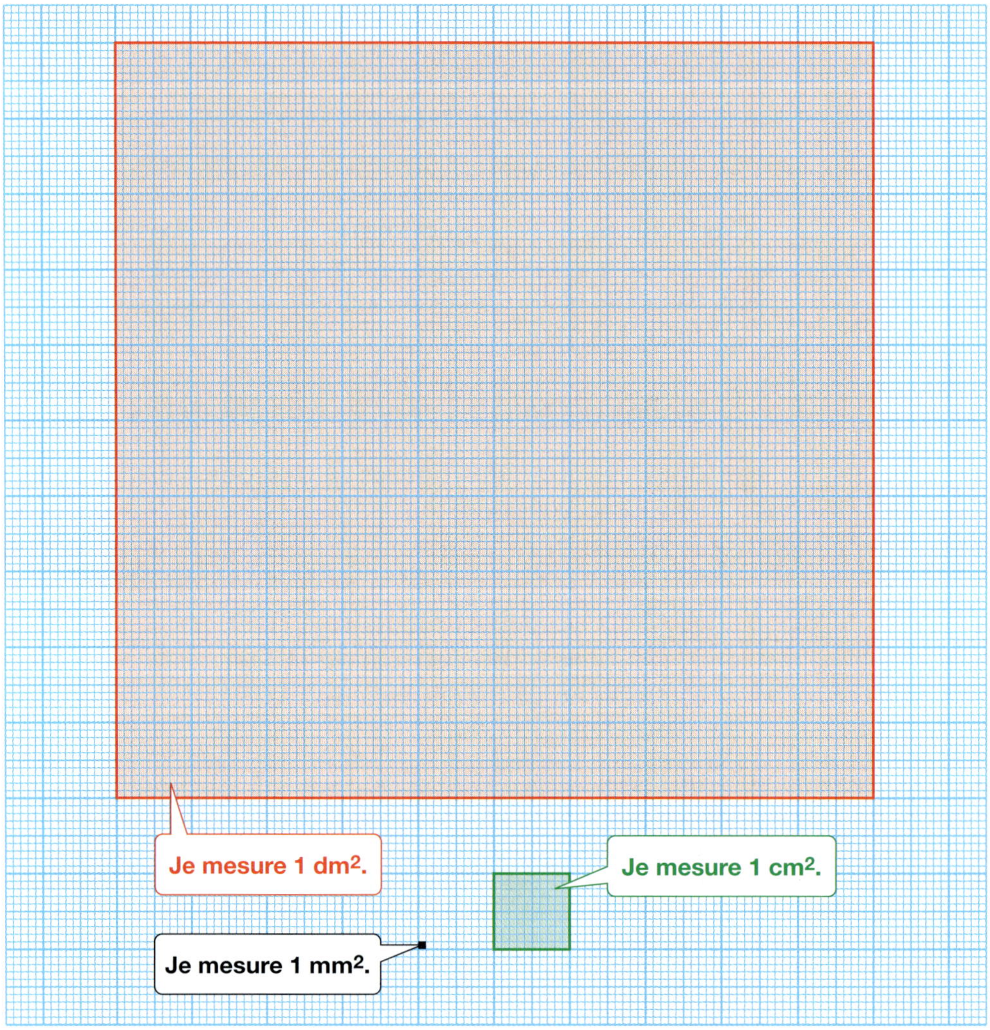

a. Un côté du carré rouge mesure 1 dm, un côté du carré vert mesure .... cm et un côté du carré noir mesure 1 ....
b. Le carré rouge contient .... carrés verts, donc 1 dm^2 = ... cm^2.
c. Le carré vert contient .... carrés noirs, donc 1 cm^2 = ... mm^2.
d. 1 dm^2 = ... cm^2 = ... mm^2.

3 **a.** Combien y a-t-il de cm^2 dans 3,4 dm^2 ? et dans 760 mm^2 ?
b. « Pour changer d'unité, il suffit de déplacer la virgule ! » déclare Lucie. Préciser comment il faut la déplacer.

Voir exercices 32 et 33, p. 220.

4 Rectangle et triangle rectangle

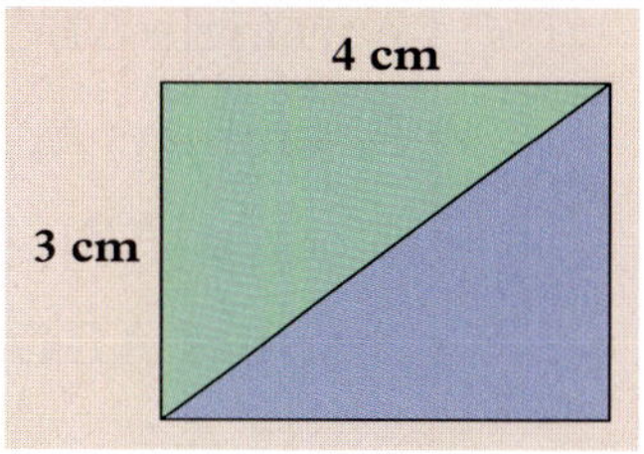

1 **a.** Calculer le périmètre en centimètres et l'aire en cm^2 du rectangle ci-contre.
b. Que représente l'aire du triangle vert par rapport à l'aire du rectangle ?
c. Quelle est l'aire du triangle vert ?

2 La surface de jeu d'un terrain de tennis est un rectangle de 23,77 m de long et de 10,9 m de large. Calculer son périmètre en mètres et son aire en m^2.

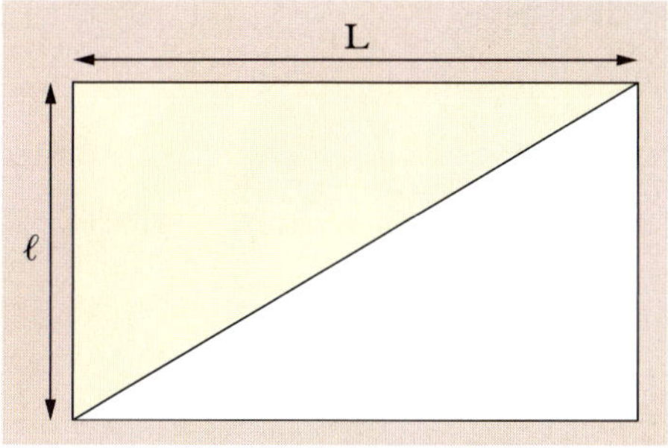

3 On appelle L la longueur du rectangle ci-contre et ℓ sa largeur.
a. Écrire l'expression qui permet de calculer le périmètre du rectangle.
b. Écrire l'expression qui permet de calculer l'aire du rectangle.
c. Même question pour l'aire du triangle jaune.

Voir exercice 35, p. 220.

5 Périmètre et aire

On considère la figure ci-dessous dans laquelle un rectangle est formé de six carrés identiques.

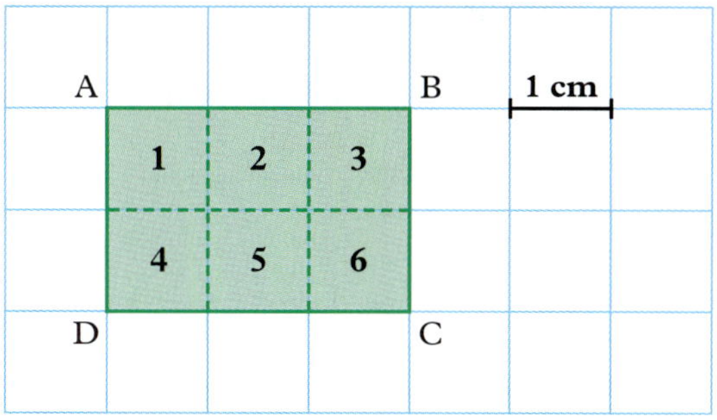

1 Calculer le périmètre et l'aire du rectangle ABCD.

2 On enlève le carré n° 1.
a. Que devient le périmètre de la figure verte ?
b. Que devient l'aire de la figure verte ?

3 On enlève maintenant le carré n° 2 de la figure initiale. Reprendre les questions **2a** et **2b**.

4 On ôte cette fois-ci le carré n° 3 de la figure initiale. Reprendre les questions **2a** et **2b**.

5 **a.** Julien prétend que si l'aire diminue alors le périmètre diminue forcément. En utilisant les résultats des questions précédentes, dire ce que l'on peut penser de cette affirmation.
b. Lina affirme qu'il est possible, en enlevant un carré, d'obtenir à partir du rectangle initial une figure dont l'aire a diminué mais dont le périmètre a augmenté. Quel carré peut-on enlever pour cela ?

Voir exercice 37, p. 221.

Retenir le cours

1 Vocabulaire

Le triangle ABC possède :

- 3 sommets A, B et C ;
- 3 côtés [AB], [BC] et [CA] ;
- 3 angles $\widehat{ABC}$, $\widehat{BCA}$ et $\widehat{CAB}$.

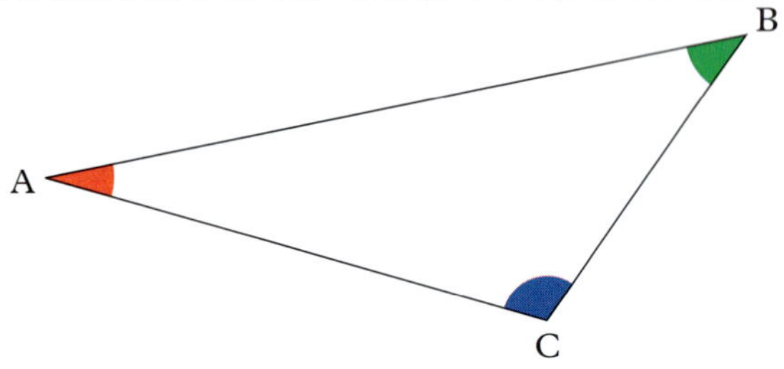

Le quadrilatère RSTU possède :

- 4 sommets R, S, T et U ;
- 4 côtés [RS], [ST], [TU] et [UR] ;
- 4 angles $\widehat{RST}$, $\widehat{STU}$, $\widehat{TUR}$ et $\widehat{URS}$;
- 2 diagonales [RT] et [US].

[RS] et [ST] sont deux côtés consécutifs.
[RS] et [UT] sont deux côtés opposés.

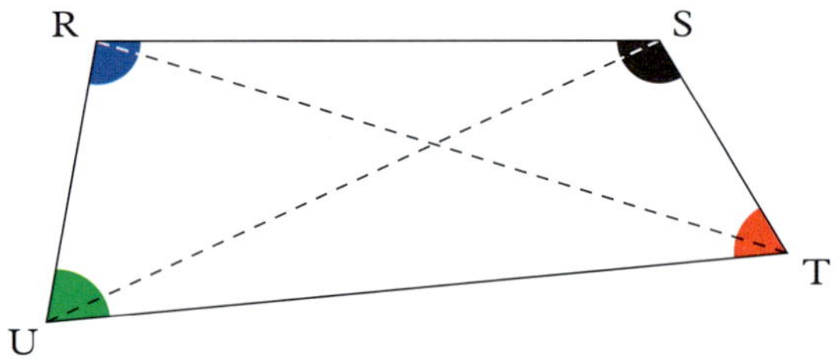

2 Les triangles particuliers

	Triangle isocèle	Triangle équilatéral	Triangle rectangle
Avec les côtés	Un triangle isocèle est un triangle qui a **2 côtés égaux**.	Un triangle équilatéral est un triangle qui a **3 côtés égaux**.	Un triangle rectangle est un triangle qui a **2 côtés perpendiculaires**.
Représentation	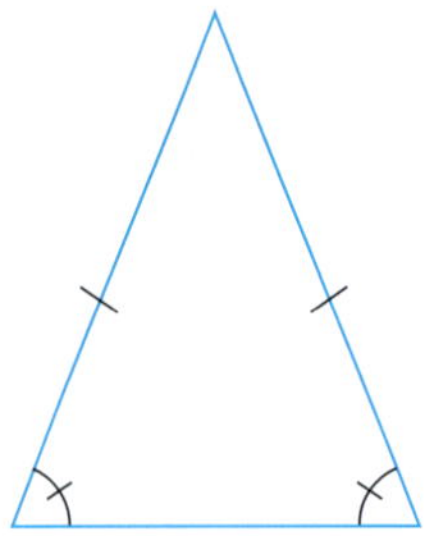	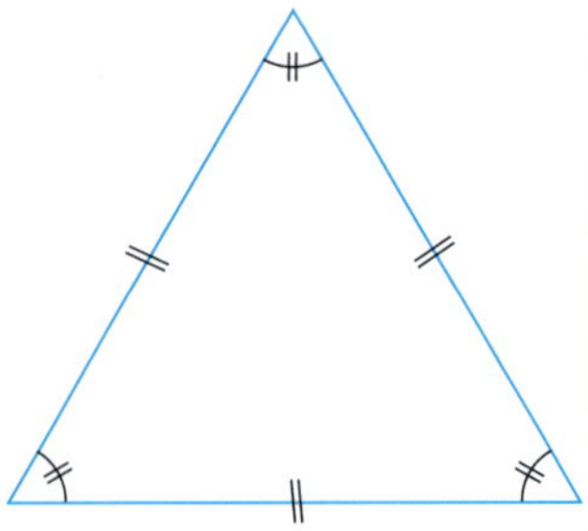	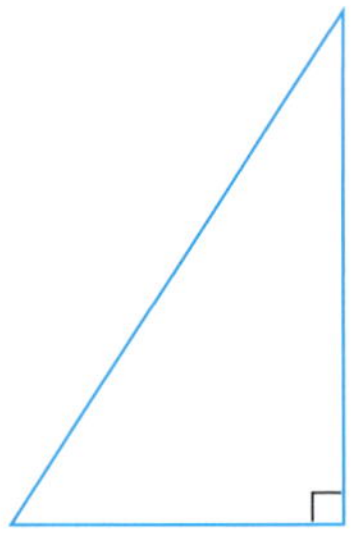
Avec les angles	Un triangle isocèle est un triangle qui a **2 angles égaux**.	Un triangle équilatéral est un triangle qui a **3 angles égaux (60°)**.	Un triangle rectangle est un triangle qui a **un angle droit**.

Remarque Un triangle équilatéral est donc isocèle.

3 Les quadrilatères particuliers

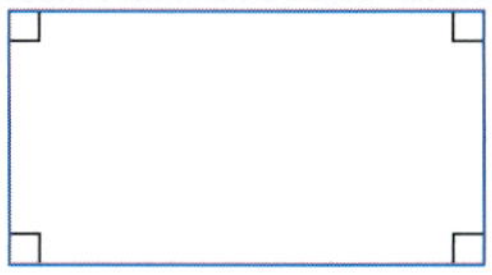

Un **rectangle** est un quadrilatère qui a 4 angles droits.

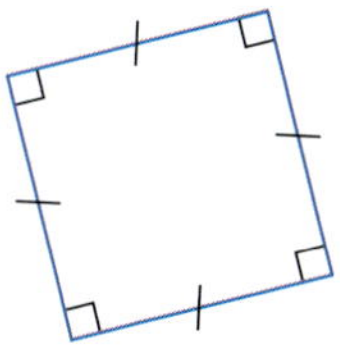

Un **carré** est un quadrilatère qui a 4 angles droits et les 4 côtés égaux.

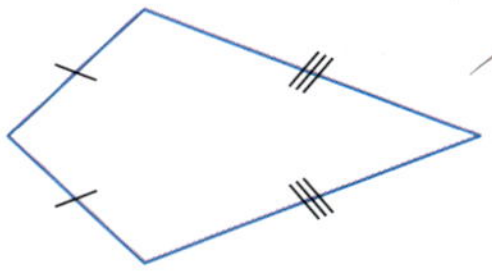

Un **cerf-volant** est un quadrilatère codé comme la figure ci-dessus.

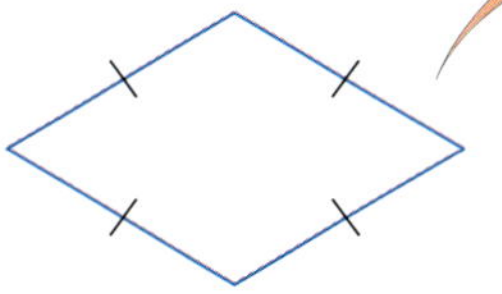

Un **losange** est un quadrilatère qui a les 4 côtés égaux.

Remarques Un carré est un losange et un losange est un cerf-volant. Un carré est aussi un rectangle.

Un cerf-volant est un quadrilatère dont une diagonale est médiatrice de l'autre.

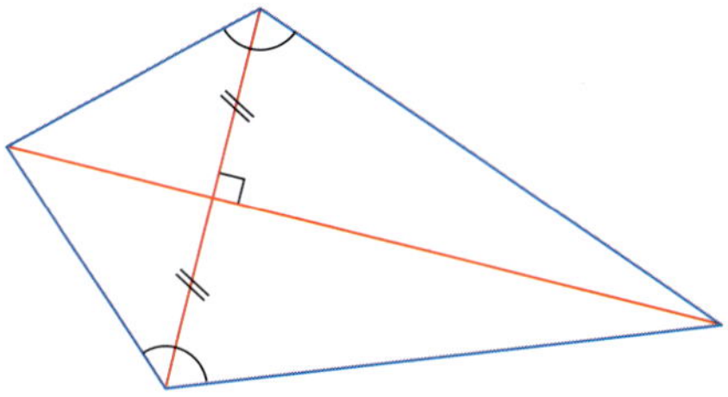

Un cerf-volant a deux angles opposés égaux.

Un losange est un quadrilatère dont les diagonales se coupent en leur milieu et sont perpendiculaires.

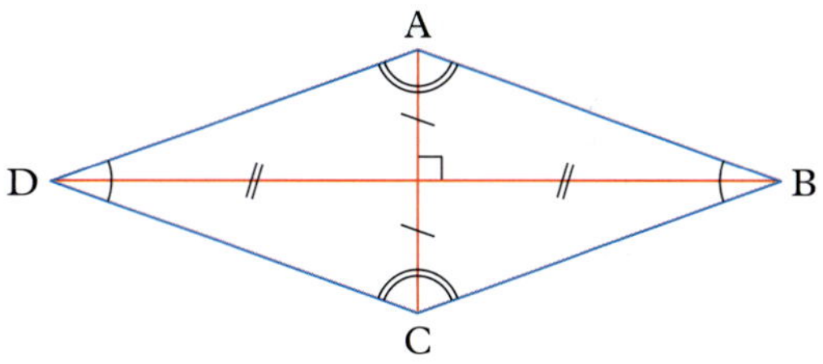

Un losange a ses angles opposés égaux et ses côtés opposés parallèles.

Un rectangle est un quadrilatère dont les diagonales se coupent en leur milieu et ont la même longueur.

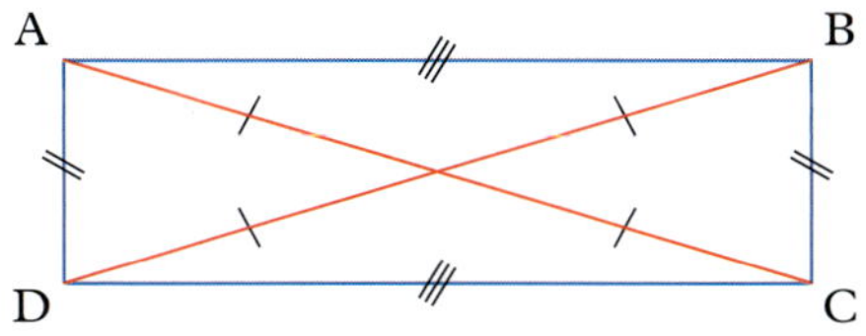

Un rectangle a ses côtés opposés parallèles.

Un carré est à la fois un rectangle et un losange.

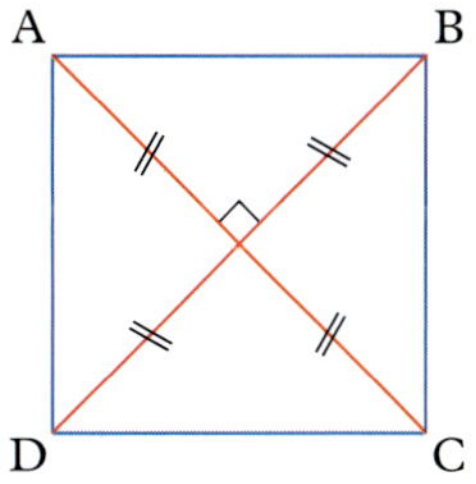

Un carré possède toutes les propriétés du losange et toutes celles du rectangle.

Retenir le cours

4 Unités d'aire

Le **mètre carré** (noté $\mathbf{m^2}$) est l'aire d'un carré de 1 mètre de côté.

Conversion des unités de longueur : km², hm², dam², **m²**, dm², cm², mm².

1 km² = 100 hm² = 10 000 dam² = 1 000 000 m² = 100 000 000 dm² = ...

km²	hm²	dam²	m²	dm²	cm²	mm²
			1	4 3		

Pour convertir, il faut déplacer la virgule de deux rangs par unités.
Par exemple : 1,43 m² = 143 dm².

5 Formulaire

Rectangle

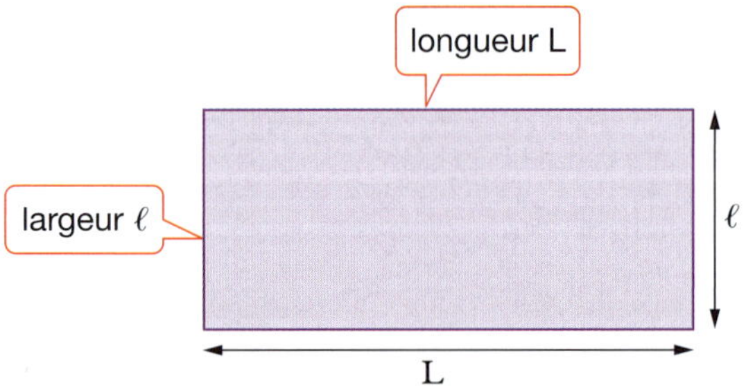

Périmètre du rectangle = $2 \times (\ell + L)$
ou $(2 \times \ell) + (2 \times L)$

Aire du rectangle = $L \times \ell$

Triangle rectangle

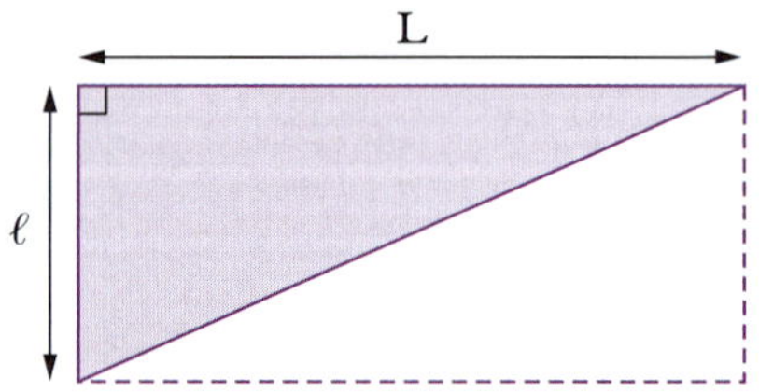

Aire du triangle rectangle

$$\mathcal{A} = \frac{\text{aire du rectangle}}{2} = \frac{L \times \ell}{2}$$

Remarque On peut décomposer certaines figures en rectangles ou triangles rectangles pour calculer leur aire. Par exemple, l'aire d'un cerf-volant ou celle d'un losange peut s'obtenir à l'aide de 4 triangles rectangles.

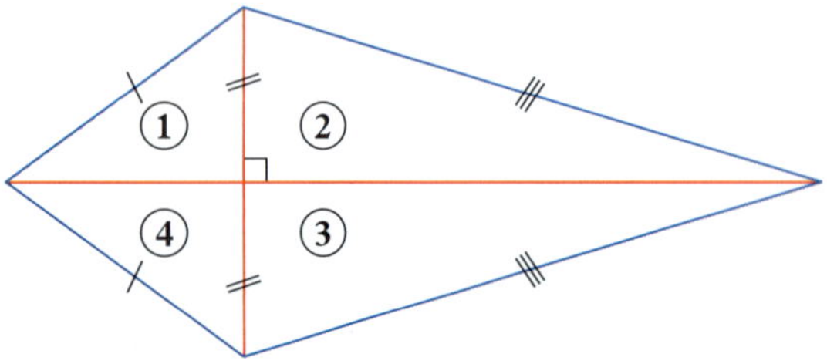

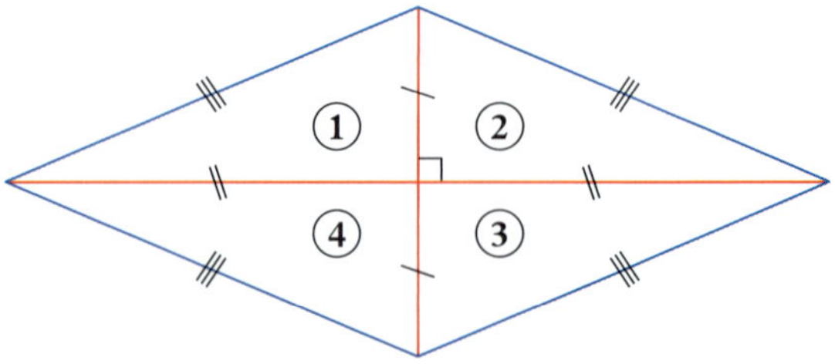

Retenir les méthodes

1 Construire un triangle isocèle

Construire le triangle ABC isocèle de sommet principal A tel que :
BC = 3 cm et AB = 4 cm.

1re étape

On trace à main levée une figure sur laquelle on reporte les renseignements du texte.

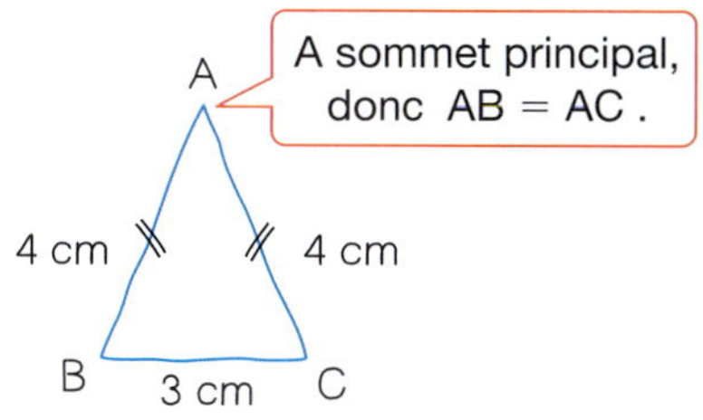

2e étape

On trace le segment [BC] de longueur 3 cm.

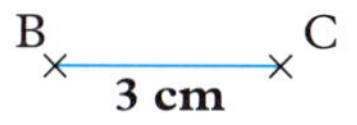

3e étape

On trace au compas le cercle de centre B et de rayon 4 cm, puis le cercle de centre C et de rayon 4 cm.

Remarque
Dans la pratique, on ne trace que les arcs de cercle utiles.

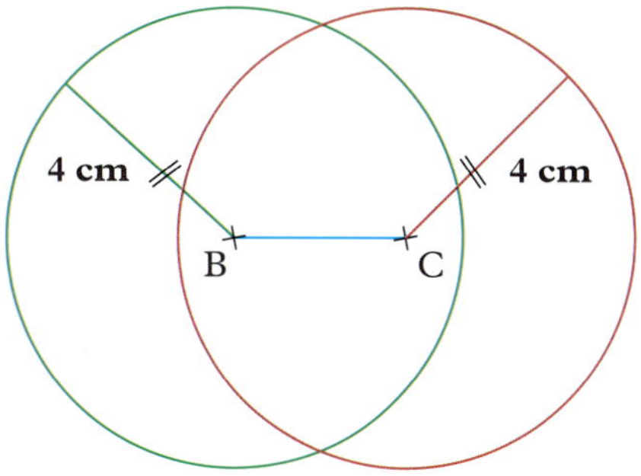

4e étape

On choisit l'un des deux points d'intersection des deux cercles ; on l'appelle A.
On termine de tracer les côtés du triangle et on code la figure.

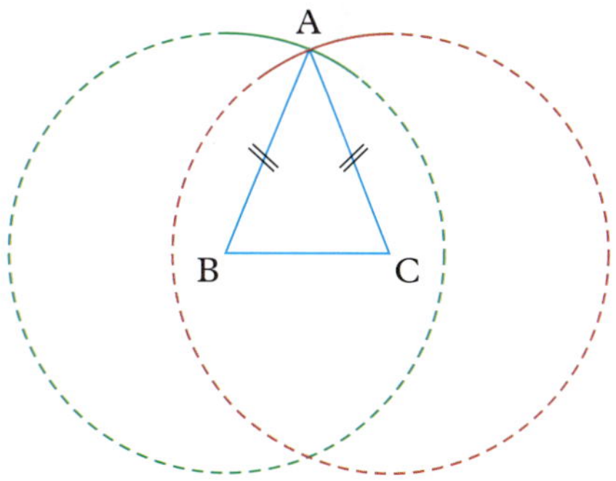

Remarques

Le deuxième point d'intersection des cercles permet d'obtenir un losange.

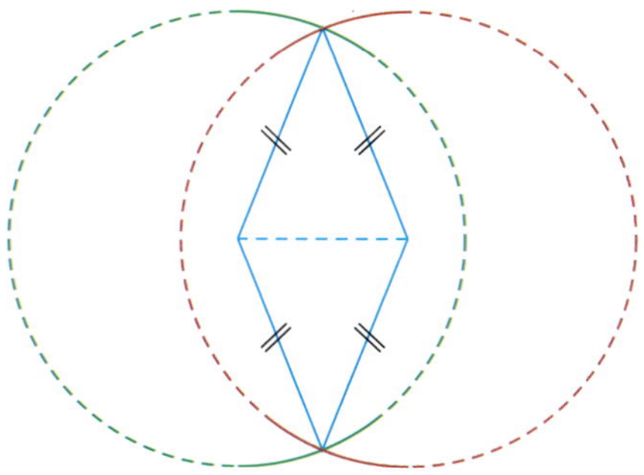

Pour obtenir un triangle équilatéral, on prend BC pour rayon des cercles.

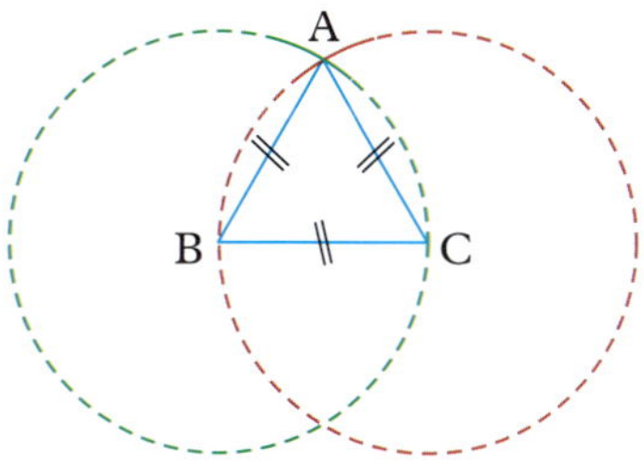

Voir exercices 13 et 14, p. 218.

Retenir les méthodes

2 Construire un carré dont on connaît un côté

Construire un carré ABCD de côté 4 cm.

1re étape

On trace d'abord un segment [AB] de longueur 4 cm.
À l'équerre, on trace (*d*) la perpendiculaire à (AB) passant par A puis (*d'*) la perpendiculaire à (AB) passant par B.

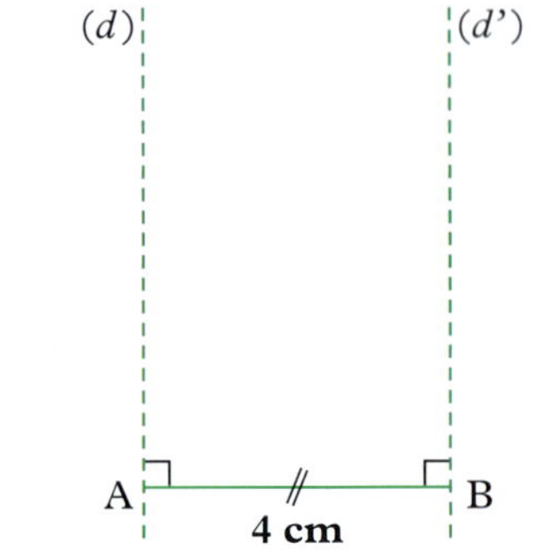

2e étape

On place sur (*d*) un point D et sur (*d'*) un point C tels que BC = AD = 4 cm et tels que C et D soient du même côté par rapport à (AB).
On termine ensuite de tracer les côtés du carré.

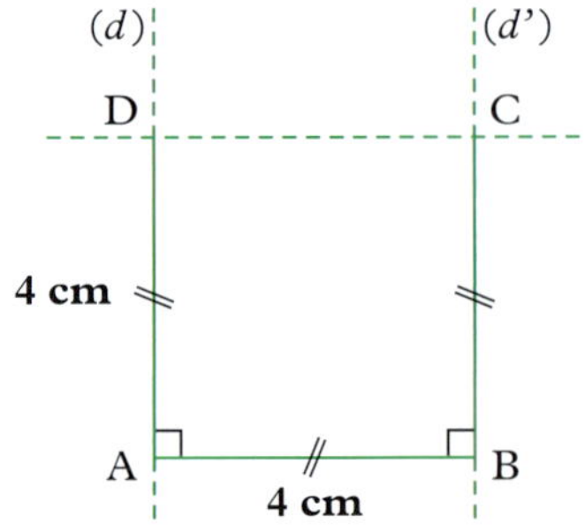

Voir exercice 16, p. 218.

3 Construire un carré dont on connaît une diagonale

Construire un carré ABCD dont les diagonales mesurent 6 cm.

1re étape

On construit d'abord un segment [AC] de longueur 6 cm.
On trace (*d*) la médiatrice de [AC] qui coupe [AC] en O.

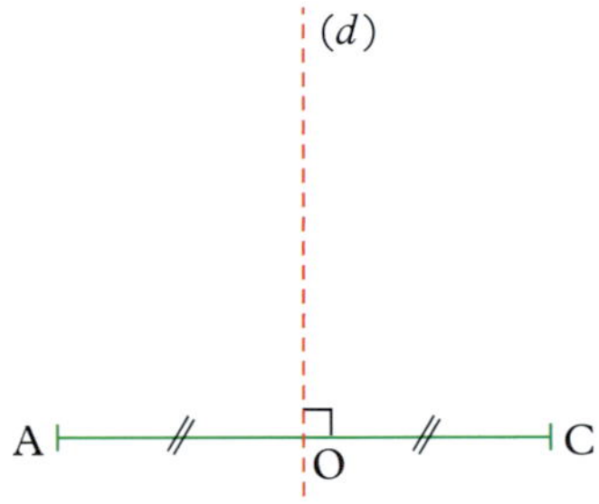

2e étape

On trace sur (*d*) les points B et D tels que : OB = OD = 3 cm.
On termine ensuite de tracer le carré ABCD.

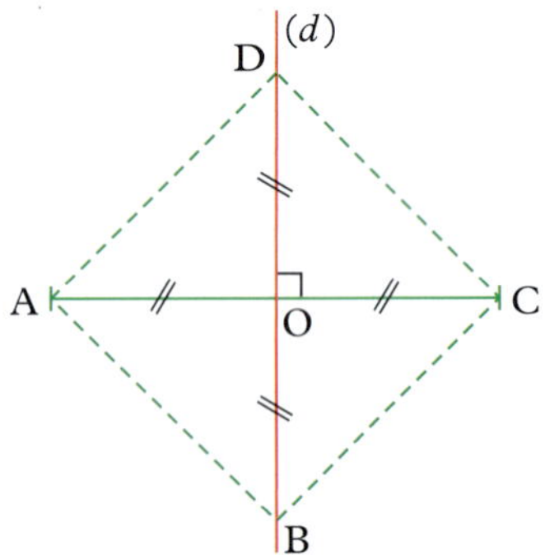

Voir exercice 17, p. 219.

Coup d'œil sur le chapitre

1 Dessiner à main levée sans oublier de coder la figure :

a. un triangle ABC équilatéral ;

b. un triangle IJK rectangle en I ;

c. un triangle CVB isocèle en V.

2 **1.** Dessiner à main levée un quadrilatère DRGZ.

2. Écrire sept autres noms possibles pour désigner ce quadrilatère.

3 En s'aidant du quadrillage ci-dessous, recopier et compléter les phrases suivantes :

a. .... est un rectangle (2 figures) ;

b. .... est un losange (2 figures) ;

c. .... est un carré ;

d. .... est un cerf-volant (3 figures).

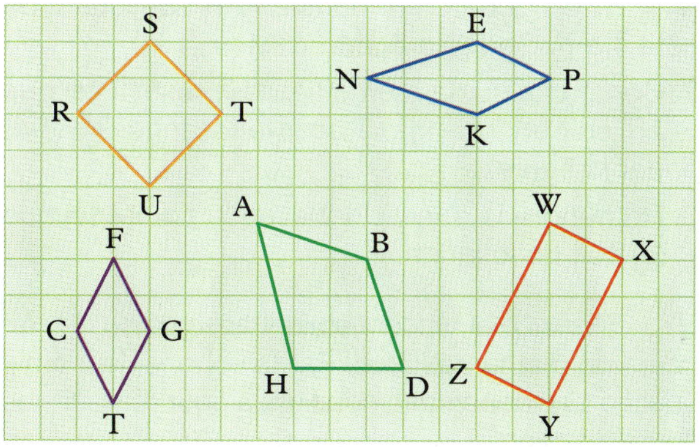

4 Lisa a été absente du cours de mathématiques. Son amie Morgane lui indique par téléphone les consignes nécessaires pour tracer la figure ci-contre.
Écrire ces consignes.

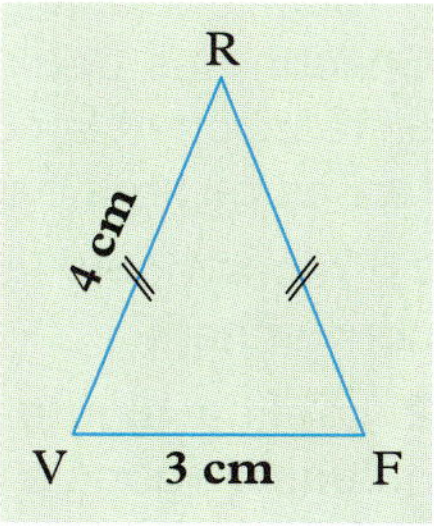

5 Dans la figure ci-contre, les trois cercles ont pour rayon 3 cm. $\mathscr{C}_1$ a pour centre A, $\mathscr{C}_2$ a pour centre B et $\mathscr{C}_3$ a pour centre C.
Quelle est la nature exacte du triangle ABC ?
Justifier la réponse.

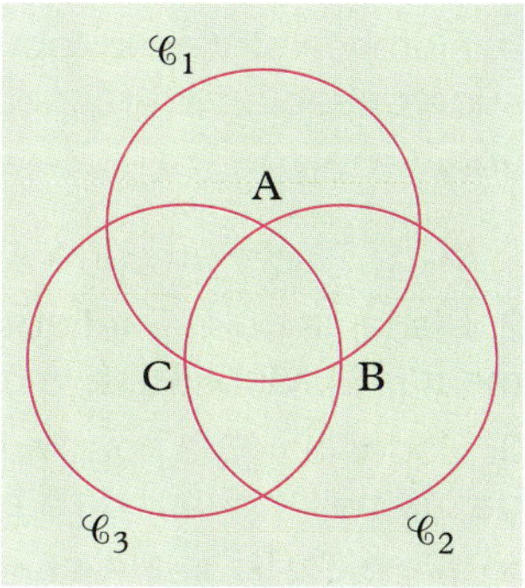

6 **1.** Sans utiliser de quadrillage, construire :

a. un carré ABCD de côté 8 cm ;

b. un carré EFGH dont les diagonales mesurent chacune 8 cm.

2. Calculer l'aire de chacun des carrés tracés.

7 Léa n'a pas eu le temps de terminer la construction du cerf-volant ABCD commencée ci-dessous.

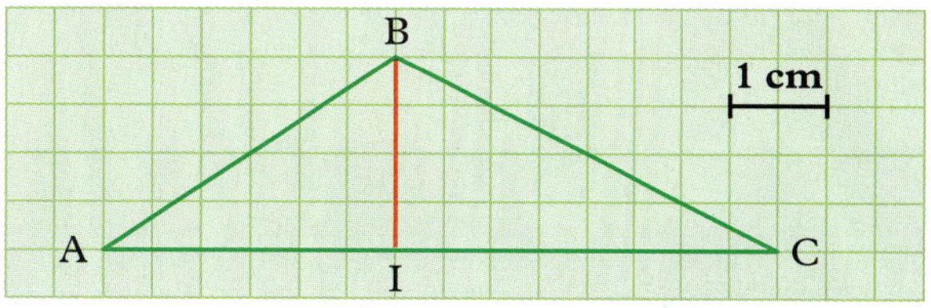

1. I est le point d'intersection des diagonales de ABCD. Reproduire la figure en vraie grandeur puis terminer de tracer le cerf-volant ABCD.

2. Coder toutes les égalités de longueur sur la figure.

3. Que représente la droite (AC) pour le segment [BD] ?

4. En décomposant ABCD en 4 triangles rectangles, calculer son aire en cm^2.

8 **1.** Observer le codage de la figure ci-contre et préciser la nature exacte du quadrilatère LMAS, puis celle du triangle LIM.

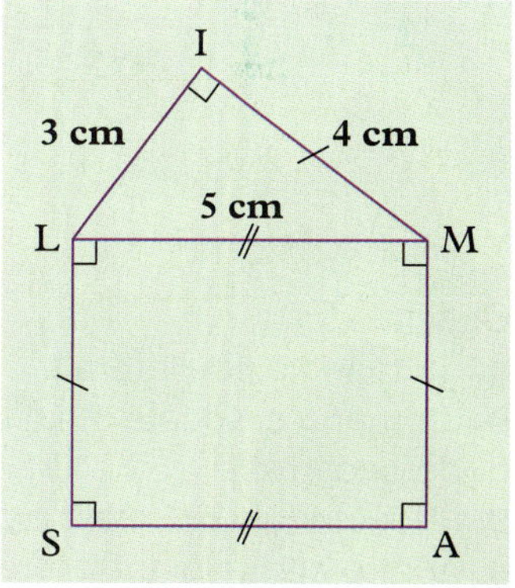

2. a. Calculer le périmètre puis l'aire de LMAS.

b. Même question pour LIM.

3. Calculer le périmètre puis l'aire du polygone LIMAS.

9 Trois fresques ont été peintes sur le mur du préau de l'école pour le décorer. La première représente une fusée et recouvre un carré de 11 dm de côté. La deuxième représente une voiture et occupe un rectangle de longueur 180 cm et de largeur 70 cm. Enfin, la troisième représente un voilier et son aire est égale à 1,25 m^2.
Que représente la fresque qui a la plus grande aire ? et celle qui a la plus petite aire ?

Exercices

Pour démarrer

Identifier

10 En observant le codage de la figure ci-dessous, citer :
a. un triangle rectangle ;
b. un triangle équilatéral ;
c. deux triangles isocèles qui ne sont pas équilatéraux ;
d. un triangle qui ne paraît ni isocèle ni rectangle.

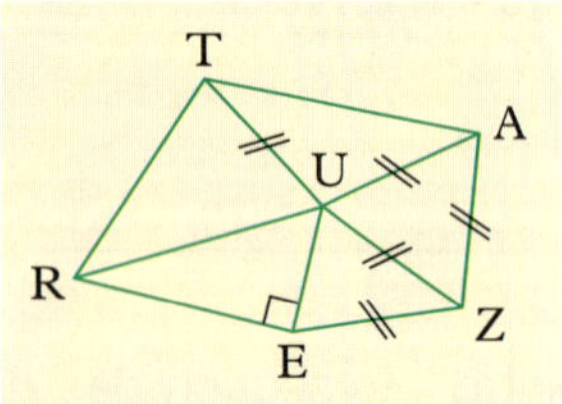

11 On considère la figure suivante :

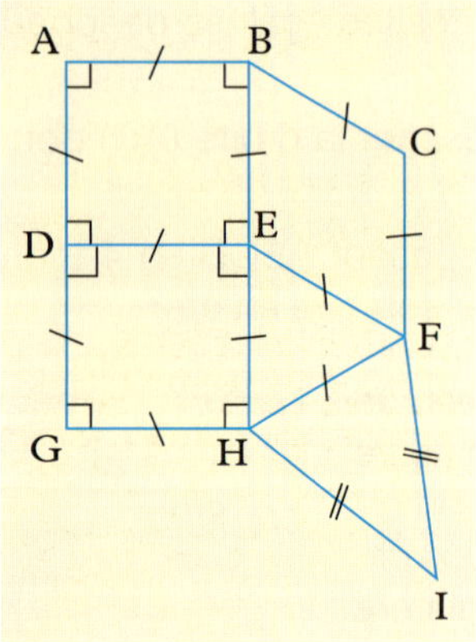

Citer :
a. un triangle équilatéral ;
b. un triangle isocèle qui n'est pas équilatéral ;
c. deux carrés ;
d. un rectangle qui n'est pas un carré ;
e. quatre cerfs-volants ;
f. un losange qui n'est pas un carré.

12 Fred a construit la figure ci-contre qui représente un triangle ABC rectangle en A, un triangle BFC équilatéral et un triangle BCM isocèle en M. Malheureusement, il n'a pas codé la figure !

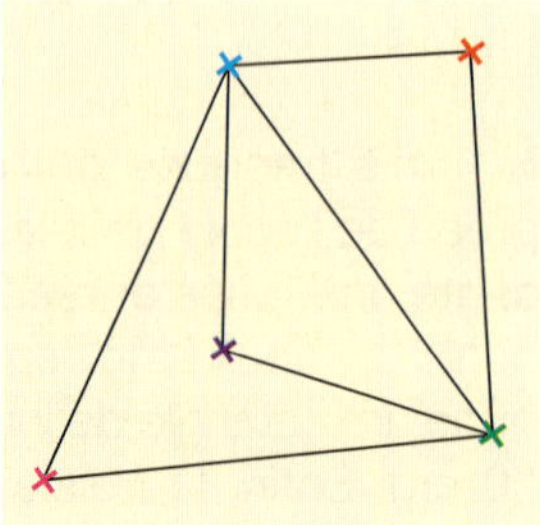

Retrouver la couleur de chacun des points A, B, C, F et M (donner toutes les possibilités).

Construire

13 Construire le triangle KLM isocèle en L représenté ci-dessous et coder la figure obtenue.

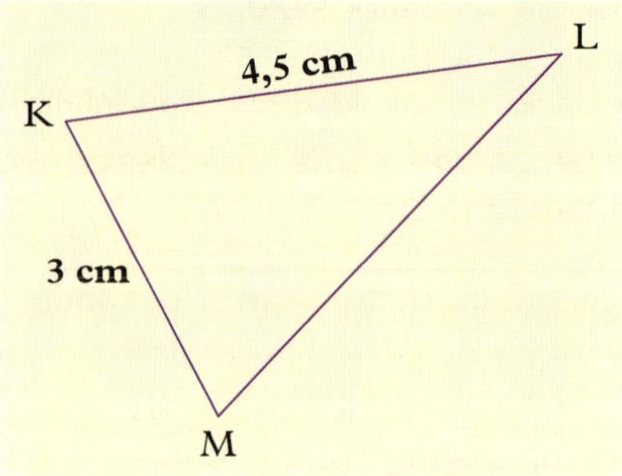

Voir **Retenir les méthodes 1, *p. 215*.**

14 **1.** Construire un triangle PAR équilatéral de côté 4 cm. Coder la figure.

2. Construire sur la même figure le point T tel que PART soit un losange. Tracer le losange PART et coder la figure.

3. Reprendre la question **2** avec le point I tel que PAIR soit un losange.

15 Florence et Vincent étaient absents du dernier cours de mathématiques. Par téléphone, leur amie Laetitia leur donne des consignes pour réaliser une figure du cours :
« Tracer un losange de 4 cm de côté », dit-elle. Chacun des deux enfants a construit une figure en respectant la consigne pourtant les figures obtenues ne sont pas superposables.

1. Tracer deux figures non superposables qui conviennent.

2. Laetitia ajoute ensuite : « J'ai oublié de dire qu'une diagonale doit mesurer 6 cm ! »
a. Construire une figure qui respecte cette consigne.
b. Florence et Vincent obtiendront-ils deux figures superposables en respectant la nouvelle consigne ?

16 **1.** Tracer un carré ABCD de côté 4 cm.

2. Placer le point E tel que D soit le milieu du segment [AE]. Construire le carré ACEF.

3. Coder la figure pour indiquer tous les segments de même longueur déjà tracés.

Voir **Retenir les méthodes 2, *p. 216*.**

17 **1.** Construire un segment [AB] de longueur 6,4 cm et de milieu I puis tracer sa médiatrice.

2. a. Comment doit-on placer les points C et D pour que ACBD soit un carré ?
b. Tracer le carré ACBD.

Voir* Retenir les méthodes 3, *p. 216.

18 Tracer un rectangle qui ne soit pas un carré et dont les diagonales mesurent 12 cm.

Décrire et tracer

19 **1.** Recopier et compléter la consigne suivante qui permet d'obtenir la figure ci-contre :
« Tracer un triangle isocèle en .... tel que le côté [AT] mesure .... cm et que le côté [.........] mesure .... cm. »

2. Tracer la figure décrite.

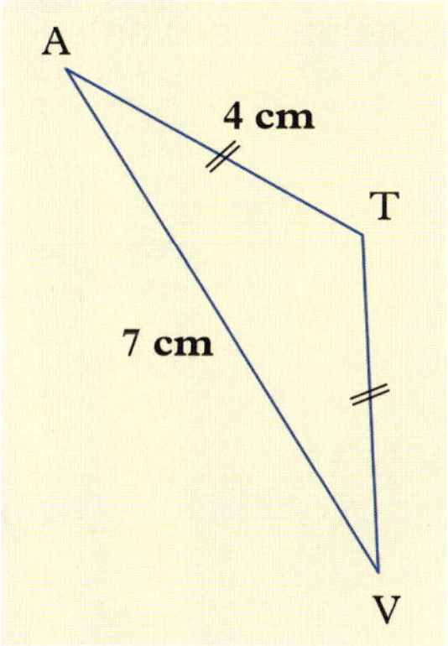

20 **1.** Écrire des consignes qui permettent de reproduire la figure ci-dessous.

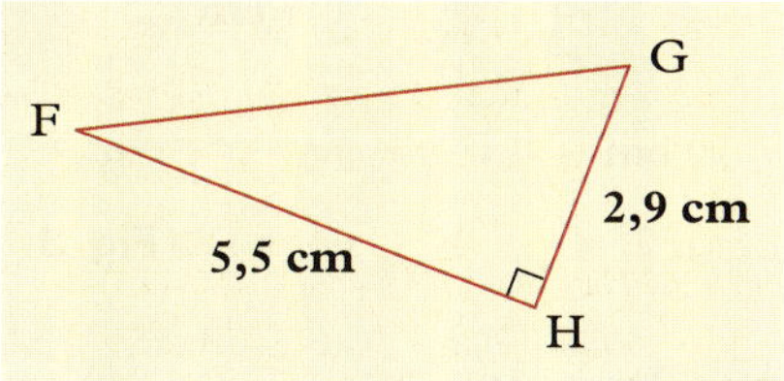

2. Tracer la figure décrite.

21 Pour chacune des figures ci-dessous, écrire des consignes qui permettent de la reproduire.

Fig. 1

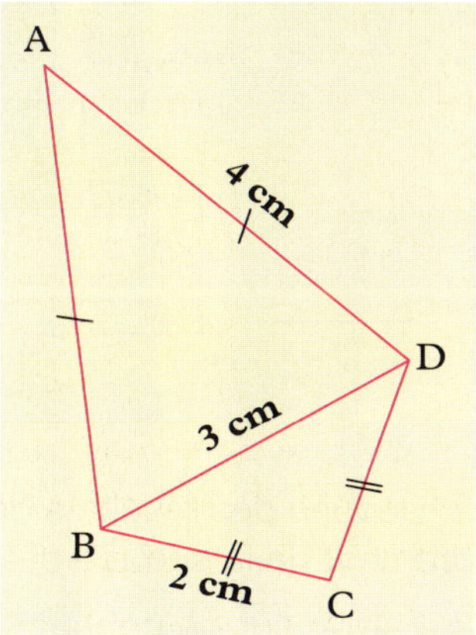

Fig. 2

Tracer et justifier

22 **1.** Reproduire une figure du même type que celle ci-contre dans laquelle le cercle a pour centre S.

2. Quelle est la nature du triangle AES ? Justifier la réponse.

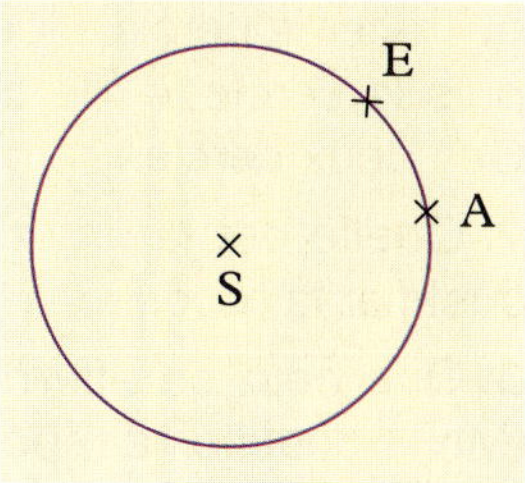

23 **1.** Reproduire une figure du même type que celle ci-dessous dans laquelle les deux cercles ont pour centres A et C.

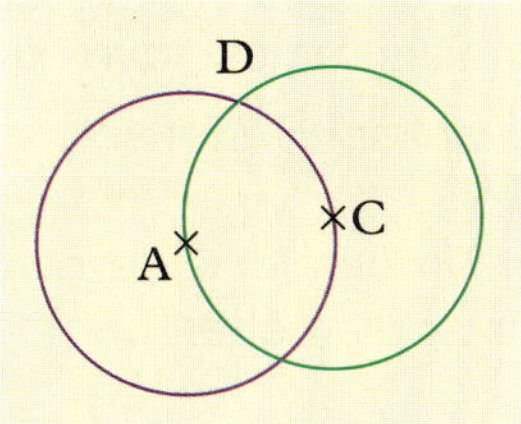

2. Quelle est la nature du triangle ADC ? Justifier la réponse.

24 **1.** Construire un triangle ABC isocèle en B.
Quentin affirme que B est sur la médiatrice du segment [AC].
A-t-il raison ? Justifier la réponse.

2. On sait que MNPQ est un losange. Est-on sûr que P est sur la médiatrice de [QN] ? Justifier.

25 **1.** Construire la figure représentée ci-dessous.

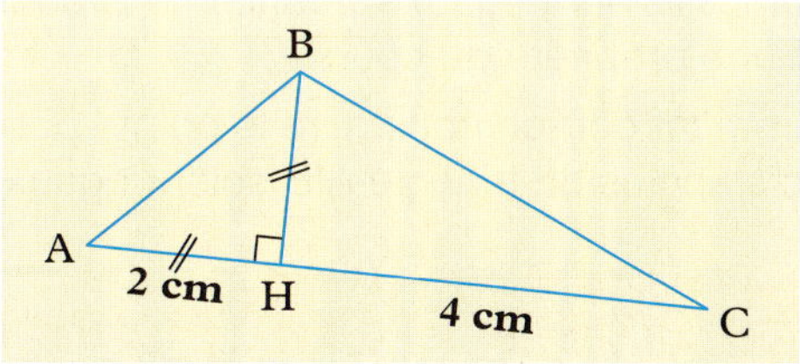

2. Citer :
a. un triangle qui n'est ni rectangle, ni isocèle ;
b. un triangle isocèle ;
c. deux triangles rectangles.

26 **1.** Tracer un segment [AB] de longueur 7 cm et de milieu M puis (*d*) sa médiatrice.

2. Placer I et J sur (*d*).

3. a. Que peut-on dire de IA et de IB ? de JA et de JB ? Justifier la réponse par une propriété du cours.
b. Quelle est la nature du quadrilatère AIBJ ?

27 **1. a.** Tracer un segment [AB] de longueur 7 cm.
b. Tracer le cercle $\mathscr{C}$ de centre A et de rayon 4 cm puis le cercle $\mathscr{C}'$ de centre B et de rayon 5 cm. Ces deux cercles se coupent aux points M et N.
2. Quelle est la nature du quadrilatère AMBN ? Justifier la réponse.
3. Que peut-on affirmer pour les droites (AB) et (MN) ? Justifier la réponse.

28 **1.** Tracer un cercle $\mathscr{C}$ de rayon 5 cm puis [AC] et [BD] deux diamètres de ce cercle.
2. Quelle est la nature du quadrilatère ABCD ? Justifier la réponse.
3. Sans utiliser d'instrument, dire combien mesure l'angle $\widehat{ABC}$. Justifier la réponse.

29 **1.** Tracer un cercle $\mathscr{C}$ de rayon 3 cm puis [AC] et [BD] deux diamètres perpendiculaires de ce cercle.
2. Quelle est la nature du quadrilatère ABCD ? Justifier la réponse.
3. Que peut-on dire des longueurs des côtés du quadrilatère ABCD ? Justifier la réponse.

30 **1.** Construire un segment [AB] de longueur 7 cm et (*d*) sa médiatrice. Placer un point I sur (*d*) qui n'appartient pas à [AB].
2. Pourquoi a-t-on AI = IB ?
3. Quelle est la nature du triangle AIB ? Pourquoi ?
4. Quels sont les angles du triangle AIB dont on est sûr qu'ils sont égaux ? Justifier la réponse en citant une propriété du cours.
5. Comment doit-on construire le point I pour que les trois angles du triangle AIB soient égaux ?

Aires et périmètres

31 Exprimer en mètres :
a. 180 cm ; **b.** 12 dm ;
c. 0,75 km ; **d.** 72 mm.

32 Exprimer en m^2 :
a. 12 dm^2 ; **b.** 2,7 hm^2 ;
c. 4 200 cm^2 ; **d.** 680 mm^2.

33 Exprimer en m^2 :
a. 18 hm^2 + 7 dam^2 + 130 dm^2 ;
b. 432 dm^2 + 10 200 cm^2.

34 Donner le périmètre et l'aire de chaque figure représentée ci-dessous.

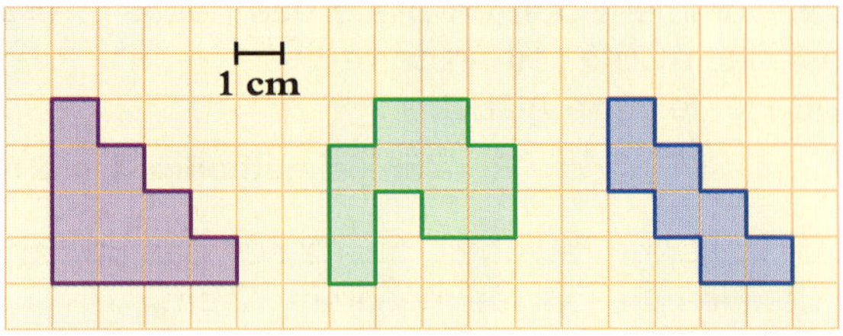

Fig. 1 **Fig. 2** **Fig. 3**

35 Calculer le périmètre et l'aire de chacun des polygones suivants.

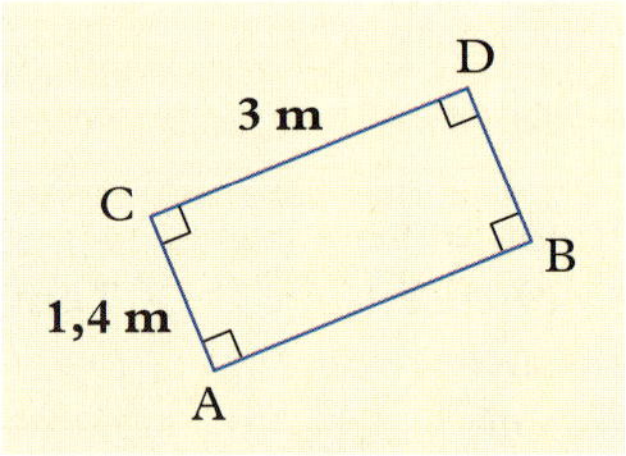

Fig. 1

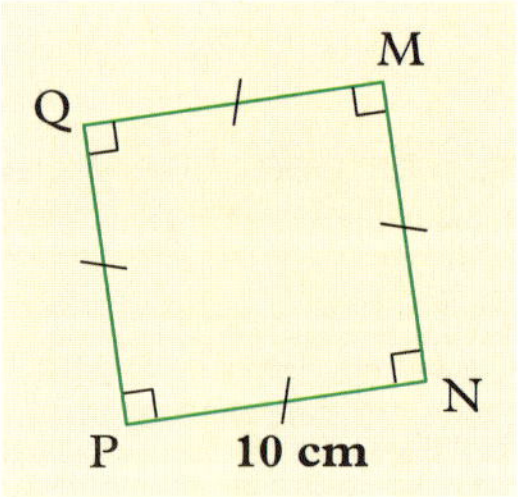

Fig. 2

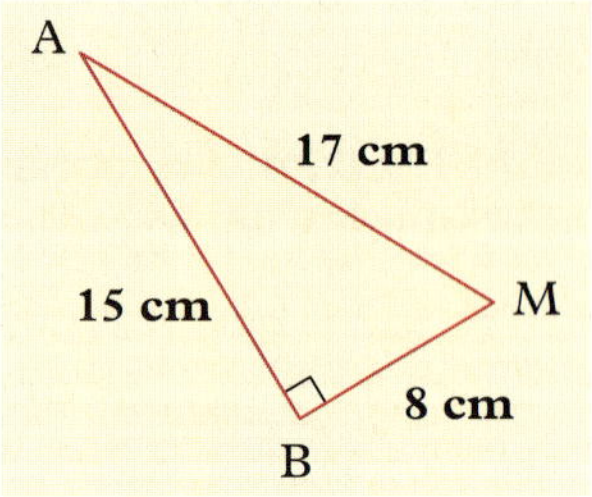

Fig. 3

36 **Encadrement**
1. À l'aide du quadrillage ci-dessous, donner l'aire de la surface délimitée par la ligne verte, puis celle de la surface délimitée par la ligne rouge.

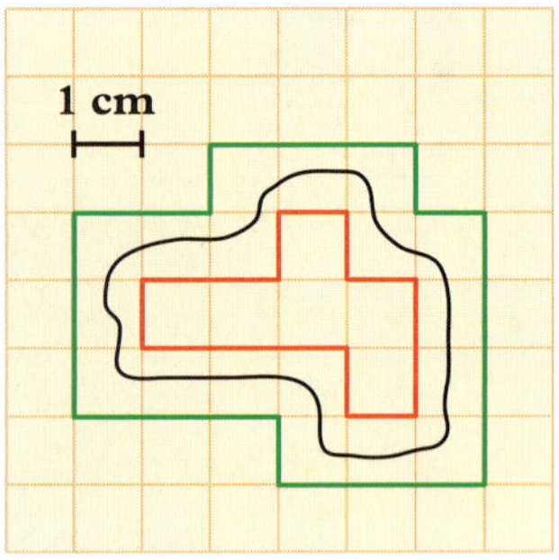

2. Déduire des résultats de la question **1** un encadrement de la surface délimitée par la ligne noire.
3. Est-on sûr de connaître un encadrement de la longueur de la ligne noire ?

37 **Même périmètre…**

1. a. Dessiner un rectangle de longueur 8 cm et de largeur 1 cm.
b. Dessiner un rectangle de longueur 7 cm et de largeur 2 cm.
c. Comparer les périmètres de ces deux rectangles.
d. Dessiner d'autres rectangles, de périmètres 18 cm, dont les côtés sont mesurés par des nombres entiers de centimètres.

2. a. Calculer l'aire de chacun des rectangles obtenus à la question précédente.
b. Denis affirme que deux rectangles qui ont le même périmètre ont à coup sûr la même aire.
A-t-il raison ? Pourquoi ?

Par découpage

38 **1.** Dans la figure ci-dessous, quelle est la nature du triangle BAC ? Calculer son aire.

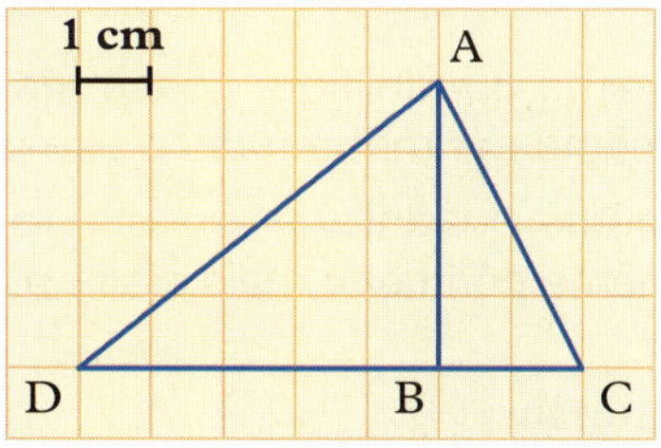

2. Calculer l'aire du triangle BAD.

3. En utilisant les résultats des questions **1** et **2**, déterminer l'aire du triangle DAC.

39 **1.** En observant que le cerf-volant EFGH est formé de quatre triangles rectangles, calculer son aire.

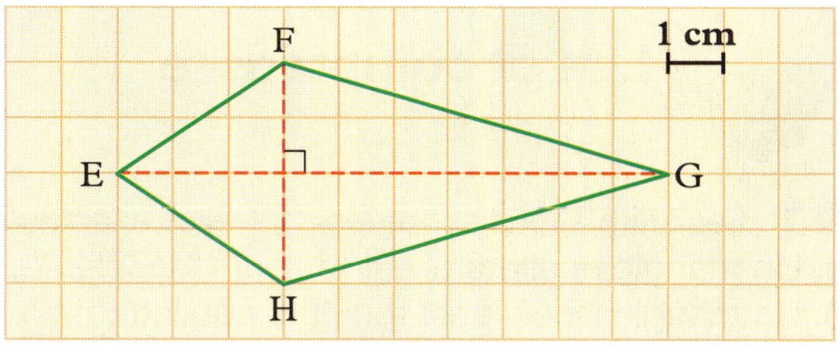

2. a. Tracer un losange ABCD avec BD = 4 cm et AC = 10 cm.
b. Calculer son aire.

40 Une pièce métallique utilisée pour la construction d'un bateau a la forme ci-dessous. ABFE est un rectangle ; ED = 2 m ; DC = FC = 1 m ; EA = 3 m.

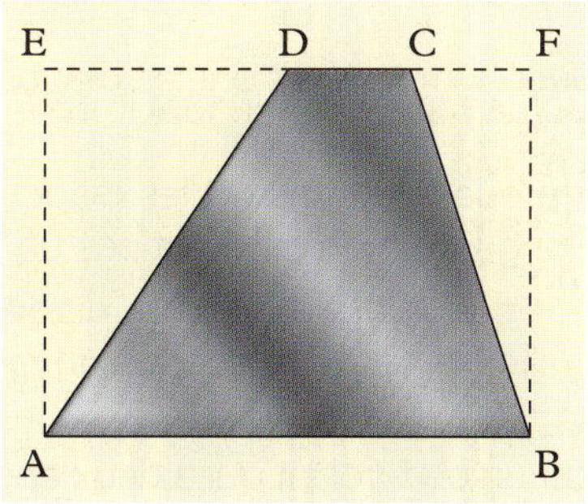

Quelle est l'aire de cette pièce ?

Qui a raison ?

a

b

Pour aller plus loin

Lire et comprendre

41 Les affirmations suivantes sont-elles exactes ?
a. Un triangle équilatéral est toujours isocèle.
b. Un triangle isocèle est toujours équilatéral.
c. Un rectangle est toujours un carré.
d. Un carré est toujours un rectangle.
e. Un carré est toujours un losange.
f. Un losange est toujours un carré.

42 **1.** Quelles propriétés ont les diagonales d'un cerf-volant ?
2. Tracer un quadrilatère dont les diagonales sont perpendiculaires mais qui n'est pas un cerf-volant.

43 **1.** Quelles propriétés ont les diagonales d'un rectangle ?
2. Tracer un quadrilatère dont les diagonales sont de même longueur mais qui n'est pas un rectangle.
3. Tracer un quadrilatère dont les diagonales ont le même milieu mais qui n'est pas un rectangle.

44 Tracer un cerf-volant qui a deux angles droits mais qui n'est pas un carré.

45 On augmente la longueur d'un rectangle de 5 m sans modifier sa largeur.
1. Choisir la bonne réponse :
a. Son périmètre augmente de 5 m.
b. Son périmètre augmente de 10 m.
c. On ne peut pas savoir de combien varie son périmètre.
2. Choisir la bonne réponse :
a. Son aire augmente de 5 m^2.
b. Son aire augmente de 25 m^2.
c. On ne peut pas savoir de combien varie son aire.

Constructions

46 **1.** Construire deux rectangles non superposables dont le périmètre est 24 cm.
2. Construire deux rectangles non superposables dont l'aire est 24 cm^2.

47 **1.** Construire un rectangle ABDC de largeur 4 cm et de longueur 8 cm. Calculer son aire.
2. À l'aide des points de la figure, nommer tous les triangles rectangles qui ont pour aire 16 cm^2.

48 Construire un triangle rectangle d'aire 9 cm^2.

49 **1.** Reproduire sur quadrillage le rectangle ABCD.

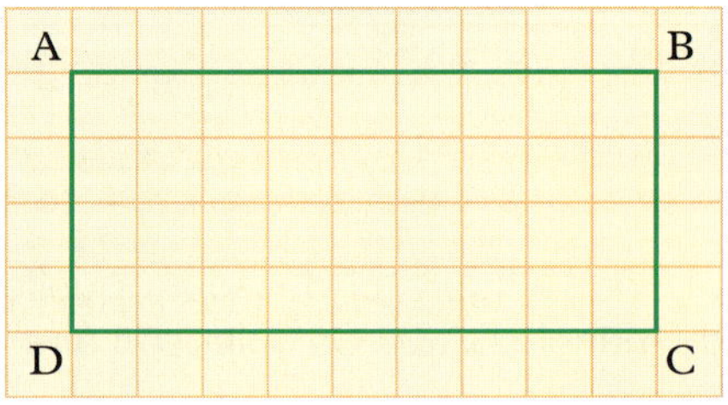

2. Sur le même quadrillage, construire une autre figure de même périmètre mais d'aire plus petite.
3. Sur le même quadrillage, construire une autre figure de même périmètre mais d'aire plus grande.

50 **Réduction**
Ludovic a dessiné son cerf-volant à main levée.

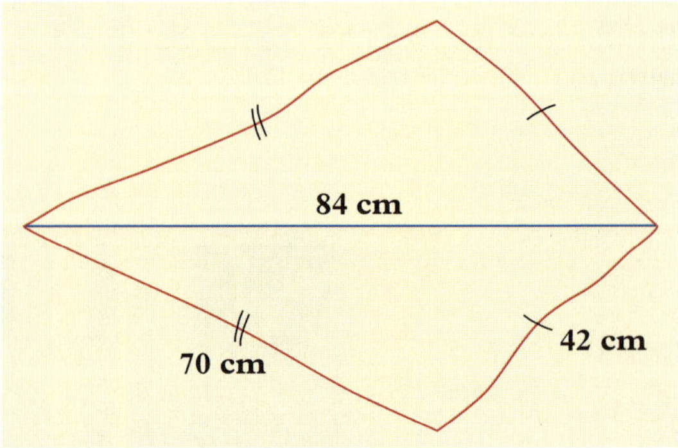

Représenter le cerf-volant de Ludovic de telle façon que le côté de 70 cm soit représenté par un segment de longueur 10 cm.

51 **1.** Construire un losange TRUC tel que TU = 8 cm et RC = 4 cm.
2. Construire un rectangle DFVB de même aire que le losange TRUC et qui ne soit pas un carré.
3. Construire un carré AEIO de même aire que le losange TRUC.
4. Lequel des trois quadrilatères précédents semble avoir le plus petit périmètre ?

Découpages astucieux

52 Pour calculer l'aire du parallélogramme de gauche, Léo a découpé un morceau et l'a recollé comme l'indique la figure de droite.

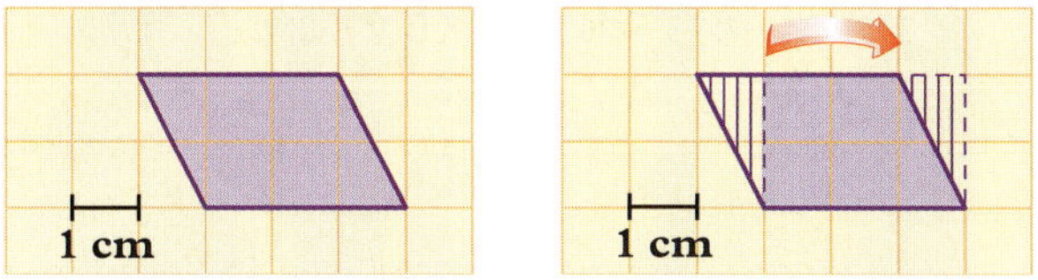

1. Quelle est l'aire du parallélogramme de départ ?

2. Calculer l'aire du parallélogramme ci-contre.

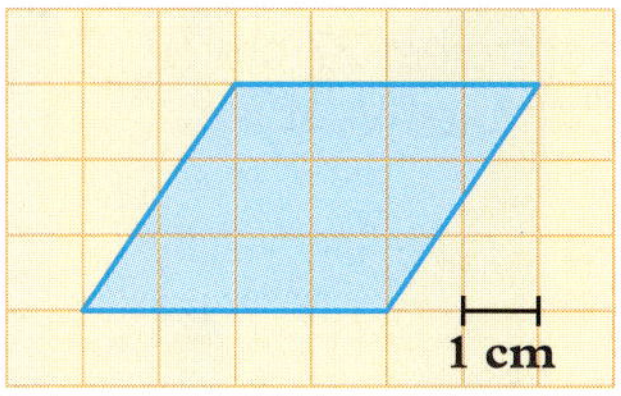

53 Le périmètre du triangle rouge est 108 cm et celui du triangle bleu est 126 cm. Avec ces deux triangles, on forme le polygone de droite.

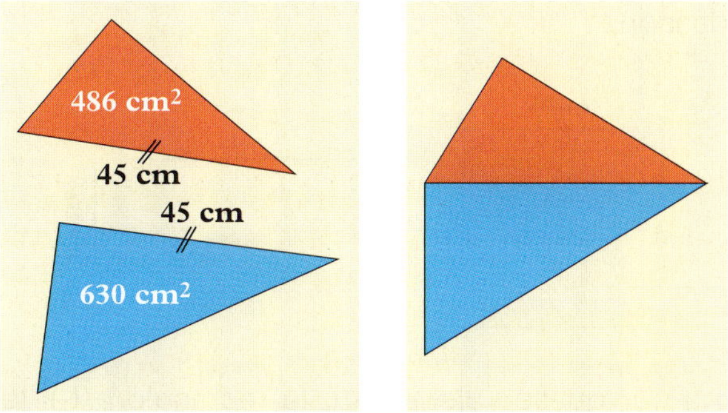

Calculer le périmètre et l'aire du polygone obtenu.

Raisonner

54 Calculer le périmètre et l'aire du polygone JOEL représenté ci-dessous.

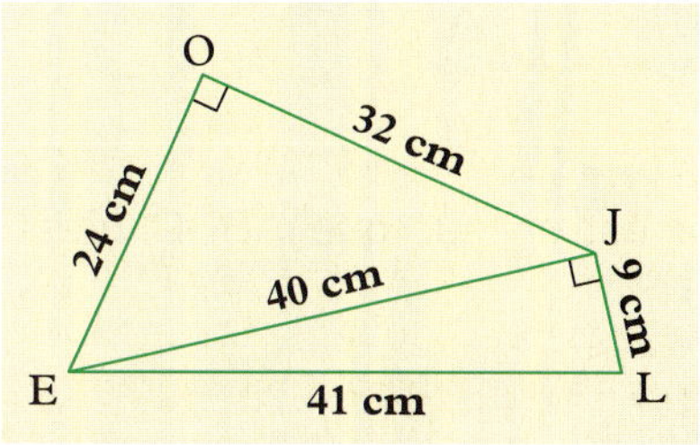

55 En utilisant une équerre, Fabien a construit la figure suivante qu'il a codée.

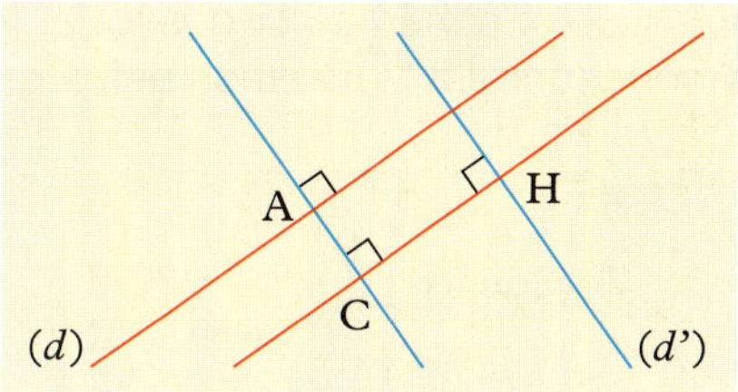

1. Reproduire une figure du même type. Soit F le point d'intersection des droites (*d'*) et (*d*).

2. a. Quelle règle permet d'affirmer que les droites (*d*) et (CH) sont parallèles ?
b. Quelle règle permet d'affirmer que les droites (*d*) et (*d'*) sont perpendiculaires ?

3. a. Quelle est la nature du quadrilatère ACHF ?
b. Fabien prétend que pour être sûr qu'un quadrilatère est un rectangle, il suffit de savoir qu'il a trois angles droits. Que peut-on penser de la déclaration de Fabien ?

Calcul mental

56 **1.** Je suis un rectangle d'aire 63 cm^2 et ma longueur mesure 9 cm. Combien mesure ma largeur ?

2. Je suis un carré de périmètre 36 m. Combien mesure mon côté ?

3. Je suis un carré d'aire 36 m^2. Combien mesure mon côté ?

4. Je suis un triangle équilatéral de périmètre 36 m. Combien mesure mon côté ?

57 **1.** Je suis un rectangle de périmètre 68 m et ma largeur mesure 13 m.
a. Combien mesure mon demi-périmètre ?
b. Combien mesure ma longueur ?

2. Je suis un triangle rectangle. Un côté de mon angle droit mesure 5 m et l'autre 6 m.
Quelle est mon aire ?

3. Je suis un triangle rectangle d'aire 12 cm^2. Un de mes côtés de l'angle droit mesure 4 cm. Combien mesure l'autre côté ?

Exercices

58 Dans la figure ci-dessous, le cercle a pour centre A.

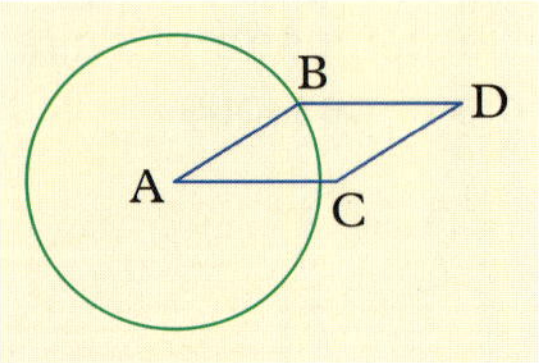

Pourquoi est-on sûr que ABDC n'est pas un losange ?

Dimensions manquantes

59 La largeur d'un champ rectangulaire est 14 m et son aire est 280 m^2. On cherche sa longueur.

1. Parmi les deux schémas ci-dessous, recopier celui qui correspond à la situation et le compléter.

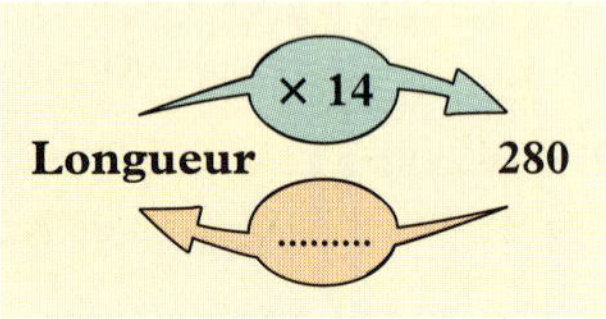

Schéma 1

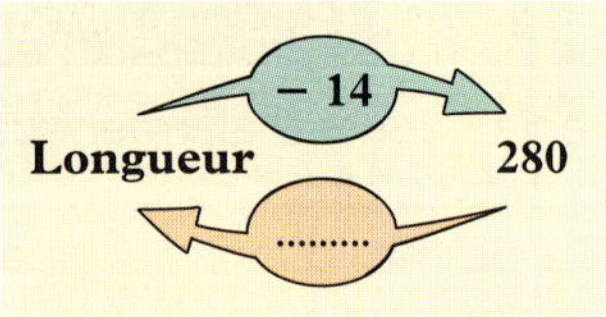

Schéma 2

2. Calculer la longueur de ce champ.

3. Un rectangle a une aire de 262,7 m^2 et sa longueur est 18,5 m. Calculer sa largeur.

4. Vincent affirme qu'il n'existe pas de rectangle d'aire 160 m^2, de longueur 13 m et dont la largeur exprimée en mètres a une mesure entière.
Que peut-on en penser ?
Indication : chercher combien mesurerait sa largeur.

5. Vincent affirme aussi qu'il n'existe pas de rectangle d'aire 156 m^2 et de largeur 13 m.
Que peut-on en penser ?

60 Recopier le tableau suivant et le compléter sans utiliser de calculatrice.

	Longueur en m	Largeur en m	Demi-périmètre en m	Périmètre en m	Aire en m^2
Rectangle 1	45	36	....	....	....
Rectangle 2	75	....	107	....	....
Rectangle 3	....	18	....	80	....
Rectangle 4	....	8	....	....	96

61 **1.** Le périmètre du triangle suivant est 21 cm. Combien vaut x ?

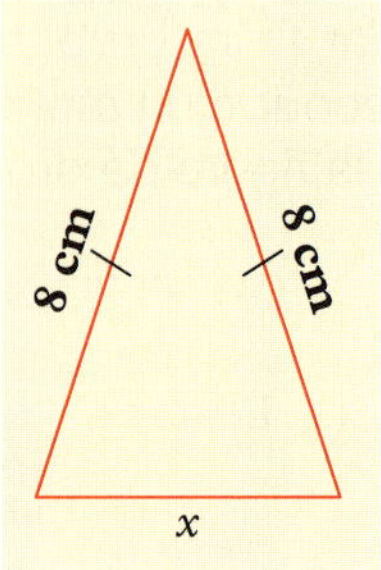

2. Le périmètre du triangle ci-contre est 27 cm.
Combien vaut x ?

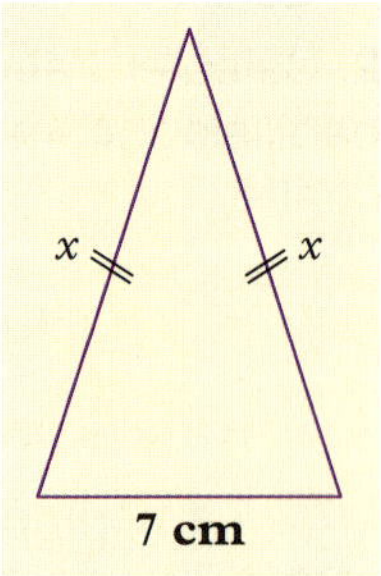

62 On considère le carré et le rectangle ci-dessous :

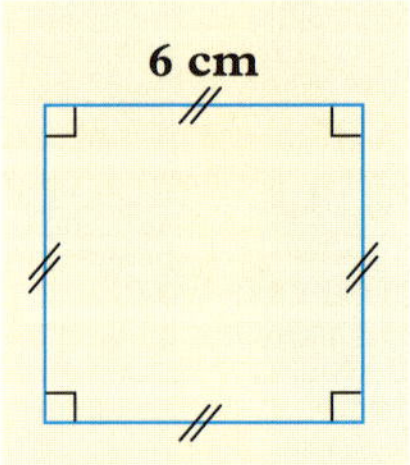

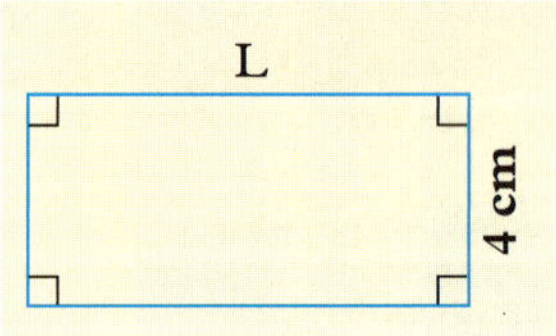

1. Pour quelle valeur de L le rectangle a-t-il le même périmètre que le carré ?

2. Pour quelle valeur de L le rectangle a-t-il la même aire que le carré ?

63 La longueur L d'un rectangle est le triple de sa largeur ℓ.

1. Faire un schéma codé qui illustre la situation.

2. À l'aide du schéma, dire combien de fois la largeur ℓ est contenue dans le périmètre.

3. Le périmètre de ce rectangle est 120 m.
a. Calculer la largeur de ce rectangle.
b. Calculer la longueur de ce rectangle.
c. Calculer l'aire de ce rectangle.

64 La longueur d'un rectangle mesure 5 m de plus que sa largeur ℓ.

1. Faire un schéma codé qui illustre la situation.

2. Le demi-périmètre de ce rectangle est 85 m. Calculer ℓ.

Problèmes de terrains

65 Un hectare (ha) est égal à 1 hm^2 ; un are (a) est égal à 1 dam^2 ; un centiare (ca) est égal à 1 m^2.

1. Un terrain agricole a une superficie de 2 ha 3 a 15 ca.
a. Quelle est l'aire de ce terrain en m^2 ? en hm^2 ? en ha ?
b. Quel est le prix du terrain s'il est vendu 1 800 € l'hectare ?

2. Un terrain constructible a une superficie de 7 a 3 ca.
a. Quelle est l'aire de ce terrain en m^2 ?
b. Quel est le prix de ce terrain s'il est vendu 80 € le m^2 ?

66 Un terrain rectangulaire est vendu 28 € le m^2. Quelle est la longueur de ce terrain s'il coûte 40 320 € et que sa largeur mesure 32 m ?

67 **1.** En prenant 1 cm pour représenter 10 m, reproduire le plan des deux terrains suivants.

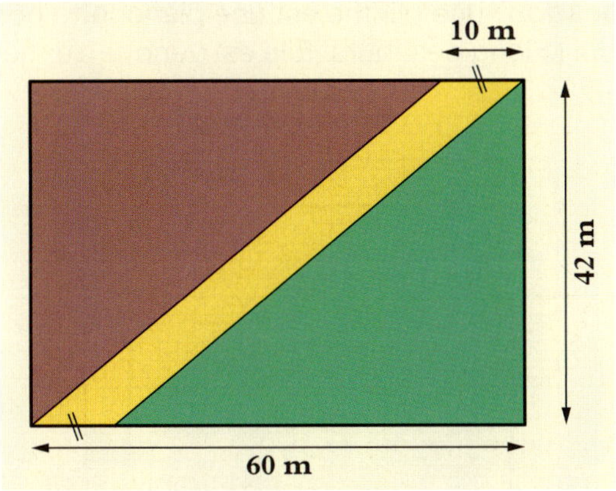

Terrain 1

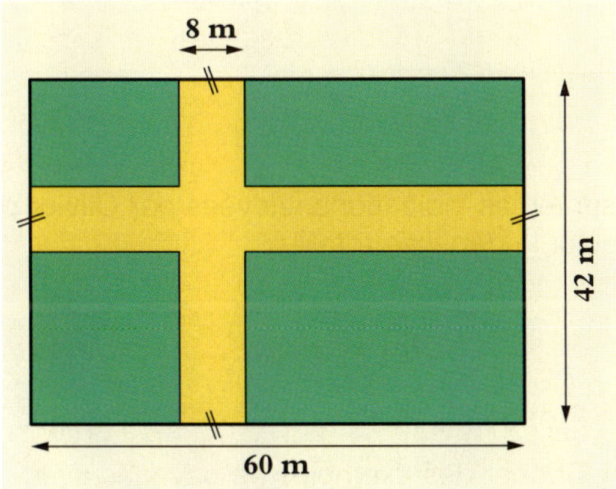

Terrain 2

2. Pour chacun des terrains, calculer l'aire de la partie jaune.

68 Monsieur Archimède vend un terrain à Monsieur Euclide. Ce terrain est constitué de trois parcelles accolées, comme l'indique la figure ci-dessous.
ABCD est un rectangle. CEFG est un carré et DGF est un triangle rectangle.

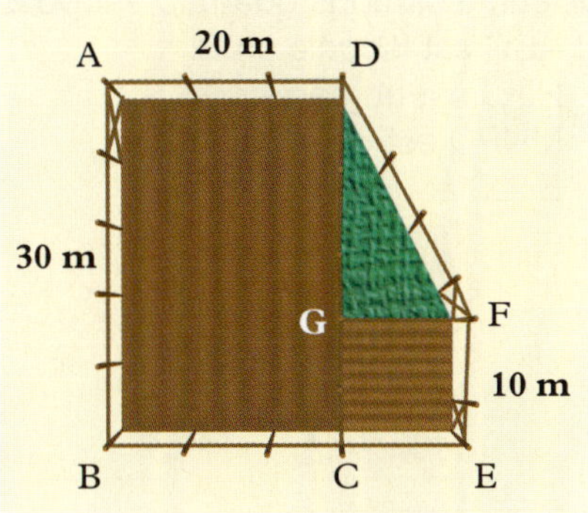

1. Calculer l'aire totale du terrain.

2. Le prix du mètre carré est 12 €.
Quel est le prix de vente du terrain ?

3. Monsieur Archimède décide de donner les $\frac{2}{5}$ du montant de la vente à sa fille Corinne et d'en attribuer 15 % à son autre fille Aurélie.
Combien reçoit chaque fille ?

Proportionnalité

69 **1. a.** Recopier et compléter le tableau suivant.

Côté du carré en m	2	3	5
Périmètre du carré en m	....	....	....

× ◆

b. Est-il possible de trouver un nombre ◆ qui permette de passer de chaque case de la première ligne à la case correspondante de la deuxième ligne ?
c. Le périmètre d'un carré est-il proportionnel à la longueur de ses côtés ?

2. a. Recopier et compléter le tableau suivant.

Côté du carré en m	2	3	5
Aire du carré en m^2	....	....	....

× ♥

b. Est-il possible de trouver un nombre ♥ qui permette de passer de chaque case de la première ligne à la case correspondante de la deuxième ligne ?
c. L'aire d'un carré est-elle proportionnelle à la longueur de ses côtés ?

Exercices

Devoirs à la maison

70 En utilisant du papier quadrillé, reproduire chacune des figures suivantes, puis la compléter en respectant les consignes ci-dessous (on donnera plusieurs solutions quand c'est possible).
- Fig. 1 : ABC est isocèle en B.
- Fig. 2 : HIKJ est un carré.
- Fig. 3 : MNPQ est un rectangle.
- Fig. 4 : EFLG est un losange.

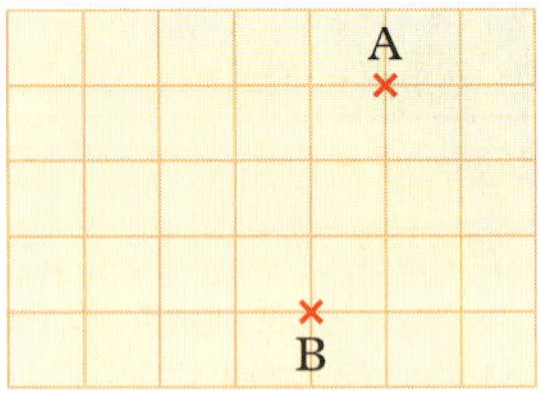

Fig. 1

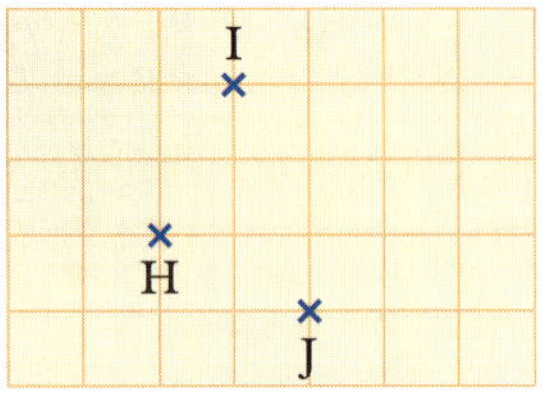

Fig. 2

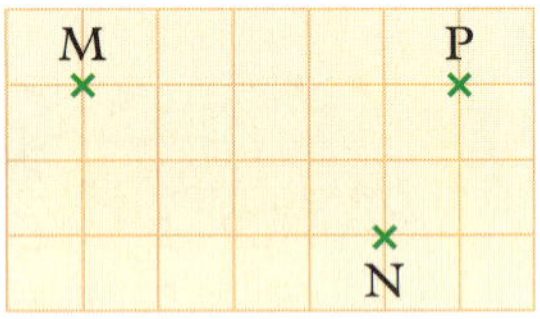

Fig. 3

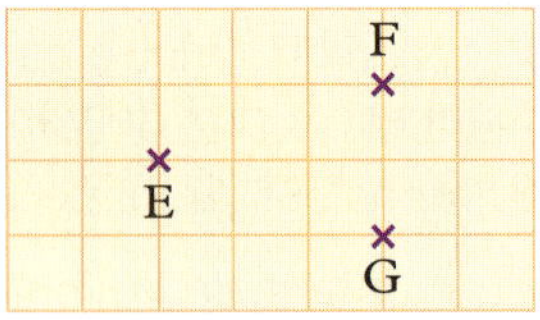

Fig. 4

71 **1.** Construire la figure suivante sans utiliser de quadrillage, et en tenant compte des données et du codage.
Données : AE = 4 cm ; CM = 5 cm ; $\widehat{EAB} = 53°$.

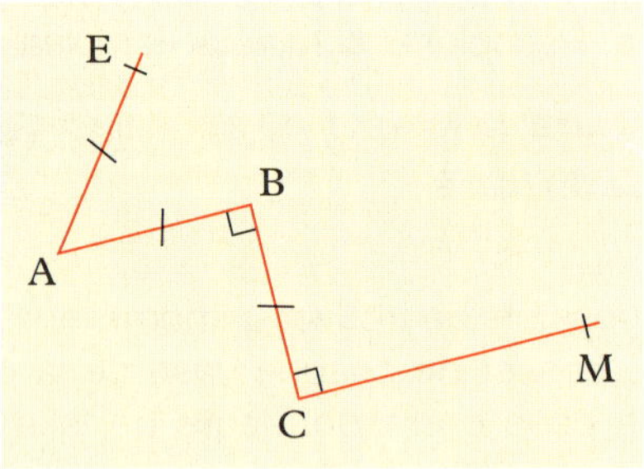

2. En utilisant l'équerre ou le compas, compléter la figure sachant que :
a. AEFB est un losange ;
b. ABCD est un carré ;
c. BCML est un rectangle.

72 Le prix d'un morceau de moquette rectangulaire est 204 €. Cette moquette est vendue 6,80 € le m^2.

1. Calculer l'aire du morceau de moquette.

2. La largeur de ce morceau de moquette est 4 m. Calculer sa longueur.

73 **1.** Reproduire sur papier quadrillé la figure suivante dans laquelle ABCD est un carré.

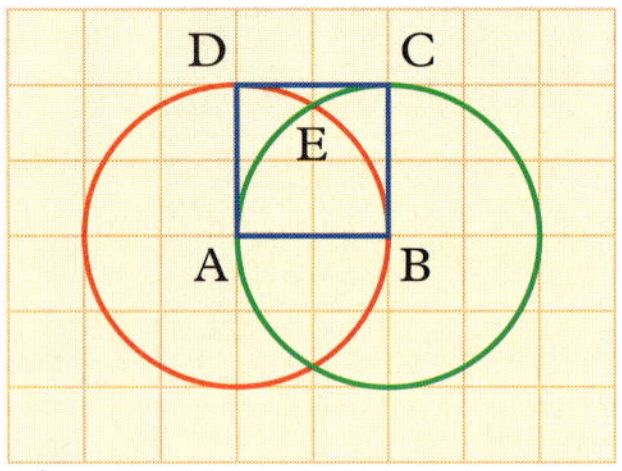

2. Préciser la nature des triangles AEB, ADB et ADE. Justifier les réponses.

74 Olivier a décidé de rénover le sol de sa chambre.
Pour cela, il fait un plan de la pièce représenté ci-dessous. Il va ensuite se renseigner sur les prix du parquet et d'une plinthe puis il note ces prix sur un bout de papier.
Indication : une plinthe est une planchette posée au sol le long des murs. Elle est vendue au mètre.

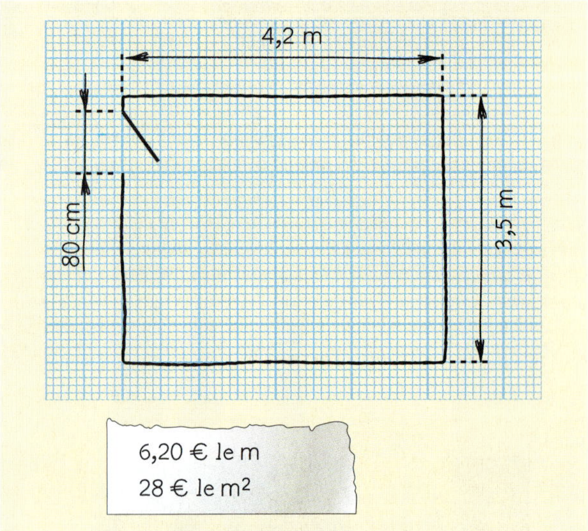

Observer les indications relevées par Olivier puis calculer la dépense totale.

Petits exposés

1. Proposer des frises avec des polygones.
2. Donner des exemples de pavages avec des polygones.
3. Présenter le jeu appelé *Pentaminos*.

Vive les Maths !!!

Découpages trompeurs !

Le célèbre écrivain anglais Lewis Carroll (« Alice au Pays des merveilles » est son œuvre la plus connue) était aussi mathématicien.
Ainsi, il est l'auteur de nombreux problèmes mathématiques et du paradoxe suivant.*

** Paradoxe : fait extraordinaire qui heurte la raison et le bon sens.*

1. Comparer chacun des morceaux qui constituent le carré ABCD et le rectangle EFGH représentés ci-contre. À première vue, que peut-on penser de l'aire de ces deux polygones ?

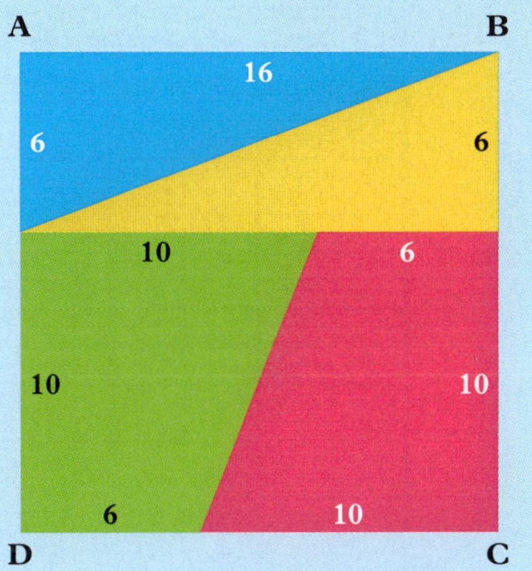

2. À l'aide des renseignements donnés par les figures, calculer l'aire du carré ABCD et celle du rectangle EFGH. Que peut-on penser de la réponse à la question **1** ?

3. a. Tracer puis découper le carré ABCD. Tracer ensuite un rectangle EFGH sur lequel on positionnera les quatre pièces du puzzle. Que constate-t-on pour les points E, M, N et G ?
b. EMGN est donc un quadrilatère. Déterminer son aire à l'aide des résultats de la question **2**.

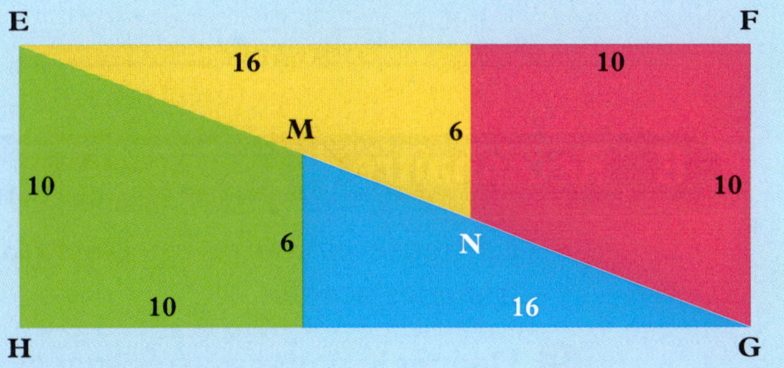

Casse-tête...

Coups de ciseaux

1. Reproduire le rectangle (figure **1**), le découper en *deux coups de ciseaux*, puis à l'aide des morceaux obtenus faire un carré.

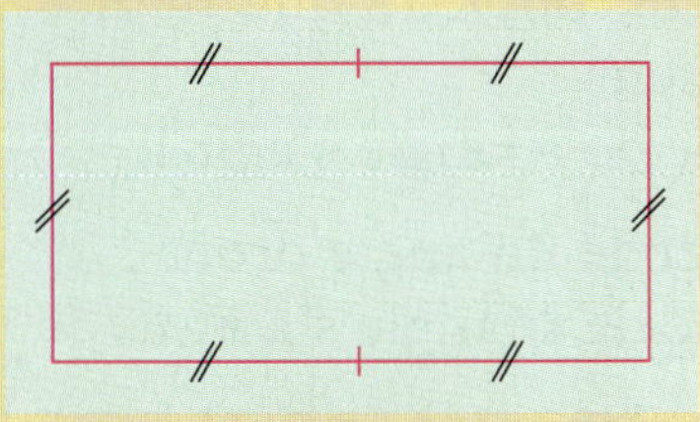

Fig. 1

Fig. 2

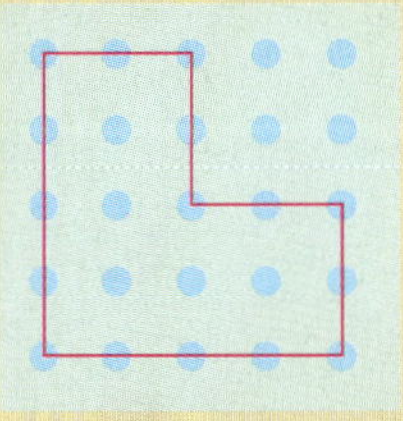

Fig. 3

2. Reproduire le carré (figure **2**), le découper en *deux coups de ciseaux*, puis à l'aide des morceaux obtenus faire deux carrés.

3. Reproduire la figure **3** puis la découper en quatre morceaux de même forme et de même aire.

Soutien

A Convertir des unités

Émilie a du mal à convertir 5,4 m^2 en cm^2. Sa mère lui dit : « C'est facile, il suffit d'utiliser un tableau ». Elle lui dessine alors le tableau ci-dessous et ajoute : « Il y a deux rangs par unité, il faut imaginer la virgule au bon endroit :
5,4 m^2 = 540 dm^2 = 54 000 cm^2. »

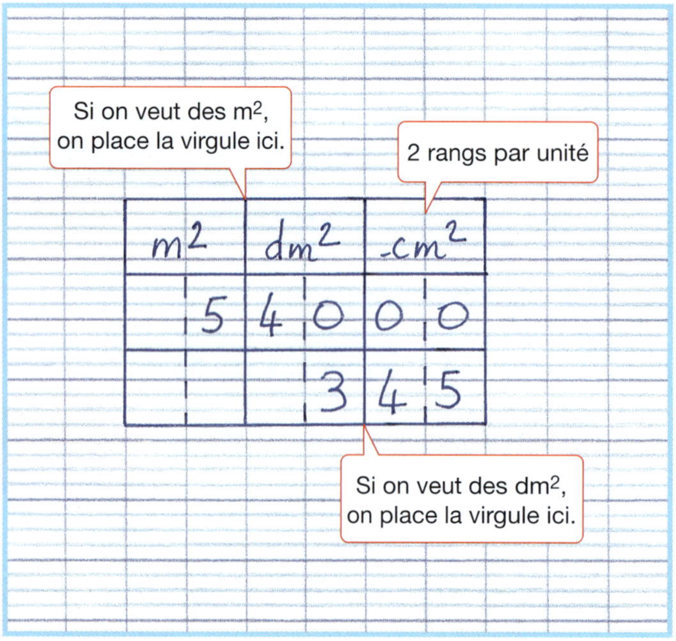

1 Convertir en cm^2 :
a. 3,45 dm^2 ;
b. 12,36 dm^2 ;
c. 6,3 dm^2 ;
d. 4,53 m^2 ;
e. 1,023 m^2 ;
f. 1 756 mm^2.

2 Convertir en m^2 :
a. 1,28 dam^2 ;
b. 3,4 km^2 ;
c. 17 000 cm^2 ;
d. 450 cm^2 ;
e. 0,00012 km^2.

3 Exprimer en cm^2, puis en dm^2, l'aire d'un rectangle de dimensions 4 cm et 12 cm.

B Reconnaître des triangles particuliers

La figure ci-contre est constituée de trois triangles accolés.

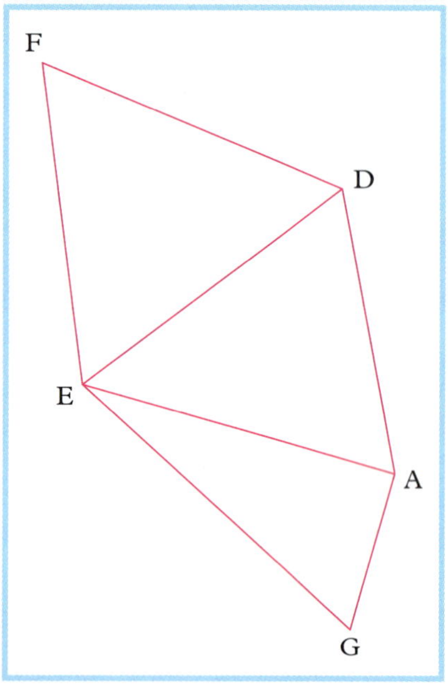

1 Donner le nom des trois triangles tracés sur la figure.

2 **a.** Mesurer chacun des segments tracés.
b. Un des triangles possède trois côtés de même longueur.
Lequel ? De quel type de triangle s'agit-il ?
c. Un des triangles ne possède que deux côtés de même longueur.
Lequel ? De quel type de triangle s'agit-il ?

3 Un des triangles possède un angle droit.
Lequel ? De quel type de triangle s'agit-il ?

4 Reproduire la figure donnée à main levée puis la coder.

5 Construire une telle figure avec AE = 4 cm, AD = 3 cm et AG = 2 cm.

Chapitre 12

Symétrie axiale

Avant de démarrer

1 Quel est ce bateau ?

Le dessin ci-contre montre le reflet d'un bateau de pêche dans l'eau. Donner son immatriculation exacte.

2 Axes de symétrie

Parmi les figures suivantes, indiquer celles qui ont un ou des axe(s) de symétrie. Préciser alors le nom de ces axes :

Fig. 1

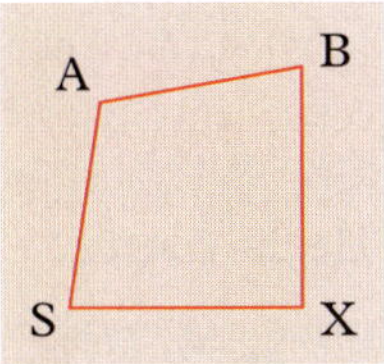

Fig. 2

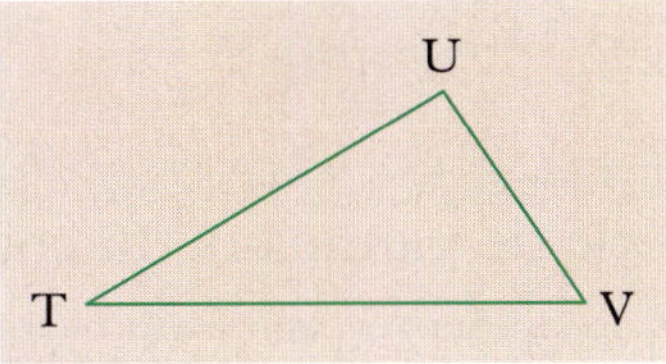

Fig. 3

Fig. 4

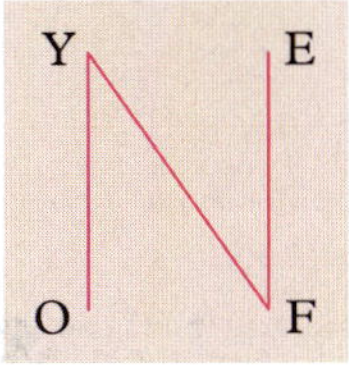

3 Avec des carreaux

À l'aide d'un quadrillage, reproduire le dessin ci-contre puis tracer le symétrique de la figure verte par rapport à l'axe rouge.

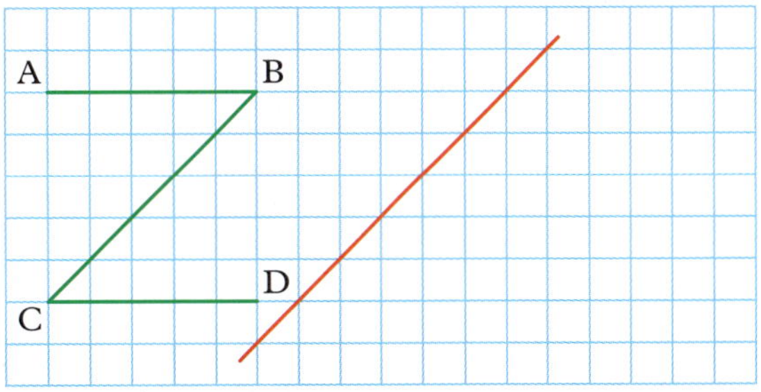

4 Symétrie et propriétés

Dans le dessin ci-contre, la figure bleue est symétrique du carré rouge par rapport à l'axe vert.

Reproduire le dessin à main levée, coder la figure bleue puis répondre aux questions suivantes :

- Quel est le symétrique de A ? de B ? de C ?
- Où se coupent [AB] et [EF] ?
- Combien mesure l'angle $\widehat{CGF}$?
- Combien mesure [EF] ? et [FG] ?
- Que peut-on dire du quadrilatère tracé en bleu ?

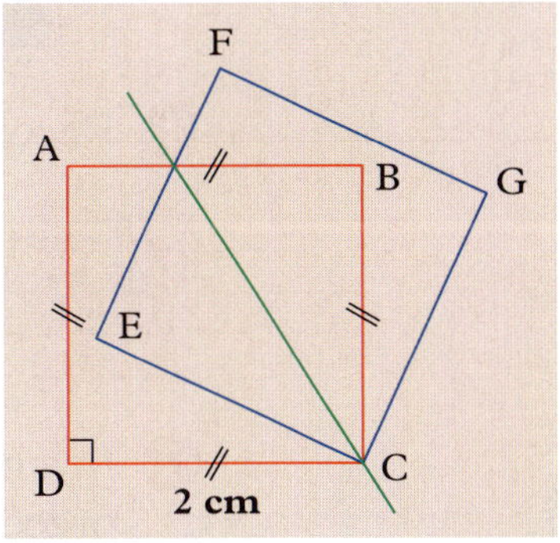

Activités

1 Le jeu des sept erreurs

Marc a fait un dessin pour Paul mais en le voyant, celui-ci s'exclame : « Marc, je voulais que les personnages marchent dans l'autre sens ! » Un peu vexé, Marc a alors pris un miroir et a recopié le reflet de son dessin. Malheureusement, il a commis sept erreurs !
Retrouver ces erreurs en signalant les cases où elles se trouvent.

Voir exercices 19 à 21, p. 241.

2 Le code de la route

Voici une série de panneaux du code de la route :

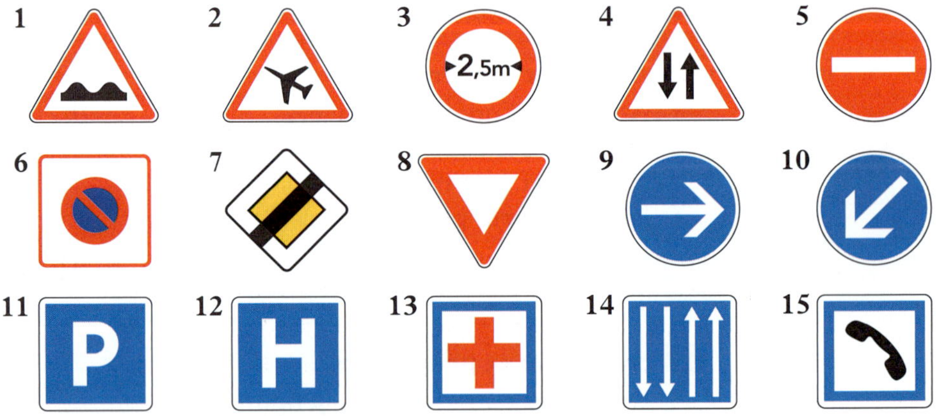

1 Recopier le tableau suivant dans lequel il faut classer les panneaux :

Aucun axe de symétrie	Un seul axe de symétrie	Deux axes de symétrie	Plus de deux axes de symétrie
....	panneau 1	....	....

2 Inventer un panneau pour chacune des quatre catégories du tableau précédent.

Voir exercices 12 à 14, p. 240.

3 Symétrique ou pas ?

Voici quelques figures géométriques :

Fig. 1

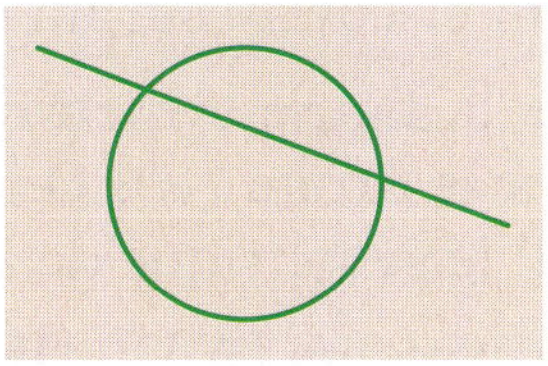
Fig. 2

Fig. 3

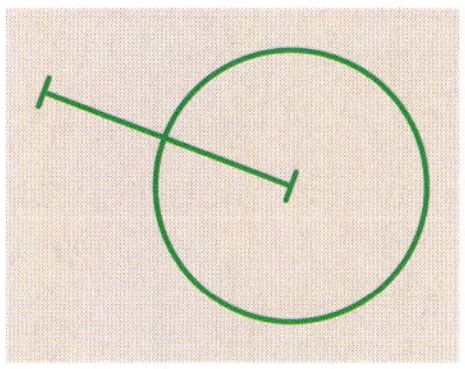
Fig. 4

Fig. 5

1. Pour chacune de ces figures, construire une figure du même type.
2. Pour chacune d'elles, tracer en rouge, si possible, le ou les axe(s) de symétrie.
3. Tracer en vert un segment sur chaque figure pour qu'elle reste symétrique.
4. Tracer ensuite en bleu un segment sur chaque figure pour qu'elle ne présente plus de symétrie.

Voir exercices 29 et 34, p. 242.

4 On perce !

Sur une page de cahier, tracer une figure du même type que celle ci-dessous.

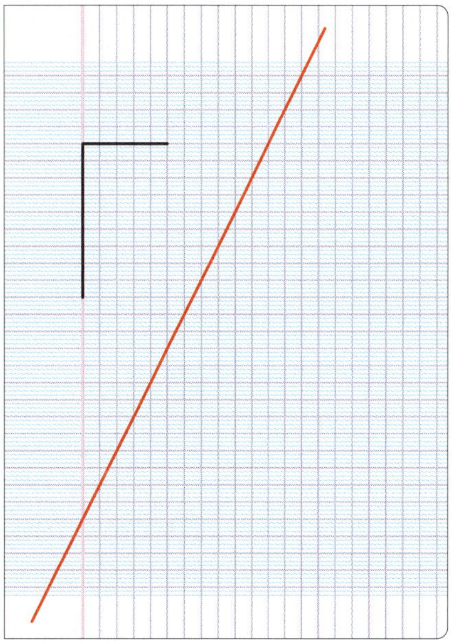

1. **a.** Plier la feuille suivant la droite rouge.
b. Piquer une série de petits trous le long de la figure noire avec la pointe du compas.
c. Déplier la feuille puis relier en vert les petits trous qui se trouvent de l'autre côté de la droite rouge.
2. Que peut-on dire de la figure verte par rapport à la figure noire ?
3. Tracer en bleu un segment qui a pour extrémités deux trous qui se correspondent. Recommencer le tracé plusieurs fois. Que représente la droite rouge pour chacun des segments bleus ?

Voir exercices 39 à 41, p. 243.

5 Sur un quadrillage

A - Du plus simple...

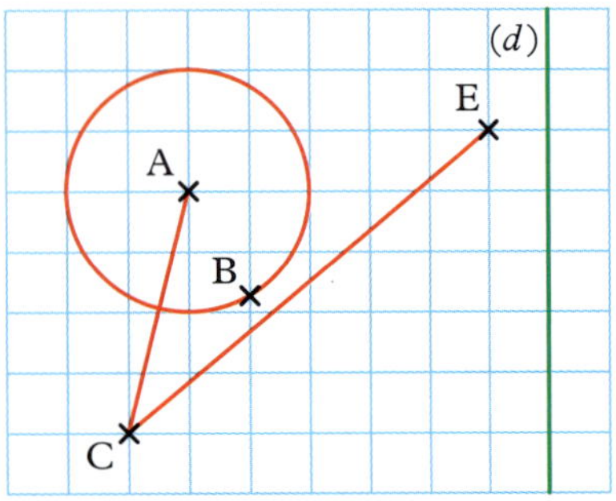

1. Reproduire le dessin ci-contre sur un quadrillage.
2. Reproduire ensuite la figure symétrique de la figure rouge par rapport à la droite (*d*). On appellera A' le symétrique de A, B' le symétrique de B, etc.
3. Tracer en bleu les segments [AA'], [BB'] et [CC'].
4. Que peut-on dire de la droite (*d*) pour ces segments ?
5. Prolonger les droites (CE) et (C'E'). Que constate-t-on ?

B - ... à un peu plus compliqué !

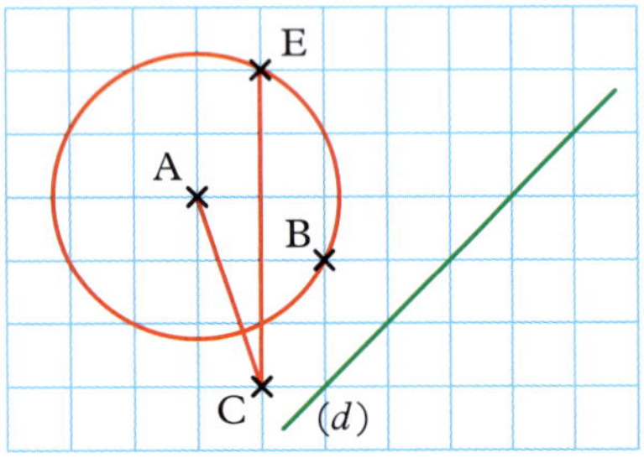

1. Reproduire le dessin ci-contre sur un quadrillage.
2. **a.** Poser un stylo sur la feuille pour représenter la droite perpendiculaire à (*d*) passant par E.
   b. Où se situe le symétrique de E par rapport à la droite (*d*) ? Placer ce point sur la figure. Le noter E'.
3. Construire le symétrique des autres points de la figure rouge puis tracer en bleu la nouvelle figure.
4. Prolonger les droites (AC) et (A'C'). Que constate-t-on ?

Voir exercices 39 à 41 et 48, p. 243.

6 Construire et observer le symétrique d'une figure

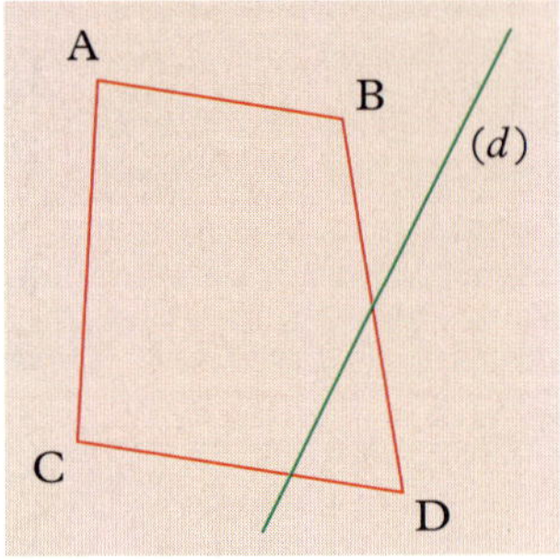

1. Reproduire sur une feuille blanche une figure du même type que celle ci-contre.
2. **a.** Construire la droite (*d*') perpendiculaire à (*d*) et passant par A.
   b. Placer sur cette droite le point A' tel que (*d*) soit la médiatrice du segment [AA'].
3. Reprendre la question **2** pour B et C.
4. Imaginer où sera le symétrique D' du point D par rapport à la droite (*d*) puis le construire.
5. Que peut-on dire des segments [BD] et [B'D'] ?
6. Que peut-on dire des deux quadrilatères ABCD et A'B'C'D' ?
7. Que peut-on en déduire pour leurs côtés, leurs angles, leur périmètre et leur aire ?

Voir exercices 15, p. 240 et 35 à 38, p. 242.

7 Construire un symétrique au compas seul

Voici la méthode de Lisa pour tracer les symétriques :

Fig. 1 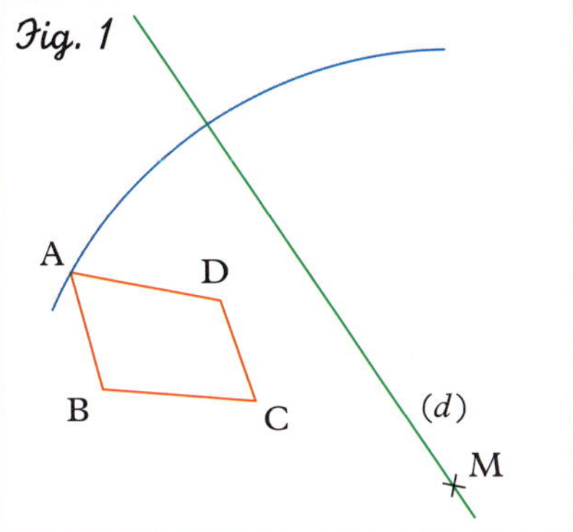	Fig. 2 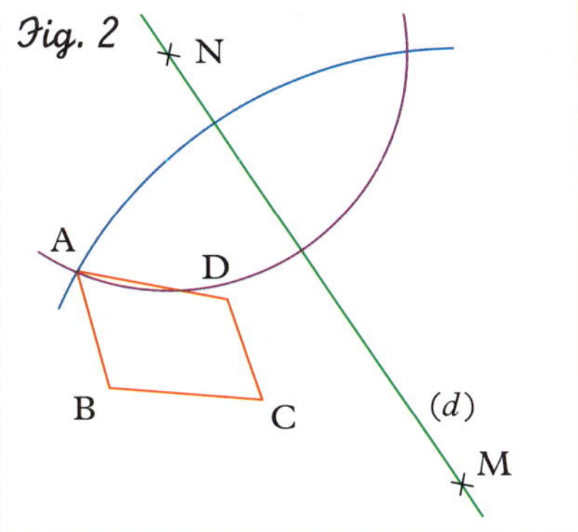	Fig. 3 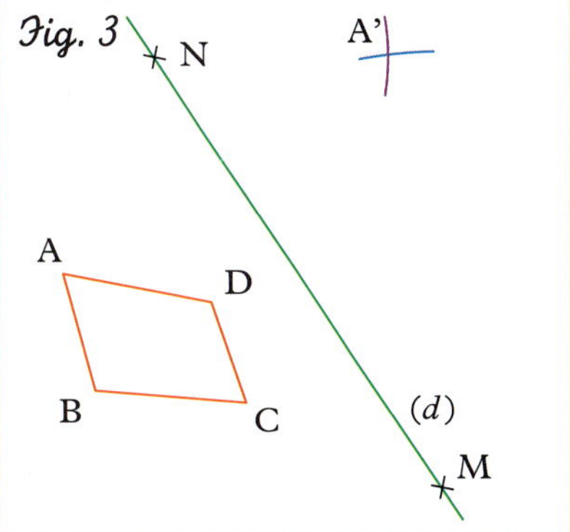
À partir d'un point quelconque M sur (d), je trace un arc de cercle qui passe par A.	*Je recommence à partir d'un autre point N de (d). J'ai pris M et N assez éloignés l'un de l'autre pour que mon dessin soit précis.*	*Le symétrique A' du point A est à l'intersection des arcs de cercle.*

1. Reproduire sur une feuille blanche un quadrilatère ABCD et une droite (d) comme sur la figure 1 de Lisa.
2. Reprendre la construction du symétrique du point A.
3. Vérifier avec l'équerre et la règle graduée que le point A' est bien le symétrique de A par rapport à la droite (d).
4. Construire au compas seul les symétriques des points B, C et D.

Voir exercices 46 et 47, p. 243.

8 Observer des figures usuelles

Voici sept polygones souvent rencontrés en mathématiques :

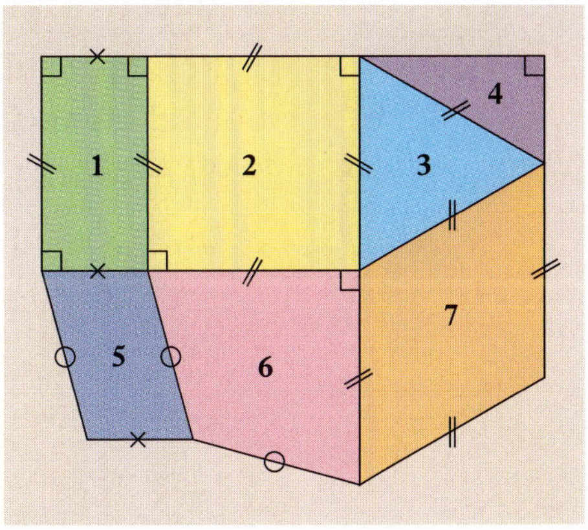

1. Quelle est la nature exacte de chacun de ces polygones ?
2. Tracer chaque polygone à main levée puis tracer en rouge ses axes de symétrie s'il en a.
3. Tracer un cercle. Que peut-on dire du nombre d'axes de symétrie d'un cercle ?

Voir exercices 22 à 24, p. 241 et 54, p. 245.

Retenir le cours

1 Symétrique d'un point

Dire que le point P est le **symétrique** du point M par rapport à la droite (d) veut dire que la droite (d) est la médiatrice du segment [MP].

On dit aussi :
P est l'image de M par la **symétrie d'axe (d).**

Remarques
- Le point A est son propre symétrique.
- Le symétrique du point P est le point M.

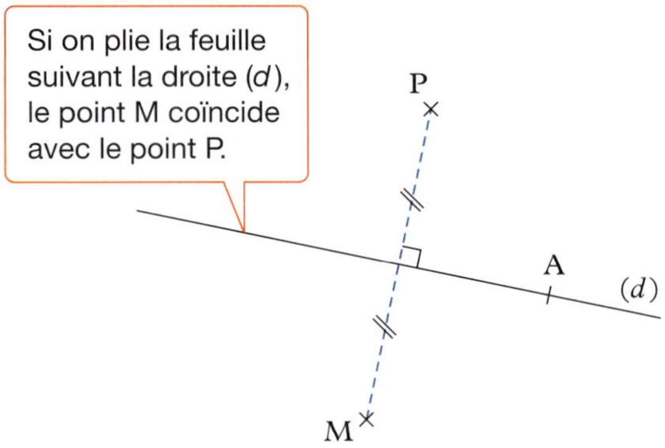

2 Propriétés de la symétrie axiale

Deux figures symétriques sont **superposables**.

Conséquences
- Deux segments symétriques ont la **même longueur**.
- Deux angles symétriques ont la **même mesure**.
- Deux cercles symétriques ont le **même rayon**.
- Deux figures symétriques ont la **même aire**.

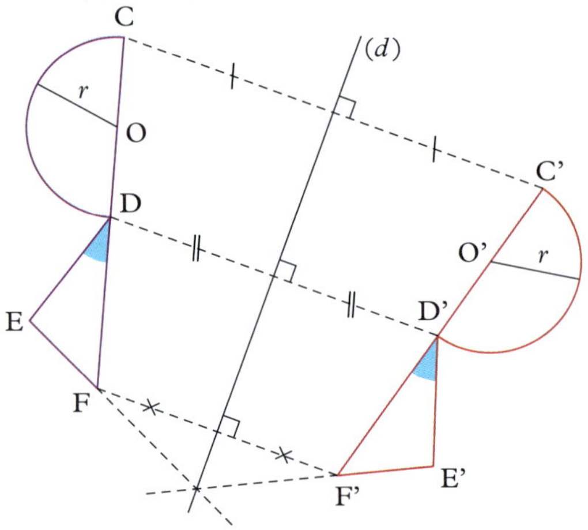

3 Droites particulières

La **bissectrice** d'un angle est l'axe de symétrie de cet angle.

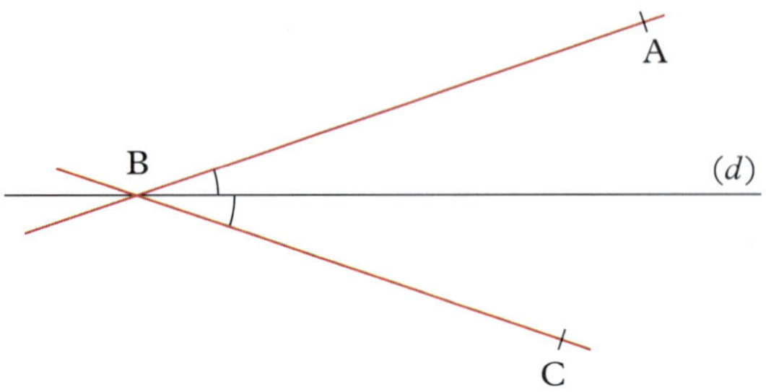

La **médiatrice** d'un segment est un axe de symétrie de ce segment.

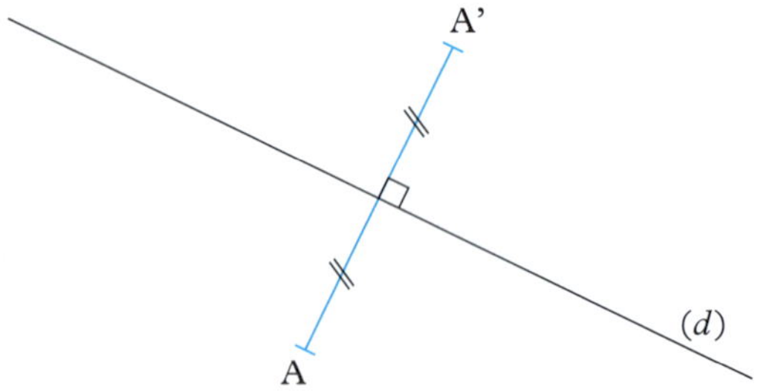

4 Axes de symétrie des figures usuelles

Triangle isocèle

un axe de symétrie

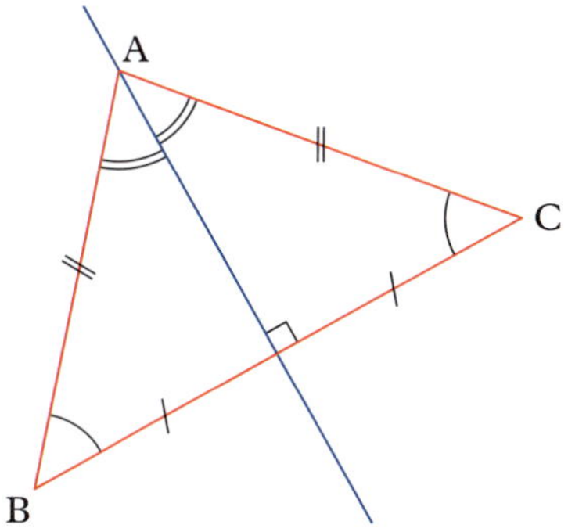

Triangle équilatéral

trois axes de symétrie

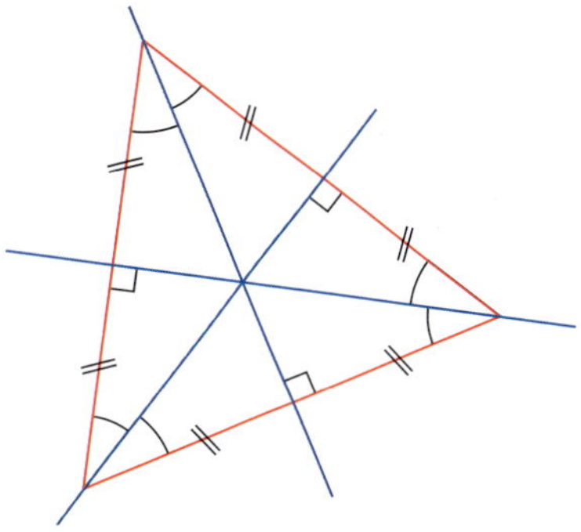

Cerf-volant

un axe de symétrie :
une diagonale

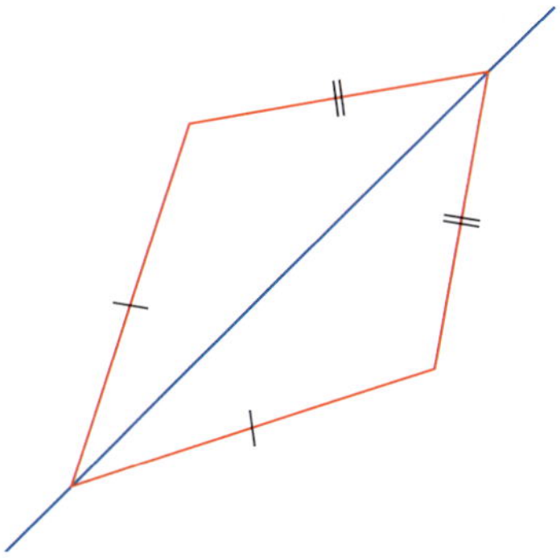

Losange

deux axes de symétrie :
les diagonales

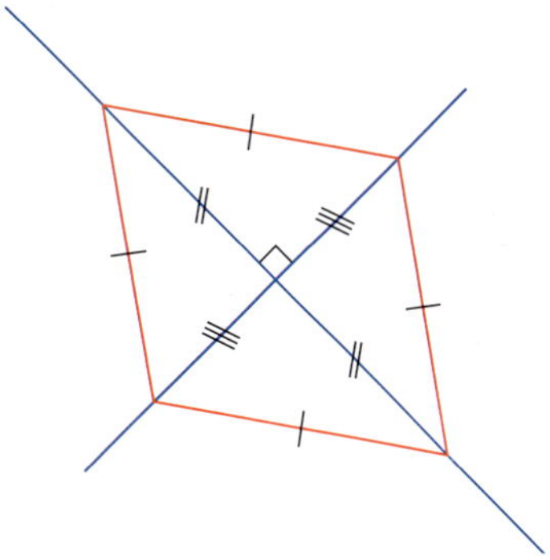

Rectangle

deux axes de symétrie :
les médianes

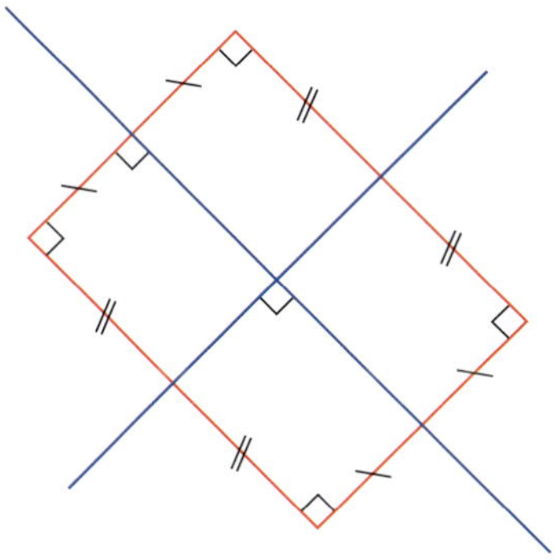

Carré

quatre axes de symétrie :
les diagonales et les médianes

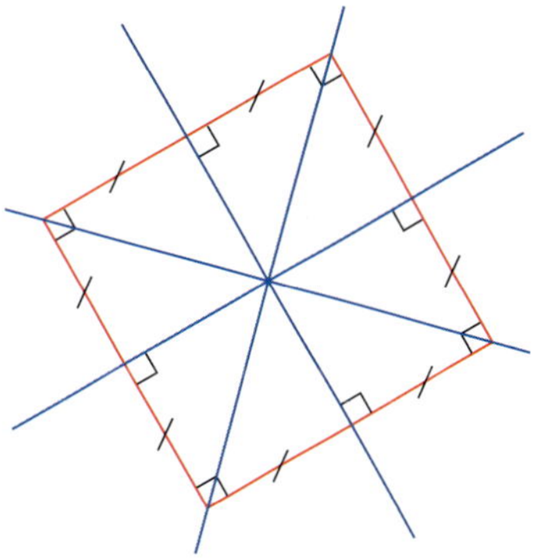

Retenir les méthodes

1 Tracer le symétrique d'un point

Première méthode

À la règle graduée et à l'équerre. Tracer le point M' symétrique du point M par rapport à la droite (*d*).

1re étape

On repère la zone dans laquelle doit se trouver le point M'.

Mentalement, on plie la feuille le long de la droite (d).

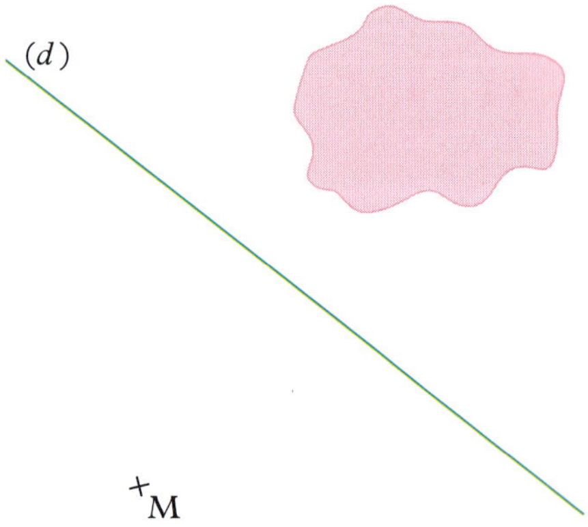

2e étape

On trace avec l'équerre la perpendiculaire (d_1) à la droite (d) passant par M.

La droite (d_1) coupe la droite (d) en O.

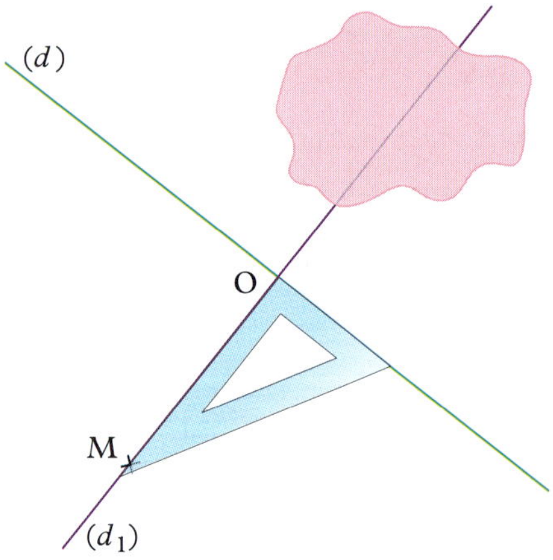

3e étape

On mesure OM et on trace le point M' sur (d_1), de l'autre côté de (d), tel que MO = OM'.
On code la figure.

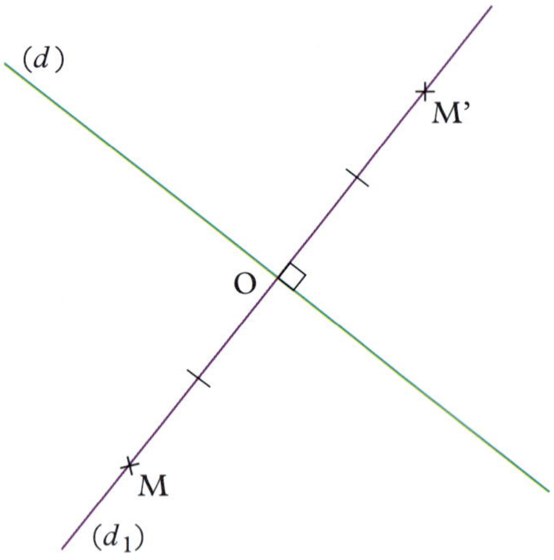

Voir exercice 43, p. 243.

Deuxième méthode

Au compas. Tracer le point M' symétrique du point M par rapport à la droite (*d*).

1re étape

En gardant la même ouverture de compas, on trace des arcs de cercle de centre M qui coupent la droite (*d*) en A et C.

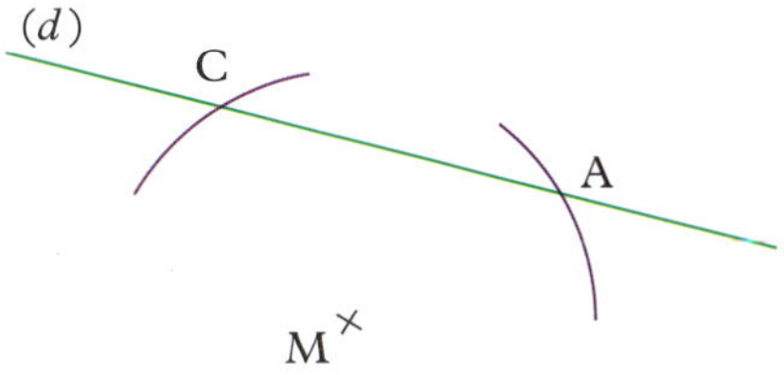

2e étape

En plaçant la pointe du compas sur A puis sur C, on trace, toujours avec le même rayon, l'intersection des arcs de cercle.

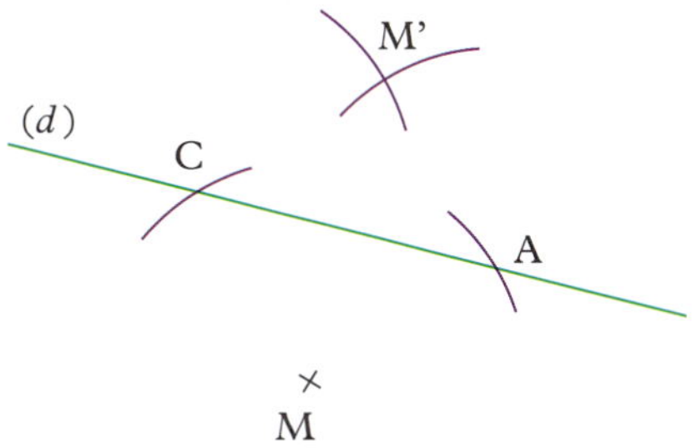

L'intersection des deux cercles donne le point M' symétrique de M par rapport à (*d*).

Voir exercice 43, p. 243.

2 Tracer le symétrique d'un cercle

Tracer le symétrique $\mathscr{C}$' d'un cercle $\mathscr{C}$ de centre O par rapport à la droite (*d*).

1re étape

On trace le symétrique O' du centre O par rapport à la droite (*d*) (voir ci-dessus).

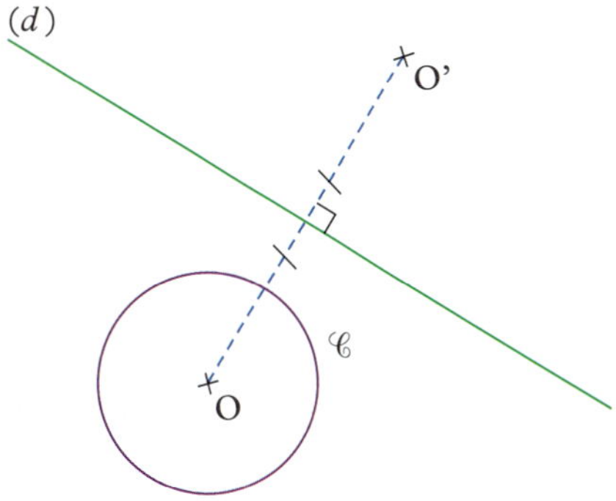

2e étape

On trace le cercle de centre O' qui a le même rayon que le cercle $\mathscr{C}$: c'est le cercle $\mathscr{C}$' demandé.

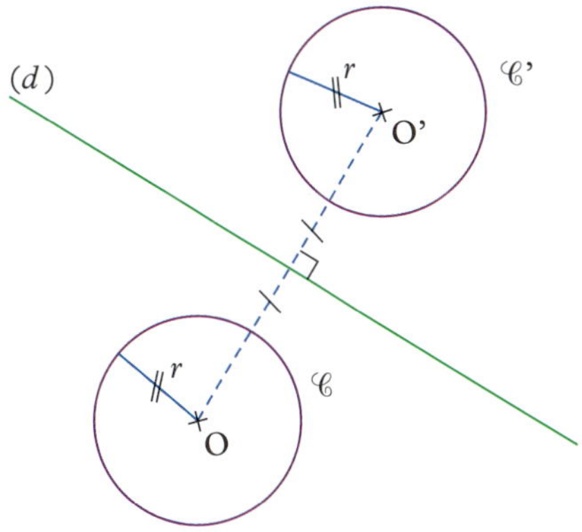

Voir exercice 49, p. 244.

Page conseil

Reconnaître un point et son symétrique par rapport à une droite

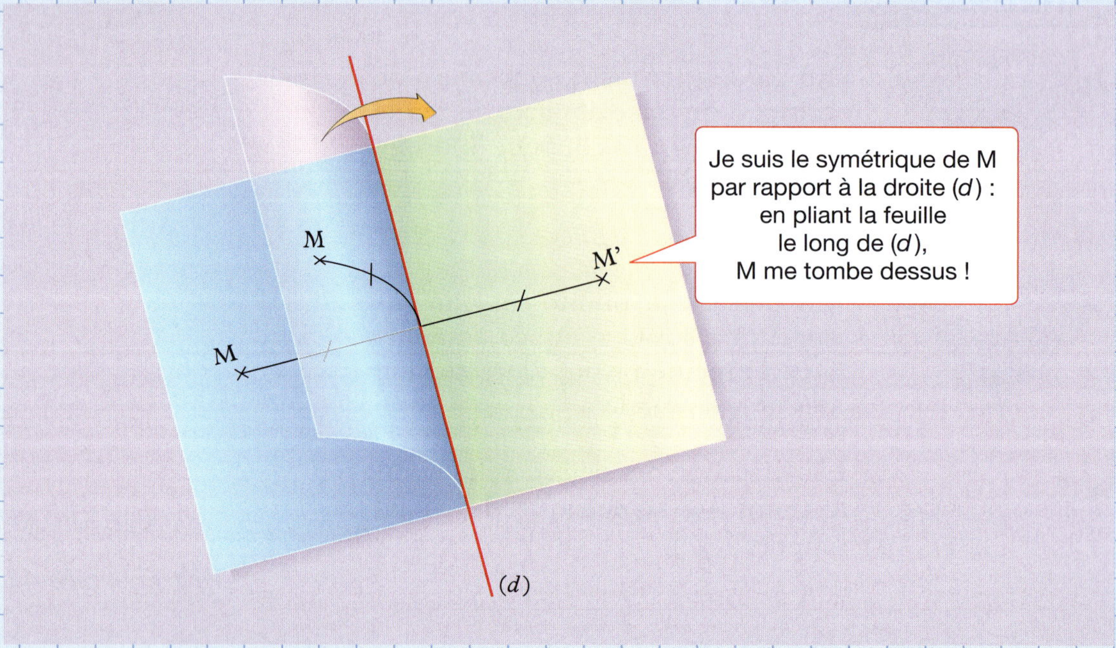

Reconnaître une figure et sa figure symétrique par rapport à un axe

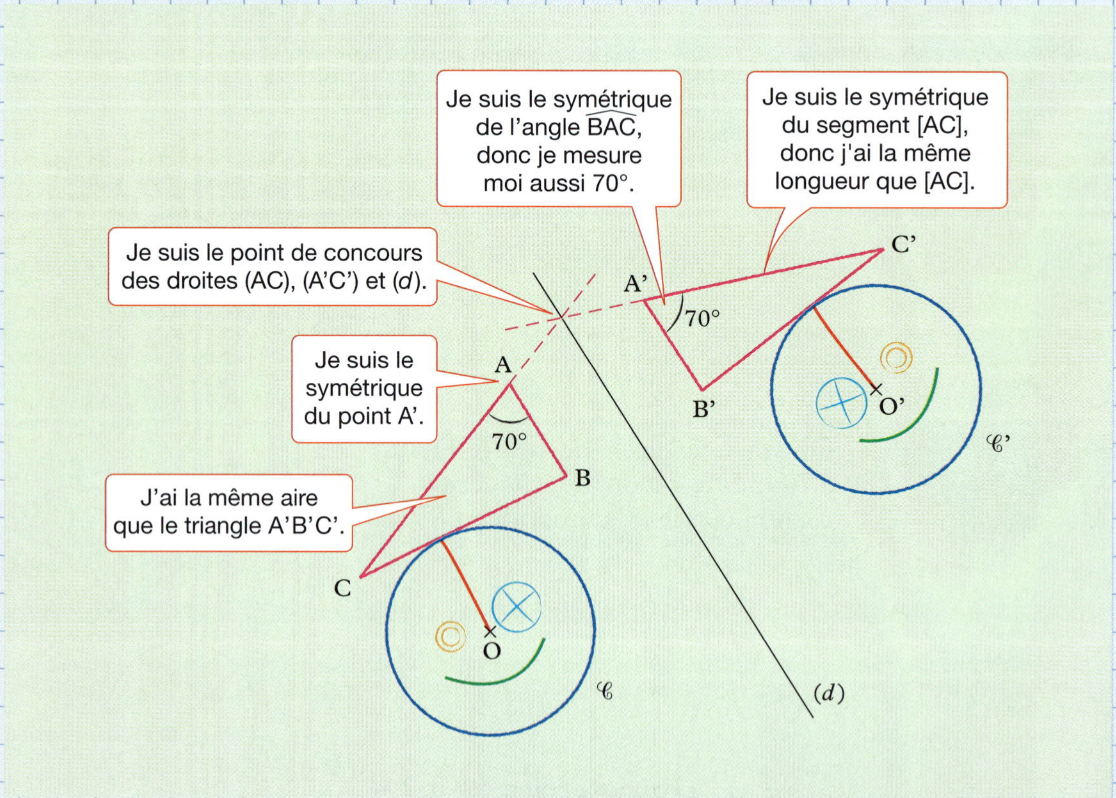

Coup d'œil sur le chapitre

Pour les exercices 1 à 5, on utilisera la figure ci-dessous qui possède un axe de symétrie.

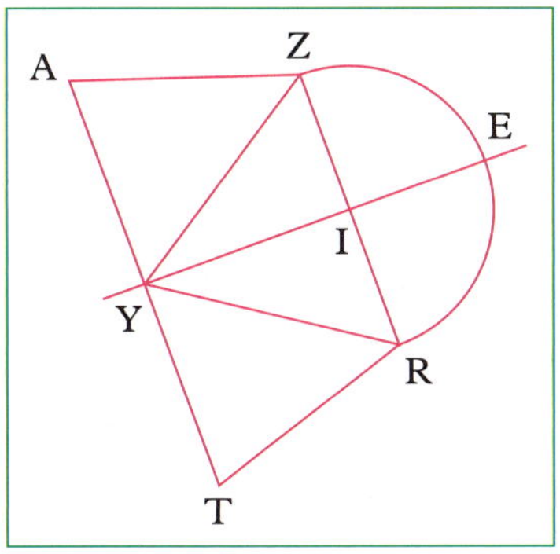

1 **1.** Indiquer l'axe de symétrie de la figure.

2. Recopier et compléter les phrases suivantes :

a. Le symétrique du point R par rapport à la droite .... est le point ....

b. Le symétrique du point A par rapport à la droite .... est le point ....

2 Reproduire la figure à main levée et coder tous les côtés égaux.

3 Reproduire la figure à main levée et coder tous les angles égaux.

4 Que peut-on dire de la droite (YE) pour les segments [AT] et [ZR] ?

5 De quel(s) angle(s) la droite (YE) est-elle la bissectrice ?

6 **1.** Reproduire une figure du même type que celle ci-dessous et tracer avec la règle et l'équerre le symétrique A'R'E' du triangle ARE par rapport à la droite (*d*).

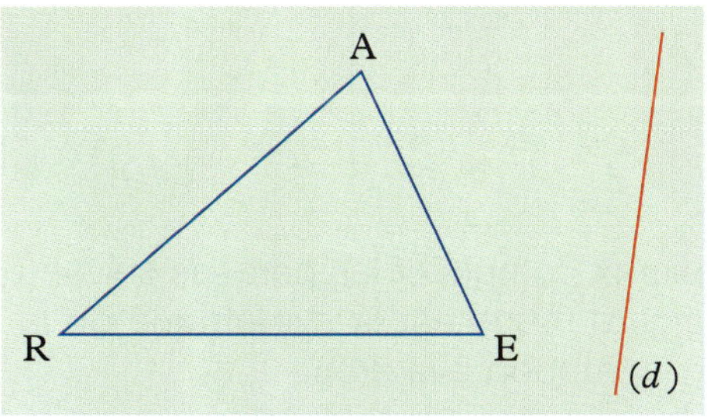

2. Où se coupent les droites (RA) et (R'A') ?

7 Reprendre l'exercice **6** avec la figure suivante :

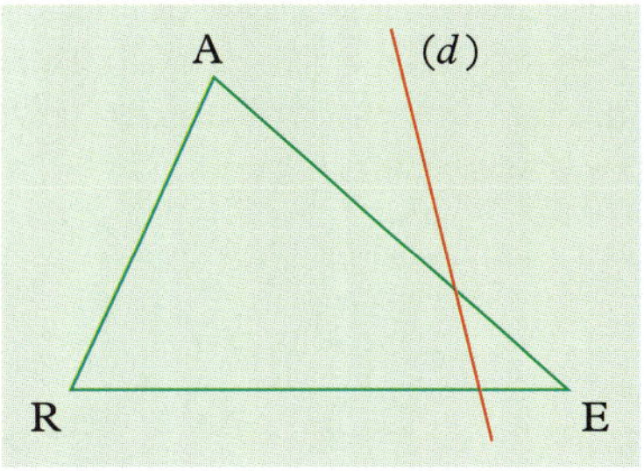

8 Reproduire la figure de l'exercice **6** et utiliser le compas et la règle non graduée pour construire le triangle symétrique par rapport à la droite (*d*).

9 Reproduire une figure du même type que celle ci-dessous et construire le symétrique du cercle par rapport à la droite rouge.

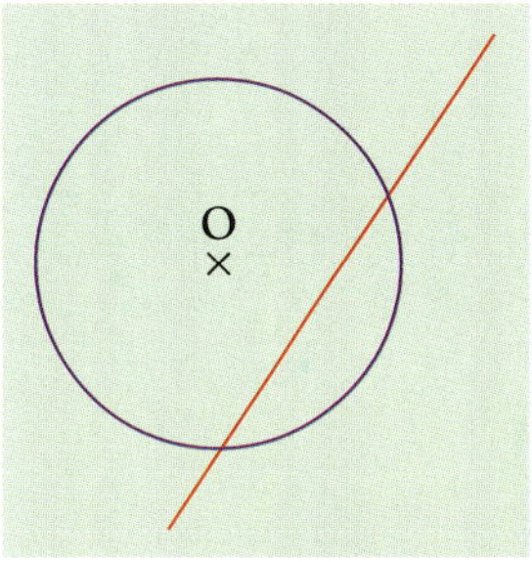

10 Reproduire la figure ci-contre sur quadrillage et tracer sans instrument le symétrique de la lettre F par rapport à la droite bleue.

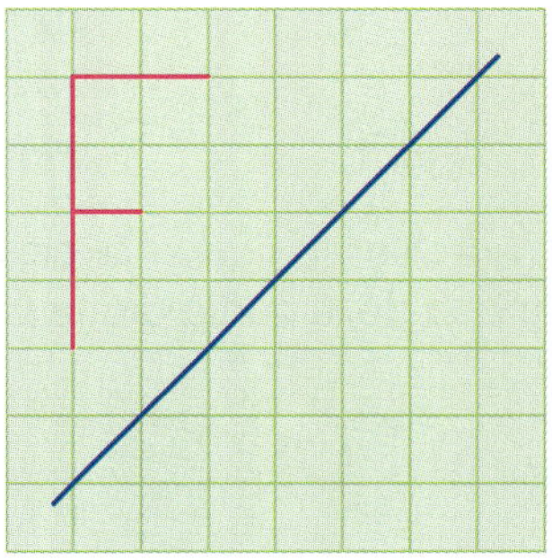

11 Reproduire la figure ci-contre sur quadrillage et tracer sans instrument le symétrique de la lettre N par rapport à la droite bleue.

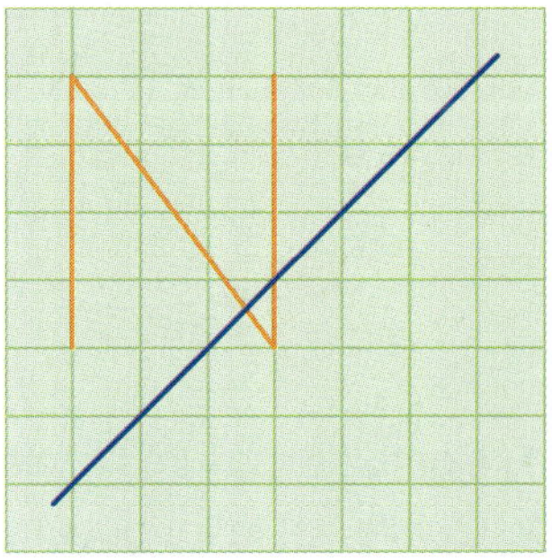

Exercices

Pour démarrer

Observer

Pour les exercices 12 à 14, reproduire sur papier quadrillé les figures qui ont un ou des axe(s) de symétrie et tracer ces axes.

12

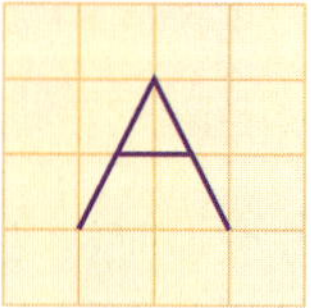

Fig. 1

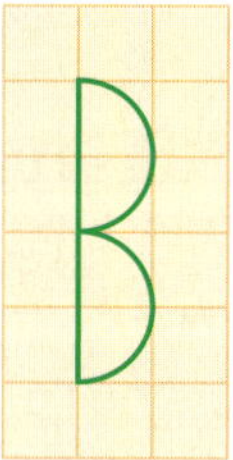

Fig. 2

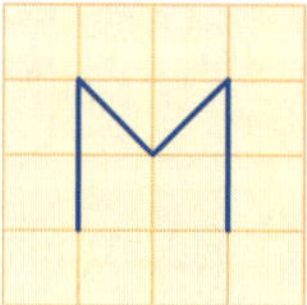

Fig. 3

13

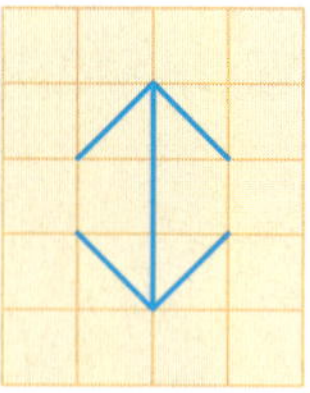

Fig. 1

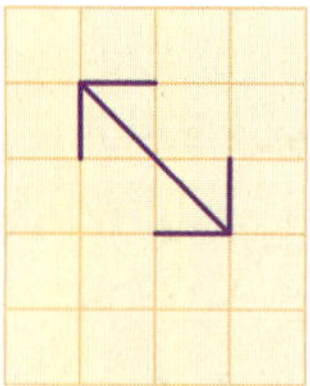

Fig. 2

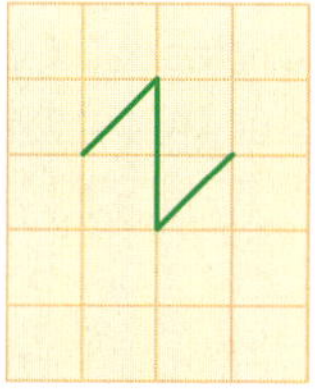

Fig. 3

14

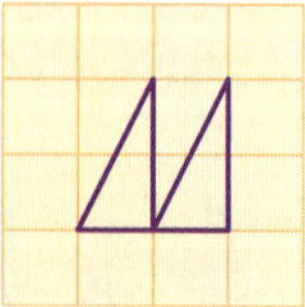

Fig. 1

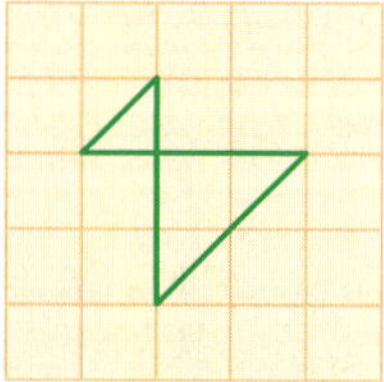

Fig. 2

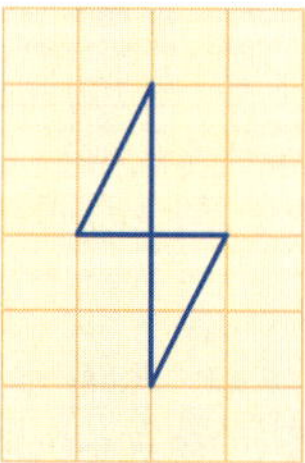

Fig. 3

15 Sur la figure, la partie gauche est la symétrique de la partie droite par rapport à la droite (*d*).

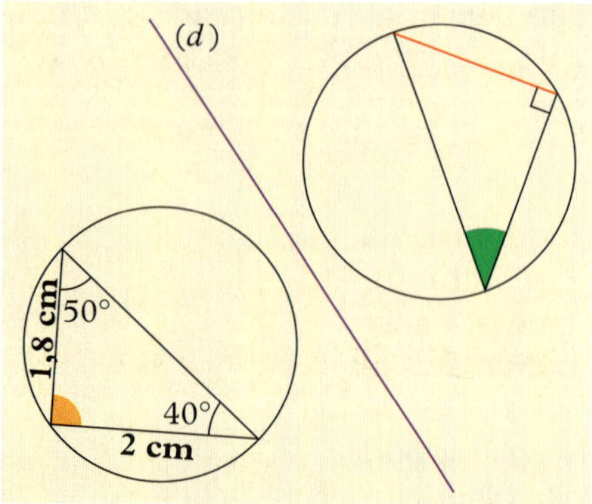

1. Combien mesure l'angle orange ? et l'angle vert ?

2. Quelle est la longueur du segment rouge ?

16 On donne le cerf-volant ci-contre.

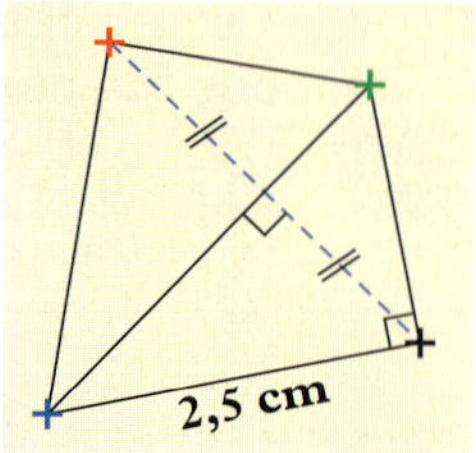

Voici son programme de construction :

« On trace un triangle ABC rectangle en A tel que AB = 2,5 cm.

On construit ensuite le symétrique D du point A par rapport à la droite (BC). »

Quelle est la couleur de chacun des points A, B, C et D ?

17 On donne la figure ci-dessous :

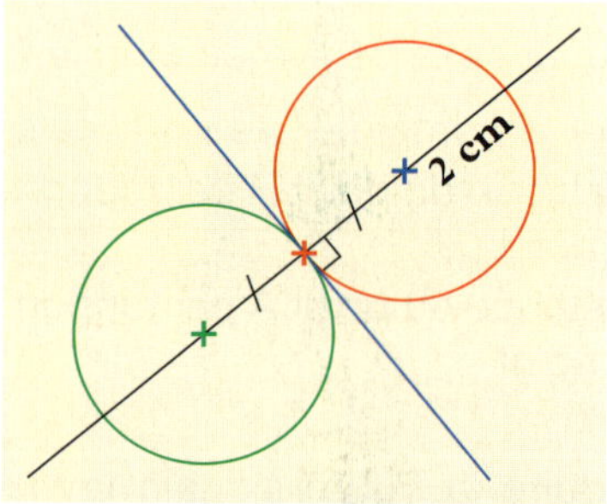

Voici son programme de construction :

« On trace un cercle de centre A et de rayon AB = 2 cm . On trace la droite (*d*) perpendiculaire à la droite (AB) en B.

Puis on construit le point C symétrique du point A par rapport à la droite (*d*) et le cercle $\mathscr{C}'$ symétrique du cercle $\mathscr{C}$ par rapport à la droite (*d*). »

Quelle est la couleur de chacun des points A, B et C ?

18 On donne la figure ci-dessous :

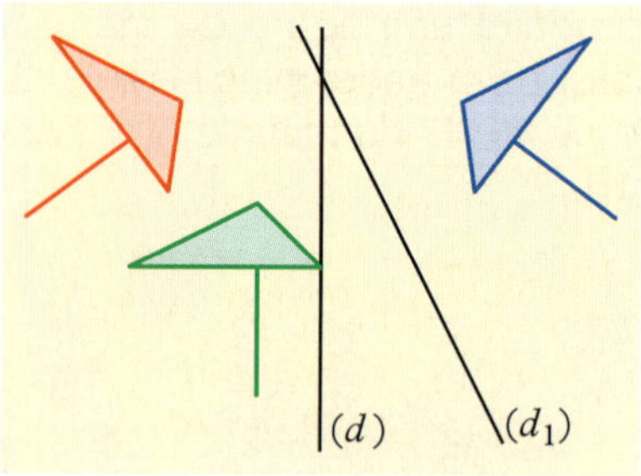

Recopier et compléter les phrases suivantes :

a. La figure rouge est la symétrique de la figure bleue par rapport à la droite ....

b. La figure verte est la symétrique de la figure bleue par rapport à la droite ....

19 On donne la figure ci-contre.
Recopier et compléter :

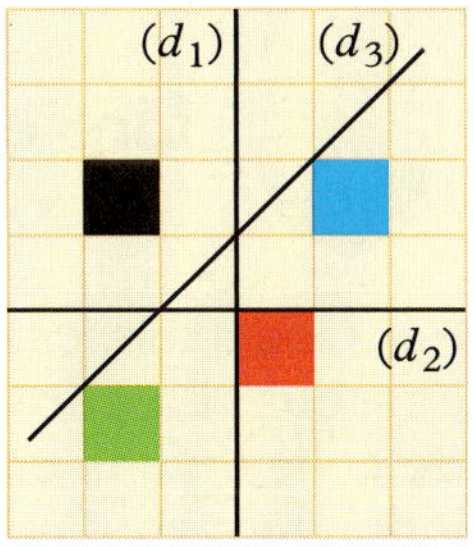

a. Le symétrique du carré noir par rapport à la droite (d_1) est le carré ....
b. Le symétrique du carré noir par rapport à la droite .... est le carré rouge.
c. Le symétrique du carré noir par rapport à la droite (d_2) est le carré ....

20 Dans la symétrie par rapport à la droite (d), quelle est la couleur du symétrique du point M ? du symétrique du point P ? du symétrique du point R ?

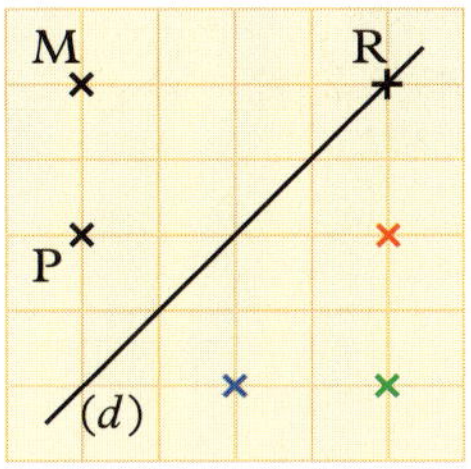

21 Quelle est la couleur de la flèche symétrique de la flèche noire par rapport à la droite (d) ?

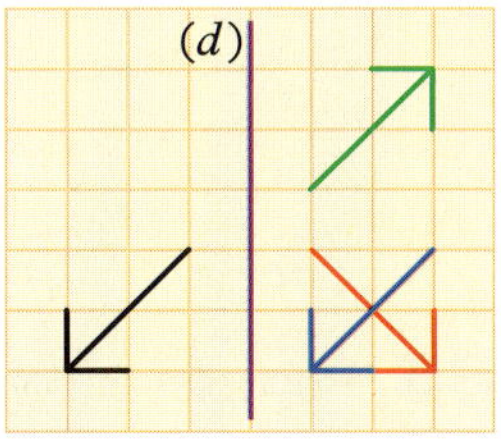

Triangles particuliers

Dans les exercices 22 à 24, les droites bleues sont des axes de symétrie des triangles. Préciser la nature de chaque triangle puis effectuer sa construction. Coder les figures obtenues en justifiant les égalités de longueurs et d'angles.

22

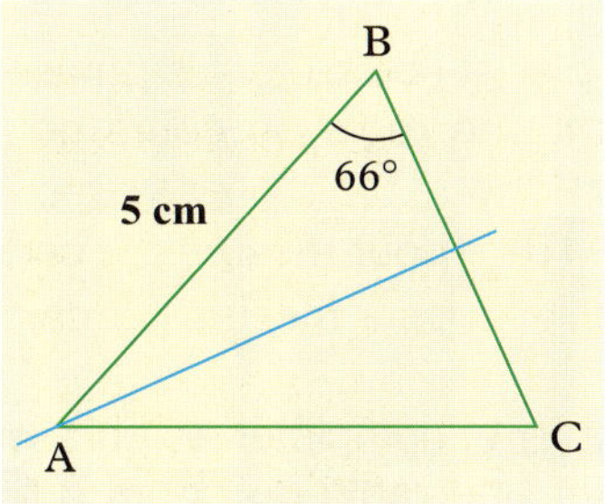

23

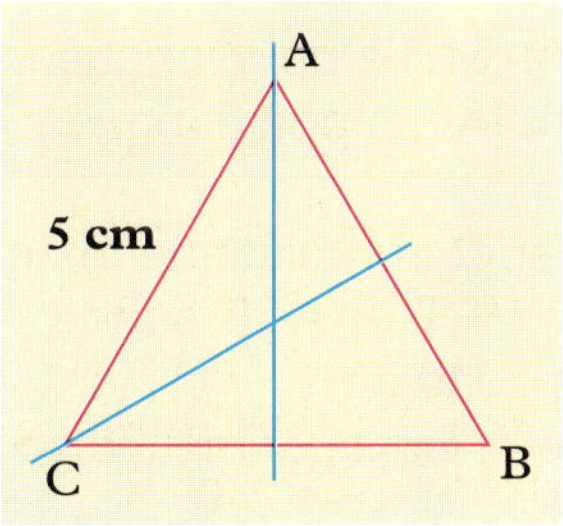

24

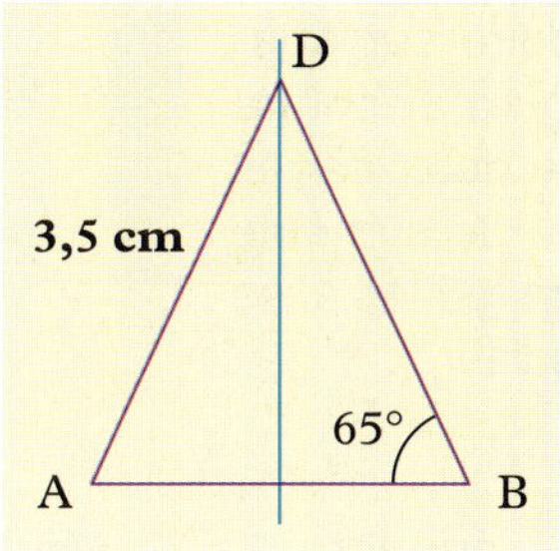

25 **1.** Reproduire en vraie grandeur le triangle ci-dessous.

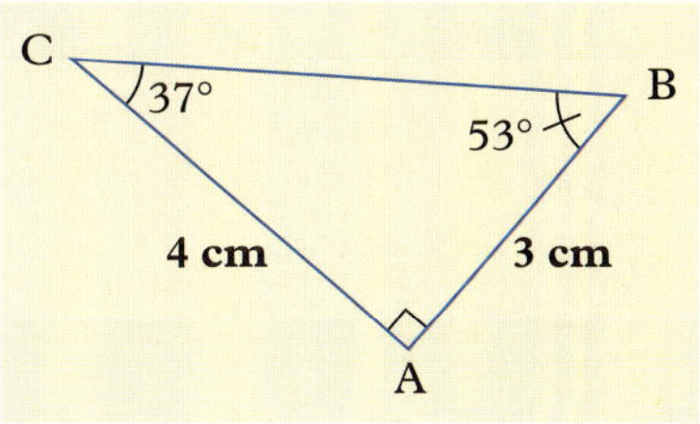

2. Construire le symétrique E du point B par rapport à la droite (AC).

3. a. Quelle est la nature du triangle BCE ?
b. Quelle est la longueur du segment [EB] ?

4. Quelle est la mesure de l'angle $\widehat{CEA}$? et de l'angle $\widehat{BCE}$?

26 Sur la figure ci-dessous, les points A et B sont des points du cercle de centre O.

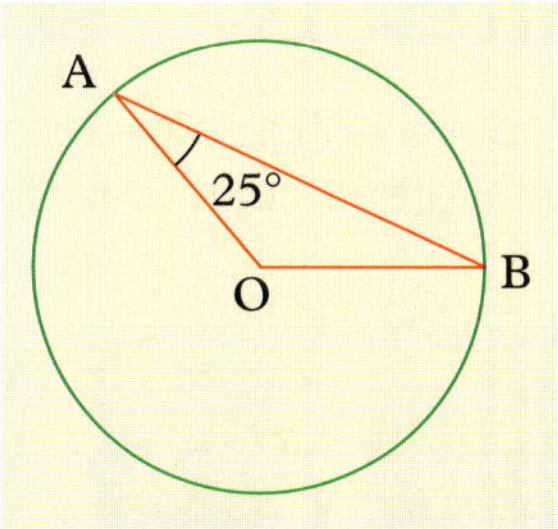

1. Que peut-on dire des segments [AO] et [BO] ?
2. Quelle est la nature du triangle AOB ?
3. Combien mesure l'angle $\widehat{OBA}$?

On a perdu l'axe de symétrie !

27 Marie a tracé un segment [AB] et pense avoir trouvé deux axes de symétrie de ce segment.
1. Que peut-on en penser ?
2. Tracer le ou les axe(s) de symétrie de [AB].

28 Reproduire la figure de l'exercice **26** avec OA = 3 cm puis tracer son axe de symétrie.

Exercices

29 Reproduire sur quadrillage la figure ci-contre composée de deux carrés et tracer l'axe de symétrie de cette figure (ou les axes s'il y en a plusieurs).

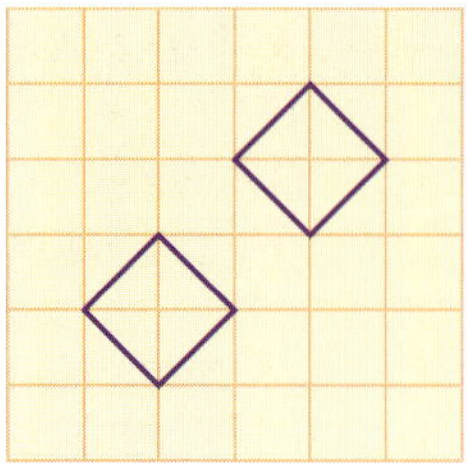

30 Même énoncé que l'exercice **29** avec ces deux cercles :

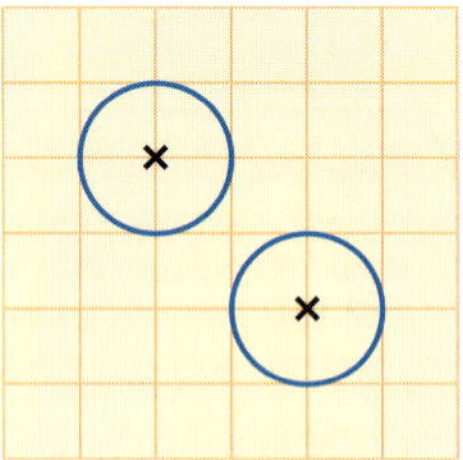

31 Même énoncé que l'exercice **29** avec ces deux cercles :

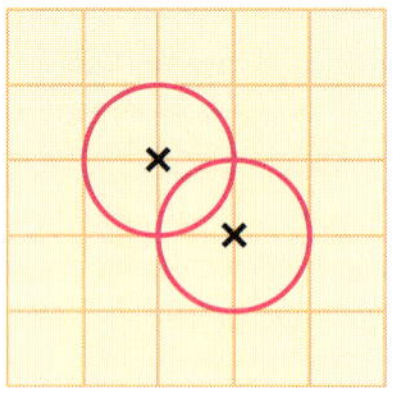

32 Même énoncé que l'exercice **29** avec ces deux segments :

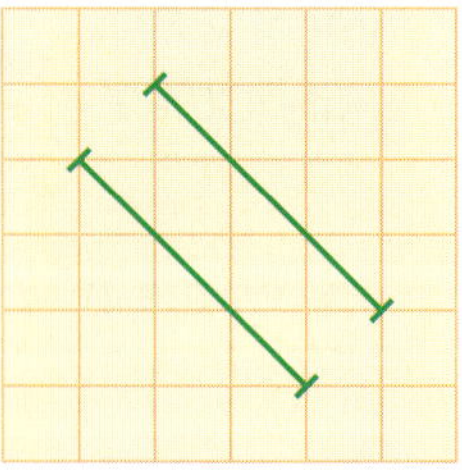

33 Même énoncé que l'exercice **29** avec ces deux demi-droites :

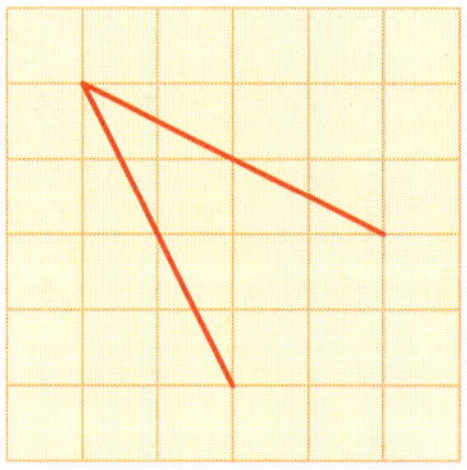

34 **1.** Reproduire la figure ci-dessous (prendre pour rayon deux grands carreaux du cahier).

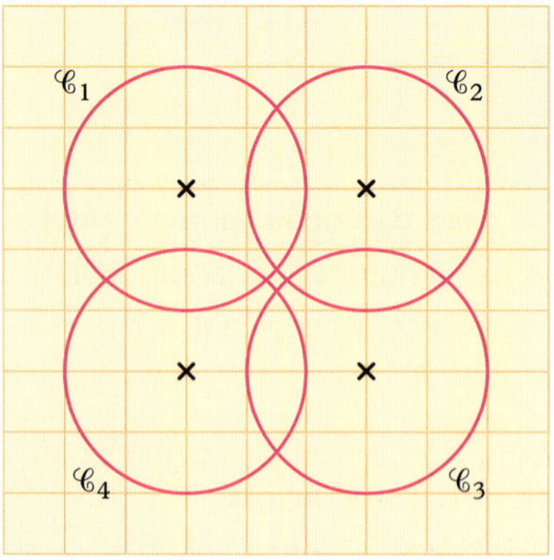

2. a. Tracer en rouge les axes de symétrie de la figure formée par les deux cercles $\mathscr{C}_1$ et $\mathscr{C}_2$.
b. Tracer en vert les axes de symétrie de la figure formée par les deux cercles $\mathscr{C}_1$ et $\mathscr{C}_3$.
c. Tracer en bleu l'axe de symétrie manquant de la figure formée par les quatre cercles.

Lire et comprendre

Pour les exercices 35 à 38, utiliser la figure ci-dessous. La partie du haut est la symétrique de celle du bas par rapport à la droite (*d*). Les longueurs sont en cm.

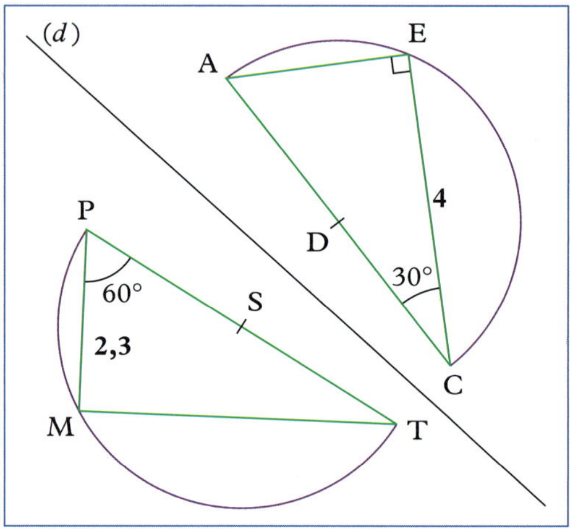

35 Recopier et compléter les phrases suivantes :
a. Par rapport à la droite (*d*), les symétriques de chacun des points A, C, S et M sont, dans l'ordre, ……… .
b. Par rapport à la droite (*d*), les symétriques de chacun des segments [PT], [AE] et [EC] sont, dans l'ordre, ……… .
c. Par rapport à la droite (*d*), les symétriques de chacun des angles $\widehat{MPT}$, $\widehat{PMT}$ et $\widehat{MTP}$ sont, dans l'ordre, ……… .

36 Recopier et compléter les phrases suivantes en énonçant une règle du cours qui permet de les affirmer :
a. L'angle $\widehat{MTP}$ a pour mesure ……… car ……… .
b. L'angle $\widehat{EAC}$ a pour mesure ……… car ……… .

37 Recopier et compléter les phrases suivantes en énonçant une règle du cours qui permet de les affirmer :
a. Le segment [MT] a pour longueur ……… car ……… .
b. Le segment [AE] a pour longueur ……… car ……… .

38 Recopier et compléter le texte suivant :
Les triangles MPT et ACE sont ……… par rapport à (*d*). Ils sont donc ……… .
Par conséquent, leurs périmètres sont ……… et leurs ……… sont égales.

Symétrique d'un segment

39 Reproduire la figure ci-dessous sur quadrillage et tracer le symétrique [A'B'] du segment [AB] par rapport à la droite (d).

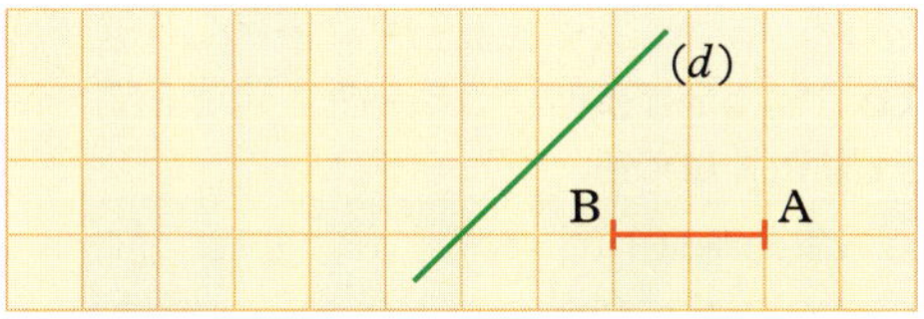

40 Même énoncé que l'exercice **39**.

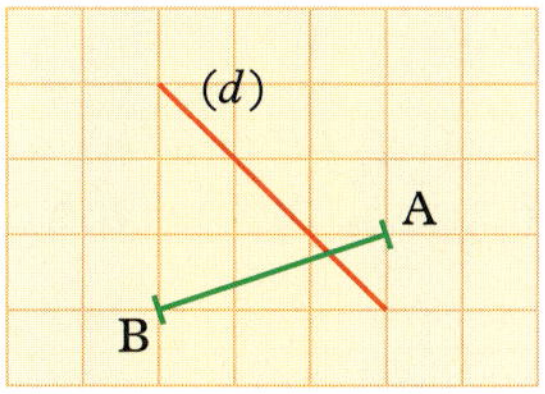

41 Même énoncé que l'exercice **39**.

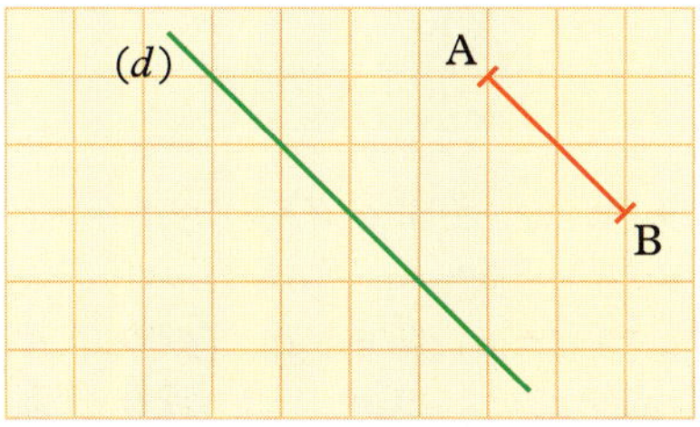

Symétrique d'une droite

42 **1.** Reproduire la figure ci-dessous sur quadrillage.

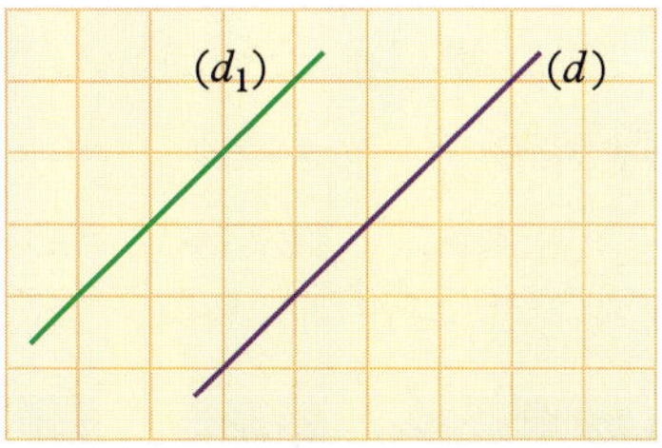

2. a. Tracer la droite (d_2) symétrique de la droite (d_1) par rapport à la droite (d).
b. Que peut-on dire des droites (d_1), (d_2) et (d) ?

43 **1.** Reproduire une figure semblable à celle ci-contre et tracer la droite (A'B') symétrique de la droite (AB) par rapport à la droite (d).

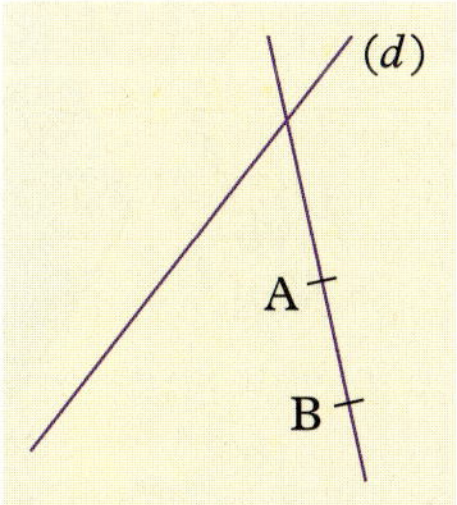

2. Que peut-on dire des droites (AB), (A'B') et (d) ?

Voir **Retenir les méthodes 1,** ***pp. 236 et 237.***

44 **1.** Reproduire une figure semblable à celle de l'exercice **43**.

2. Tracer la droite (d') symétrique de la droite (d) par rapport à (AB).

45 Le professeur a fait la figure ci-dessous au tableau puis il a demandé à Paul de tracer sur la figure la droite (d_2) symétrique de la droite (d_1) par rapport à la droite (d). Paul prétend alors qu'il n'y a rien de plus à faire. Expliquer pourquoi.

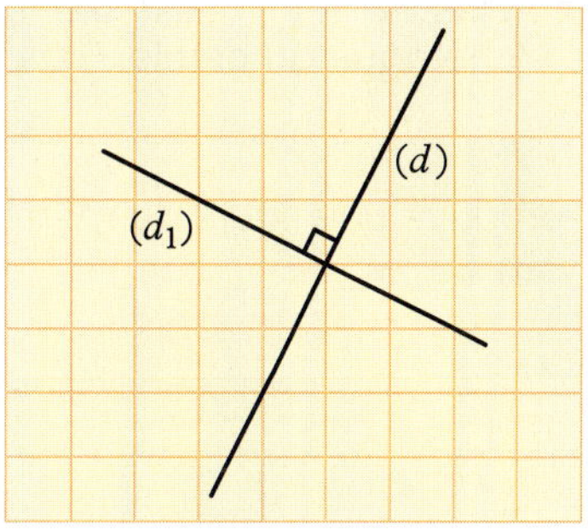

Symétrique d'un triangle

46 **1.** Reproduire sur quadrillage la figure ci-contre et tracer le symétrique du triangle rouge par rapport à la droite (d).

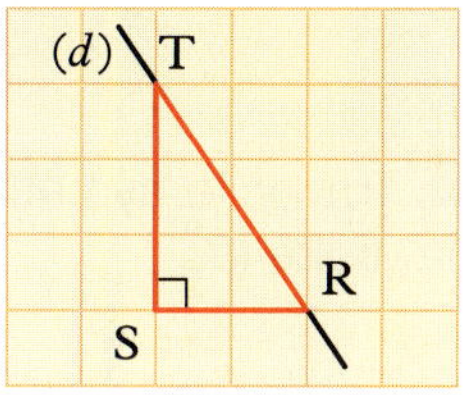

2. Quelle figure apparaît alors ?

47 Reproduire en vraie grandeur le triangle bleu et tracer son symétrique par rapport à la droite (d).

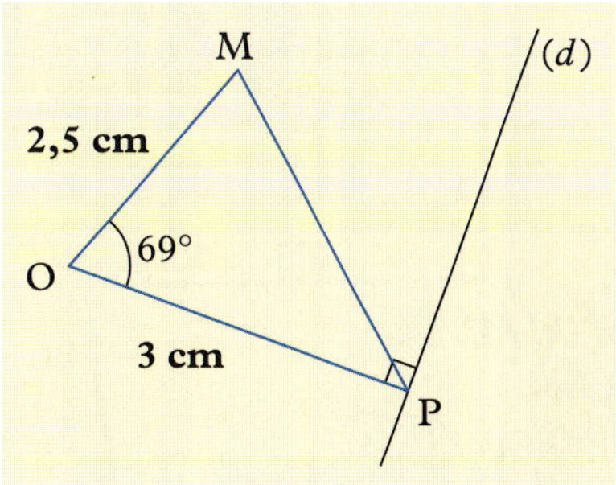

48 Reproduire le triangle vert sur quadrillage et tracer son symétrique par rapport à la droite (d).

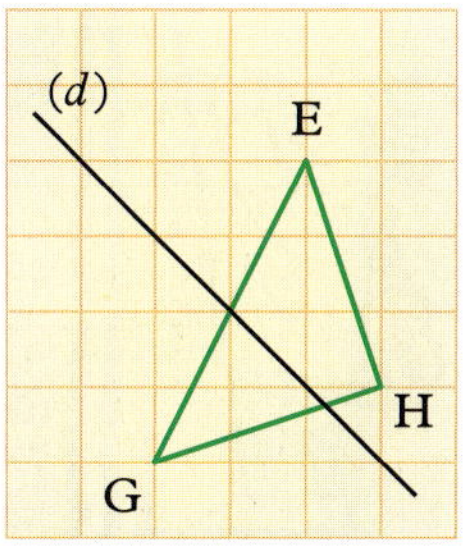

Exercices

Symétrique d'un cercle

49 **1.** Tracer un cercle $\mathscr{C}$ de centre A et de rayon 2 cm et une droite (*d*) qui ne coupe pas $\mathscr{C}$.

2. Tracer le symétrique du cercle $\mathscr{C}$ par rapport à la droite (*d*).

Voir* Retenir les méthodes 2, *p. 237.

50 **1.** Tracer un cercle $\mathscr{C}$ de centre A et de rayon 4 cm et une droite (*d*) qui coupe $\mathscr{C}$ en M et P.

2. Tracer le symétrique du cercle $\mathscr{C}$ par rapport à la droite (*d*).

51 **1.** Reproduire une figure du même type que celle ci-dessous.

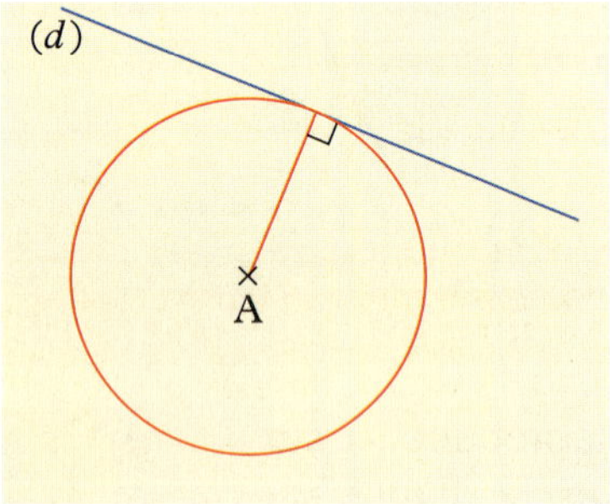

2. Tracer le symétrique du cercle par rapport à la droite (*d*).

Bissectrice

52 **1.** Reproduire l'angle $\widehat{BOC}$ ci-contre à l'aide d'un rapporteur.

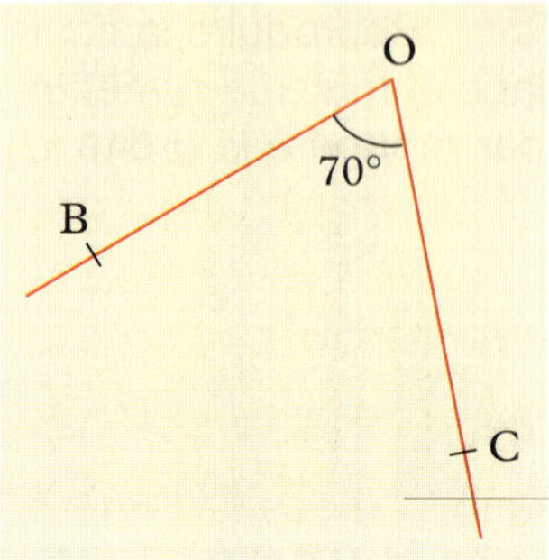

2. Tracer l'axe de symétrie de cet angle.

3. Que représente cet axe pour l'angle $\widehat{BOC}$?

53 **1.** À l'aide d'un rapporteur, reproduire une figure du même type que celle ci-dessous.

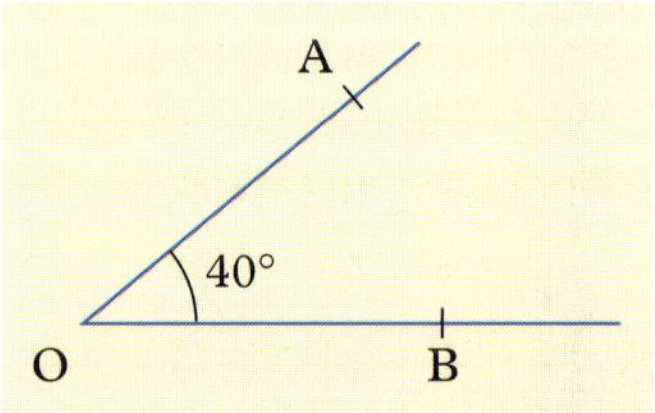

2. Tracer la demi-droite [OB') symétrique de la demi-droite [OB) par rapport à l'axe (AO).

3. Que peut-on dire de l'angle $\widehat{B'OA}$?

4. Que peut-on dire de la droite (OA) pour l'angle $\widehat{BOB'}$?

Qui a raison ?

a

b

Pour aller plus loin

54 **1.** Construire un triangle ABC isocèle en B.

2. Construire le point D tel que le quadrilatère ABCD admette (AC) comme axe de symétrie.

3. Quelle est la nature de ce quadrilatère ?

55 **1.** Construire le triangle AOB isocèle et rectangle en O.

2. Construire C le symétrique de A par rapport à la droite (BO) puis D le symétrique de B par rapport à la droite (AO).

3. Tracer le quadrilatère ABCD. Que peut-on en dire ?

4. En s'aidant d'une règle du cours, justifier que les longueurs AD et BC sont égales.

56 La figure ci-contre a été faite à main levée. Elle est formée de triangles et les points A, B et C sont alignés.
Reproduire la figure à main levée et écrire les mesures de tous les angles.

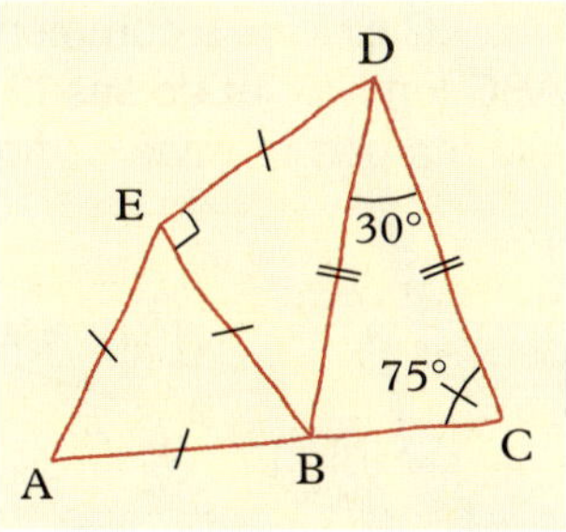

D'après *EVAPM*.

Dans les exercices 57 à 59, une puce se déplace sur une feuille en faisant des sauts de telle sorte qu'elle arrive toujours sur le symétrique du point de départ par rapport à une des droites qui forment le quadrillage. Elle ne peut pas se déplacer de plus de deux carreaux à la fois et elle ne repasse jamais par le même point.

57 **Premiers sauts**
Au départ, la puce se trouve en D. Reproduire le quadrillage et indiquer où elle peut arriver en effectuant un seul saut.

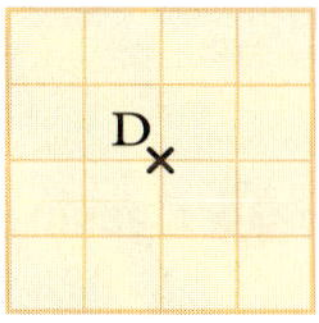

58 **Encore des sauts !**
Indiquer trois chemins possibles pour que la puce puisse aller de D à A. (Attention : elle ne sort pas du rectangle.)

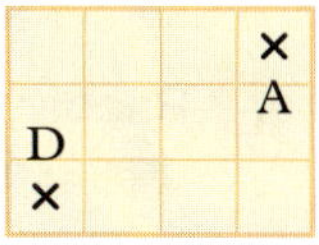

59 **Toujours des sauts !**
La puce peut seulement faire des sauts symétriques par rapport aux côtés des petits carrés.

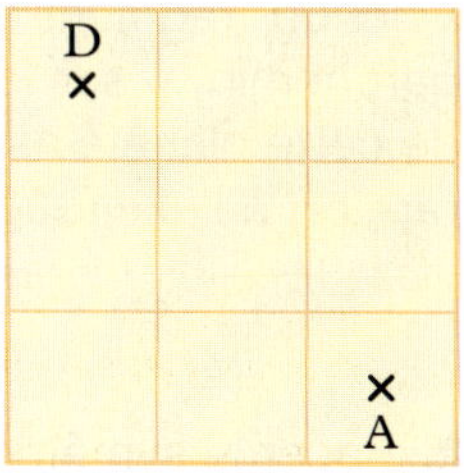

Comment fera-t-elle pour aller au plus vite de D à A ? (Plusieurs possibilités)

60 **1.** Reproduire une figure semblable à celle ci-contre.

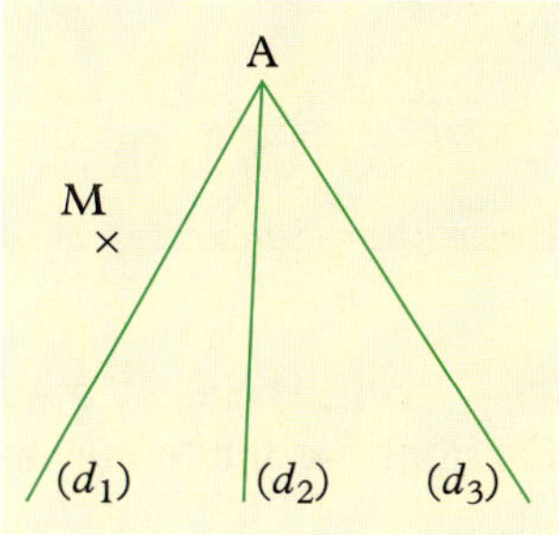

2. Construire alors le symétrique N de M par rapport à (d_1), le symétrique O de N par rapport à (d_2) et le symétrique P de O par rapport à (d_3).

3. Tracer le cercle de centre A et de rayon AM. Que constate-t-on ?

61 **Défi 1**
Sur la figure ci-contre que l'on décalquera, le point A' est le symétrique du point A par rapport à la droite (*d*).

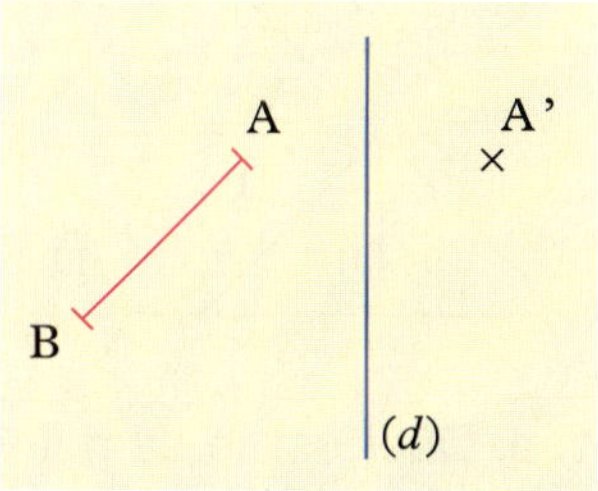

Marina affirme qu'elle peut tracer à la règle seule le symétrique de B par rapport à la droite (*d*). Et toi ?

62 **Défi 2**
Sur la figure ci-dessous que l'on décalquera, [A'B'] est le symétrique de [AB] par rapport à une droite (*d*) qui a été effacée. Élise affirme qu'elle peut quand même tracer à la règle seule l'axe de symétrie. Et toi ?

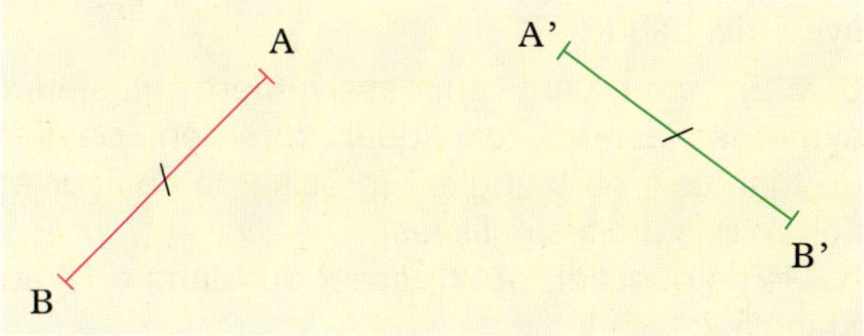

Devoirs à la maison

63 Science-fiction
Voici un fragment de dessin trouvé sur un vieux parchemin… sur la Lune. Cet antique habitant de cette planète est parfaitement symétrique par rapport à l'axe rouge.

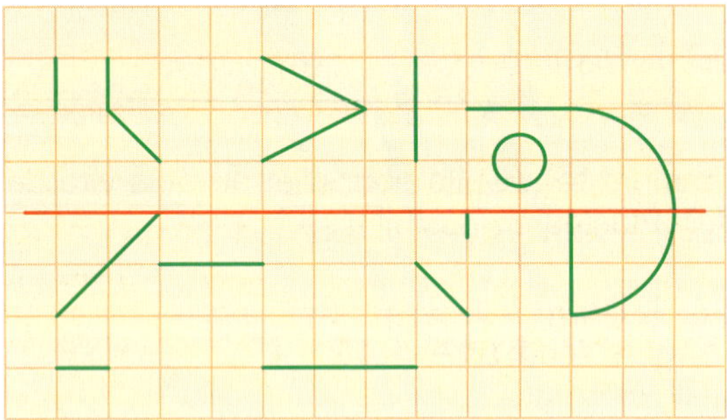

Reproduire le dessin et le compléter.

64 Symétries… à suivre
On donne la figure suivante :

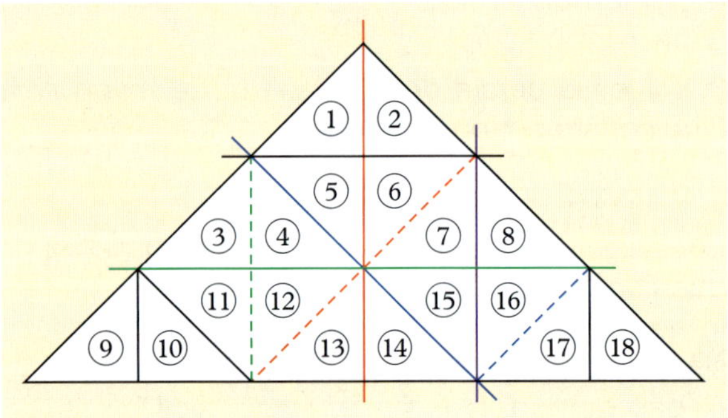

1. a. Quel est le symétrique du triangle 11 par rapport à la droite bleue ?
b. Quel est le symétrique du triangle 18 par rapport à la droite en pointillés bleus ?
c. Quel est le symétrique du triangle 15 par rapport à la droite en pointillés rouges ?

2. a. Par quelle symétrie passe-t-on du triangle 4 au triangle 5 ?
b. On passe du triangle 1 au triangle 16 par une symétrie. Laquelle ?
c. On passe du triangle 13 au triangle 7 par une symétrie. Laquelle ?

3. a. En effectuant successivement plusieurs symétries axiales, expliquer comment passer du triangle 1 au triangle 7 (préciser la couleur et l'ordre des droites utilisées).
b. Même question pour passer du triangle 17 au triangle 4.

65 Cette fresque représentant un arbre était à l'origine parfaitement symétrique. Aujourd'hui, voici ce qu'il en reste…

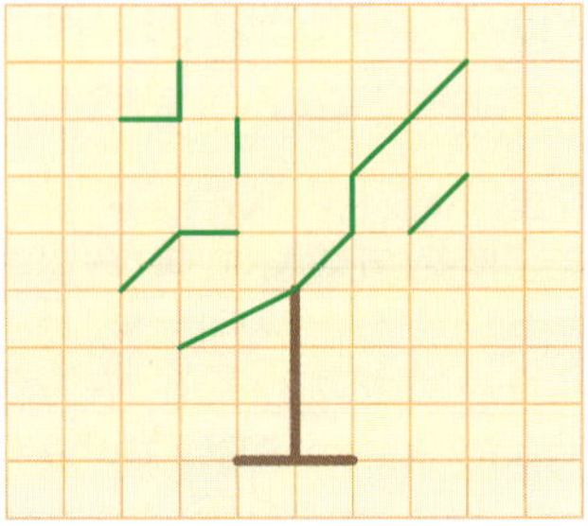

Reproduire le dessin et le compléter avec les branches manquantes.

66 Capucine a commencé le dessin d'un triangle ABC (en noir) et de ses bissectrices (en vert). Mais elle n'a pas terminé sa figure.

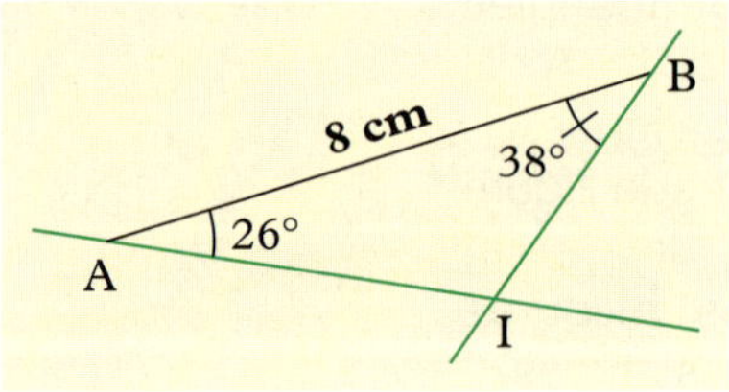

1. Reproduire la figure aux bonnes dimensions.
2. Retrouver la position du point C.
3. a. Tracer la troisième bissectrice.
b. Que constate-t-on ?

67 Djalila a commencé à tracer le triangle FGH (en noir) et les médiatrices de ses côtés (en rouge).

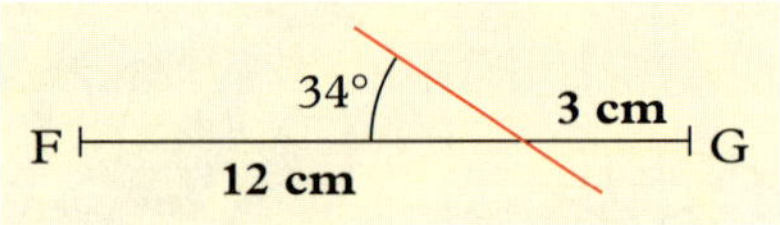

Reproduire la figure et aider Djalila à la compléter. (Faire deux figures car il y a deux solutions.)

Petits exposés

1. Dessiner trois frises différentes qui aient un axe de symétrie.
2. Rechercher des figures avec trois axes de symétrie, puis quatre, puis six.
3. Rechercher des logos de marque qui ont des axes de symétrie.

Vive les Maths !!!

Le Symétrik

Le **Symétrik** est un jeu qui se joue **à deux** sur papier quadrillé.

L'aire de jeu est un rectangle de 20 carreaux sur 10 coupé en deux par une ligne rouge qui délimite le camp de chaque joueur.

Chaque joueur va placer des **obstacles** : ainsi chacun noircit à tour de rôle 5 carreaux dans son propre camp.

À partir du **point central**, le **premier joueur** trace dans son camp un trait en se déplaçant de 1 carreau sur les lignes ou en diagonale.

Le **deuxième joueur** doit ensuite refaire dans son camp le **déplacement symétrique** qu'il va prolonger en se déplaçant encore de 1 carreau.

Le **premier joueur** repart alors d'où il était, en faisant le déplacement symétrique qu'il prolonge encore de 1 carreau. Et ainsi de suite jusqu'à ce que l'un des deux joueurs ne puisse plus jouer.

Attention ! Il est interdit de :
- repasser par un nœud du quadrillage déjà utilisé ;
- suivre le bord de l'aire de jeu ainsi que le bord des 5 cases noires (mais on a le droit de les toucher).

Voici un exemple de partie (très courte !) :

- **Vert** commence : il part du point central en se déplaçant de 1 carreau en diagonale.
- **Bleu** fait le déplacement symétrique puis le prolonge de 1 carreau en venant toucher une de ses cases noires.
- **Vert** reproduit le déplacement de **Bleu** et le prolonge en diagonale pour que **Bleu** rentre ensuite dans sa case noire.

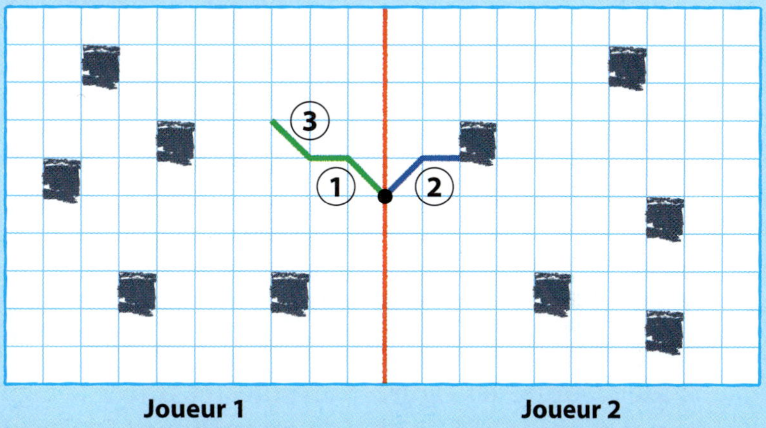

- **Bleu** a donc perdu car il ne peut plus jouer ! (**Vert** aurait aussi pu suivre un bord de la case noire.)

Prêt pour une partie ?

Extrait d'une Ludofiche 88 de l'APMEP
(Association des Professeurs de Mathématiques de l'Enseignement Public)
développant un jeu de J.-C. Rosa.

Casse-tête...

Mystérieux parchemin...

Le pirate Math'Or a caché son trésor dans la citadelle de Symétrix… mais il est mort en emportant son secret !
Audrey et Samir ont cependant retrouvé un curieux parchemin appartenant à Math'Or. Prêt pour le décodage ?

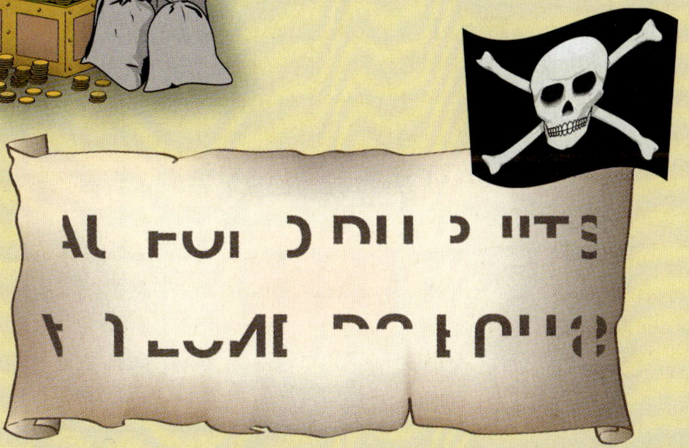

Soutien

A Visualiser une symétrie

Reproduire les damiers suivants en les complétant avec le moins de croix possible pour qu'ils soient symétriques par rapport à la droite noire.

Indication

Il faut s'imaginer qu'en pliant la feuille suivant la droite noire, les croix d'un côté viennent se poser sur les croix de l'autre côté.

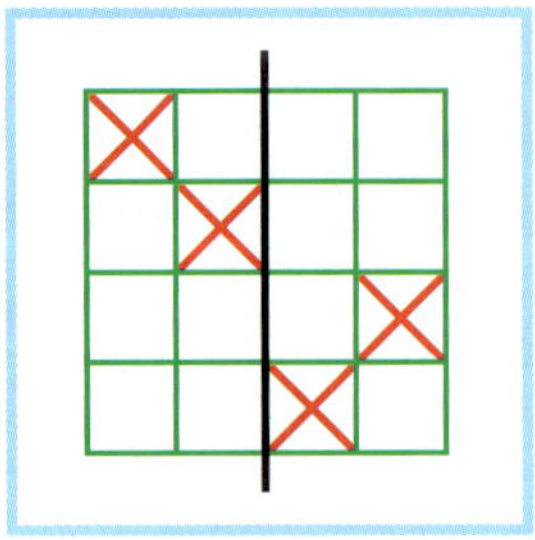

Fig. 1

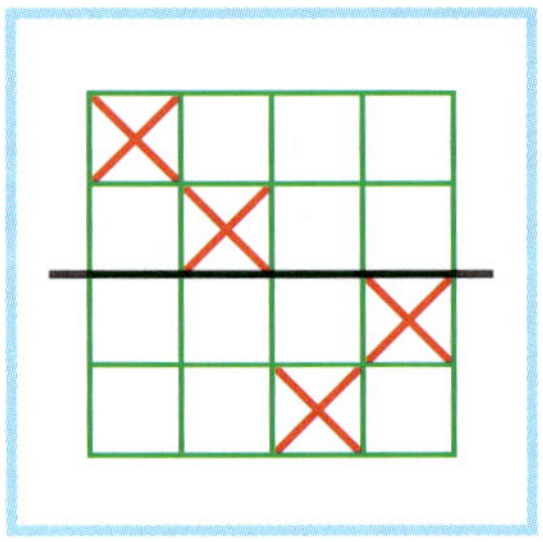

Fig. 2

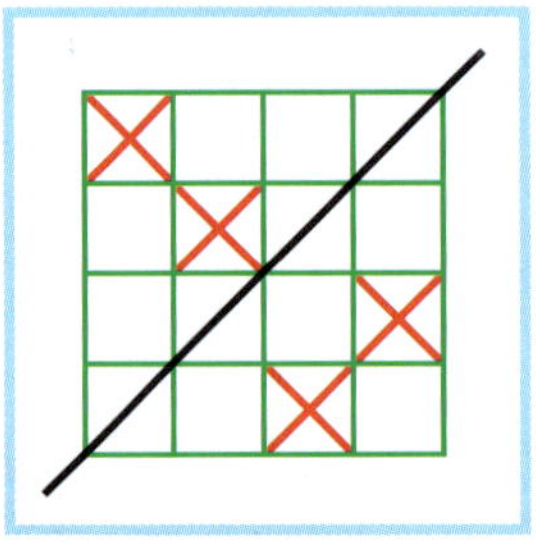

Fig. 3

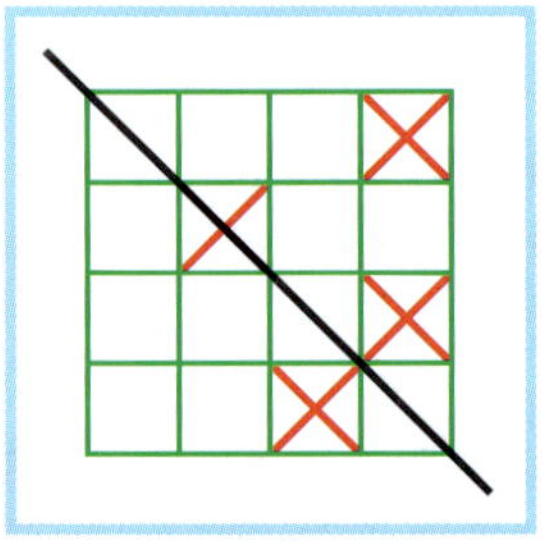

Fig. 4

B Construire avec le quadrillage

Reproduire les figures suivantes et tracer la figure symétrique de la figure rouge par rapport à la droite (d) **en utilisant le quadrillage**.

Fig. 1

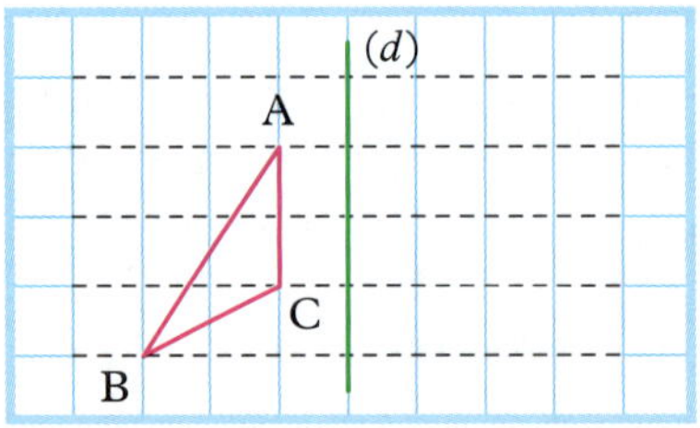

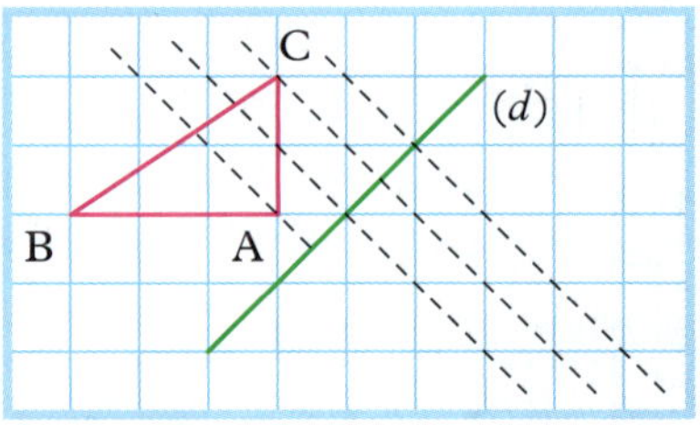

Fig. 2

Fig. 3

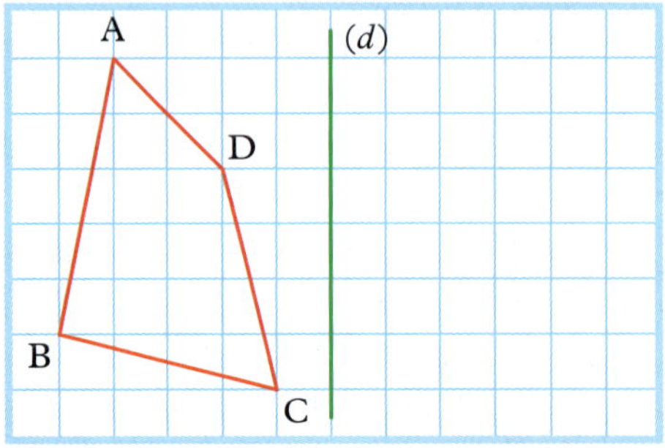

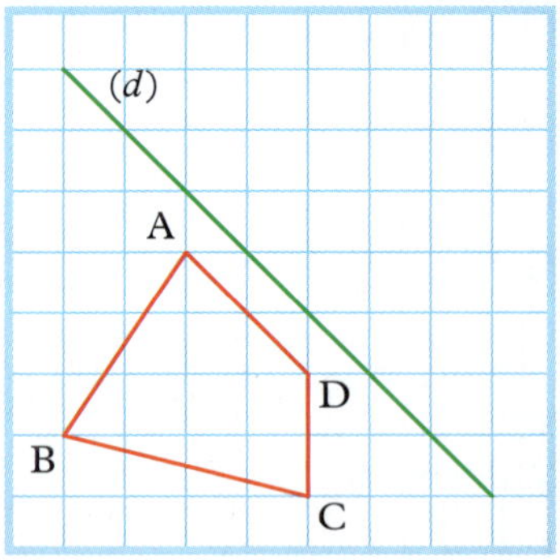

Fig. 4

Chapitre 13

Espace

Avant de démarrer

1 Représentation dans l'espace

On a représenté ci-dessous à gauche un parallélépipède rectangle vu de dessus :

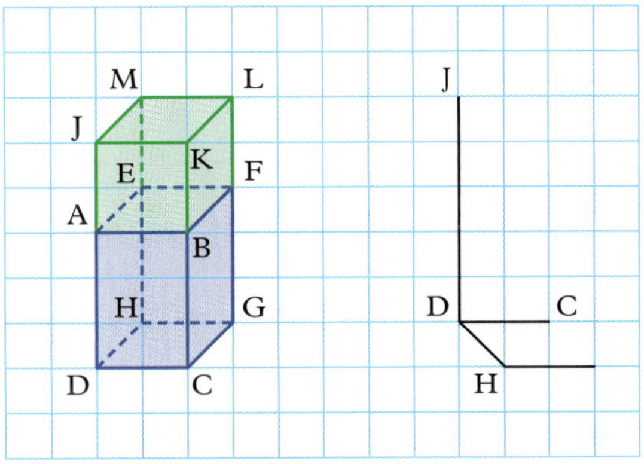

Reproduire la figure de droite et la compléter, en respectant les couleurs, pour qu'elle représente le parallélépipède rectangle de gauche vu cette fois-ci de dessous (on peut imaginer que notre œil s'est déplacé vers le bas).

2 Le parallélépipède

On utilise la figure de gauche ci-dessus.

a. Reconnaître deux arêtes non visibles en réalité puis une face non visible en réalité.

b. Citer deux droites parallèles sur la figure et en réalité.

c. Citer deux droites sécantes sur la figure mais pas en réalité.

d. Le point H est-il un point de la face ABCD ?

e. La face JKLM peut-elle être en réalité un carré ? Expliquer pourquoi.

3 Patron

La chambre de Loïc mesure 4 m de long, 3 m de large et on indique que sa hauteur est 2,5 m.

Réaliser un patron du parallélépipède rectangle représentant la chambre de Loïc (prendre 1 cm pour représenter 1 m).

4 Compter les cubes

Léa possède une boîte en forme de parallélépipède rectangle dont les dimensions sont 30 cm, 20 cm et 10 cm.

a. Combien de petits cubes d'arête 1 cm cette boîte contient-elle ?

b. Combien de petits cubes d'arête 1 dm cette boîte contient-elle ?

Activités

1 Représentation en perspective cavalière

Convention

Dans une représentation d'un objet de l'espace en **perspective cavalière**, on adopte les règles suivantes :

- les droites parallèles dans la réalité sont parallèles sur le dessin en perspective ;
- les segments cachés lorsqu'on regarde l'objet sont dessinés en pointillés sur le dessin en perspective ;
- les segments vus de biais sont représentés plus petits que s'ils étaient vus de face ;
- les carrés et les rectangles vus de face sont représentés par des carrés et des rectangles.

Les figures suivantes représentent des cubes.

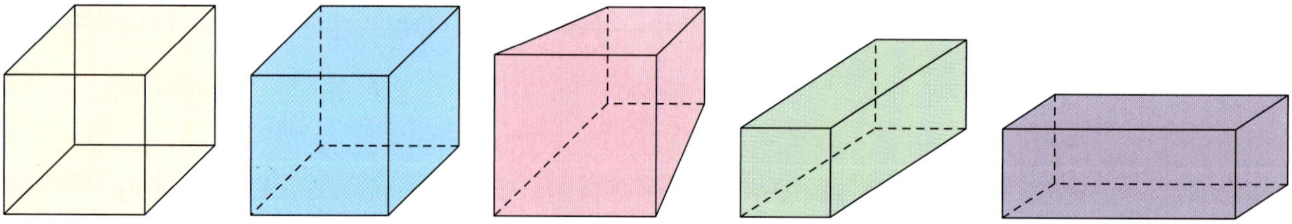

Fig. 1 **Fig. 2** **Fig. 3** **Fig. 4** **Fig. 5**

Une seule de ces figures respecte les règles de la perspective cavalière. Laquelle ? Pourquoi ?

2 Le parallélépipède : ses arêtes

On considère le parallélépipède ci-contre. On prend AB = 3 cm et CB = 2 cm.

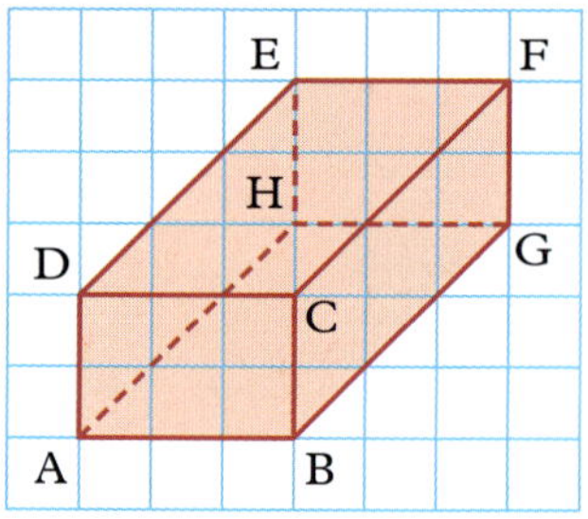

1. Citer toutes les arêtes.
2. Quelles sont les arêtes cachées ?
3. Citer toutes les arêtes de 3 cm, celles de 2 cm et celles égales à CF.
4. **a.** Le dessin permet-il de connaître la vraie longueur de CF ?
   b. Peut-on avoir en réalité CF = CD ?

Voir exercices 20 et 21, p. 261.

3 Le parallélépipède : ses faces

A - À partir d'un dessin

1. La boîte représentée ci-dessous est-elle cubique ? Quelle forme géométrique a-t-elle ?

2. Citer des objets de la vie courante qui sont des parallélépipèdes rectangles.

3. Zoé réalise qu'au collège, ou chez elle, elle évolue souvent dans un parallélépipède rectangle. De quel parallélépipède rectangle s'agit-il ?

B - À partir d'une figure

On a représenté ci-dessous sur un quadrillage le dessin en perspective d'un parallélépipède rectangle.

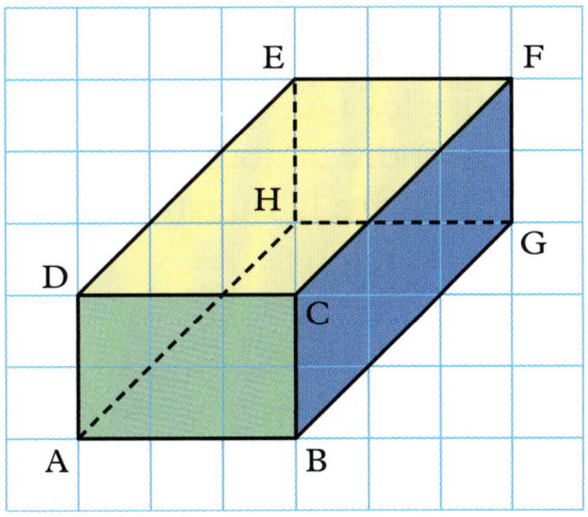

1. Reproduire cette figure sur le quadrillage du cahier.

2. **a.** Citer toutes les faces.
   b. Quelle est la nature de la face ABCD dans la réalité ? et sur le dessin ?
   c. Quelle est la nature de la face BCFG dans la réalité ? et sur le dessin ?

3. **a.** Citer un angle qui soit droit en réalité et sur le dessin.
   b. Citer un angle qui soit droit en réalité mais pas sur le dessin.

Voir exercices 22 et 23, p. 261.

4 Jeu de construction

On donne le grand cube ci-dessous constitué de petits cubes tous identiques.

1 Combien y a-t-il de petits cubes ?

2 Chaque petit cube a toutes ses faces de la même couleur. Reproduire le dessin et le colorier comme ci-dessus (on pourra s'aider d'un quadrillage).

3 **a.** Reproduire de nouveau le dessin en enlevant le petit cube rouge. Colorier les faces visibles en respectant la règle précédente.
b. Reprendre la question **a** en enlevant uniquement le petit cube bleu.
c. Reprendre la question **a** en enlevant uniquement les petits cubes rouge et violet.

Voir exercices 22, 23 et 25, p. 261.

Point info

On remplace parfois une représentation en perspective cavalière par d'autres représentations telles que la perspective fuyante ou la perspective isométrique.

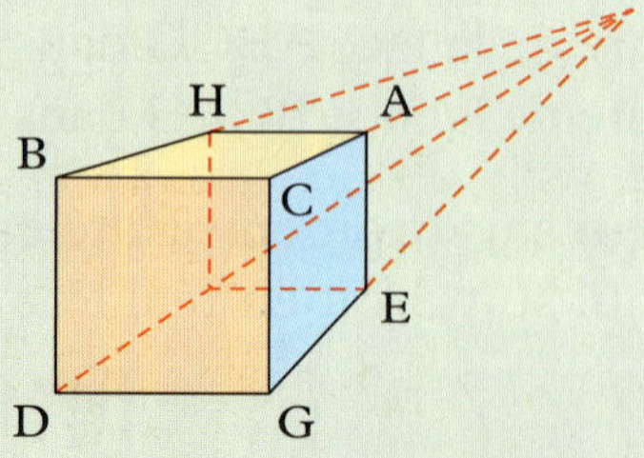

Perspective fuyante

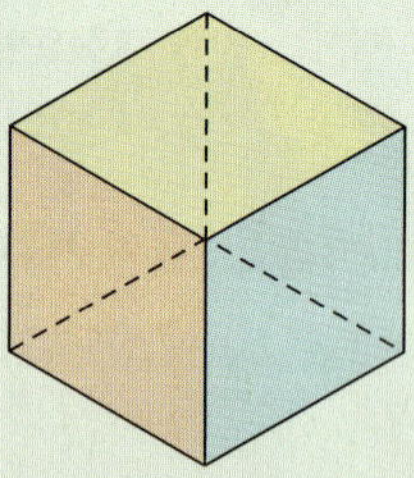

Perspective isométrique

5 Patron

Pour son anniversaire, Amaëlle a reçu un collier rangé dans une boîte. Elle décide de la découper comme le montrent les figures ci-dessous. Elle obtient ainsi un **patron** du parallélépipède.

On suppose que les dimensions de la boîte d'Amaëlle sont 4 cm, 3 cm et 1 cm. Léa, Hakim, Victor et Alice pensent chacun avoir réalisé un patron de la boîte d'Amaëlle.

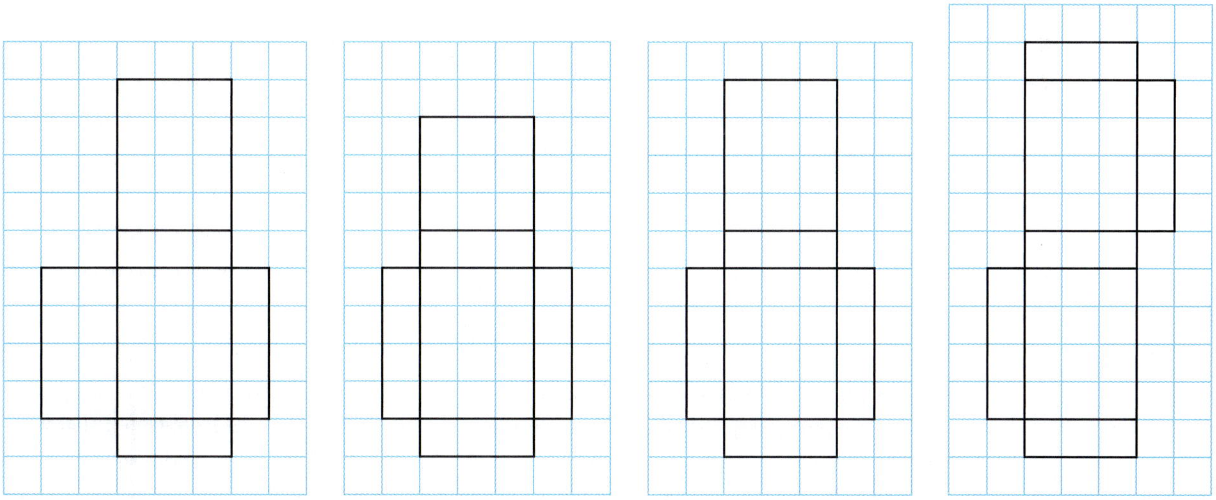

Léa **Hakim** **Victor** **Alice**

Qui a réalisé un patron correct de la boîte d'Amaëlle ? On pourra dessiner les patrons ci-dessus sur une feuille quadrillée, les colorier et les découper.

Voir exercices 26 à 30, p. 262.

6 Volume

A - Empilement de cubes

On a représenté ci-dessous deux empilements sans trous de cubes, réalisés dans un coin de carton, en forme de pavé droit.

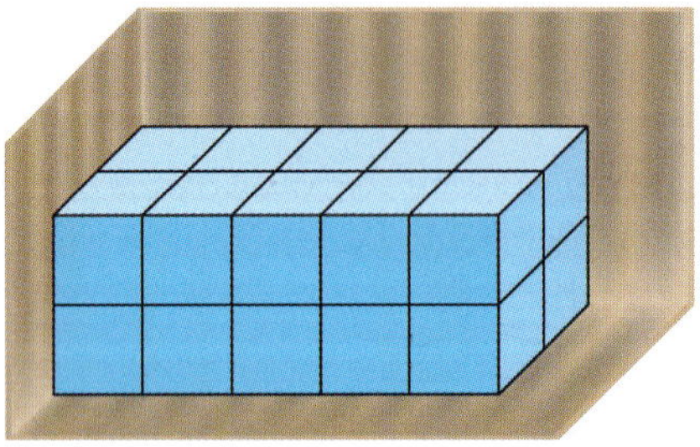

1 Marie prétend qu'il y a 16 cubes dans l'empilement de gauche et 16 cubes dans celui de droite. Kevin, lui, affirme qu'il y a 30 cubes dans l'empilement de droite et 20 dans celui de gauche.
Que faut-il en penser ?

2 On dit qu'un cube de **1 dm d'arête** a un **volume de 1 dm^3**.
Quel est le volume de chacun des empilements si on a utilisé des cubes de 1 dm d'arête ?

B - Volume d'un parallélépipède rectangle

On désire remplir la boîte ci-dessous en forme de parallélépipède rectangle avec des cubes de 1 cm d'arête. Luc a commencé avec des cubes orange.

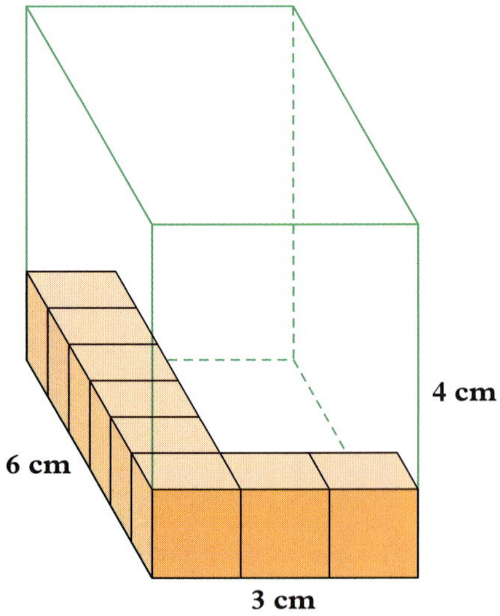

1 **a.** Combien de cubes faudra-t-il en tout pour remplir la couche du bas ?
b. Combien de couches faudra-t-il en tout pour remplir la boîte ?
c. Combien de cubes faudra-t-il au total ?
d. Quel est le volume de cette boîte ?

2 Reprendre la question précédente avec une boîte de dimensions 10 cm, 12 cm et 15 cm.

3 Quel enchaînement d'opérations permet de trouver directement le nombre de cubes nécessaires ?

Voir exercices 35, 36, p. 263 et 45 à 47, p. 264.

7 Conversions

A - On manipule

1 **a.** Rechercher chez vous un objet en forme de parallélépipède dont la capacité est un litre : par exemple, une brique de jus de fruits.
b. Mesurer les dimensions du parallélépipède choisi aussi précisément que possible. Calculer son volume.

2 Combien y a-t-il de cm^3 dans un litre ?

3 **a.** À la maison, construire un cube, sans couvercle, de côté 1 dm (1 dm = 10 cm) en utilisant du carton. Déposer à l'intérieur un sachet en plastique (sans trous !) et le remplir d'eau à l'aide d'une bouteille de 1 litre.
b. Recopier et compléter : 1 L = ... dm^3.

B - Des petits cubes dans un grand cube

On remplit un grand cube de 1 dm d'arête avec des cubes de 1 cm d'arête.

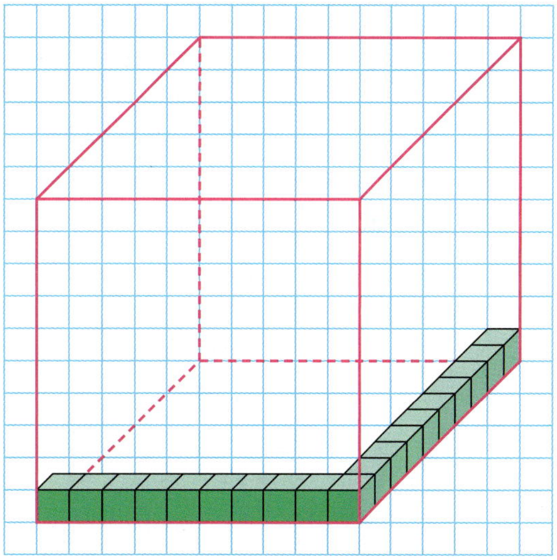

1 Combien y a-t-il de petits cubes par couche ?
Combien de couches y a-t-il ?

2 Un petit cube a 1 cm^3 de volume et le grand cube a 1 dm^3 de volume.
Recopier et compléter l'égalité : 1 dm^3 = ... cm^3.

3 Reprendre les questions **1** et **2** avec 1 m d'arête pour le grand cube et 1 dm d'arête pour les petits cubes.

4 Recopier les schémas suivants et retrouver les opérateurs manquants :

5 Recopier et compléter les expressions suivantes :
a. 1 m^3 = ... dm^3, donc 1 dm^3 = ... m^3 ;
b. 1 dm^3 = ... cm^3, donc 1 cm^3 = ... dm^3.

Voir exercices 40 à 44, p. 264.

Retenir le cours

1 Le parallélépipède rectangle

Dans la vie courante, on rencontre de nombreux **parallélépipèdes rectangles** (on dit aussi **pavés droits**), par exemple un paquet de sucre, une boîte d'allumettes, etc.

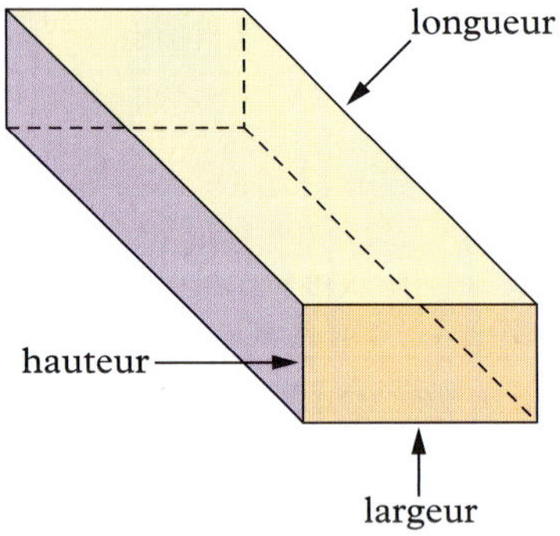

Représentation en perspective cavalière

Un **parallélépipède rectangle** a six faces rectangulaires, huit sommets et douze arêtes. Deux faces opposées sont superposables.

2 Patron d'un parallélépipède rectangle

Le **patron** d'un parallélépipède rectangle s'obtient en le dépliant.

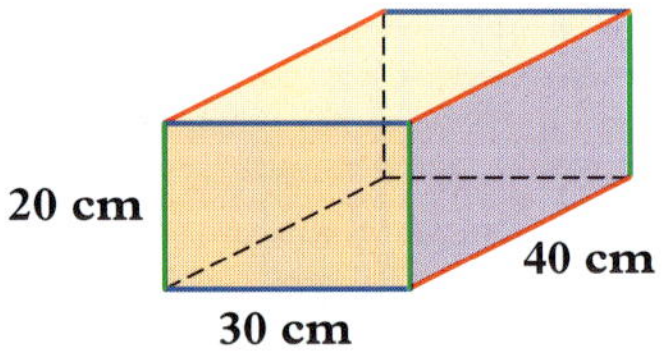

Représentation en perspective cavalière

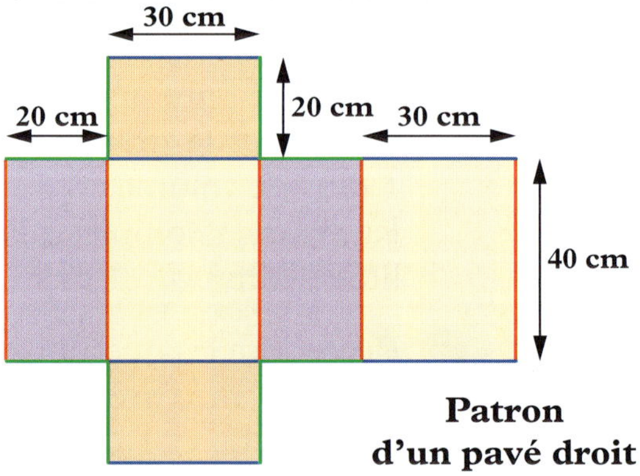

Patron d'un pavé droit

Le **cube** est un parallélépipède dont les faces sont des carrés.

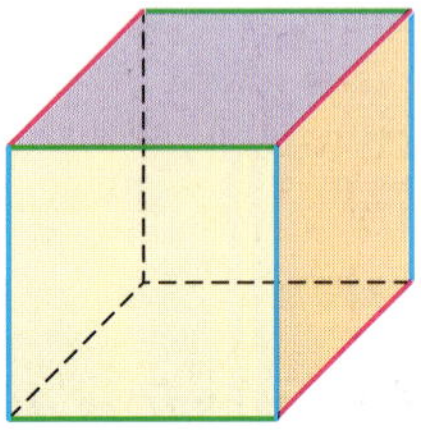

Représentation en perspective cavalière

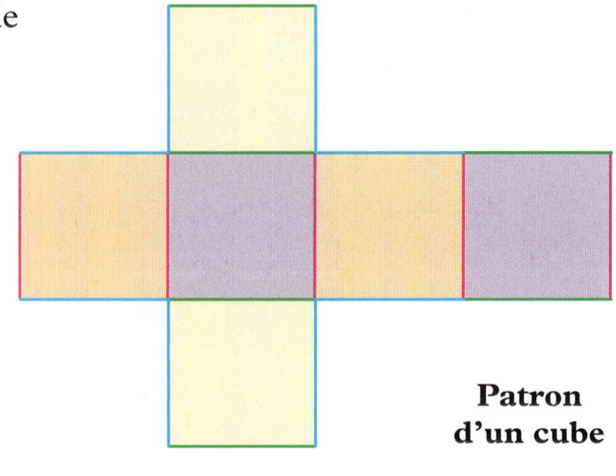

Patron d'un cube

3 Unités de volume

A - Le mètre cube et ses unités dérivées

L'unité principale d'un volume est le **mètre cube**, noté **m^3**, qui est le volume d'un cube de 1 m d'arête.

On a les égalités : **$1\ m^3 = 1\,000\ dm^3$; $1\ dm^3 = 1\,000\ cm^3$**.
Pour les conversions, on peut utiliser un tableau :

3 colonnes par unité de volume

m^3			dm^3			cm^3			mm^3		
	2	3	0	0	0	5					
		0	0	0	0	2	1	5			

À l'aide du tableau, on voit que : $23{,}0005\ m^3 = 23\,000{,}5\ dm^3$;
$215\ cm^3 = 0{,}000215\ m^3$.

On déplace la virgule de 3 rangs vers la droite.

On déplace la virgule de 6 rangs vers la gauche.

B - Le litre et ses unités dérivées

Si on verse un litre de liquide dans un récipient cubique de 1 dm d'arête, on le remplit exactement. On a donc : **$1\ L = 1\ dm^3$**.
Les sous-multiples du litre sont : le décilitre, noté dL ; le centilitre, noté cL ; le millilitre, noté mL. On a les égalités : **1 L = 10 dL** ; **1 dL = 10 cL**.
Les unités de contenance vont de 10 en 10, d'où le tableau de conversion suivant :

une colonne par unité de contenance

hL	daL	L	dL	cL	mL
		2	1		

À l'aide du tableau, on voit que : 2,1 L = 21 dL.

On déplace la virgule d'un rang vers la droite.

4 Volume d'un parallélépipède rectangle

Volume d'un parallélépipède rectangle de longueur L, de largeur ℓ et de hauteur h

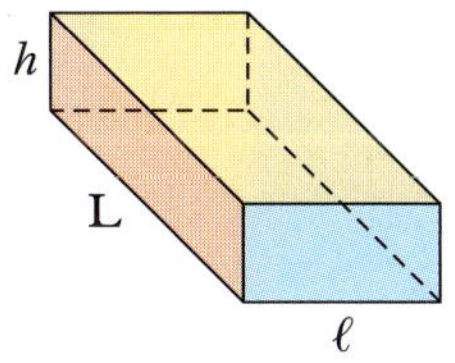

On a :

$$\mathcal{V} = L \times \ell \times h$$

Volume d'un cube d'arête a

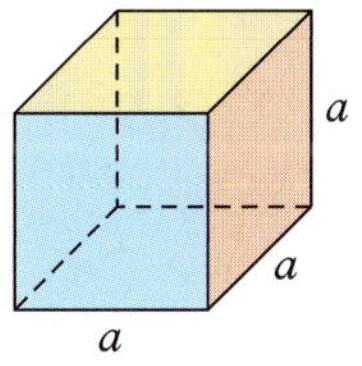

La formule devient :

$$\mathcal{V} = a \times a \times a = a^3$$

Retenir les méthodes

1 Représenter en perspective cavalière

On a dessiné ci-dessous un pavé droit.
Représenter en perspective cavalière ce pavé sur papier quadrillé.

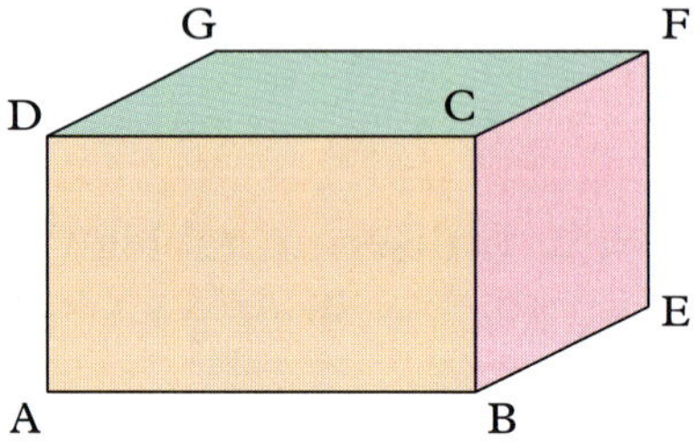

1re étape

On construit la face « avant » ABCD.

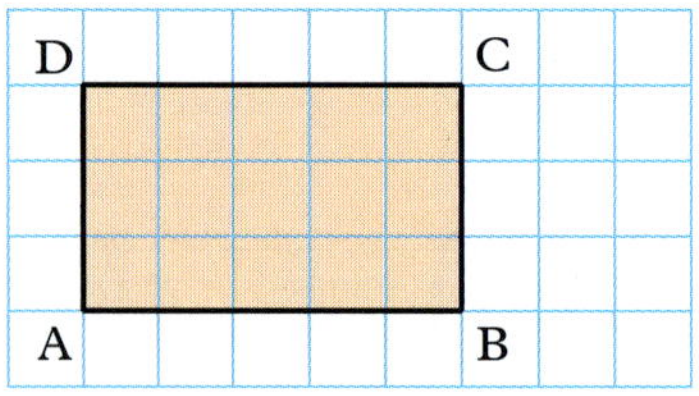

2e étape

On construit les sommets de la face « arrière » EFGH, superposable à la face « avant », en décalant chaque sommet de manière identique (ici deux carreaux vers la droite et un carreau vers le haut).

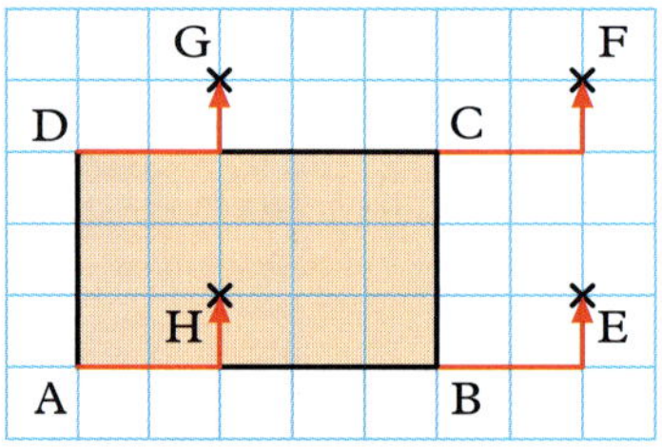

3e étape

On trace les arêtes [DG], [CF], [BE], [GF] et [EF].
Les arêtes cachées [AH], [EH] et [GH] sont tracées en pointillés.

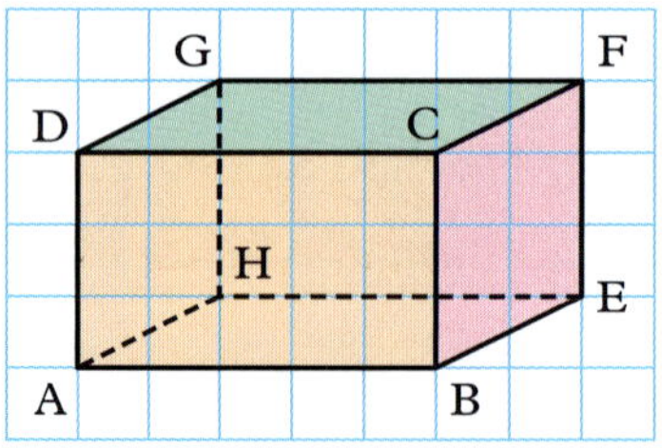

Voir exercices 20 et 21, p. 261.

2 Calculer un volume

On suppose que le parallélépipède rectangle précédent a pour longueur 6 cm, pour largeur 4 cm et pour hauteur 2 cm.
Exprimer son volume en cm^3, puis en centilitres.

1re étape

Les trois longueurs sont en centimètres. On calcule son volume en cm^3 en comptant combien il contient de cubes d'arête 1 cm (voir activité 6B, p. 254) ou en utilisant la formule suivante :

$$\mathcal{V} = \mathrm{L} \times \ell \times h.$$

$6 \times 4 \times 2 = 48$. Donc le volume du parallélépipède rectangle est 48 cm^3.

2e étape

On convertit les cm^3 en dm^3 à l'aide d'un tableau ou en décalant la virgule car on sait que $1\ \mathrm{L} = 1\ \mathrm{dm}^3$.

m^3			dm^3			cm^3		
					0	0	4	8

Donc $48\ \mathrm{cm}^3 = 0{,}048\ \mathrm{dm}^3$.

Pour convertir les cm^3 en dm^3, on déplace la virgule de 3 rangs vers la gauche.

3e étape

On utilise la correspondance $1\ \mathrm{L} = 1\ \mathrm{dm}^3$.

Donc $0{,}048\ \mathrm{dm}^3 = 0{,}048\ \mathrm{L}$.

4e étape

On convertit les litres en centilitres à l'aide d'un tableau ou en décalant la virgule.

L	dL	cL	mL
0	0	4	8

Donc $0{,}048\ \mathrm{L} = 4{,}8\ \mathrm{cL}$.

Pour convertir les litres en centilitres, on déplace la virgule de 2 rangs vers la droite.

Le volume du parallélépipède rectangle est 4,8 cL.

Voir exercices 45 à 47, p. 264.

Exercices

Coup d'œil sur le chapitre

Pour les exercices 1 à 8, on donne ci-dessous la représentation en perspective cavalière d'un cube (on pourra s'aider d'un cube en carton, en polystyrène, en bois, etc.).

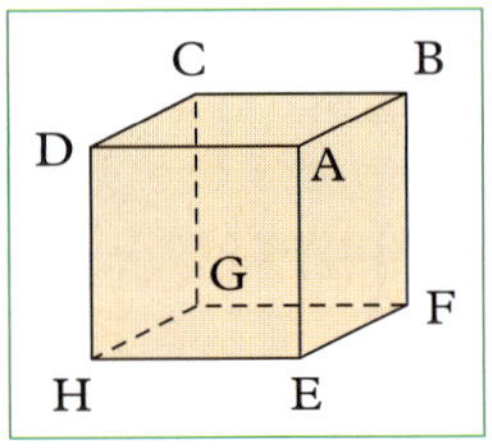

1 **1.** Citer un angle droit en réalité et sur la figure.

2. Citer un angle droit en réalité mais pas sur la figure.

2 Citer une face visible du cube puis une autre qui est cachée.

3 Le point A est-il un point de la face ADHE ? et de la face BCGF ?

4 Citer toutes les arêtes de même longueur que [AD] :

a. sur le dessin ; **b.** en réalité.

5 Indiquer les arêtes parallèles à la droite (HE).

6 Les droites (GF) et (EA) se coupent-elles sur la figure ? et en réalité ?

7 **1.** Citer deux perpendiculaires en réalité mais qui ne le sont pas sur la figure.

2. Citer deux perpendiculaires sur la figure mais qui ne sont pas perpendiculaires en réalité.

8 Le quadrilatère HEFG est-il un carré sur la figure ? et en réalité ?

9 Dessiner le patron d'un cube de côté 4 cm. Construire ce solide.

10 Dessiner le patron d'un parallélépipède rectangle de longueur 5 cm, de largeur 4 cm et de hauteur 3 cm. Construire ce solide.

11 On donne ci-contre le dessin en perspective cavalière d'un cube.
Reproduire et compléter le dessin en traçant en trait plein ce qui doit l'être, sachant que le sommet A est caché.

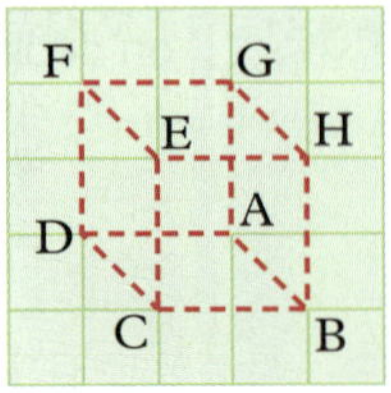

12 On a dessiné ci-contre un cube.

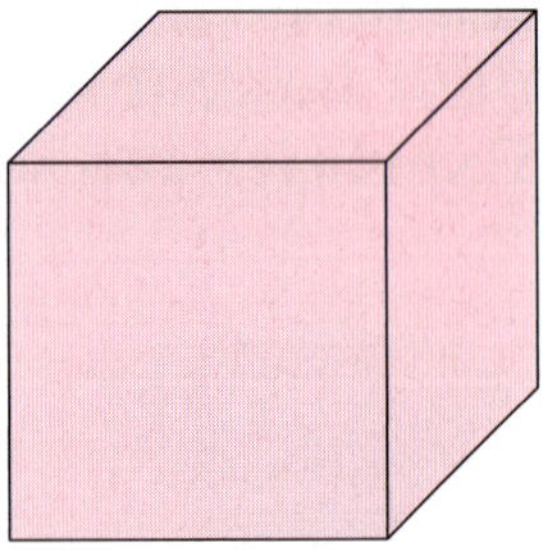

1. Combien de sommets ne sont pas visibles sur le dessin de ce cube ?

2. Compter les arêtes visibles sur le dessin.

3. Compter les faces non visibles sur le dessin. Source : *Cahier d'évaluation*.

13 Reproduire et compléter ce dessin en perspective cavalière du parallélépipède rectangle dont une face est le quadrilatère ABCD et [AE] une arête.

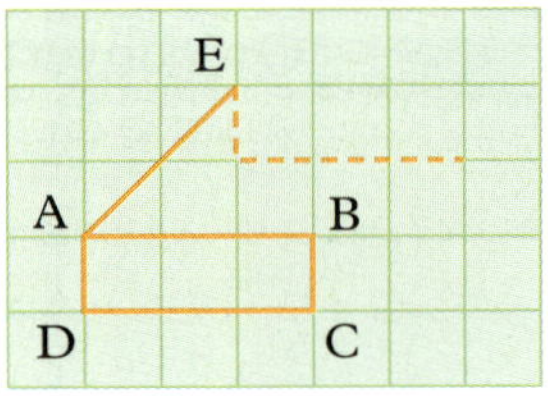

14 Donner les dimensions du parallélépipède rectangle dont un patron est donné ci-dessous.

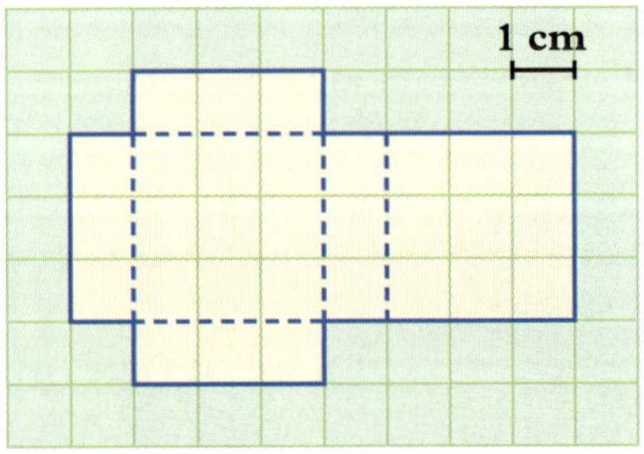

15 Combien de cubes de côté 1 cm peut-on mettre dans une boîte en forme de parallélépipède rectangle de dimensions 6 cm, 5 cm et 4 cm ?

16 Calculer le volume en cm^3 du parallélépipède rectangle de l'exercice **10**.

17 Un cube a pour côté 10 cm. Combien de bouteille(s) d'un litre peut-on verser à l'intérieur ?

18 Exprimer en m^3 les volumes suivants :

a. 14 500 dm^3 ; **b.** 12 400 cm^3 ;
c. 12 dm^3 ; **d.** 12 000 cm^3.

19 Exprimer en litres les contenances suivantes :

a. 124 dL ; **b.** 150 cL ;
c. 2 daL ; **d.** 42 000 mL.

Pour démarrer

Perspectives

20 Lise a dessiné ci-dessous la représentation en perspective cavalière d'un parallélépipède rectangle mais elle a oublié de tracer des arêtes en pointillés.

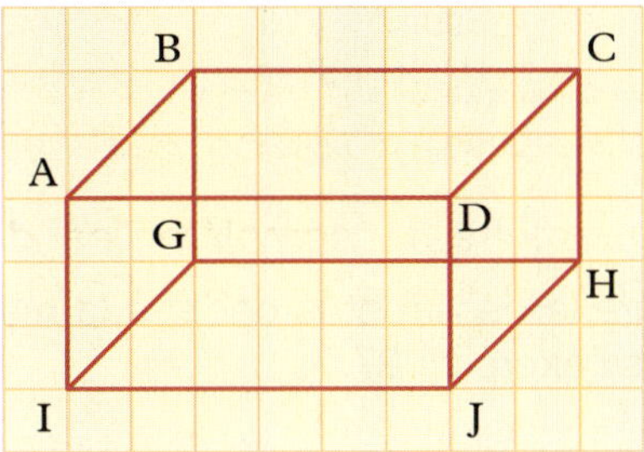

1. Reproduire la figure en traçant en pointillés les arêtes cachées sachant que G est caché.

2. Refaire la figure sachant que D est caché.

Voir* Retenir les méthodes 1, *p. 258.

21 Lucas a dessiné ci-contre la représentation en perspective cavalière d'un parallélépipède rectangle mais il a tracé toutes les arêtes en pointillés.

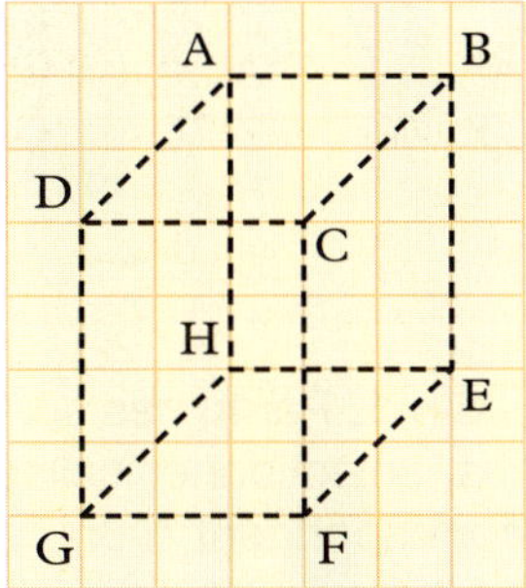

Reproduire la figure en respectant les règles de la représentation en perspective cavalière et en sachant que H est visible et C est caché.

22 Voici un empilement de trois cubes :

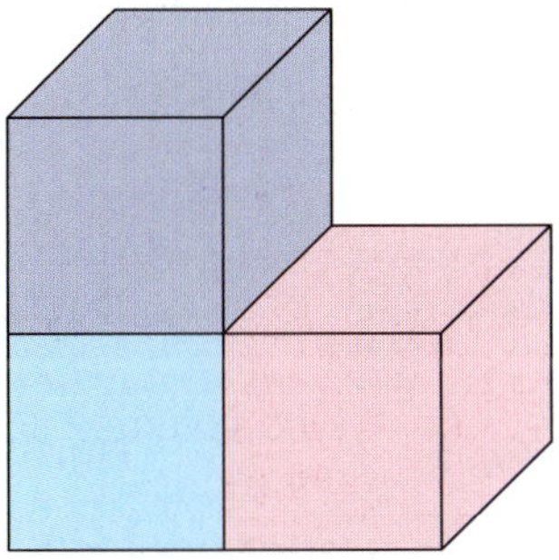

Pour chacun des cubes combien y a-t-il :
a. de faces cachées ?
b. de sommets cachés ?
c. d'arêtes cachées ?

23 On donne la figure suivante :

1. Reproduire la figure au crayon sur une feuille quadrillée.

2. Combien y a-t-il de cubes ?

3. a. Colorier en vert les cubes dont on ne voit qu'une face.
b. Colorier en bleu les cubes dont on ne voit que deux faces.
c. Colorier en rouge les cubes dont on ne voit que trois faces.

24 Marie a commencé ci-dessous le dessin d'un parallélépipède rectangle ABCDEFGH.

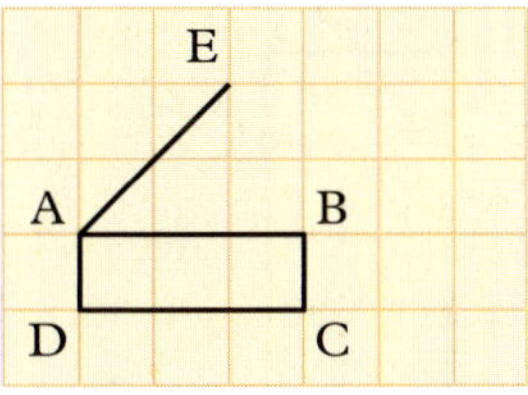

Reproduire le dessin sur quadrillage et le compléter en perspective cavalière.

25 Dans la figure suivante, combien voit-on de cubes : six ou sept ?

Exercices

Patrons

26 Voici le patron d'un cube :

1. Lorsqu'on forme le cube, quelle est la couleur de la face supérieure s'il est posé :
a. sur la face rouge ?
b. sur la face violette ?
c. sur la face bleue ?

2. Construire le cube et vérifier les réponses.

27 Loïc a dessiné un patron de cube (patron 1) et il s'est amusé à repérer avec des signes distinctifs les arêtes devant se superposer lors du pliage.
Reproduire le patron 2 et le coder à la manière de Loïc.

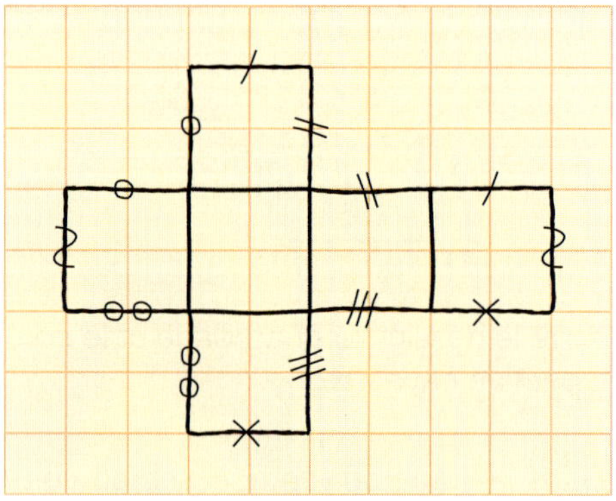

Patron 1

Patron 2

28 On donne le patron suivant :

Reproduire le dessin et le coder à la manière de Loïc dans l'exercice **27**.

29 Reproduire le patron ci-dessous et le coder à la manière de Loïc dans l'exercice **27**.

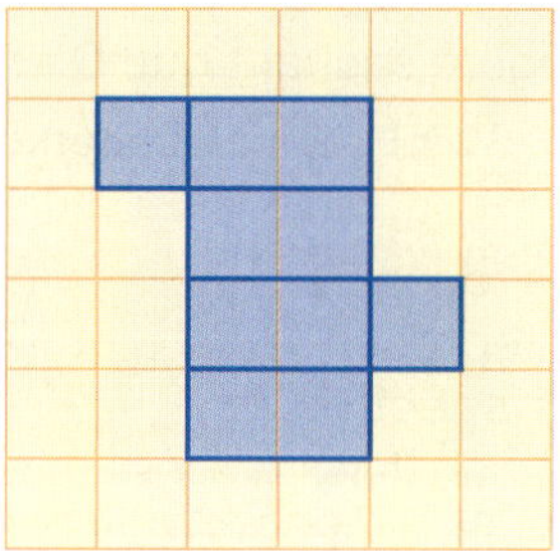

30 **1.** Parmi ces six figures, sélectionner celles qui correspondent à un patron de cube.

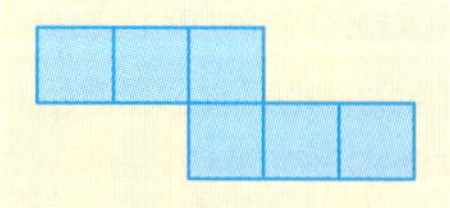

Fig. 1

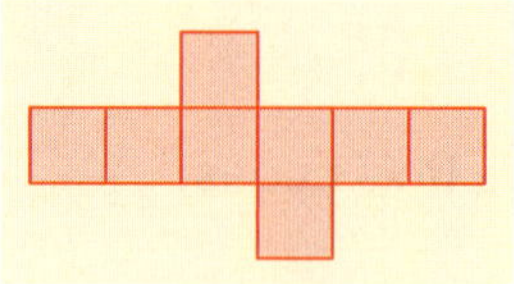

Fig. 2

Fig. 3

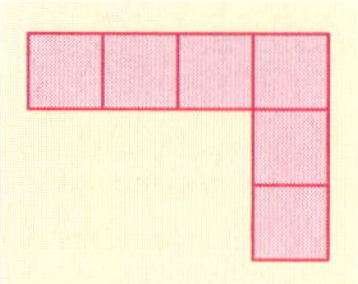

Fig. 4

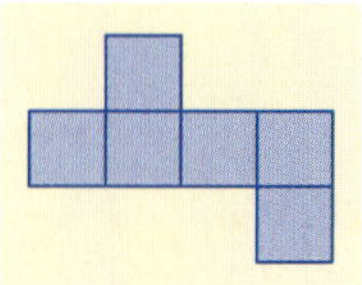

Fig. 5

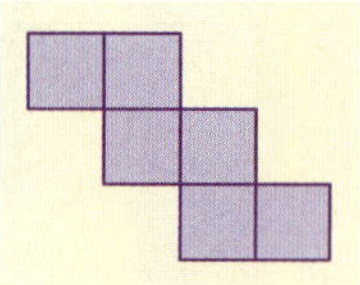

Fig. 6

2. Reproduire sur quadrillage les figures sélectionnées et, à la manière de Loïc dans l'exercice **27**, coder les arêtes devant se superposer.
Indication : on pourra découper les figures et essayer de les monter.

31 **1.** Observer un dé à jouer classique. Lancer ce dé. Si on lit « 2 » sur la face supérieure, quel chiffre se trouve sur la face inférieure ?

2. Chacun des deux patrons suivants peut-il être celui de votre dé ?

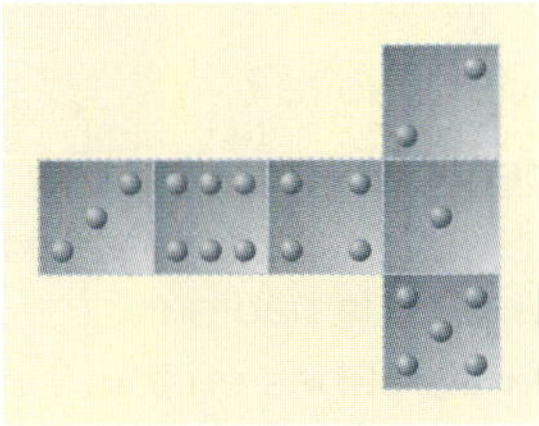

Patron 1

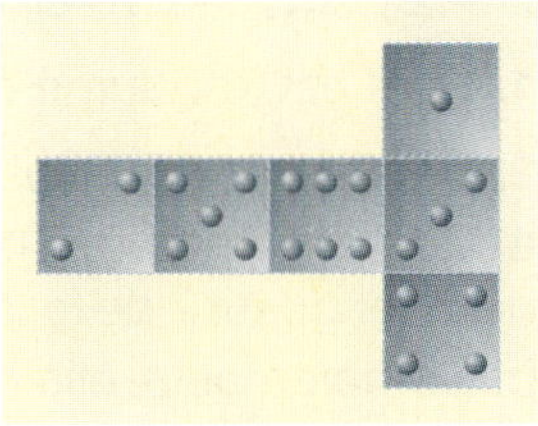

Patron 2

3. Que peut-on dire de la somme des points de deux faces opposées ?

32 On a effacé des traits du patron du parallélépipède rectangle ci-dessous.

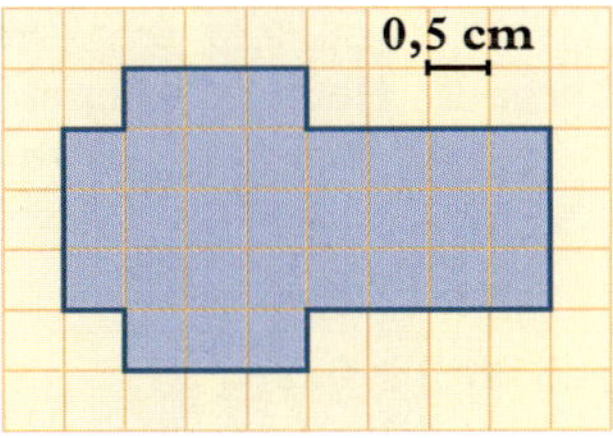

1. Reproduire ce patron en multipliant chaque dimension par 4 et retrouver les traits qui ont été effacés. Donner les dimensions du parallélépipède rectangle correspondant à ce nouveau patron.

2. Quelle est l'aire totale des faces de ce parallélépipède ?

33 On donne le patron du cube suivant :

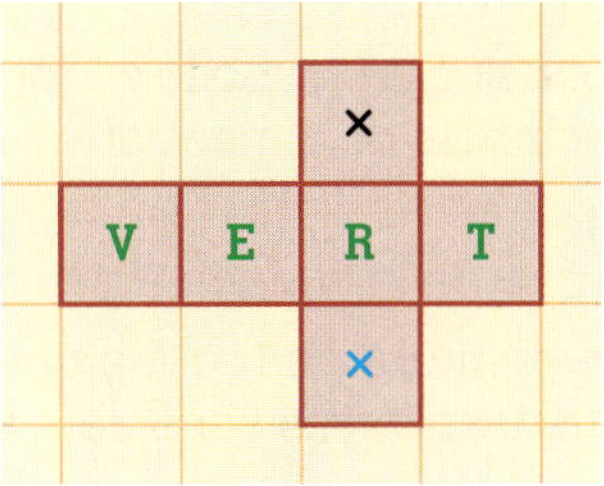

Patron 1

Reproduire les patrons 2 et 3 de ce cube, puis remettre dans la bonne position, sur les cases, les lettres « V, E, R, T », la croix noire et la croix bleue.

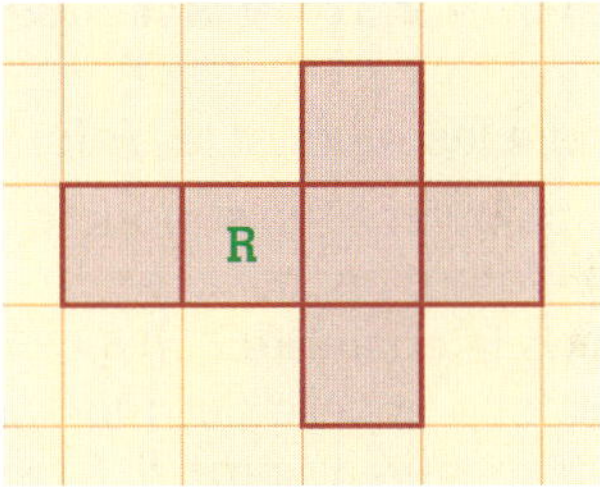

Patron 2

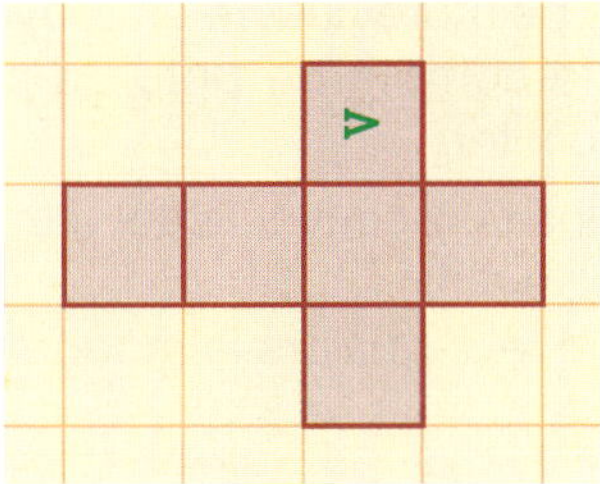

Patron 3

Calcul mental

34 Calculer le volume des parallélépipèdes rectangles dont les dimensions sont données ci-dessous :

a. L = 5 cm ; ℓ = 4 cm ; h = 6 cm.
b. L = 4 cm ; ℓ = 2,5 cm ; h = 3 cm.
c. L = 15 cm ; ℓ = 2 cm ; h = 0,3 cm.
d. L = 40 cm ; ℓ = 10 cm ; h = 60 cm.

35 Calculer le volume des cubes dont l'arête est donnée ci-dessous :

a. 1 cm ; **b.** 2 cm ; **c.** 3 dm ; **d.** 5 m.

36 On donne deux dimensions d'un parallélépipède rectangle et son volume.
Calculer la dimension manquante :

a. L = 5 cm ; ℓ = 4 cm ; $\mathcal{V}$ = 20 cm^3.
b. L = 2 cm ; ℓ = 1 cm ; $\mathcal{V}$ = 6 cm^3.
c. h = 2 cm ; ℓ = 2 cm ; $\mathcal{V}$ = 20 cm^3.
d. L = 10 cm ; h = 4 cm ; $\mathcal{V}$ = 120 cm^3.

Exercices

Aires

37 On veut peindre une boîte en forme de parallélépipède rectangle de dimensions 12 dm, 15 dm et 18 dm.

1. Calculer l'aire de la surface à peindre.

2. Un pot de peinture permet de couvrir environ 2 m^2 et coûte 8 €. Quelle sera alors la dépense ?

38 Dessiner en vraie grandeur le patron d'un cube de côté 4 cm.
Quelle est l'aire totale des faces en cm^2 ?

39 La chambre de Denis est un parallélépipède rectangle de 4 m sur 3 m et la hauteur du plafond est 2,5 m.
Il désire peindre les murs et le plafond en blanc.

1. Que doit calculer Denis pour déterminer la quantité de peinture nécessaire :
a. le volume de la chambre ?
b. l'aire du plafond et celle des murs, sachant que les ouvertures mesurent 4 m^2 ?
c. l'aire du sol ?

2. Un pot de peinture couvre en moyenne 5 m^2.
Déterminer le nombre de pots de peinture que Denis doit acheter.

3. Denis souhaite recouvrir le sol d'une moquette vendue 30 € le m^2.
À combien lui revient alors la moquette ?

Unités de volume

40 Exprimer en cm^3 les volumes suivants :
a. 120 dm^3 ; **b.** 1 m^3 ; **c.** 850 mm^3 ; **d.** 12 dm^3.

41 Exprimer en cm^3 les volumes suivants :
a. 22 dm^3 ; **b.** 6,24 m^3 ; **c.** 50 mm^3 ; **d.** 2,7 dm^3.

42 Exprimer en litres les contenances suivantes :
a. 574 dL ; **b.** 1 450 cL ; **c.** 20 daL ; **d.** 5 000 mL.

43 Pour remplir une cuve de 1 m^3 combien de bouteilles de 1,5 L suffit-il d'avoir :
a. 1 000 ? **b.** 667 ? **c.** 500 ? **d.** 150 ?

44 Environnement
En 2004, la consommation totale annuelle d'eau de la famille Minuche a été de 150 m^3.

1. Quelle a été la quantité d'eau en litres utilisée par cette famille ?

2. Lorsque Théo prend une douche, il utilise 80 L d'eau. Quelle fraction de la consommation annuelle de la famille cela représente-t-il ?

Volumes

45 Laura range tous les cubes de son jeu dans une boîte en forme de parallélépipède rectangle dont les dimensions sont :
$L = 25$ cm ; $\ell = 16$ cm ; $h = 12$ cm.

1. Quel est le volume total de la boîte ?

2. On suppose que les cubes ont 1 cm d'arête.
a. Combien de cubes peut-elle ranger dans le sens de la longueur ? de la largeur ? de la hauteur ?
b. Combien peut-elle ranger de cubes en tout ?
c. Quel est le volume total des cubes rangés ?

3. Reprendre la question **2** avec des cubes d'arête 4 cm.

Voir* Retenir les méthodes 2, *p. 259.

46 Recopier et compléter le tableau suivant :

Longueur	Largeur	Hauteur	Volume du parallélépipède rectangle
6 cm	5 cm	4 cm	....
8 m	1 m	2 m	....
2 m	4,5 dm	6 dm	....

47 Un fabricant de jus d'orange vend sa production en briques, chacune ayant la forme d'un cube de 10 cm d'arête. Il les expédie dans des cartons en forme de parallélépipède rectangle dont les dimensions sont 0,3 m, 0,5 m et 0,4 m.

1. Y a-t-il de la place perdue dans chaque carton ? Pourquoi ?

2. Quelle est, en litres, la quantité de jus d'orange contenue dans :
a. une brique ?
b. un carton ?

Ordre de grandeur

48 On donne les unités suivantes : m^3, dm^3, cm^3, mm^3. Dans chaque cas, choisir l'unité la plus pratique pour en exprimer le volume :
a. une maison ;
b. la pyramide de Khéops ;
c. un kg de sucre ;
d. une casserole ;
e. un morceau de sucre ;
f. une tasse à café ;
g. une fourmi.

49 On donne les unités suivantes : hL, daL, L, dL, cL, mL. Dans chaque cas, choisir l'unité la plus pratique pour en exprimer le volume :
a. un seau d'eau ; **b.** un verre ;
c. une piscine ; **d.** une casserole ;
e. une tasse à café ; **f.** une goutte de pluie.

50 La piscine de mes amis est rectangulaire. Elle mesure 9,8 m sur 8,7 m et elle a une profondeur moyenne de 1,2 m.

1. Son volume est-il proche de :
a. 1 m^3 ? **b.** 10 m^3 ? **c.** 100 m^3 ?

2. La quantité d'eau nécessaire pour la remplir est-elle proche de :
a. 1 L ? **b.** 1 000 L ? **c.** 10 000 L ? **d.** 100 000 L ?

Petits problèmes

51 Ève reçoit ses camarades pour goûter. Elle verse dans un récipient 24 cL de jus d'ananas, 0,75 dm^3 de jus d'orange et 125 cm^3 d'eau.
Exprimer en litres le volume de la boisson préparée par Ève.

52 **1.** Luc possède 36 petits cubes de 1 cm d'arête. Il veut les ranger de façon à former un parallélépipède rectangle dont chaque dimension est supérieure à 1 cm. Indiquer deux possibilités de rangement qui donnent des solides différents.

2. Luc pense que les parallélépipèdes rectangles obtenus ont le même volume et la même aire totale des faces puisqu'ils sont composés du même nombre de petits cubes.
a. Donner votre avis sans faire de calculs.
b. Pour chaque parallélépipède rectangle obtenu, calculer le volume et l'aire totale des faces. Les résultats sont-ils conformes à ceux obtenus à la question **a** ?

53 L'aquarium de Pierre a la forme d'un parallélépipède rectangle comme le montre le dessin ci-contre.

Quand il y verse 4 L d'eau, le niveau monte de 6 cm.

1. De combien monte le niveau quand il y verse 8 L d'eau ?

2. De combien monte le niveau quand il y verse 6 L d'eau ?

3. Combien de litres d'eau doit-il verser pour que le niveau monte de 15 cm ?

Source : *Cahier d'évaluation*.

54 Dans son jardin, Gérard possède une cuve de 1 m^3 dont la forme est celle d'un cube posé horizontalement. Il ajoute de l'eau et le niveau monte de 10 cm.
Quelle quantité d'eau a-t-il ajoutée ?

55 Dans son potager, Maurice a installé une cuve de 1m^3. Elle est vide et il doit la remplir à l'aide de deux arrosoirs dont la contenance est 10 L chacun.
Combien de trajets Maurice devra-t-il effectuer ?

Qui a raison ?

a

b

Exercices

Pour aller plus loin

56 On considère le cube ci-dessous d'arête 2 cm.

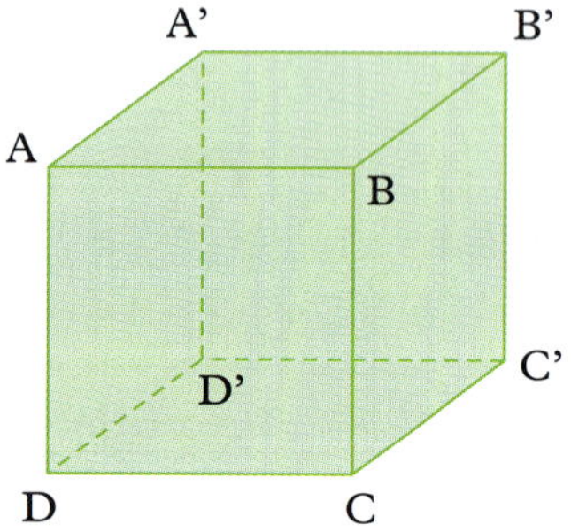

1. Quel est son volume ?

2. On augmente AB de 1 cm et on diminue BC de 1 cm. Le volume du parallélépipède rectangle obtenu est-il le même que celui du cube ? L'aire totale des faces est-elle changée ?

57 On a marqué le cube ci-dessous en couleur sur le centre de quatre faces.

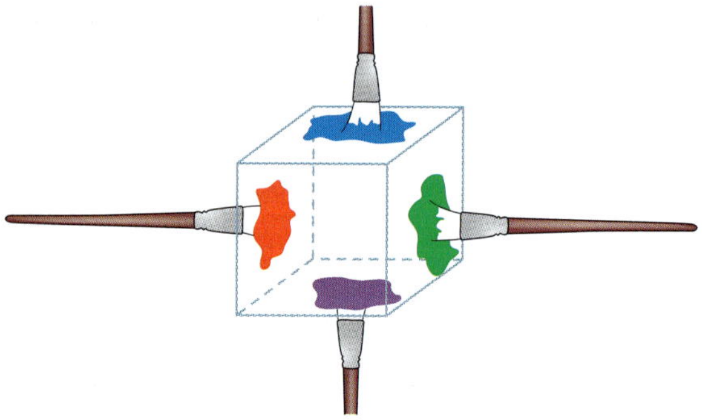

Parmi les patrons suivants, quels sont ceux correspondant au cube ci-dessus ?

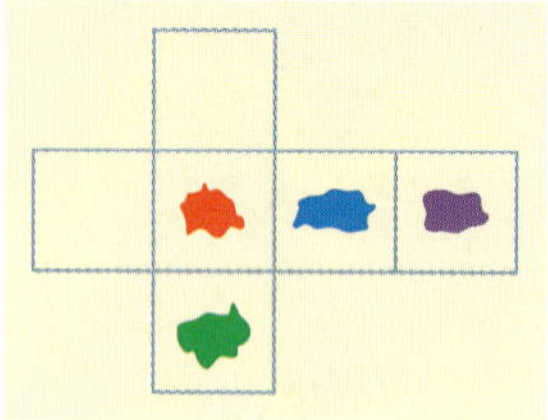

Patron 1

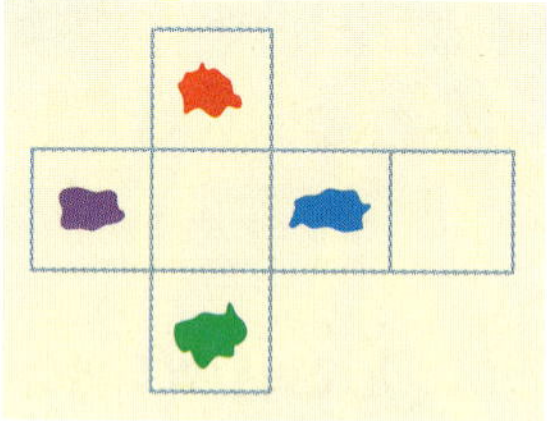

Patron 2

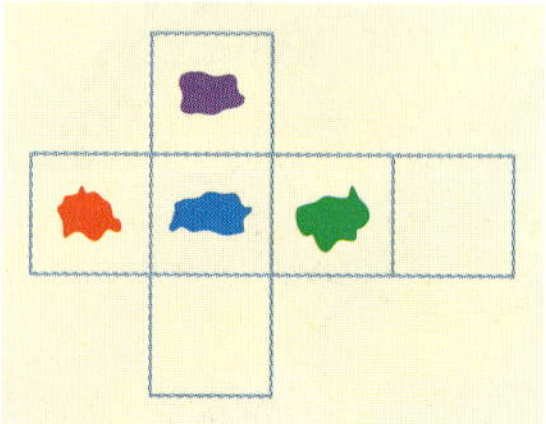

Patron 3

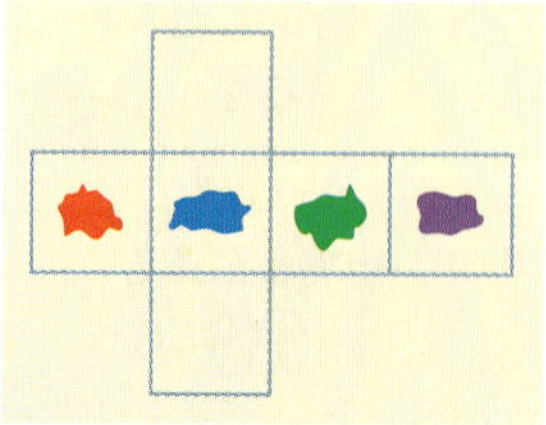

Patron 4

58 Environnement

Marjorie, qui est peu étourdie, a mal refermé le robinet d'eau du jardin. Il s'en échappe ainsi deux litres d'eau toutes les trois minutes. Le père de Marjorie ne s'en aperçoit malheureusement que trente jours plus tard !

Sachant que 1 m^3 d'eau est facturé 2,5 €, calculer le prix de l'étourderie de Marjorie.

59 Un abreuvoir pour les vaches a la forme d'un parallélépipède rectangle de longueur 1,5 m, de largeur 1 m et de profondeur 90 cm.

Combien pèse cet abreuvoir lorsqu'il est rempli aux $\frac{2}{3}$ d'eau sachant que vide il pèse 80 kg ?

Indication : on considère qu'un litre d'eau pèse 1 kg.

60 Un réservoir cubique d'arête 1 m était plein d'eau. Jules y a puisé 25 seaux de 8 L chacun. Quelle quantité d'eau reste-t-il dans le réservoir ?

61 Météorologie

Au cours d'un orage, il est tombé une hauteur d'eau de 4 mm.

1. Calculer le volume d'eau tombée dans un jardin rectangulaire de longueur 50 m et de largeur 25 m.

2. Combien le père Louis aurait dû verser d'arrosoirs de 10 L pour répandre une même quantité d'eau ?

62 Un parallélépipède rectangle est réalisé à l'aide de cubes de la façon suivante :

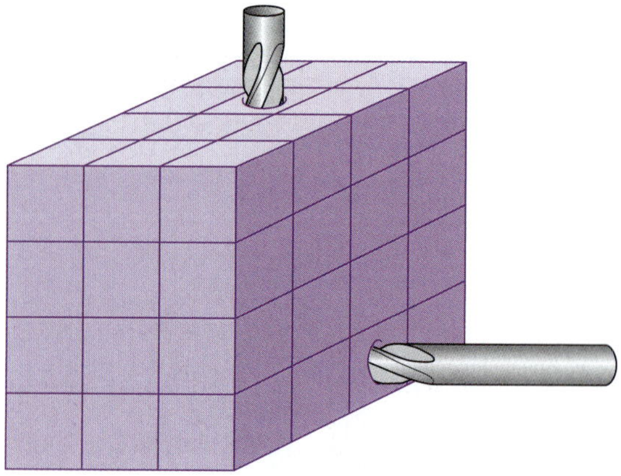

On perce entièrement le parallélépipède avec deux mèches droites.

Combien de cubes ont été percés :

a. deux fois ? **b.** une fois ?

c. aucune fois ?

63 Le parallélépipède de l'exercice **62** était peint. Combien de cubes avaient :
a. une face peinte ? **b.** deux faces peintes ?
c. trois faces peintes ? **d.** aucune face peinte ?

64 **1.** On fabrique un cube avec 125 petits cubes de 1 cm d'arête.
Quelle est l'arête du grand cube ?

2. On dispose de 95 petits cubes de 1 cm d'arête. On fabrique le plus grand cube possible en assemblant un certain nombre d'entre eux.
Combien de petits cubes resteront inutilisés :
a. 68 ? **b.** 31 ? **c.** 14 ? **d.** 11 ? **e.** 5 ?

Source : *Le Kangourou des mathématiques.*

65 Une boîte ayant la forme d'un parallélépipède rectangle peut contenir 100 allumettes. On fabrique une nouvelle boîte en doublant ses dimensions.
Combien peut-on y placer d'allumettes ? (Faire à main levée un dessin en perspective de la nouvelle boîte.)

66 À la poste
Samir désire expédier une boîte de bonbons à son amie Marine. Cette boîte est un cube de 10 cm d'arête. La poste lui propose trois modèles d'emballages « prêts-à-poster » en forme de parallélépipède rectangle de dimensions :
- modèle 1 : 25 cm, 17 cm et 9,5 cm ;
- modèle 2 : 30 cm, 20 cm et 12 cm ;
- modèle 3 : 20 cm, 13,3 cm et 7 cm.

1. Quel modèle Samir va-t-il choisir ?

2. Quel volume de paille utilisera-t-il pour emballer son cadeau ?

67 On entoure un cadeau de forme parallélépipédique avec un ruban comme le montre le dessin ci-dessous. Les dimensions du paquet sont 20 cm, 30 cm et 25 cm.

Calculer la longueur de ruban utilisé sachant qu'il faut ajouter 15 cm pour faire un joli nœud.

68 Li Ho a dessiné le patron d'un cube avec une lettre sur chaque face.

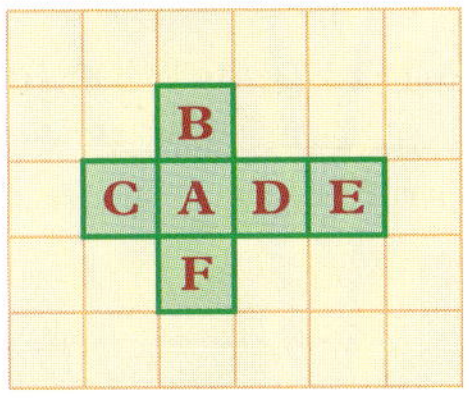

Armelle et Valériane proposent chacune un autre patron de ce cube.

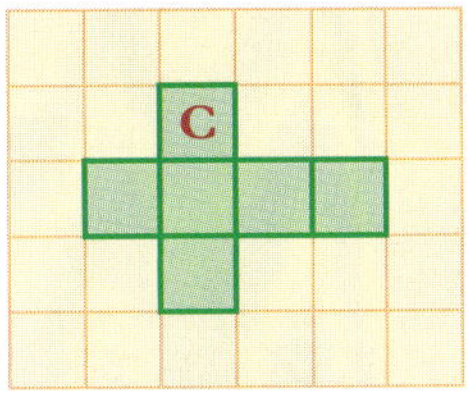

Armelle

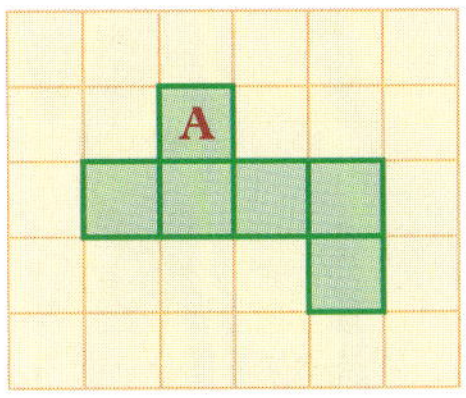

Valériane

1. Reproduire les dessins d'Armelle et de Valériane.

2. Replacer les lettres manquantes sur les faces.

69 Double « N »
On donne ci-dessous trois perspectives d'un même cube.

Source : *Mathématiques sans frontière,* Alsace.

Reproduire et compléter son patron.

Indication : construire un cube, puis placer les lettres.

70 On a déposé un cube de pierre de 5 cm d'arête au fond d'un vase en forme de parallélépipède rectangle de dimensions 20 cm, 25 cm et 30 cm.
Quel volume d'eau peut maintenant contenir le vase sans que l'eau ne déborde ?

Exercices

Devoirs à la maison

71 **1.** Combien de petites boîtes rouges peut-on ranger dans la boîte bleue en les disposant dans le même sens que sur le dessin ci-dessous ?

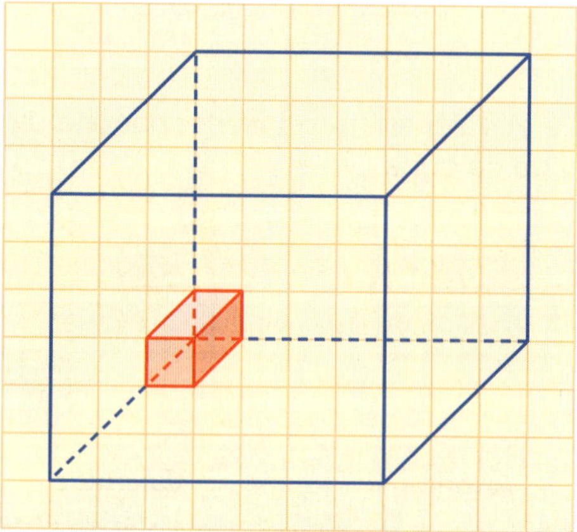

2. La boîte rouge a pour dimensions 4 cm de longueur, 2 cm de largeur et 2 cm de hauteur.
a. Quel est son volume en cm^3 ?
b. Quel est le volume de la boîte bleue en cm^3 ?

72 Jérémie a fabriqué une grande boîte pour ranger ses jouets : elle a la forme d'un parallélépipède rectangle de longueur 1,20 m, de largeur 80 cm et de hauteur 60 cm.

1. Calculer le volume en cm^3 de la boîte.

2. Jérémie constate que sa boîte est trop grande et il décide donc de la diminuer en réduisant sa longueur de $\frac{1}{4}$, sa largeur de $\frac{2}{5}$ et sa hauteur de $\frac{1}{3}$. Calculer le nouveau volume de la boîte ainsi obtenue.

73 Le porche d'Hercule est constitué de cubes de pierre juxtaposés comme le montre le dessin ci-dessous. Chaque cube a pour arête 2 m.

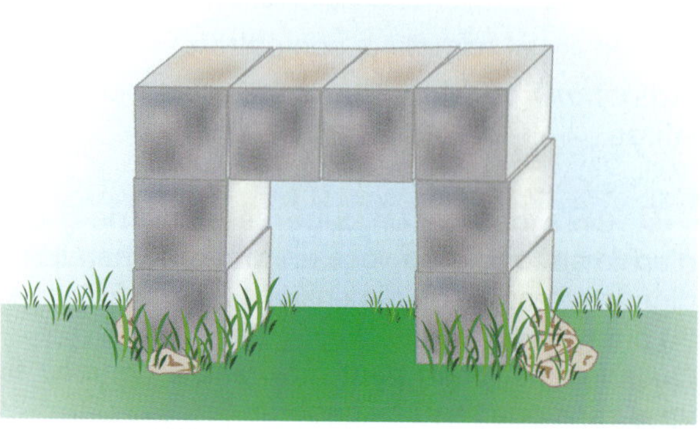

1. Calculer en m^3 le volume des pierres utilisées.

2. Hercule décide de faire repeindre son porche en blanc.
a. Calculer en m^2 l'aire à peindre.
b. Avec un pot de 2,5 kg de peinture, on peint 25 m^2.
Combien faudra-t-il à Hercule de pots de peinture pour repeindre son porche ?

74 **La toupie**
Christophe veut ajouter à sa maison une terrasse rectangulaire en béton. Son aire est 145 m^2 et il faut une épaisseur de 10 cm de béton.
Pour effectuer ses travaux, il commande le béton à une entreprise qui lui propose de le livrer avec un camion équipé d'une toupie pouvant contenir au maximum 8 m^3.

1. Combien de voyages le camion devra-t-il faire ?

2. Si la toupie est pleine, le m^3 de béton est facturé 122 € et si la toupie est en partie vide, l'entreprise facture 122 € le m^3 plus un forfait de 20 € pour le voyage.
Combien Christophe va-t-il devoir payer ?

75 Maman a acheté la brique de jus d'orange ci-contre contenant 60 % de jus d'orange pur.

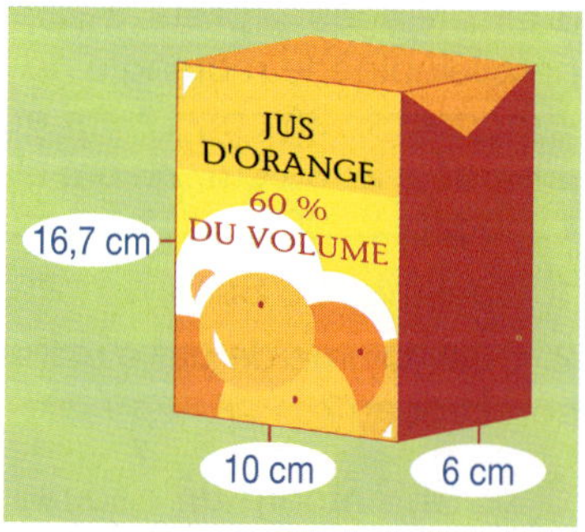

1. Quelle est sa contenance à 1 cL près ?

2. Combien contient-elle de jus d'orange pur ?

Petits exposés

1. Dessiner tous les patrons possibles d'un cube.
2. Dessiner un cube avec un point de fuite (voir pour cela le professeur d'arts plastiques).
3. On assemble quatre cubes identiques en les collant par les faces. Réaliser tous les assemblages possibles.
4. Rechercher dans l'Histoire des unités de volume et de contenance.

Vive les Maths !!!

EN PERSPECTIVE

Dans la deuxième moitié du xve siècle, c'est à Florence en Italie que des peintres (Ucello en particulier) utilisent pour la première fois des outils mathématiques pour représenter des batailles, des paysages et des bâtiments en perspective.
Dans le dessin ci-contre, pour donner une impression de profondeur, certaines droites parallèles dans la réalité se rejoignent en un point d'intersection appelé point de fuite.
Il ne s'agit donc pas de perspective cavalière.

Casse-tête...

On construit des solides constitués de petits cubes tous identiques et tous visibles.

Les figures codées représentent ces solides et les nombres indiquent le nombre d'étages du solide. Par exemple, la figure codée ci-contre représente le solide 1.

		2
3	1	1

Solide 1

Solide 2

1. Dessiner la figure codée du solide 2 ci-contre.

2. Dessiner comme ci-dessus les faces visibles du solide représenté par la figure codée ci-contre.

5	6		
4	4	3	2
3	1		

Soutien

A Représenter en perspective cavalière

Jérôme révise pour préparer son contrôle de mathématiques et s'entraîne à représenter un parallélépipède rectangle. Il a fait les deux dessins suivants et sa grande sœur Valérie a écrit à côté pourquoi les dessins étaient faux.
Aider Jérôme à corriger chacun des dessins sachant qu'il désire conserver la face ABCD et le point H.

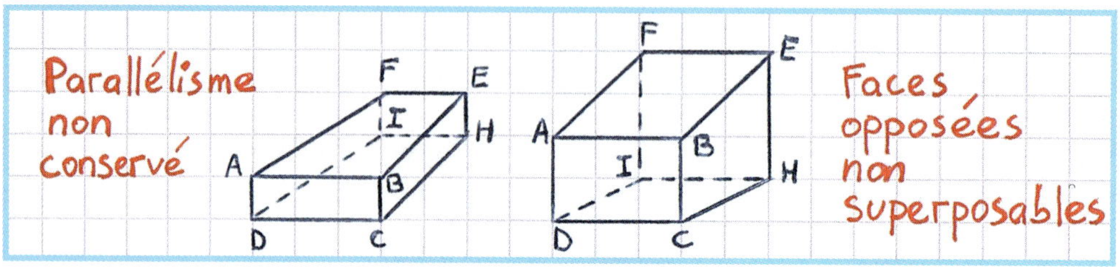

B Calculer un volume

Paul, le père de Jérôme, travaille dans une usine qui fabrique des sucres cubiques de côté 1 cm. Les sucres sont vendus dans des boîtes parallélépipédiques de dimensions 6 cm, 7 cm et 5 cm. Pour faire réviser son fils, Paul lui pose les questions suivantes. Répondre à la place de Jérôme.

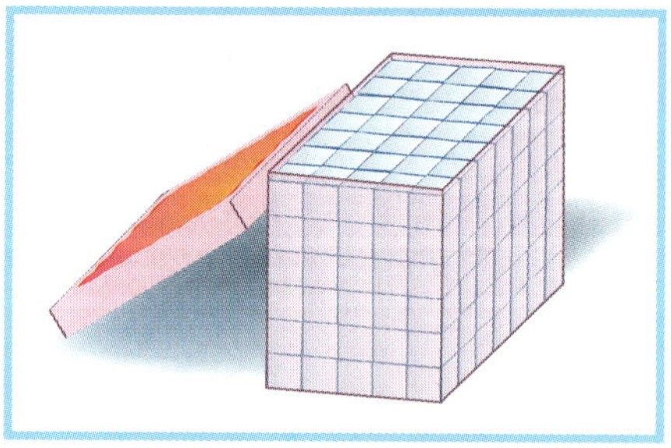

1. Combien y a-t-il de sucres dans chaque couche ?
2. Combien y a-t-il de couches ?
3. Combien y a-t-il de sucres en tout ?
4. Quel est le volume de cette boîte ?

Exercice 1

Il reste maintenant les formules à réviser !

1. Écrire les formules de volume que Jérôme a vues dans son cours.

2. Calculer mentalement les volumes des parallélépipèdes rectangles dont les dimensions suivent :
a. L = 5 cm ; $\ell = 4$ cm ; $h = 2$ cm.
b. L = 8 dm ; $\ell = 2$ dm ; $h = 5$ dm.

3. Recopier le tableau de conversion des volumes (p. 257) et exprimer les volumes calculés à la question **2** en m^3.

4. Imaginons maintenant que les parallélépipèdes de la question **2** soient des récipients.
Exprimer leur capacité en litres, puis en centilitres (on pourra éventuellement s'aider du tableau de conversion des contenances, p. 257).

Exercice 2

Satisfait de ses révisions, Jérôme se plonge dans la lecture de son magazine préféré. Voilà qu'il y trouve la question suivante :
Parmi les unités m^3, dm^3, cm^3 et mm^3, choisir la plus pratique pour exprimer les volumes des sept objets suivants :

a. un arrosoir ;
b. un parpaing ;
c. le réservoir d'une mobylette ;
d. la benne d'un camion ;
e. une goutte de rosée ;
f. un glaçon ;
g. un bol de petit déjeuner.

Répondre à la place de Jérôme.

Index

Couverture : Contours

Conception maquette : David Bart

Mise en page, schémas et photogravure : SG Production

Illustrations :
- Didier Crombez : pp. 4 ; 5 ; 9 ; 10 ; 19 ; 29 ; 31 ; 36 ; 44 ; 45 ; 46 ; 56 ; 62 ; 68 ; 75 ; 78 ; 96 ; 106 ; 115 ; 133 ; 146 ; 159 ; 166 ; 181 ; 201 ; 221 ; 244 ; 245 ; 265 ; 270.
- Catherine Darphin : p. 185.
- Sylvie Fontaine : pp. 88 ; 119 ; 122 ; 167 ; 269.
- Romain Lafourcade : pp. 4 ; 47 ; 49 ; 65 ; 66 ; 67 ; 102 ; 105 ; 116 ; 124 ; 174 ; 230 ; 251 ; 256.
- Vincent Landrin : pp. 167 ; 169.
- SG Création : pp. 5 ; 23 ; 36 ; 40 ; 54 ; 59 ; 61 ; 77 ; 80 ; 99 ; 103 ; 110 ; 112 ; 119 ; 128 ; 130 ; 136 ; 139 ; 152 ; 167 ; 176 ; 180 ; 189 ; 204 ; 225 ; 229 ; 247 ; 265 ; 267 ; 268 ; 270.

Rony Turlet : pp. 39 ; 55 ; 79 ; 94 ; 191 ; 268.

Logos (Calcul mental ; Lire et comprendre ; Thèmes de convergence) : Romain Lafourcade

Table des crédits photos :
Intérieur : p. 23 © 2005 Les Éditions Albert René/Goscinny-Uderzo – p. 61 (h) : © British Museum/ © Museum Images 2003 – (b) : © W. Buss/Hoa-Qui – p. 115 : © « Biologie et Multimédia » http://www.snv.jussieu.fr/bmedia/gaz/ceratophylle.htm – p. 139 : © A. Thevenart/Corbis – p. 205 : The Veritas © Sliding Bevel – p. 230 : © Sécurité Routière, DR.

Achevé d'imprimer en juillet 2005 - 05514/02